Elektrische Maschinen und Aktoren

Eine anwendungsorientierte Einführung

von

Prof. Dr.-Ing. Wolfgang Gerke

Oldenbourg Verlag München

Dr.-Ing. Wolfgang Gerke ist seit 1997 Professor für elektrische Maschinen, Regelungs- und Automatisierungstechnik am Umwelt-Campus der Fachhochschule Trier und lehrt seit 2001 das Fach Robotik an der Universität Luxemburg. Seine Hauptarbeitsfelder sind die Aktorik und Robotik sowie deren Anwendungen.

Bibliografische Information der Deutschen Nationalbibliothek

Die Deutsche Nationalbibliothek verzeichnet diese Publikation in der Deutschen Nationalbibliografie; detaillierte bibliografische Daten sind im Internet über http://dnb.d-nb.de abrufbar.

Rosenheimer Straße 145, D-81671 München
Telefon: (089) 45051-0
www.oldenbourg-verlag.de

Lektorat: Dr. Gerhard Pappert
Herstellung: Anna Grosser
Titelbild: Entwurf des Autors
Einbandgestaltung: hauser lacour
Gesamtherstellung: Grafik & Druck GmbH, München

Dieses Papier ist alterungsbeständig nach DIN/ISO 9706.

ISBN 978-3-486-71265-0
eISBN 978-3-486-71984-0

Vorwort

Die Bedeutung der elektrischen Maschinen und Aktoren in der Industrie und im täglichen Leben wächst kontinuierlich. Elektrische Maschinen besitzen die Fähigkeit als Motor oder Generator zu arbeiten und eignen sich daher hervorragend für moderne Antriebs- und Aktorkonzepte, bei denen es auf die effiziente Energiewandlung ankommt.

Elektrische Maschinen und Aktoren zeigen ihre Vielfältigkeit eindrucksvoll im Auto. Sitze, Dächer, Klappen, Schlösser, Getriebe, Bremsen, Kupplungen usw. werden von Aktoren verstellt. Neuartige und konventionelle Antriebskonzepte arbeiten dabei Hand in Hand. Diese Stelleinrichtungen bezeichnet man als Aktoren oder Aktuatoren. Das Auto ist ein gutes Beispiel für die Verschiedenartigkeit der Funktionen, Aufbauten und Anwendungen von Aktoren. Wir steuern die Aktoren, indem wir Schalter betätigen, das Bremspedal oder Gaspedal drücken. Viele Aktoren arbeiten unbemerkt in Assistenzsystemen oder als Sicherheitselemente. Z. B. ist die moderne Diesel-Einspritzung ohne schnell und genau arbeitende, magnetische Aktoren oder Piezoaktoren nicht mehr denkbar. In einigen Sicherheitssystemen wie dem Gurtstraffer oder Airbag werden die Aktoren nur bei speziellen Ereignissen aktiviert.

Die Aktoren werden zusammen mit Sensoren in mechatronischen Systemen eingesetzt. Dabei wird versucht, in neuartigen, integrierten Systemen mechanische und elektrische Systeme miteinander zu verschmelzen und dadurch intelligente und kompakte Baueinheiten zu erzeugen. Diese Antriebe werden z. B. in zukünftigen, dem Menschen immer ähnlicher werdenden Robotern eingesetzt.

Das vorliegende Lehrbuch führt in das Gebiet der elektrischen Maschinen und Aktoren ein und stellt wichtige Funktionen meist an Beispielen vor. Die zum Verständnis notwendigen, physikalischen Grundlagen, wie die Energiewandlung, die mechanische Antriebstechnik, die magnetischen Felder, die mathematische Beschreibung von Wechselgrößen und die Pulsweitenmodulation werden präsentiert. Der Leser ist nach der Durcharbeit des Lehrstoffes in der Lage, bedeutende Aktoren wie die Magnetaktoren, Piezoaktoren, Schrittmotoren sowie die elektrischen Gleich- und Drehstrommaschinen in ihrem Aufbau zu beschreiben, wesentliche Funktionen zu erklären und grundlegende Berechnungen durchzuführen.

Das Buch spricht Studierende technischer Fachrichtungen an. Doch auch Studierende und Lernende angrenzender Fachrichtungen wie z. B. Wirtschaftsingenieur-Studierende, können sich mithilfe des Lehrbuchs in die elektrischen Maschinen und Aktoren einarbeiten. Die Erfahrung zeigt, dass die elektrotechnischen Anwendungen bei dieser Zielgruppe Verständnisschwierigkeiten hervorrufen können. An dieser Stelle versucht das Buch zu helfen, indem Herleitungen ausführlich erklärt werden und der Stoff mit vielen Bildern und Skizzen anschaulich dargestellt wird. Auch für spezielle Lehrveranstaltungen an Technikerschulen in Fächern wie z. B. Mechatronik, Aktorik, elektrische Maschinen kann das Buch als Begleittext verwendet werden.

Ingenieure oder Techniker der Praxis können sich mithilfe des Buches in das Arbeitsgebiet einarbeiten oder bekannten Stoff wiederholen, und Lehrenden soll es eine Grundlage zur Stoffvermittlung bieten.

Es handelt sich um eine Darstellung, die auch zum Selberlernen geeignet ist. Es werden nach jedem Abschnitt Beispielaufgaben mit Lösungen vorgestellt. An die Beispielaufgaben schließt sich eine Zusammenfassung an, in der die wesentlichen, zu dem Abschnitt gehörenden Ergebnisse aufgeführt werden. Kontrollaufgaben mit ausführlichen Lösungen geben dem Leser die Möglichkeit, das Erlernte bei der Bearbeitung von Aufgaben anzuwenden und zu vertiefen. An vielen Stellen werden Rechenprogramme zur Simulation genutzt, um grafische Ergebnisse wie Zeit-Liniendiagramme zur Lösung von Aufgaben zu erzeugen.

Ich danke allen, die sich an der Vorbereitung dieses Buches beteiligt haben, dem Oldenbourg Verlag für die Möglichkeit der Veröffentlichung, Herrn M. Eng. Dipl.-Ing (FH) Sebastian Schommer und Herrn B. Eng. Michael Emrich vom Umwelt-Campus der Fachhochschule Trier für die Korrektur und das Lektorat bei wesentlichen Kapiteln.

Mein ganz besonderer Dank gilt meiner Tochter Julia Gerke für die unermüdliche Gestaltung der Zeichnungen und Skizzen. Zuletzt danke ich meiner Frau Annette für die Geduld und die vielfältige Unterstützung, die diese Arbeit erst ermöglicht hat.

Wolfgang Gerke

Inhaltsverzeichnis

1 Einleitung

Das vorliegende Lehrbuch gibt eine Einführung in das umfassende Fachgebiet der elektrischen Maschinen und Aktoren. Unter dem Begriff Aktor soll eine Stelleinrichtung in einem technischen System verstanden werden. Stelleinrichtungen können Bewegungen verrichten und Kräfte auf Objekte ausüben.

Die Stelleinrichtungen werden im Englischen auch *actuators* genannt, und es hat sich der Begriff Aktuator oder Aktor im deutschen Sprachgebrauch als Bezeichnung eingebürgert. Das technische Fachgebiet der Aktorik kann als ein Teilbereich der Mechatronik aufgefasst werden. Denn viele mechatronische Systeme umfassen, neben der möglichst im mechanischen System integrierten Sensorik und der Informationsverarbeitung auch die Aktorik, um Bewegungen auszuführen.

Die Aktoren wandeln *verschiedene* Energieformen in mechanische Energie um, um Stellaktionen bei industriellen Prozessen oder in mechatronischen Systemen durchzuführen. Die Kräfte und Momente in Verbindung mit den Stellwegen und Stellwinkeln können für sehr unterschiedliche Anwendungen genutzt werden.

Die elektrischen Maschinen sind Energiewandler, die *elektrische* Energie in *mechanische* Energie und umgekehrt mechanische Energie in elektrische Energie wandeln. Unter den Aktoren gibt es eine große Gruppe, die mit elektrischen Motoren betrieben werden. Diese Gruppe nutzt den Motorbetrieb der elektrischen Maschinen. Wir finden also Überschneidungen der elektrischen Maschinen mit den Aktoren, da beide eine Energiewandlung durchführen und elektrische Maschinen im Motorbetrieb eine Gruppe der Aktoren darstellen.

Zwei typische Anwendungen für elektrische Maschinen sehen wir in Abb. 1. Im linken Bild ist eine an einem Verbrennungsmotor abgebrachte elektrische Lichtmaschine markiert, die eine möglichst konstante elektrische Spannung erzeugen soll. Sie wird über einen Riemen vom Motor angetrieben. Im rechten Bild ist eine elektrische Asynchronmaschine dargestellt, die anstelle eines Verbrennungsmotors in einem Kraftfahrzeug eingebaut wurde. Diese elektrische Maschine kann als Motor arbeiten und das Auto antreiben und in Bremsphasen bzw. bei Bergabfahrten die gespeicherte kinetische Energie zurück in die Batterie speisen. Die Maschinen arbeiten mit unterschiedlichen Zielen. Der Generator erzeugt *kontinuierlich* elektrische Energie, der Elektromotor hat eine Antriebsaufgabe zu erfüllen. Beide wandeln dabei Energieformen um.

Aktoren haben im Gegensatz zu den elektrischen Maschinen die Aufgabe, Stellvorgänge durchzuführen. Wenn wir den menschlichen Körper betrachten, so kann man die Muskeln als Stellglieder betrachten, die z. B. die Arme und Beine bewegen können. Wir können mithilfe der Muskeln Kräfte erzeugen und mechanische Arbeiten verrichten. Die Muskeln mit den stabilisierenden Sehnen kann man als die Aktoren bezeichnen, die die „Stellvorgänge" durchführen. Ähnlich wie die Muskeln kontrahieren und expandieren, werden bionisch inspirierte Roboter entwickelt, deren Antriebe sich ebenfalls verkürzen und verlängern können.

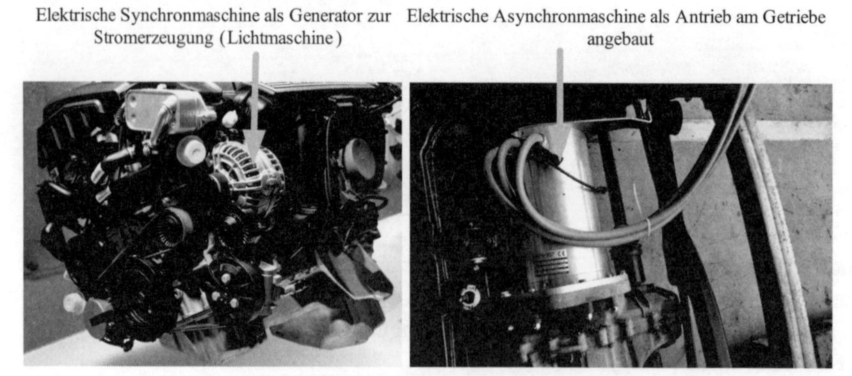

Abb. 1: Elektrische Maschinen, links: Lichtmaschine am Kfz Motor (Quelle: eigenes Foto), rechts: Elektromotor als Hauptantriebsmotor (Quelle: eigenes Foto)

Der in Abb. 2 abgebildete zweiarmige Roboter besitzt Mehrachsgelenke, die über Seilzüge betätigt werden. Die Seile sind um Antriebsscheiben gewickelt, die von elektrischen Servomotoren entsprechend einer vorgegebenen Winkellage gedreht werden.

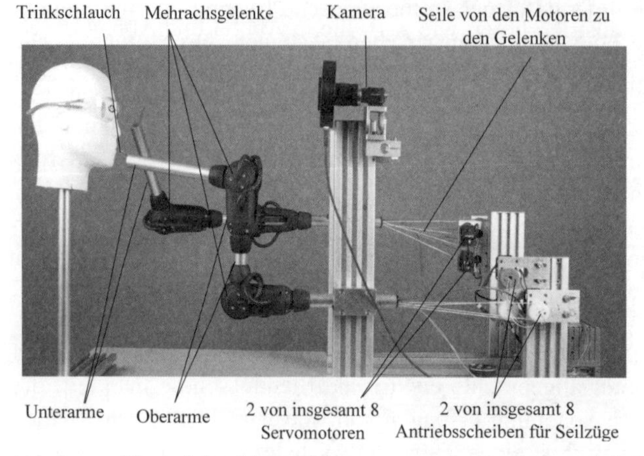

Abb. 2: Bionisch inspiriertes Robotersystem mit zwei Armen mit je 2 Kugelgelenken (Quelle: eigenes Foto)

Das Gehirn des Menschen gibt den menschlichen Aktuatoren, den Muskeln, die Befehle für bestimmte Arbeiten und nutzt für die Bewegung die Sinnesorgane. Wir erkennen z. B. mit den Augen Objekte, die wir ergreifen wollen. Genau wie im menschlichen Körper gibt es in vielen technischen Systemen vergleichbare Anforderungen, die mehr oder weniger komplex verlaufen. Der in Abb. 2 dargestellte zweiarmige Roboter soll z. B. körperlich eingeschränkte Personen durch Zuführung eines Trinkschlauchs versorgen helfen. Er soll Augenbewegungen eines bewegungsunfähigen Menschen erkennen und darüber gesteuert werden. Dazu ist er mit einer dreidimensional arbeitenden Sensorik ausgestattet. Die Augenbewegungen des Patienten werden über eine Kamera analysiert. Daraufhin berechnet ein Steuerprogramm die genaue Sollposition für den Trinkschlauch. Die Gelenkwinkel der Antriebsscheiben für die Mehrachsgelenke werden durch Servomotoren eingestellt. Über die Seile erfolgt die Bewegung der beteiligten Gelenke. Die Aktoren des Roboters sind die Motoren, die Antriebsscheiben und die Seilzüge.

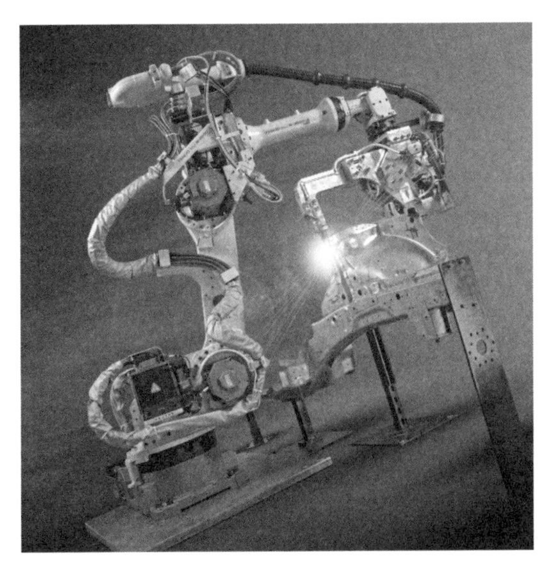

Abb. 3: Schweißroboter beim Punktschweißen (Quelle: Fanuc Robotics)

Auch die seit langem bekannten Industrieroboter, wie z. B. die in Abb. 3 und Abb. 4 dargestellten Punktschweißroboter werden über elektrische Servomotoren angetrieben. Der Mittelpunkt der Schweißzange, der auch als Tool-Center-Point (TCP) bezeichnet wird, soll vorprogrammierte Raumpositionen anfahren. Man benötigt mindestens sechs Verstellmöglichkeiten für die beteiligten Arme, um räumliche Punkte mit einer vorgegebenen Orientierung anfahren zu können. Daher haben die meisten Industrieroboter auch sechs Antriebsachsen. Die elektrischen Motoren dienen als Stelleinrichtungen z. B. für den Unter- und den Oberarm. Betrachtet man die Elektromotoren genauer, erkennt man, dass sie oft mit mechanischen Getrieben und Encodern zur Drehwinkelmessung der Achse ausgestattet sind.

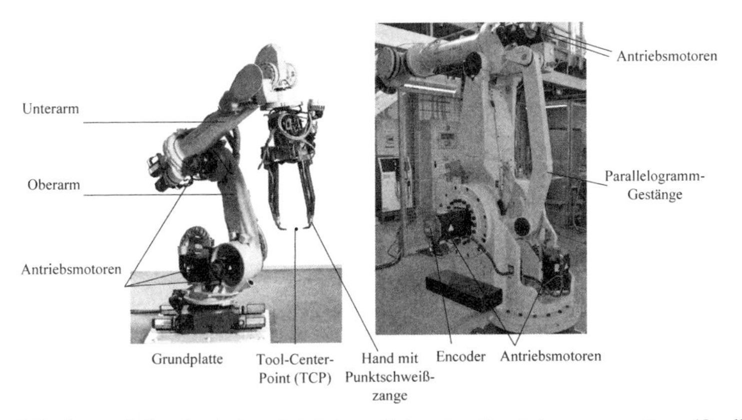

Abb. 4: Industrieroboter mit 6 Achsen, links: ohne Parallelogrammgestänge (Quelle: Firma Fanuc Robotics), rechts: Parallelogrammgestänge zur Kraftübertragung (Quelle: eigenes Foto)

Bei einigen Industrierobotern wird die Bewegung des Unterarms über ein Parallelogrammgestänge realisiert, das zusammen mit dem Motor als Stelleinrichtung dient. Die Stange wird über einen Motor bewegt und überträgt die Kraft auf den Unterarm. Dadurch kann das zu transportierende Gewicht des Unterarms reduziert werden, denn der Antriebsmotor kann auf dem Grundgestell montiert werden. Wir sehen in Abb. 4 rechts ein Beispiel dafür.

Vom mechatronischen System im Auto bis zum Industrieroboter sind Anwendungen mit elektrisch betriebenen Aktoren zu finden. Dabei unterscheidet man Aktoren, die auf elektromagnetischem Weg oder auf elektromotorischem Weg Kraftwirkungen erzielen.

Wir werden in diesem Buch beide Arten kennenlernen. Die elektromagnetischen Aktoren, wie sie z. B. als Hubmagnete vorkommen, beruhen auf magnetischen Feldern, die durch Permanentmagnete oder durch elektrische Spulen und Wicklungen erzeugt werden. Damit lassen sich Anziehungskräfte erzeugen, die für Stellbewegungen genutzt werden können. Wir finden sie z. B. als Stellglieder in Form von Relais. Eine weitere Anwendung des Hubmagneten ist das elektrische Kraftstoff-Einspritzventil im Kraftfahrzeug. Die Verbindung von Elektromagneten mit mechanischen Federn führt zu den positionsgesteuerten Aktoren, die auch als Proportionalmagnete bezeichnet werden. Diese Aktoren bewegen sich meist linear und werden z. B. in hydraulischen Ventilen zur Steuerung von Volumenströmen genutzt. Neben diesen klassischen Aktoren werden wir die Piezoaktoren kennenlernen und von Anwendungen erfahren, bei denen Piezoaktoren als Linearaktoren mit und ohne Wegbegrenzung eingesetzt werden.

Die Kraftwirkung auf stromführende Leiter in einem magnetischen Feld führt uns zur Gruppe der elektromotorischen Aktoren. Ein Beispiel eines elektromotorischen Linearaktors ist der Tauchspulenaktor, der z. B. in Computer-Festplatten zur Positionierung des Lesekopfes benutzt wird.

Die große Gruppe der elektromotorischen Aktoren wird in diesem Buch unterteilt in die Gleichstrommaschinen, Drehstrommaschinen, Synchron-Servomotoren und die Schrittmotoren. Wir werden den Aufbau und die Wirkungsweise der genannten Aktoren behandeln und Berechnungsbeispiele angeben.

2 Einteilung und Aufbau von Aktoren

Es gibt eine Vielzahl von Aktoren, die man nach verschiedenen Gesichtspunkten klassifizieren kann. Die Energieform kann als ein Klassifikations-Kriterium dienen. Gemäß Abb. 5 können wir Aktoren unterscheiden, die mit elektrischer Energie, Fluidenergie, chemischer Energie oder thermischer Energie arbeiten.

2.1 Einteilung der Aktoren

Ausgehend von diesen bereitgestellten Energien entstehen Kräfte und Bewegungen. Die Kraftwirkungen basieren auf elektrischen Feldkräften, elektromagnetischen Kräften, Druckkräften aufgrund komprimierter Fluide, wie Wasser, Hydrauliköl oder Luft. Mit chemisch gebundener Energie lassen sich durch gezielte Explosionen Druckkräfte erzeugen. Die thermische Energie führt zu Ausdehnungen infolge von Wärmespannungen. Diese Bewegungen können auf Aktoren übertragen werden, die z. B. Schaltvorgänge ausführen. Insbesondere neuartige Aktoren der Mikrosystemtechnik nutzen molekulare Kräfte aus.

Elektrische Energie		Fluidenergie		Chemische Energie	Thermische Energie
Feldkräfte (elektrisch, magnetisch)	Atom Molekular-Kräfte	Hydraulische Druckkräfte	Pneumatische Druckkräfte	Explosionsdruck, Elektrolysedruck	Kräfte durch Wärmedehnung

Abb. 5: Energien und Kraftwirkungen bei konventionellen Aktoren

Wir wollen im Folgenden die Aktoren nach der verwendeten Hilfsenergie einteilen und ihre Elemente vorstellen.

Die verschiedenen Aktoren, die mit den genannten Hilfsenergien und den daraus resultierenden Kraftwirkungen Bewegungen durchführen, zeigt das nächste Bild in einer Übersicht. Die bekanntesten Aktoren sind die Elektromotoren und Elektromagnete. Diese gibt es in sehr unterschiedlichen Bauformen und Baugrößen für sehr geringe Wege bis zu großen Stellhüben. Es gibt z. B. Linearmotoren, Getriebemotoren, Schrittmotoren, Servomotoren, Tauchspulenaktuatoren, Hubmagnete und Drehmagnete. Wir werden diese besonders wichtigen Bauformen in den folgenden Kapiteln ausführlich behandeln.

Man unterscheidet die Aktoren in diejenigen, deren Wirkungen seit Langem bekannt sind und die, die relativ neu sind. Man nennt diese letzte Gruppe auch *unkonventionelle Aktoren*, die z. B. in (Janocha, 2010) beschrieben wird. Wir finden diese Gruppe in der Abb. 5 an verschiedenen Stellen wieder, da diese Aktoren mit elektrischer Energie, aber auch mit thermischer Energie und chemischer Energie arbeiten können. Wir sehen in der Übersicht unter den elektrischen Aktoren die konventionellen elektrischen Motoren und Magnete, aber auch die unkonventionellen Aktoren, wie Piezoaktoren, elektrostriktive- und magnetostriktive Aktoren sowie die elektrorheologischen und magnetorheologischen Aktoren. Weitere unkonventionelle Aktoren sind Memory-Metall-Aktoren und elektrochemische Aktoren. Die unkonventionellen Aktoren wurden in Abb. 6 in gestrichelte Blöcke gezeichnet.

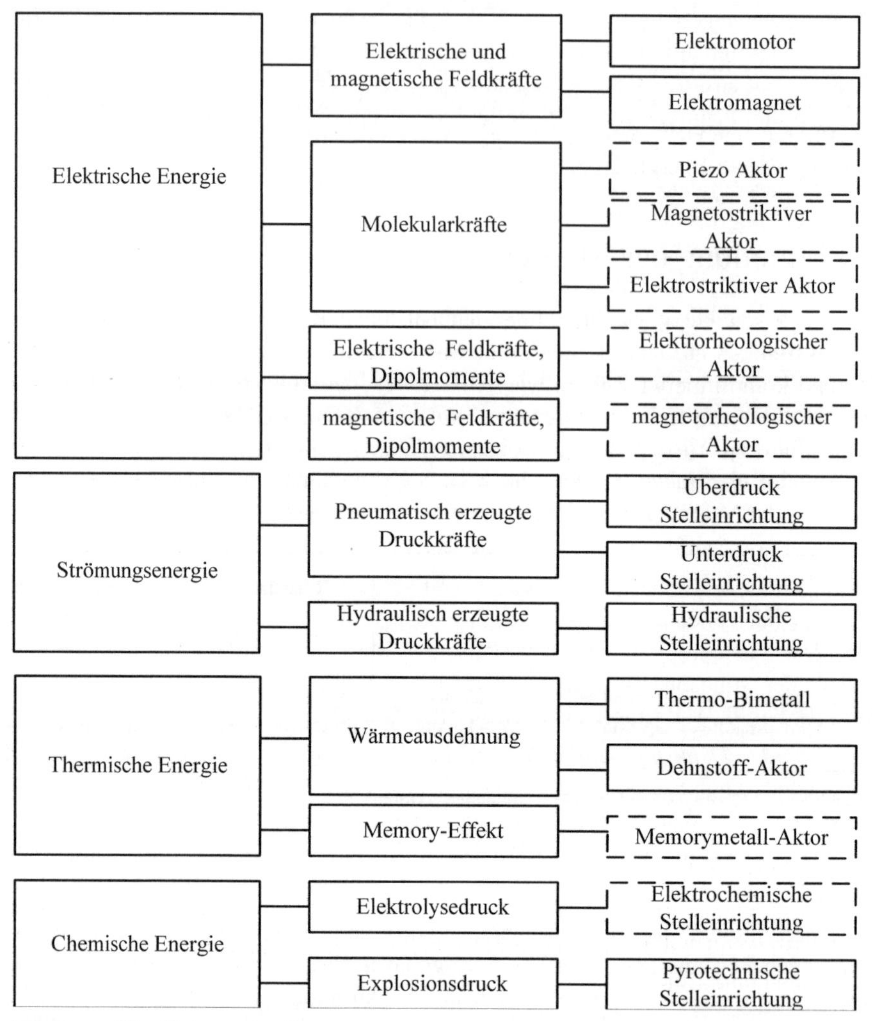

Abb. 6: Klassifizierung der Aktoren

Die mit elektrischer Energie arbeitenden *Piezoaktoren* führen relativ kurze Bewegungen aus. Piezoaktoren können Lasten bis zu mehreren Tonnen tragen und besitzen dabei Stellwege von bis zu 300 µm. Piezoaktoren werden z. B. in der Mikroelektronik bei der Wafer-Positionierung eingesetzt. Aber auch in der Medizintechnik zur Genmanipulation werden sie verwendet. Piezoaktoren ermöglichen Bewegungen fast ohne Reibung im Sub-Nanometerbereich. Die Aktoren reagieren sehr schnell auf Signale, man sagt sie haben kurze Ansprechzeiten. Ein bekannter Werkstoff für Piezoaktoren ist Blei-Zirkonat-Titanat (PZT).

Elektrostriktive Aktoren ähneln in ihrer Funktionsweise den piezoelektrischen Aktoren. Die Elektrostriktion beschreibt die Deformation eines dielektrischen Mediums in Abhängigkeit eines angelegten elektrischen Feldes. Elektrostriktive Aktoren bestehen häufig aus Blei-Magnesium-Niobat-Keramikmaterial (PMN), das aber nicht polarisiert ist. Die Auslenkung des Werkstoffs ändert sich näherungsweise mit dem Quadrat der angelegten Spannung. Im Gegensatz zu den Piezoaktoren erfolgt in den elektrostriktiven Werkstoffen keine Polarisation, d. h. Ladungsverschiebung in dem nicht leitenden Material. Die Elektrostriktion tritt auch bei den Piezoaktoren auf, die Ladungstrennung tritt jedoch bei den reinen elektrostriktiven Werkstoffen nicht auf. Elektrostriktive Aktoren werden nicht immer von den Piezoaktoren unterschieden und gehören wie diese zu den unkonventionellen Aktoren. Die Stellwege und Wegauflösungen sind wie bei den piezoelektrischen Aktoren.

Die Verformung eines *magnetostriktiven* Werkstoffs bei Auftreten eines magnetischen Feldes führte zur Entwicklung der magnetostriktiven Aktoren. Diese erfahren eine Dehnung, wenn sie mit einem magnetischen Feld beaufschlagt werden. Der bekannteste Werkstoff, der diesen Effekt zeigt, ist das 1971 entwickelte *Terfenol-D*. Magnetostriktive Aktoren werden z. B. zur Erzeugung von Ultraschallwellen in Sonar-Systemen genutzt. Dabei wird mit hoher Frequenz die Bewegung eines magnetostriktiven Wandlers genutzt. Magnetostriktive Wandler erzeugen Kräfte bis etwa 8 kN, allerdings ist der nutzbare Weg selbst im Resonanzfall kaum größer als einige µm.

Die *elektrorheologischen (ER) und magnetorheologischen (MR)* Aktoren beruhen auf der Änderung der Viskosität einer Flüssigkeit in Abhängigkeit von elektrischen bzw. magnetischen Feldern. Dadurch können Kräfte und Momente übertragen werden. Mit diesen Fluiden werden neuartige Fluid-Ventile und mechanische Kupplungen ausgerüstet.

Aktoren die auf Fluidenergie basieren sind sehr weit verbreitet. Sie werden als Stellzylinder mir hydraulischer oder pneumatischer Betätigung über Ventile angesteuert. Es handelt sich dann um Überdruckstelleinrichtungen. Pneumatische Aktoren, die mit Drücken arbeiten, die geringer sind als der Atmosphärendruck, werden auch Unterdruckstelleinrichtungen genannt. Sie kommen z. B. bei PKW-Bremsen als Bremskraftverstärker vor.

Thermobimetalle oder Dehnstoffaktoren nutzen die Wärmeenergie aus um Verformungen, meistens Längenänderungen zu bewirken. Bimetalle bestehen aus zwei verschweißten Metallen mit unterschiedlichen Wärmeausdehnungskoeffizienten. Dehnstoffaktoren kommen häufig vor in Stelleinrichtungen für warmes Wasser in der Heizungstechnik. Bimetallaktoren werden z. B. in Zweipunktregelungen verwendet. Viele Temperaturregelungen, wie sie etwa im Bügeleisen vorkommen, benutzen Bimetalle als kombinierte Sensoren und Aktoren. Die Verformung des Bimetalls bei der Wärmezufuhr schaltet den Stromkreis für die Heizung ab, wenn die Solltemperatur erreicht ist.

Ein interessanter Effekt, der aufgrund zugeführter Wärme zu beobachten ist, ist der *Memory Effekt*. Die Materialien, z. B. Nitinol (häufig zu gleichen Teilen aus Nickel und Titan bestehend), die auf diesem Effekt beruhen, werden auch Formgedächtnislegierungen genannt. Sie können sich an eine frühere Form, trotz nachfolgender Verformung, erinnern. Dadurch können Stellbewegungen in Abhängigkeit der Temperatur erzeugt werden. Man stellt z. B. einen dünnen Draht aus dem Material Nitinol her und leitet einen Strom durch diesen Draht. Durch die vom Strom herrührende Erwärmung findet eine Gefügeumwandlung statt und der Draht verkürzt sich um ca. 10 %. Diese Wegänderung kann in technischen „Muskeln" genutzt werden, um einen Aktor zu bewegen.

2.2 Aufbau von Aktoren

Die notwendigen Bestandteile des Aktors werden in diesem Abschnitt an einem Beispiel erläutert. Aktoren können mit den Stellbewegungen nicht nur wie bei dem Roboter Werkzeuge oder Greifer führen, sondern auch Stoff- und Energieströme stellen. Beispielsweise soll in einem Gasofen durch die Zufuhr einer Gasmenge die Temperatur erhöht werden. Der zu steuernde Prozess ist die Wärmeübertragung auf das zu temperierende Objekt im Gasofen. Die Zuführung der Gasmenge kann durch ein Stellventil beeinflusst werden.

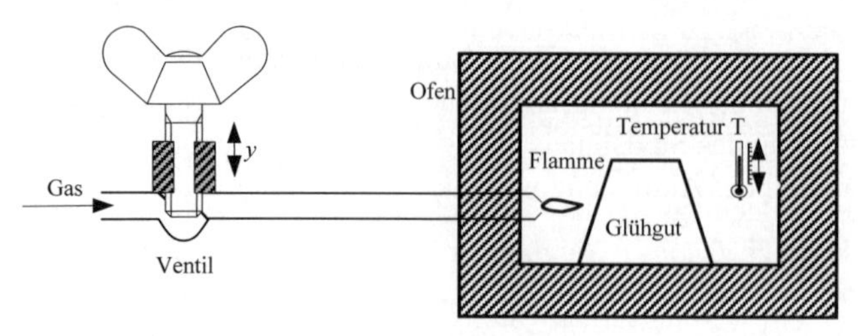

Abb. 7: Manuelle Betätigung eines Stellventils

Der freie Querschnitt in der Gasleitung wird durch Betätigen des Ventils verändert, ähnlich wie bei der Verstellung eines Wasserhahns. Die Betätigung des Ventils kann im einfachsten Fall durch den Menschen manuell erfolgen. Wir erkennen, dass der Mensch der Aktor ist, der das Ventil verstellt. Der Mensch muss eine Kraft aufbringen, um das Stellglied zu betätigen.

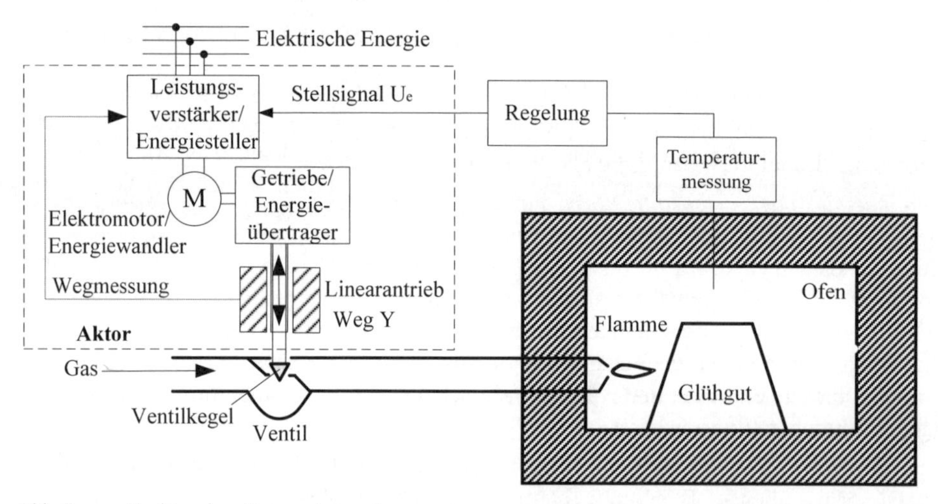

Abb. 8: Struktur einer Temperaturregelung

Natürlich kann das Stellventil auch automatisch, z. B. über einen Motor betätigt werden. Wir benötigen in diesem Fall einen Antrieb für die Verstelleinrichtung des Ventils. Dieser Antrieb wird durch einen Aktor bereitgestellt, der das Stellventil als sogenanntes Stellglied betätigt. Die Abb. 8 zeigt in dem umrandeten Kasten die Bestandteile eines Aktors. Man erkennt einen Motor, der über ein Getriebe mit einem angeschlossenen Linearantrieb den Ventilkegel bewegt und dadurch den freien Querschnitt für das strömende Gas im Stellventil verändert.

Die veränderliche Gasmenge beeinflusst die Temperatur im Gasofen. Der Motor wandelt die elektrische, zugeführte Energie in mechanische Energie, um das Ventil zu betätigen. Der Motor wandelt also Energieformen. Es handelt sich um einen *Energiewandler*.

Energiewandler
Ein Energiewandler wandelt verschiedene Formen der Energie, ohne sie zu speichern. Theoretisch kann der Wandler als verlustfrei, also ideal betrachtet werden. Real treten aber immer Verluste bei der Wandlung auf.

Komfortable, elektromotorische Aktoren können stufenlos die Motorspannung verändern. Sie werden mit einem Stellsignal geringer Leistung angesteuert, z. B. einer Spannung zwischen −10 V und 10 V. Die Verstärkung des Stellsignals erfolgt in einem Leistungsverstärker. Der Leistungsverstärker ist Bestandteil des Aktors und wird als Energiesteller bezeichnet.

Energiesteller
Ein Energiesteller erzeugt aus einem leistungsarmen Stellsignal unter Zuhilfenahme von Hilfsenergie ein leistungsstärkeres Energie-Stellsignal zur Ansteuerung des Energiewandlers.

Der Energiesteller kann unterschiedliche Energieformen als Hilfsenergie zugeführt bekommen. Die unterschiedlichen Energieformen werden im Energiewandler in Kräfte und Bewegungen umgeformt. Wir definieren den Aktor wie folgt:

Aktor
Ein Aktor oder Aktuator ist eine Stelleinrichtung, die über ein energiearmes Signal angesteuert wird und durch Zufuhr von Hilfsenergie über den Energiesteller eine wesentlich größere mechanische Energie für den Stellvorgang aufbringen kann. Der Aktor besteht mindestens aus einem Energiesteller und einem Energiewandler. In den meisten Fällen führt der Aktor eine Bewegung unter Kraftaufwendung aus und verrichtet dabei mechanische Arbeit.

Die Signalverarbeitung innerhalb eines Aktors erfolgt gemäß Abb. 9. Der Energiesteller wird durch ein externes Signal beaufschlagt und erzeugt eine dem Signal zugeordnete, dosierte Stellenergie, die im Energiewandler zur Erzeugung der Stellkraft umgeformt wird. Wichtig ist, dass eine externe Hilfsenergie bereitgestellt wird.

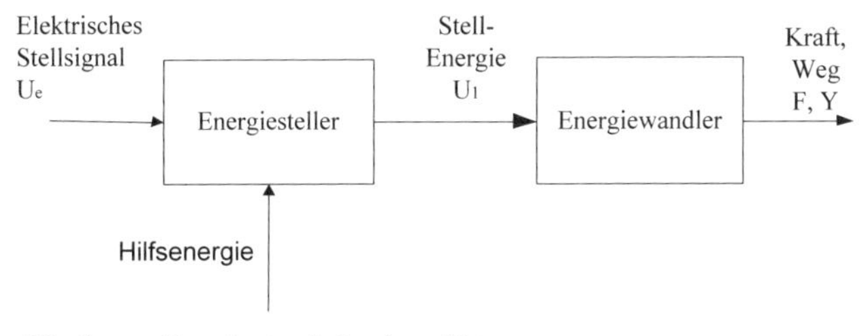

Abb. 9: Hauptbestandteile eines Aktors

Eine Spannungsveränderung des Motors durch den Energiesteller führt in der Regel zu einer unterschiedlichen Motordrehzahl. Falls der Motor mit einer konstanten Spannung angesteuert wird, schließt oder öffnet er das Ventil vollständig. Der Motor muss in diesem Fall durch einen Endschalter abgeschaltet werden. Damit der Motor eine ganz bestimmte Öffnung des Kegelventils bewirkt, muss er mit einer *Positionsregelung* ausgestattet sein. Die Positionsregelung erfordert ein Messsystem für den Stellweg und eine geeignete Regeleinrichtung. In Abb. 8 wird am Linearantrieb ein Signal abgezweigt. Daneben steht die Bezeichnung Wegmessung. Damit ist die Positionsmessung des Ventilkegels im Ventil gemeint. Nicht jeder Aktor benötigt eine Positionsregelung. Aber jeder Aktor besitzt einen Energiesteller.

Positionsregelung
Die Positionierung eines elektromotorischen Stellantriebes wird durch eine Positionsregelung ermöglicht.

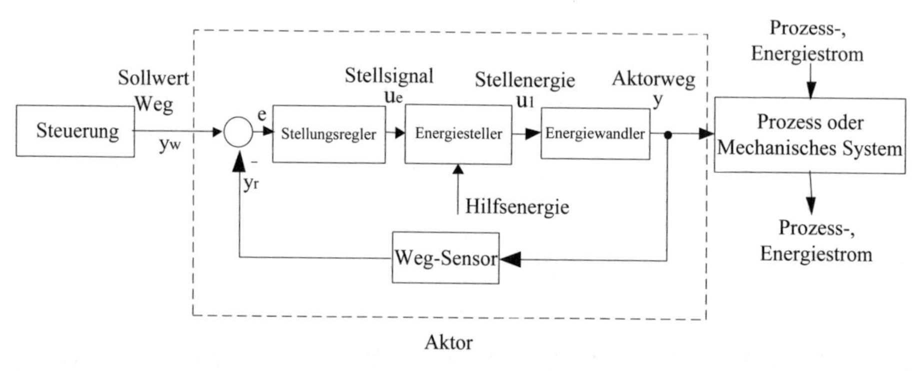

Abb. 10: Positionsregelung in einem Aktor

Die Abb. 10 stellt den geschlossenen Regelkreis für die Aktorposition dar. Die Betätigung des Energiestellers erfolgt über den Regler. Der Wegsensor erfasst die aktuelle Wegposition und übermittelt sie dem Stellungsregler. Der Regler berechnet aus der Regelabweichung zwischen dem Sollwert und dem Istwert geeignete Stellsignalwerte. Die Winkel- oder Positionsregelung mit einem Elektromotor umfasst weitere unterlagerte Regelkreise für die Motordrehzahl und den Motorstrom! Man nennt den positionsgeregelten Elektromotor dann einen *Servomotor*.

Servomotor
Ein Servomotor ist ein elektrischer Motor, der strom-, drehzahl- und/oder positionsgeregelt ist. Er ermöglicht die Einstellung vorgegebener Ströme, Drehzahlen und/oder Drehwinkel.

Aktoren und elektrische Maschinen führen Bewegungen mit bestimmten Geschwindigkeiten und Kräften aus. Zur Anpassung des Motor-Drehmomentes an das geforderte Aktor-Drehmoment wird häufig ein Getriebe eingesetzt.

Mechanisches Getriebe
Ein mechanisches Getriebe dient der Anpassung von Drehzahlen und Drehmomenten des Motors an den Aktor oder die anzutreibende Last.

Das Getriebe überträgt mechanische Energie, wobei die Drehzahlen und Drehmomente an den Getriebewellen unterschiedlich sind. Daher sprechen wir von einem *Energieübertrager* im Gegensatz zu einem Energiewandler. Eine Energieübertragung ist in der Regel mit Energiewandlungen in Wärme verbunden. Diese Wandlung ist aber nicht beabsichtigt und stellt Verluste dar. Für einen Energieübertrager wird ein Wirkungsgrad angegeben. An der Energieübertragung sind zwei Größen beteiligt. Der Übertrager besitzt einen Übertragungsfaktor, mit dem das Verhältnis dieser beteiligten Größen geändert wird. So erfolgt z. B. über ein mechanisches Getriebe die Änderung der Eingangsdrehzahl und des Eingangsdrehmomentes. Es gibt Energieübertrager auch bei elektrischen Stromkreisen. Der Transformator überträgt elektrische Energie, dabei kann die Höhe der Spannung verändert werden. Auch der Transformator arbeitet nicht verlustfrei.

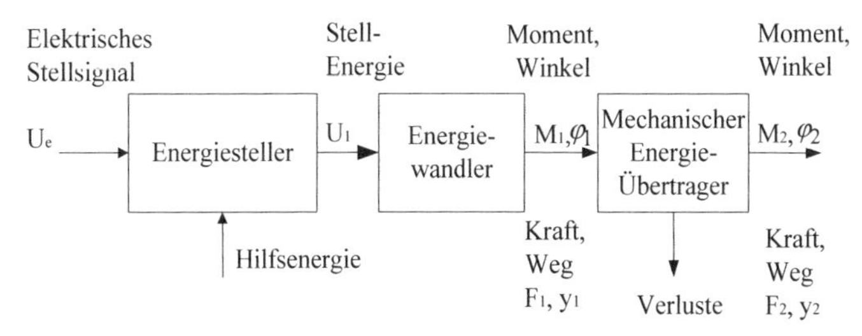

Abb. 11: Erweiterung der Bestandteile eines Aktors um einen Übertrager

Übertrager
Ein Übertrager, wie z. B. ein Getriebe, überträgt die zugeführte Energie in der Regel mit Verlusten, ohne dass eine Energiewandlung in eine andere Energieform stattfindet.

Wir erweitern unser Blockschaltbild, das den Aktor in seinen Hauptbestandteilen darstellt, um den Block mechanischer Übertrager. Die drei Bestandteile des Aktors finden wir bei dem in Abb. 12 dargestellten Linearaktor wieder.

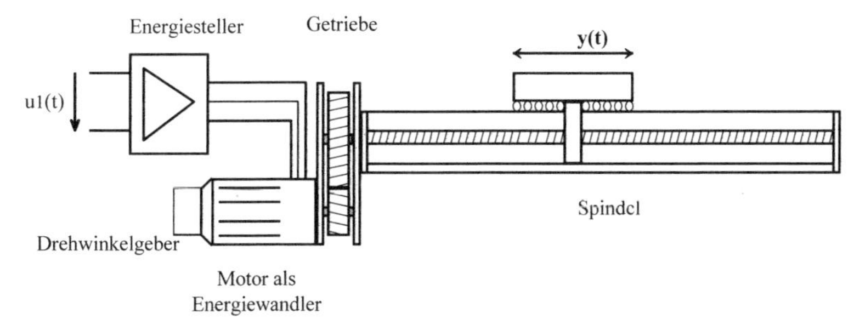

Abb. 12: Aktor mit einem Getriebe und einer Linear-Spindel

Eine kombinierte Realisierung eines Linearantriebs mit Elektromotor, Spindel und Zahnriemen zeigt Abb. 13. Der Synchron-Servomotor treibt über ein Riemengetriebe eine Kugelumlaufspindel an. Dadurch bewegt sich die Mutter, an der die Last befestigt ist. Die Anbringung des Drehwinkel-Messsystems ist unterschiedlich zu Abb. 12, denn das Messsystem sitzt nicht auf der Motorwelle, sondern auf der Welle der Spindel. Dadurch werden Fehler des Getriebes vermieden. Das Winkel-Messsystem ermöglicht die Messung des Drehwinkels der Spindel und den Aufbau eines Lage-Regelkreises zur exakten Positionierung der Mutter. Das System kann 2 kg Lasten führen, die innerhalb des 30 mm langen Arbeitshubes auf ± 0,1 mm genau positioniert werden können.

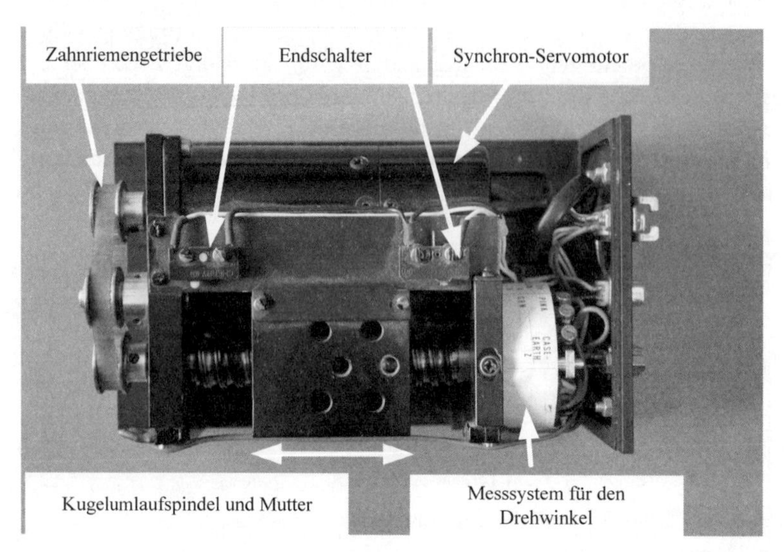

Abb. 13: Synchron-Servoantrieb mit 30 mm Hub, 0,1 mm Positioniergenauigkeit, 2 kg Last für Linearbewegungen (Quelle: eigenes Foto)

Wir unterscheiden Aktoren, die lineare oder rotatorische Bewegungen ausführen. Der vorgestellte Synchron-Servomotor benötigt die Kugelumlaufspindel zur Übertragung der Drehbewegung in eine geradlinige Bewegung. Der in Abb. 14 links dargestellte Hubmagnet führt ohne Getriebe eine lineare Bewegung aus. Man spricht bei der direkten Erzeugung von translatorischen Bewegungen auch von einem *Linearmotor*.

Wir werden weitere Linearmotoren kennenlernen.

Linearmotor
Ein Linearmotor führt ohne die Zwischenschaltung eines Getriebes eine geradlinige Bewegung aus.

Weiterhin unterscheidet man Aktoren mit einer begrenzten und einer unbegrenzten Auslenkung.

Aktoren mit begrenzter Auslenkung
Aktoren mit begrenzter Auslenkung sind durch einen unteren und einen oberen Grenzwert in der Bewegungsrichtung eingeschränkt.

Der in der Position geregelte Motor hat eine begrenzte Auslenkung, da er nur einen begrenzten Stellweg aufweist. Ohne eine Positionsregelung kann ein Motor unbegrenzt Drehungen ausführen. Die im nächsten Bild skizzierten Hubanker- und Drehankermagnete besitzen ebenfalls nur eine begrenzte Auslenkung.

Die Elektromagnete werden sehr häufig als Aktor eingesetzt. Es gibt einfache Anwendungen, die nur zwei Stellpositionen kennen und die sogenannten *Proportionalmagnete*, deren Stellhub gezielt vorgegeben werden kann. Der bewegliche Teil des Magneten wird *Anker* genannt.

Anker
Der bewegliche, angezogene Teil eines Hub- oder Drehmagneten wird als Anker bezeichnet.

Wir erkennen an dem Hub- und Drehankermagneten auch das Prinzip der Energiewandlung im Aktor wieder. Die über die Spule zugeführte elektrische Energie wird in mechanische Energie gewandelt.

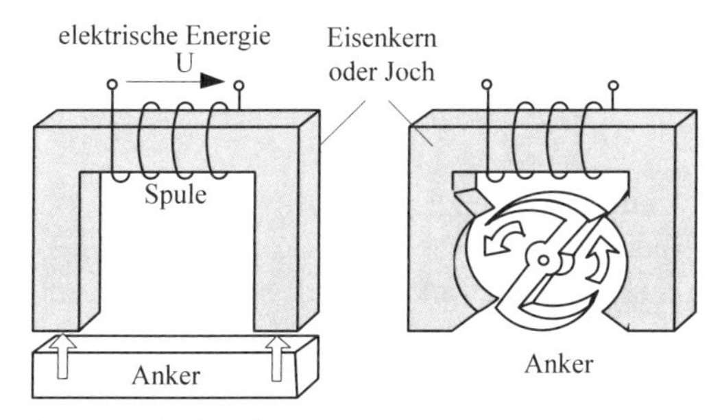

Abb. 14: Magnetaktoren, links: Aufbau eines Hubmagneten (Prinzip), rechts: Drehankermagnet

Der in Abb. 14 links dargestellte Hubmagnet ist aufgrund der Bauart bereits ein Linearantrieb. Bei den Elektromotoren sind die rotatorischen Antriebe dominierend.

Zusammenfassung
Aktoren werden mit Hilfsenergie versorgt. Die Hilfsenergie kann elektrisch, hydraulisch oder pneumatisch, chemisch oder thermisch zugeführt werden. Aktoren werden in konventionelle und unkonventionelle Aktoren eingeteilt. Die unkonventionellen Aktoren sind noch nicht lange bekannt und daher ist deren Einsatz nicht so häufig. Allerdings sind einige unkonventionelle Aktoren dem Laborstadium entwachsen und werden industriell gefertigt und sind käuflich erhältlich. Interessante unkonventionelle Aktoren sind z. B. die Piezoaktoren. Aktoren bestehen in der Regel aus einem Energiesteller und einem Energiewandler. Der Energiesteller wird mit Hilfsenergie versorgt. Mit Aktoren können Prozess- oder Energieströme verstellt werden. Will man mit einem Elektromotor einen Aktor in einen bestimmten Drehwinkel oder auf einen bestimmten Hub bringen, benötigt man einen Servomotor. Dieser benötigt Messsysteme für den Drehwinkel bzw. den Hub und besitzt eine Drehwinkel- oder Hubregelung.

Die Ansteuerung des Energiestellers erfolgt mit einem Stellsignal leistungsarm. Der Energiesteller kann z. B. ein elektrischer Leistungsverstärker sein. Der Energiesteller erzeugt daraus eine Stellenergie, die dem Energiewandler zugeführt wird. Der Energiewandler wandelt die zugeführte Stellenergie in eine andere Form. So wird z. B. elektrische Stellenergie zu mechanischer Energie zum Betrieb eines Stellglieds umgewandelt. Die mechanische Energie dient der Verstellung des Stellglieds um einen Weg mit einer bestimmten Kraft. Häufig werden zur Erzeugung translatorischer Bewegungen drehende Elektromotoren eingesetzt, die erst über ein Getriebe die Translations-Bewegung bewirken. Wir bezeichnen Getriebe als mechanische Energieübertrager, die Verluste aufweisen.
Die Aktoren können nach der Bewegungsart eingeteilt werden. Wir unterscheiden, die linear wirkenden Aktoren von den Aktoren, die Dreh- oder Schwenkbewegungen ausführen. Elektromagnete werden als Aktoren mit geradlinigem Weg oder als Drehankermagnet eingesetzt. Es gibt Aktoren mit begrenzter und unbegrenzter Auslenkung. Elektromotoren haben eine unbegrenzte Auslenkung, während die Hub- oder Drehmagnete eine begrenzte Auslenkung besitzen.

Kontrollfragen

1. Welche Energieform liefert ein Aktor?
2. Welche Einschränkungen hätte ein Aktor, der nur einen Energiewandler und keinen Energiesteller enthält?
3. Beschreiben Sie den Werkstoff Nitinol.
4. Was ist ein magnetorheologisches Fluid? Nennen Sie einen Einsatzfall.
5. Welche Aktoren werden mit Terfenol-D hergestellt?
6. Beschreiben Sie den Unterschied zwischen einem Energiewandler und einem Übertrager.
7. Ist ein Linearmotor ein Servomotor?
8. Welche Bestandteile weist ein Aktor auf?
9. Handelt es sich bei der Spindelachse mit Mutter in Abb. 12 bzw. Abb. 13 um einen Übertrager oder Wandler und warum?

3 Arbeit, Energie, Leistung

Da ein Aktor die Hilfsenergie über den Energiesteller zum Energiewandler überträgt und dieser die Hilfsenergie wandelt, wollen wir die physikalischen Begriffe Energie und Arbeit definieren.

Wir leisten Arbeit, wenn wir einen Körper in eine bestimmte Richtung bewegen und dabei eine Kraft aufwenden. Voraussetzung ist dabei, dass die Bewegungsrichtung und die Kraftrichtung gleich sind. Sind diese Richtungen unterschiedlich, so wird nur durch die Komponente der Kraft in Richtung der Bewegung Arbeit verrichtet.

Der Begriff der Energie beschreibt die Fähigkeit, Arbeit zu verrichten. Beim Verrichten von Arbeit wird Energie ausgetauscht. Alle Energieformen lassen sich in mechanische Arbeit umwandeln. Die Energie ist eine Zustandsgröße. Energie kann in verschiedenen Erscheinungsformen auftreten: Wärme, Strahlung, mechanische und chemische, elektrische und magnetische Energie.

Ein wichtiges physikalisches Prinzip ist das Prinzip der Erhaltung der Energie. Energie kann weder erzeugt noch vernichtet, sondern nur umgewandelt und übertragen werden.

Beispielsweise kann die potenzielle Energie in kinetische Energie gewandelt werden. Falls dabei Wärme durch Reibung produziert wird, wird die potenzielle Energie zum Teil in kinetische Energie und in Wärmeenergie gewandelt. Da dieser Prozess irreversibel ist, sagt man es entstehen Reibungsverluste.

Verrichtet man an einem Körper im Zeitintervall $t_1<t<t_2$ Arbeit W_{12} oder führt man ihm Wärme Q_{12} zu, so wächst seine Energie. Mit Wärme kann man Energie ohne Kraft übertragen. In einem System gilt für die Änderung seiner Energie im Zeitintervall $t_1<t<t_2$ nach dem ersten Hauptsatz der Thermodynamik:

$$E_2 - E_1 = W_{12} + Q_{12} .$$

Aktoren, die Wärmeenergie nutzen, setzen diese in mechanische Arbeit um!

3.1 Elektrische Arbeit und Energie

Bei elektrischen Systemen unterscheidet man die Energie des elektrostatischen Feldes und die im magnetischen Feld gespeicherte Energie. Im Bereich der Aktorik treten elektrische Felder z. B. in Piezoaktoren auf, in denen durch Aufbringen einer Spannung eine Dehnung des Piezomaterials bewirkt wird. Magnetische Felder treten in Elektromagneten und elektrischen Maschinen auf. Aktoren verrichten Arbeit und wandeln Energieformen.

Elektrische Aktoren
Elektrische Aktoren wandeln elektrische Energie in mechanische Energie um.

Wir wollen die Begriffe elektrische Energie und elektrische Arbeit unterscheiden und die Richtung der Energiewandlung beachten lernen. Unter elektrischer Energie versteht man die an Ladungen gebundene Erscheinungsform der Energie. Wir betrachten eine Punktladung Q. Befindet sich die Punktladung Q in einem elektrischen Strömungsfeld, so wirkt eine elektrische Kraft F_{el} auf sie.

Elektrische Arbeit
Bewegt sich die Ladung Q aufgrund dieser Kraft F_{el}, so wird durch die Kraft Arbeit geleistet. Dabei nimmt die kinetische Energie der Ladungsträger zu und die potenzielle Energie ab. Die Ladung bewegt sich von einem hohen Potenzial zu einem niedrigen Potenzial, also in Feldrichtung.

Die elektrische Spannung, welche die Potenzialdifferenz darstellt, sinkt also in der Bewegungsrichtung der Ladungsträger. Bewegen sich die Ladungen in Feldrichtung und die potenzielle Energie der Ladungsträger sinkt, handelt es sich um einen Verbraucher elektrischer Energie. In der Elektrotechnik bezieht man die Aufnahme oder Abgabe von Energie auf ein sog. Pfeilsystem.

Verbraucherpfeilsystem
Im *Verbraucherpfeilsystem* ist der Bezugssinn für Strom und Spannung an einem Verbraucher gleichgerichtet. Der in die positive Klemme des Verbrauchers einfließende Strom wird positiv gezählt. Der Spannungsabfall ist ebenfalls positiv. Die verbrauchte elektrische Energie wird positiv gezählt und die abgegebene elektrische Energie (eines Generators) dementsprechend negativ.

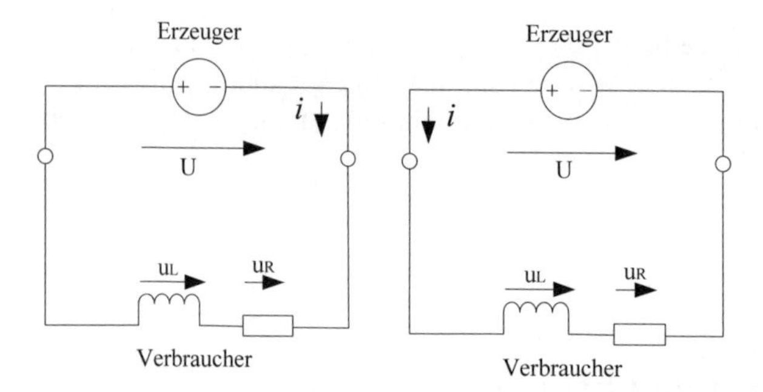

Abb. 15: Pfeilsysteme, links: Erzeugerpfeilsystem, rechts: Verbraucherpfeilsystem

Erzeugerpfeilsystem
Verwendet man das sog. *Erzeugerpfeilsystem,* wird die beim Erzeuger elektrischer Energie abgegebene Leistung positiv gezählt. Der in den Verbraucher fließende Strom ist negativ zu bewerten. Daher ist im Erzeugerpfeilsystem die Abgabe elektrischer Energie positiv und die Aufnahme negativ.

Vorzugsweise werden wir im Folgenden bei elektrischen Anwendungen der Aktorik immer das Verbraucherpfeilsystem benutzen. Zuerst wollen wir die Berechnungsformel für die Energie des elektrischen Feldes angeben. In der folgenden Formel ist C die Kapazität (z. B. eines Plattenkondensators) und U die elektrische Spannung. Gehen wir von einem Plattenkondensator aus, ist A die Fläche der Kondensatorplatten und s der Abstand der Platten:

$$W_{e,12} = \frac{1}{2} \cdot C \cdot U^2 = \frac{1}{2} \cdot \varepsilon_0 \cdot \varepsilon_r \cdot E^2 \cdot A \cdot s$$

Die Energie des elektrischen Feldes, bezogen auf das Volumen V, wird Energiedichte genannt und beträgt:

$$w_{e,12} = \frac{W_{e,12}}{V} = \frac{1}{2} \cdot \varepsilon \cdot E^2$$

In der Formel bedeutet E die elektrische Feldstärke. Die Dielektrizitätskonstante ε berechnet sich aus:

$$\varepsilon = \varepsilon_0 \cdot \varepsilon_r$$

Die elektrische Feldkonstante ε_0 hat den Wert:

$$\varepsilon_0 = 8{,}85 \cdot 10^{-12} \, \frac{\text{As}}{\text{Vm}},$$

der für Vakuum und Luft gilt. ε_r ist die relative Dielektrizitätszahl des Mediums. Sie ist dimensionslos und hat für Vakuum und annähernd auch für Luft den Wert 1.

Beispielaufgabe:
Ein sogenannter Piezostapelaktor besteht aus 10 miteinander verbundenen und elektrisch parallel geschalteten, kreisförmigen Piezokeramikscheiben. Die Scheiben besitzen einen Durchmesser von 10 mm. Das Datenblatt gibt die Kapazität jeder Scheibe mit 21 nF an. Die relative Dielektrizitätszahl beträgt ε_r = 2500. Berechnen Sie den Abstand der Scheiben, wenn die Anordnung wie ein Plattenkondensator behandelt werden kann.

Lösung:
Die Piezoscheiben können wie Plattenkondensatoren betrachtet werden. Den Aufbau eines Piezostapelaktors werden wir später genauer behandeln. Da die Piezoscheiben parallel geschaltet werden, können wir die gesamte Kapazität durch Addition der Einzelkapazitäten berechnen. Wir formen die Gleichung nach s um und können den Abstand zweier aufeinanderfolgender Scheiben berechnen.

$$C = \varepsilon_0 \cdot \varepsilon_r \cdot \frac{A}{s}$$

$$s = \varepsilon_0 \cdot \varepsilon_r \cdot \frac{A}{C} = \varepsilon_0 \cdot \varepsilon_r \cdot \frac{\pi \cdot d^2}{4 \cdot C}$$

$$s = 8{,}85 \cdot 10^{-12}\,\frac{\mathrm{As}}{\mathrm{Vm}} \cdot 2500 \cdot \frac{\pi \cdot 0{,}01^2\ \mathrm{m}^2}{4 \cdot 21 \cdot 10^{-9}\,\frac{\mathrm{As}}{\mathrm{V}}}$$

$$s = \frac{8{,}85 \cdot 10^{-3} \cdot 2500 \cdot \pi \cdot 0{,}01^2}{4 \cdot 21}\ \mathrm{m} = 8{,}274 \cdot 10^{-5}\ \mathrm{m} = 0{,}08\ \mathrm{mm}$$

Die Abstände zwischen den Scheiben betragen also nur 0,08 mm.

Aktoren müssen oft auf kleinem Raum untergebracht werden. Es ist dann wichtig zu wissen, welche Energiedichte, d. h. welche Energie pro Volumeneinheit, der Aktor liefern kann.

Beispielaufgabe:
Berechnen Sie die Energiedichte im elektrischen Feld eines Plattenkondensators mit der Feldstärke E = 20 kV/cm (E = 30 kV/cm ist die Durchschlagsfeldstärke in Luft).

Lösung:

$$w_{e,12} = \varepsilon_0 \frac{E^2}{2} = 8{,}85 \cdot 10^{-12}\,\frac{\mathrm{As}}{\mathrm{Vm}} \cdot \frac{\left(20000\,\frac{\mathrm{V}}{\mathrm{cm}}\right)^2}{2} = 8{,}85 \cdot 10^{-14}\,\frac{\mathrm{As}}{\mathrm{Vcm}} \cdot \frac{\left(20000\,\frac{\mathrm{V}}{\mathrm{cm}}\right)^2}{2}$$

$$w_{e,12} = 1{,}77 \cdot 10^{-5}\,\frac{\mathrm{VAs}}{\mathrm{cm}^3} = 1{,}77 \cdot 10^{-5}\,\frac{\mathrm{J}}{\mathrm{cm}^3}$$

Im Vergleich zu den Aktoren, deren Energie in Spulen als magnetische Energie gespeichert werden kann, ist dieser Wert relativ gering. Aus diesem Grund gibt es mehr Aktoren, die auf elektromagnetischen Effekten beruhen.

3.2 Mechanische Arbeit bei der Translation eines Körpers

Nun wollen wir die mechanische Arbeit betrachten, die ein Aktor verrichtet. Dem Aktor wird elektrische, thermische, magnetische oder Fluid-Energie zugeführt. Ändert sich die Kraft entlang des Weges von s_1 nach s_2 gilt für die verrichtete Arbeit W:

$$W_{12} = \int_{s_1}^{s_2} \vec{F} \cdot d\vec{s}$$

Mechanische Arbeit
Mechanische Arbeit ist die Energieübertragung mithilfe einer Kraft, die längs eines Weges wirkt.

In diesem Fall muss das Integral über dem Skalarprodukt aus Kraft- und Weg-Vektor berechnet werden. Die Berechnung der Arbeit erfolgt mit der folgenden Formel, wenn die Kraft F längs des Weges wirkt:

$$W_{12} = F \cdot s_{12} \tag{3.1}$$

F: Kraft längs eines Weges

s_{12}: Weg, der im Zeitintervall $t_1<t<t_2$ zurückgelegt wird

W_{12}: Arbeit, die in diesem Zeitintervall verrichtet wird

Bewegt sich der Körper, an dem die Kraft angreift, mit der Geschwindigkeit

$$\vec{v} = \frac{d\vec{s}}{dt} \tag{3.2}$$

dann ergibt sich durch Einsetzen:

$$W_{12} = \int_{t_1}^{t_2} \vec{F} \cdot \vec{v} \cdot dt \tag{3.3}$$

Die Dimension der Arbeit ist Kraft mal Länge. Die SI-Einheit der Arbeit ist das Joule (J). Es gilt:

1 J = 1 Nm.

Beispielaufgabe:
Der in der folgenden Abbildung dargestellte Schieber hat eine Masse von m = 5 kg. Er wird von einem Aktor aus der Höhe Y_1 = 1 m auf die Höhe Y_2 = 3 m angehoben. Es ist die am Schieber verrichtete Arbeit zu berechnen.

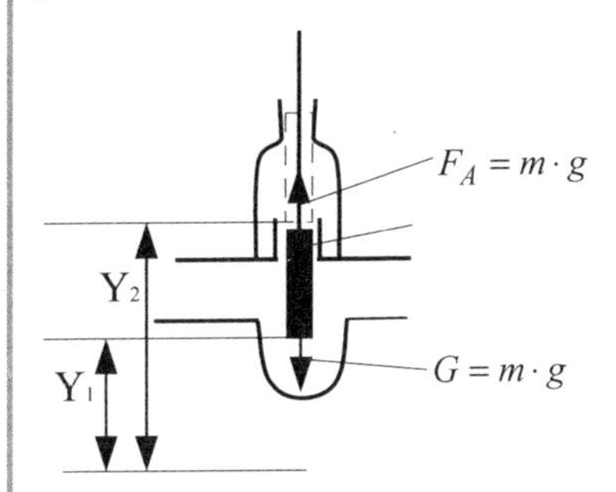

Abb. 16: Schieber als Aktor

Lösung:

$$W_{12} = F \cdot (Y_2 - Y_1) = m \cdot g \cdot (Y_2 - Y_1) = 5\ \text{kg} \cdot 9{,}81 \frac{\text{m}}{\text{s}^2} \cdot (3\ \text{m} - 1\ \text{m}) = 98{,}1 \frac{\text{kg} \cdot \text{m}^2}{\text{s}^2}$$

$$E_2 - E_1 = W_{12} = m \cdot g \cdot (Y_2 - Y_1) = 98{,}1\ \text{J}$$

Die Arbeit wird dem System zugeführt. Sie erhöht die gespeicherte Energie des Schiebers. Es handelt sich um potenzielle Energie.

3.3 Mechanische Arbeit bei der Rotation eines Körpers

Auch bei an Körpern angreifenden Drehmomenten wird Arbeit geleistet. Das Moment M muss mit dem Drehwinkel multipliziert werden.

$$W_{12} = \int_{t_1}^{t_2} M \cdot d\varphi \qquad 3.4$$

Wir betrachten eine sich drehende Scheibe in Abb. 17. Ein Teilchen der Scheibe im Abstand r_i hat die momentane Geschwindigkeit v_i. Es bewegt sich in der Zeit dt entlang des Bogens ds_i. Dann gilt für die Länge dieses Bogens:

$$ds_i = v_i \cdot dt \qquad 3.5$$

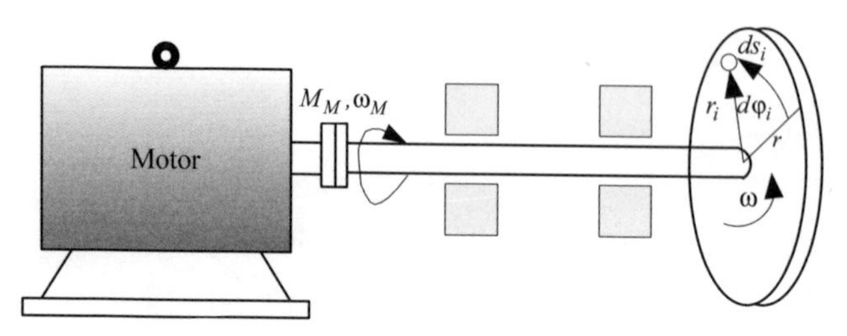

Abb. 17: Zur Winkelgeschwindigkeit

Für den Winkel, der im Bogenmaß gemessen wird und von dem Teilchen in der Zeit dt überstrichen wird, gilt:

$$d\varphi = \frac{ds_i}{r_i} \qquad 3.6$$

Dieser Drehwinkel, der in der Zeit dt überstrichen wird, ist für alle Teilchen der Scheibe gleich. Wenn die Scheibe eine volle Umdrehung macht, gilt für die Länge des Kreisbogens: $\Delta s_i = 2\pi \cdot r_i$. Der Drehwinkel hat sich dann um $\Delta\varphi = 2\pi$ geändert. Die Einheit des Drehwinkels ist das Bogenmaß, eine dimensionslose Zahl. Wenn wir sagen ein Motor hat eine Drehzahl von 1000 U/min, meinen wir, dass in einer Minute der Drehwinkel um $1000 \cdot 2\pi$ wächst. Wir führen die Winkelgeschwindigkeit ω ein, die wie folgt definiert ist

$$\omega = \frac{d\varphi}{dt} = \dot{\varphi} = \frac{ds_i}{r_i \cdot dt} = \frac{v_i}{r_i} \qquad 3.7$$

und ersetzen das Winkel-Inkrement $d\varphi$ in Gleichung 3.4. Die Arbeit, die durch ein Drehmoment M an einer sich mit der Winkelgeschwindigkeit ω drehenden Scheibe in einer bestimmten Zeit verrichtet wird, erfordert die Berechnung des Zeitintegrals,

$$W_{12} = \int_{t_1}^{t_2} M \cdot \omega \cdot dt \qquad 3.8$$

3.4 Leistung

Eine für die Berechnung von Energieübertragungen in Aktoren und elektrischen Maschinen wichtige Größe ist die Leistung. Die Arbeit, die von einer Maschine geleistet wird, ist unabhängig von der Zeit, in der die Arbeit verrichtet wird. In technischen Anwendungen muss die Arbeit in einer bestimmten Zeit geleistet werden. Daher spielt der Quotient geleistete Arbeit pro Zeiteinheit eine bedeutende Rolle:

Leistung
Die physikalische Leistung beschreibt die Änderung der Energie in einem System mit der Zeit.

Der Wert der Leistung gibt also an, wie schnell Energie von einem System auf das andere übertragen werden kann. Wirkt eine Kraft F auf ein Teilchen, das sich mit der Geschwindigkeit v bewegt, dann gilt für die Leistung:

$$P = \frac{dW}{dt} = F \cdot v \tag{3.9}$$

Wird ein Körper aufgrund eines Drehmomentes M um einen Winkel verdreht, wird die folgende Arbeit verrichtet:

$$dW = M \cdot d\varphi \tag{3.10}$$

Die Änderung der Arbeit nach der Zeit ergibt die Leistung bei der Dreh-Arbeit.

$$P = \frac{dW}{dt} = \frac{M \cdot d\varphi}{dt} = M \cdot \omega \tag{3.11}$$

Die elektrische Leistung ist bekanntlich aus dem Produkt von Spannung u und Strom i berechenbar. Dabei sind die bei Wechselgrößen zeitveränderlichen Werte der Spannung u(t) und des Stroms i(t) einzusetzen:

$$P = \frac{dW}{dt} = u(t) \cdot i(t) \tag{3.12}$$

Beispielaufgabe:
Eine Stellschraube mit der Gewindesteigung von s = 2 mm pro Umdrehung wird um l = 10 mm mit einem Aktor in ein Stellventil eingeschraubt. Es muss eine konstante Gewindereibung von M_R = 0,25 Nm überwunden werden. Welche mechanische Arbeit wird geleistet?

Lösung:

$$\begin{aligned} W_{12} &= M_R \cdot \Delta\varphi \\ &= M_R \cdot \frac{l}{s} \cdot 2 \cdot \pi \\ &= 0{,}25\text{Nm} \cdot \frac{10\text{mm}}{2\text{mm}} \cdot 2 \cdot \pi = 7{,}85\ \text{J} \end{aligned}$$

Zusammenfassung
Wir verstehen unter der mechanischen Arbeit die Energieübertragung durch eine Kraft, die längs eines Weges wirkt. Die mechanische Leistung entspricht der pro Zeiteinheit verrichteten Arbeit und kann bei translatorischen Bewegungen aus dem Produkt Kraft mal Geschwindigkeit berechnet werden. Greift ein Drehmoment an einen Körper an, der sich um einen Winkel dreht, wird Arbeit verrichtet, die aus dem Produkt des Betrages des Drehmoments multipliziert mit dem Drehwinkel berechnet werden kann. Die mechanische Leistung bei der Rotation aufgrund eines angreifenden Drehmoments berechnet man aus dem Drehmoment multipliziert mit der Winkelgeschwindigkeit.

Kontrollfrage

10. Welche Antriebsleistung in Watt ist erforderlich, wenn ein Fahrzeug mit der Geschwindigkeit von 30 km/h gegen eine Kraft von 100 N bewegt werden soll. Berechnen Sie den Gleichstrom, der zum elektrischen Antrieb des Fahrzeugs notwendig ist, wenn die Spannung 40 V betragen soll. Verluste werden vernachlässigt.

3.5 Grundgleichungen mechanischer Energieübertrager für Aktoren

Die mechanischen Energieübertrager sind z. B. Getriebe, die mechanische Energie übertragen. Dabei wird die zugeführte Drehzahl herauf- oder herabgesetzt. Gleichzeitig wird das Drehmoment herab- bzw. heraufgesetzt. In Getrieben entstehen Wandlungen von mechanischer Energie in Wärmeenergie, die als Verluste abzuführen sind. Entscheidend für die Dimensionierung einer elektrischen Maschine oder eines Aktors ist der Bedarf des Aktors an mechanischer Leistung, die sich mit den Gesetzen der Mechanik bestimmen lässt. Wir gehen von einer linearen Bewegung eines Aktors aus, bei der eine Widerstandskraft F zu überwinden ist. Der Aktor soll die konstante Geschwindigkeit v besitzen, dann muss die mechanische Leistung P zugeführt werden.

$$P = F \cdot v \qquad 3.13$$

Wir sehen uns das Beispiel in Abb. 18 an. Die anzuhebende Masse m wird durch die Gewichtskraft belastet. Die Kraft F_L soll von einem Elektromotor aufgewendet werden. Dieser

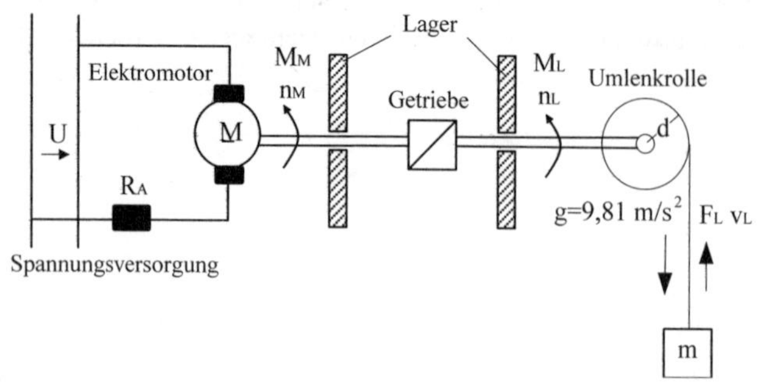

Abb. 18: Umwandlung der translatorischen in eine rotatorische Bewegung

hebt die Last mit der Geschwindigkeit v_L. Die Übertragung der Lastkraft erfolgt über die Umlenkrolle. Dadurch entsteht ein Drehmoment, das über das Getriebe auf den Motor übertragen wird.

Die Widerstandskraft F tritt also beispielsweise als Gewichtskraft, aber auch als Reibungskraft und als Luftwiderstand bei Hebezeugen, Fördergeräten, Fahrzeugen, Werkzeugmaschinen auf.

Für Vorgänge, bei denen eine Last gehoben wird, ist die Widerstandskraft unabhängig von der Geschwindigkeit des Aktors. Soll die Masse entgegen der Erdbeschleunigung bewegt werden, gilt für die aufzubringende Kraft F: $F_{W_g} = m \cdot g$.

Beispielaufgabe:
Ein Aktor soll ein Gewicht von m = 0,5 kg mit v = 0,5 m/s in vertikaler Richtung entgegen der Gravitationskraft bewegen. Die Reibungskraft beträgt näherungsweise 10 % der Gewichtskraft. Berechnen Sie die erforderliche mechanische Leistung des Aktors.

Lösung:

$$F = m \cdot g + 0{,}1 \cdot m \cdot g = 1{,}1 \cdot m \cdot g = 5{,}4 \text{ N}$$

$$P = F \cdot v = 5{,}4 \text{ N} \cdot 0{,}5 \frac{\text{m}}{\text{s}} = 2{,}7 \frac{\text{Nm}}{\text{s}} = 2{,}7 \text{ W}$$

Reibungskräfte treten als Widerstandskräfte in mechanischen Systemen auf. Man unterscheidet verschiedene Arten der Reibung. Die wichtigsten sind die Haft- und Gleitreibung und die Viskosereibung. Die beiden Ersteren werden auch unter dem Begriff coulombsche Reibung zusammengefasst. Sie treten auf, wenn Körper untereinander mit einer Führung in Kontakt sind, also z. B. bei Lagern. Sind die Kontaktflächen ideal glatt, kann man die coulombschen Reibungseffekte vernachlässigen. Sind die Kontaktflächen hingegen nicht ideal glatt, so werden Tangentialkräfte übertragen. Die Größe dieser Tangentialkräfte ist begrenzt, sie hängt unter anderem von der Rauigkeit der Oberflächen, d. h. vom Material und dessen Bearbeitungszustand ab. Während man die Haftreibungskräfte zu Beginn der Bewegung eines Körpers überwinden muss, damit die Bewegung überhaupt ausgeführt werden kann, tritt die Gleitreibung auf, während sich Körper gegeneinander bewegen.

Die Viskosereibung tritt auf, wenn sich ein Körper durch ein Fluid bewegt, z. B. in Lagern mit Öl-Füllung, in denen der Ölfilm verdrängt werden muss. Sie hängt von der Geschwindigkeit des Körpers und von der Viskosität des Fluides ab. In vereinfachten Rechnungen nimmt man an, dass die Widerstandskraft aufgrund der viskosen Reibung proportional zur Geschwindigkeit eines Körpers ist. Mit dem Beiwert d der geschwindigkeitsproportionalen Reibung gilt dann:

$$F_{W_V} = d \cdot v \qquad 3.14$$

Eine Widerstandskraft entsteht auch, wenn ein Körper, z. B. ein PKW von einem Fluid, z. B. Luft, umströmt wird. Die Kraft F_{WL} hängt quadratisch von der Relativgeschwindigkeit v von Körper und Fluid ab:

$$F_{W_L} = \frac{1}{2} \cdot c_w \cdot \rho \cdot A \cdot v^2 \qquad 3.15$$

In dieser Gleichung ist c_w der Luft-Widerstandsbeiwert, der durch das Strömungsverhalten bestimmt wird. Je strömungsgünstiger ein Körper gebaut ist, desto kleiner ist dieser dimensionslose Wert. Natürlich bestimmt auch die Querschnittsfläche senkrecht zur Strömung A des Körpers die Widerstandskraft. ρ ist die Dichte des umströmenden Mediums.

Selbstverständlich müssen auch die Verluste des Antriebssystems durch seinen Wirkungsgrad η berücksichtigt werden. Die erforderliche Antriebsleistung bei einer geradlinigen Bewegung ist demnach:

$$P = \frac{F_W \cdot v}{\eta} \qquad 3.16$$

Beispielaufgabe:
Der im letzten Beispiel benutzte Aktor hat einen Wirkungsgrad von 0,85. Welche Leistung muss zugeführt werden?

Lösung:

$$P = \frac{F \cdot v}{\eta} = \frac{2,7}{0,85}\ \mathrm{W} = 3,18\ \mathrm{W}$$

Falls der Aktor eine Drehbewegung erzeugt und die abgeführte Leistung geradlinig erbracht wird, muss der Aktor ein Drehmoment M bei einer Winkelgeschwindigkeit ω liefern, das der erforderlichen translatorischen Leistung entspricht. Entsprechend der folgenden Skizze greift die Kraft der Last am Umfang einer Antriebsrolle an. Die Umfangskraft F bildet mit dem Hebelarm r der Antriebsrolle ein Drehmoment:

$$M = F \cdot r \qquad 3.17$$

Die Rolle dreht mit der Winkelgeschwindigkeit ω_M.

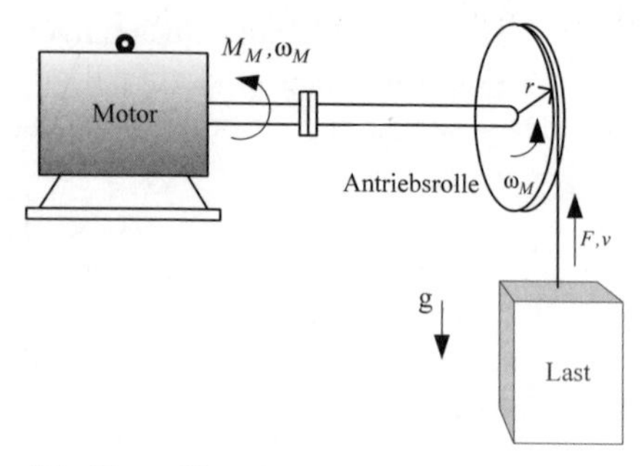

Abb. 19: Umrechnung von Bewegungsarten

Viele Arbeitsmaschinen haben sowohl geradlinige Bewegungen als auch Drehbewegungen. Man fasst beide Arten zu einer zusammen. Da die Antriebsleistung des Motors zu berechnen ist, werden alle Größen der geradlinigen Bewegung auf die Motorwelle bezogen und in Größen der Drehbewegung umgerechnet. Hierbei ist gefordert, dass die mechanische Leistung konstant bleibt:

$$F \cdot v = M \cdot \omega$$

$$M_M = M = \frac{F \cdot v}{\omega} \qquad 3.18$$

Unter Berücksichtigung des Wirkungsgrades der Antriebsrolle erhält man die notwendige Antriebsleistung des Motors:

$$P = \frac{M_M \cdot \omega_M}{\eta} \qquad 3.19$$

Beispielaufgabe:
Ein motorisch angetriebener Aktor soll eine Last von 10 kg über eine Rolle mit dem Radius 0,2 m heben. Die Hebe-Geschwindigkeit soll 0,1 m/s betragen. Die Verluste sollen vernachlässigt werden. Berechnen Sie die Winkelgeschwindigkeit der Rolle und das Antriebsmoment.

Lösung:

$$v = \omega \cdot r$$

$$\omega = \frac{v}{r} = \frac{0{,}1\,\frac{\mathrm{m}}{\mathrm{s}}}{0{,}2\,\mathrm{m}} = 0{,}5\frac{1}{s}$$

$$M = \frac{F \cdot v}{\omega} = \frac{m \cdot g \cdot v}{\omega} = \frac{10\,\mathrm{kg} \cdot 9{,}81\frac{\mathrm{m}}{\mathrm{s}^2} \cdot 0{,}1\frac{\mathrm{m}}{\mathrm{s}}}{0{,}5\frac{1}{s}} = 19{,}62\,\mathrm{Nm}$$

In Antrieben, die Getriebe aufweisen, gehören zu den verschiedenen Wellen auch verschiedene Drehzahlen und Drehmomente. Unter Beibehaltung der mechanischen Leistung werden die Drehmomente auf die Motorwelle bezogen. Mit dem Wirkungsgrad des Getriebes η_G gilt entsprechend den Bezeichnungen in Abb. 20:

$$P_1 = \frac{P_2}{\eta_G} \qquad 3.20$$

Die vom Motor zu erbringende Leistung entspricht der abgegebenen Aktorleistung dividiert durch den Getriebewirkungsgrad. Für die in Gleichung 3.20 verwendeten zugeführten und abgegebenen Leistungen P_1 und P_2 setzen wir jeweils das Produkt aus Drehmoment mal Winkelgeschwindigkeit ein. Die Winkelgeschwindigkeiten können wir auch mithilfe der

Drehzahlen ausdrücken. Wir erhalten den folgenden Ausdruck zur Berechnung des vom Motor aufzubringenden Drehmoments.

$$M_1 = \frac{M_2}{\eta_G} \cdot \frac{n_2}{n_1} \qquad 3.21$$

Das Verhältnis der Drehzahlen n_1 zu n_2 wird Übersetzungsverhältnis i (oder ü) des Getriebes genannt.

$$i = \frac{n_1}{n_2} \qquad 3.22$$

Damit ergibt sich für die Umrechnung des Drehmomentes M_2 auf die Motorwelle:

$$M_1 = \frac{M_2}{\eta_2 \cdot i} \qquad 3.23$$

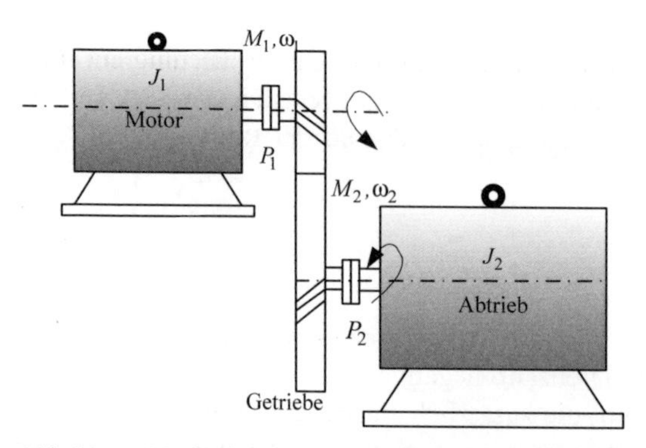

Abb. 20: Mechanisches Getriebe zwischen Motor und Aktor

Beispielaufgabe:
Ein Aktor wird bezüglich seines Energieverbrauchs untersucht. Dazu wird ausschließlich die Luftwiderstandskraft als zu überwindende Kraft betrachtet. Folgende Abkürzungen werden verwendet: A – Querschnitt des Aktors in Bewegungsrichtung, ρ – Dichte der Luft, v – Aktorgeschwindigkeit. Berechnen Sie die Luftwiderstandskraft und die zur Überwindung des Luftwiderstands erforderliche Antriebsleistung bei den Daten $\rho = 1{,}293\ \mathrm{kg/m^3}$, $A = 0{,}5\mathrm{m}^2$, $v = 0{,}550$ m/s, Luftwiderstandsbeiwert $c_W = 0{,}1$.

Lösung:

$$F_{W_L} = \frac{1}{2} \cdot c_W \cdot \rho \cdot A \cdot v^2$$

$$F_{W_L} = 0{,}5 \cdot 0{,}1 \cdot 1{,}293\,\frac{\mathrm{kg}}{\mathrm{m}^3} \cdot 0{,}5\ \mathrm{m}^2 \cdot \left(0{,}55\,\frac{\mathrm{m}}{\mathrm{s}}\right)^2 = 0{,}0098\ \mathrm{N}$$

$$P_{W_L} = F_{W_L} \cdot v = 0{,}0098\ \mathrm{N} \cdot 0{,}55\,\frac{\mathrm{m}}{\mathrm{s}} = 0{,}0054\ \mathrm{W}$$

Außer der Widerstandskraft aufgrund unterschiedlicher Reibungen und Lasten muss zur Beschleunigung des Aktors ein Beschleunigungsmoment aufgebracht werden. Dabei unterscheiden wir die geradlinige Beschleunigung und die Drehbeschleunigung, die durch die Änderung der Winkelgeschwindigkeit eines Körpers mit der Zeit beschrieben werden kann. Bei einer geradlinig beschleunigten Bewegung gilt für die Beschleunigung a:

$$a = \frac{dv}{dt} \text{ in } \frac{\mathrm{m}}{\mathrm{s}^2} \qquad 3.24$$

Mit dem Newtonschen Gesetz kann die erforderliche Beschleunigungskraft berechnet werden: $F_B = m \cdot a$

Dabei ist m die Masse des Körpers in kg. Zusammen mit den Widerstandskräften erhalten wir für die gesamte zu erbringende Aktorkraft den Ausdruck:

$$\begin{aligned} F &= F_B + F_W \\ F &= m \cdot a + F_W \end{aligned} \qquad 3.25$$

Während bei translatorischen Bewegungen Kräfte die Ursache für eine Beschleunigung eines Körpers sind, werden bei Drehungen Momente betrachtet.

Bei einer rotatorischen Bewegung gilt für das Beschleunigungsmoment M_B, bei Vernachlässigung weiterer äußerer Momente:

$$M_B = J \cdot \frac{d\omega}{dt} \qquad 3.26$$

Nur infolge einer Drehbeschleunigung kann sich die Drehzahl eines Antriebes ändern. Positive Beschleunigungsmomente erhöhen die Drehzahl, negative verringern sie. Auch bei der Rotation treten Widerstandsmomente M_W auf, die zusätzlich zur Beschleunigung vom Aktor aufgebracht werden müssen. Die Widerstandsmomente entstehen durch Gravitation bei einer Hubbewegung gegen die Schwerkraft, Lagerreibungsmomente, Luftwiderstandsmomente, oder Rollreibung.

$$\begin{aligned} M &= M_B + M_W \\ M &= J \cdot \frac{d\omega}{dt} + M_W \end{aligned} \qquad 3.27$$

Um das erforderliche Beschleunigungsmoment berechnen zu können, muss das Massenträgheitsmoment ermittelt werden. Das Massenträgheitsmoment berechnet sich nach der folgenden Formel für alle Masseteilchen, die sich im Abstand r von der Drehachse befinden:

$$J = \int_0^m r^2 dm \qquad 3.28$$

Das Massenträgheitsmoment lässt sich für homogene Körper berechnen. Für bestimmte geometrische Körper können die Berechnungsformeln Tabellen entnommen werden.

In drehenden Massen, die das Trägheitsmoment J und die Winkelgeschwindigkeit ω aufweisen, ist kinetische Energie gespeichert. Diese berechnet sich nach der Formel:

$$W_k = \frac{1}{2} \cdot J \cdot \omega^2 \tag{3.29}$$

Wenn in Antrieben durch die Verwendung von Getrieben Massen mit verschiedenen Drehzahlen drehen, ist es sinnvoll, die Wirkung aller Massen in einem einzigen Trägheitsmoment vereint zu denken und auf eine Winkelgeschwindigkeit umzurechnen. Dabei muss die kinetische Energie erhalten bleiben: Im folgenden Beispiel besitzt die Getriebeausgangswelle eine Energie W_2. Mit der Winkelgeschwindigkeit ω_2 dreht die Masse mit dem Massenträgheitsmoment J_2. Die Umrechnung dieses Massenträgheitsmoments auf die Welle 1 führt zu dem Ersatz Massenträgheitsmoment J_2' und erfolgt nach dem folgenden Rechenweg:

$$W_1 = \frac{1}{2} \cdot J'_2 \cdot \omega_1^2$$

$$W_2 = \frac{1}{2} \cdot J_2 \cdot \omega_2^2$$

$$W_1 = \frac{W_2}{\eta_G} \tag{3.30}$$

$$J_2' = \frac{J_2}{\eta_G} \cdot \frac{\omega_2^2}{\omega_1^2} = \frac{J_2}{\eta_G \cdot i^2} \tag{3.31}$$

Bei der Umrechnung einer Masse m, die geradlinig mit der Geschwindigkeit v bewegt wird, in ein gleichwertiges Trägheitsmoment J, zu dem die Winkelgeschwindigkeit ω gehört, gilt bei Gleichsetzung der kinetischen Energien:

$$W_{\text{gerad}} = W_{\text{rot}} = \frac{1}{2} \cdot m \cdot v^2 = \frac{1}{2} \cdot J \cdot \omega^2 \tag{3.32}$$

Die Berechnung der Geschwindigkeit und des Ersatz-Massenträgheitsmomentes der Last erfolgt nach der Beziehung:

$$\begin{aligned} & m \cdot v^2 = J \cdot \omega^2 \\ & v = \omega \cdot r \\ & m \cdot (\omega \cdot r)^2 = J \cdot \omega^2 \\ & \Rightarrow J = m \cdot r^2 \end{aligned} \tag{3.33}$$

Beispielaufgabe:
Gegeben ist ein Motor, der ein Stellglied betätigt. Die Massenträgheitsmomente des Motors und des Stellgliedes haben die Werte: $J_1 = 0{,}08$ kgm², $J_2 = 0{,}50$ kgm². Die Drehzahlübersetzung des zwischengeschalteten Getriebes beträgt: $i = n_1/n_2 = 18$. Der Wirkungsgrad des Getriebes hat den Wert: $\eta_G = 0{,}9$.

Berechnen Sie das auf die Motorwelle umgerechnete Massenträgheitsmoment des Stellglieds.

Lösung:

$$J_2{}' = \frac{J_2}{\eta_G} \cdot \frac{\omega_2^2}{\omega_1^2} = \frac{J_2}{\eta_G \cdot i^2} = \frac{0,5\ \mathrm{kg} \cdot \mathrm{m}^2}{0,9 \cdot 18^2} = 0,0017\ \mathrm{kg} \cdot \mathrm{m}^2$$

3.6 Lastkennlinien

Das Widerstandsmoment, das elektrische Aktoren oder Motoren aufbringen müssen, ändert sich bei bestimmten Belastungsarten mit der Drehzahl. Die drei in Abb. 21 dargestellten Kennlinien stellen die Abhängigkeiten der Widerstandsmomente verschiedener Belastungsarten von der Drehzahl dar. Ein Gebläse benötigt für eine höhere Drehzahl überproportional mehr Drehmoment, während eine Wirbelstrombremse näherungsweise ein zur Drehzahl proportionales Lastmoment erzeugt. Vernachlässigt man die Beschleunigung, ist das bei Hebezeugen erforderliche Lastmoment konstant bei allen Drehzahlen der elektrischen Maschine.

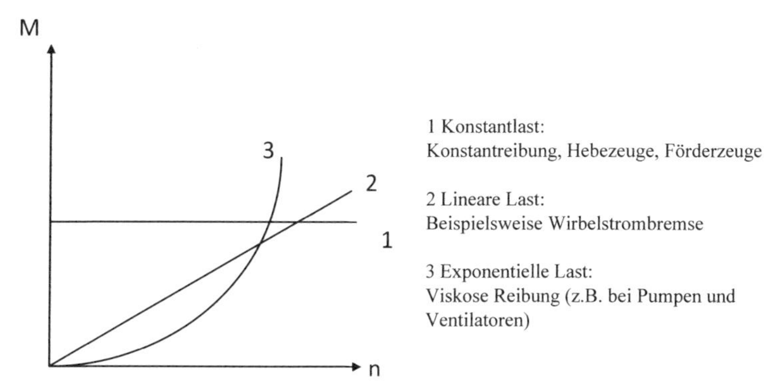

Abb. 21: Belastungskennlinien verschiedener Beanspruchungen elektrischer Maschinen

Eine wichtige Kennlinie der elektrischen Maschine ist die Drehmoment-Drehzahl-Kennlinie, die auch als Belastungskennlinie bezeichnet wird. Die Belastungskennlinie wird aufgenommen, indem man die Maschine aus dem Leerlauf mit einer veränderbaren äußeren Last beaufschlagt und die sich einstellenden Drehzahlen misst. Man bekommt eine Zuordnung der Lastmomente zu den Drehzahlen. In der folgenden Skizze in Abb. 22 ist die statische Drehmoment-Drehzahl-Kennlinie einer elektrischen Asynchronmaschine, die als Motor arbeitet, skizziert.(Siehe Kapitel 12)

Belastungskennlinie einer elektrischen Maschine
Die Drehzahl einer elektrischen Maschine hängt von dem Widerstandsmoment der Belastung bei konstanten elektrischen Werten ab. Die grafische Darstellung des Drehmomentes in Abhängigkeit der Drehzahl des Antriebs wird Belastungskennlinie genannt.

In das Diagramm wurde auch die Lastkennlinie des Hebezeuges eingetragen. Wir stellen fest, dass es drei Schnittpunkte beider Kennlinien gibt. Nur diese drei Punkte A, B oder C können prinzipiell als sogenannte Arbeitspunkte von dem Antriebssystem bestehend aus der Asynchronmaschine mit dem belastenden Hebezeug eingenommen werden. Der Grund dafür ist, dass die Last und der Motor nur in diesen Punkten gemeinsame Drehzahlen und Drehmomente besitzen. Doch nur einer der Arbeitspunkte ist tatsächlich stabil. Bei einem stabilen Arbeitspunkt gilt der folgende Zusammenhang:

Stabiler Arbeitspunkt eines Antriebs
Ein Arbeitspunkt ist stabil, wenn bei einer kurzeitigen Laständerung der ursprüngliche Arbeitspunkt nach einer bestimmten Zeit wieder eingenommen wird.

Wir sehen uns den Arbeitspunkt C in Abb. 22 zuerst an und stellen uns vor, dass aufgrund einer Laständerung der Motor kurzzeitig mit einer geringeren Drehzahl läuft. Dann befinden wir uns links vom Punkt C. Dort ist aber das Motormoment M_M größer als das Lastmoment. Aufgrund des vorhandenen Differenzmomentes zwischen dem Motor und der Last wird der Motor beschleunigen und der ursprüngliche Arbeitspunkt C wieder erreicht. Nun gehen wir zum Arbeitspunkt B und stellen dieselbe Überlegung an. Auch jetzt nehmen wir an, der Motor laufe mit einer etwas geringen Geschwindigkeit. Links vom Arbeitspunkt B ist aber das Motormoment kleiner als das Lastmoment. Diese Differenz wird dazu führen, dass die Motordrehzahl weiter absinkt, bis das der Arbeitspunkt A erreicht ist. Dieser Arbeitspunkt ist nach der gleichen Argumentation wieder ein stabiler Arbeitspunkt. Allerdings ist dort die Drehzahl sehr gering. Der in der Praxis sinnvolle Arbeitspunkt ist der Punkt C. Für diesen Punkt sollte die Maschine ausgelegt sein. Auch bei einer längeren Belastung mit dem Moment M_L sollte dieser Arbeitspunkt betrieben werden können. Man hat die möglichen wechselnden Belastungsarten von elektrischen Maschinen genormt und Normmotoren definiert. Die sogenannte S1 Betriebsart entspricht einer Dauerbelastung einer Maschine mit dem Bemessungsmoment. Das größte Problem des Dauerbetriebs ist die wachsende Wicklungstemperatur in den Motorspulen und der damit verbundene Temperaturanstieg der Isolation! Es wird sich nach bestimmter Zeit eine konstante Temperatur in der Wicklung einstellen, die unterhalb der zulässigen Grenztemperatur liegen muss. Die Wärmebelastung der elektrischen Maschinen wurde in Klassen eingeteilt, die sich auf die verwendeten Isolierstoffe beziehen. Isolierstoffe der Klasse B haben eine eine maximale Dauergrenztemperatur von 130° C. Ohne auf Einzelheiten einzugehen soll bemerkt werden, dass es noch andere Belastungsarten gibt. Ein Antrieb kann z. B. mit einem periodischen Wechsel der Last beaufschlagt werden.

Bemessungsmoment
Als Bemessungsmoment M_N einer elektrischen Maschine wird das Drehmoment bezeichnet, das die Maschine ohne zwischenzeitliches Abschalten (S1 Betriebsart) bei der Bemessungsleistung P_N abgeben kann, ohne die zulässigen Erwärmungsgrenzen für die Wicklung und deren Isolation zu überschreiten.

Da das Bemessungsmoment sich auf eine Bemessungsleistung bezieht, gibt es auch eine zugehörige Bemessungsdrehzahl n_N.

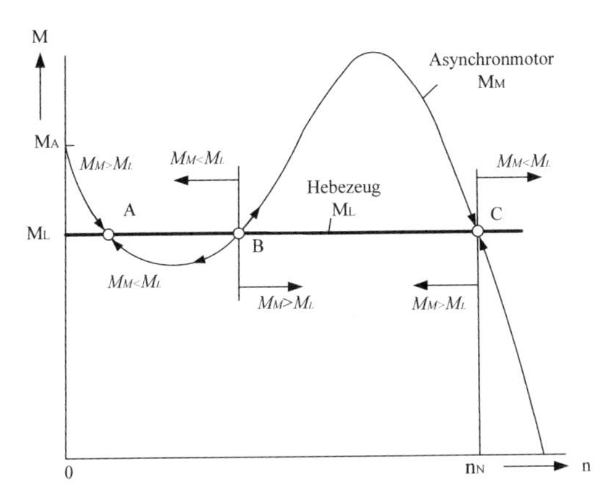

Abb. 22: Motor- und Lastkennlinie mit Arbeitspunkten

Die Möglichkeiten der elektrischen Maschinen, mechanische oder elektrische Leistung abzugeben, führt dazu, dass die Kennlinien entweder im 1. und 3. Quadranten für den Motorbetrieb oder im 2. und 4. Quadranten für den Generatorbetrieb verlaufen. Wie aus Abb. 23 hervorgeht, gibt es Quadranten, in denen die Größen Drehmoment und Drehzahl jeweils beide positiv oder beide negativ sind. Das Produkt der Größen entspricht der umgesetzten mechanischen Leistung an den Verbrauchern, die in diesen Fällen positiv ist. Der Motor als Verbraucher elektrischer Energie nimmt Leistung auf oder verbraucht elektrische Energie.

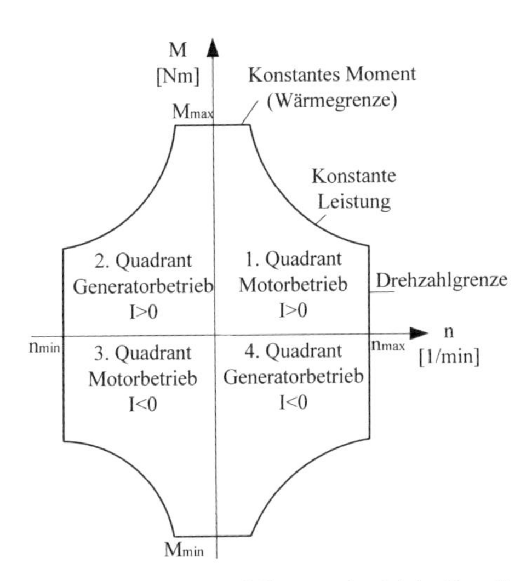

Abb. 23: Motor- und Generatorbetrieb im Koordinatensystem

Im ersten Quadranten des Koordinatensystems, gebildet aus Drehmoment und Drehzahl, liegt Motorbetrieb und Rechtslauf vor und im 3. Quadranten Motorbetrieb und Linkslauf! In den Quadranten 2 und 4 liegt der Generatorbetrieb vor. Dort wird entweder die Drehzahl oder das Drehmoment negativ. Die Leistung wird dadurch negativ und die elektrische Maschine arbeitet als Generator.

Interessant sind die in Abb. 23 skizzierten Grenzlinien. Wir werden noch nachweisen, dass die mechanische Größe Drehmoment proportional zur elektrischen Größe Strom ist. Der Strom führt zu einer Erwärmung der elektrischen Maschine, da an den ohmschen Widerständen Wirkleistung in Wärme umgesetzt wird. Bei größeren elektrischen Maschinen stellt die abzuführende Wärme eine Belastungsgrenze dar. Daher entsprechen die oberen und unteren horizontalen Grenzgeraden dem dadurch begrenzten maximalen bzw. minimalen Drehmoment. Bei hohen Drehzahlen entstehen wachsende Werkstoffbelastungen aufgrund der Fliehkräfte. Die dauerhafte Überschreitung der zulässigen Werkstofffestigkeit kann zur Beschädigung der Maschine führen. Daher existieren als vertikale Grenzgeraden maximale, bzw. minimale zulässige Drehzahlen für jede Drehrichtung.

Die abgegebene Leistung einer elektrischen Maschine wird durch das Produkt des Drehmomentes mit der Winkelgeschwindigkeit berechnet. Die zugeführte elektrische Leistung hängt vom Strom und von der Spannung ab. Der Maximalwert der Spannung und der zulässige Maximalwert des Stroms begrenzen die Leistung. Das Produkt der Größen entspricht einer maximalen Grenzleistung. Die Grenzleistung führt dazu, dass bei dieser Leistung Drehmoment und Drehzahl über eine Hyperbelkennlinie verknüpft sind. Je nach Drehrichtung und Betriebsart gibt es vier verschiedene Leistungs-Grenzkurven.

Die elektrischen Maschinen arbeiten besonders effizient, wenn sie in der Lage sind, gespeicherte mechanische Energie in einen elektrischen Energiespeicher zurückzuspeisen. Als Energiespeicher können z.B. Kondensatoren oder auch das Versorgungsnetz dienen. Die als Motor laufende Maschine kann z. B. im Bremsbetrieb Energie zurückspeisen. Je nach der Anforderung muss der Motor in der Lage sein, in allen vier Quadranten der Drehmoment-Drehzahl-Ebene arbeiten zu können.

4-Quadranten-Betrieb
Bei einem 4-Quadranten-Betrieb einer elektrischen Maschine können Arbeitspunkte in allen vier Quadranten liegen.

Wir wollen noch den Fall betrachten, dass die Maschine im Stillstand an eine konstante Spannung angeschlossen wird. Dann wird ein Drehmoment aufgrund der elektrischen Ströme entstehen. Das zu diesem Zeitpunkt wirkende Anlauf-Drehmoment wird mit M_A bezeichnet. In der Kennlinie in Abb. 22 finden wir das Moment an der Drehmomentachse bei $n = 0$!

Anlaufmoment
Das bei der Drehzahl null entwickelte Drehmoment einer elektrischen Maschine wird als Anlaufmoment bezeichnet.

Zu beachten ist, dass der Anlaufstrom begrenzt werden muss, da das Versorgungsnetz keinen zu hohen Strom zulässt. Es müssen geeignete Anfahrschaltungen eingesetzt werden.

Beispielaufgabe:
Gegeben ist eine Hebeanlage gemäß Abb. 18, bestehend aus einem fremderregten Gleichstrommotor, einem Getriebe $i = n_M/n_L = 10$ sowie einer Treibscheibe mit dem Durchmesser $d = 0{,}5$ m. Die Last mit der Aktormasse $m = 500$ kg soll mit der Geschwindigkeit $v_L = 1$ m/s gehoben werden. Der Wirkungsgrad des Getriebes beträgt 80 %. Der Motor arbeitet näherungsweise reibungsfrei.

a) Berechnen Sie die erforderliche elektrische Antriebsleistung P_{el} im stationären Fall, d. h. die Last wird mit konstanter Geschwindigkeit gehoben.
b) Berechnen Sie das Massenträgheitsmoment, das durch die bewegte Masse bewirkt wird, bezogen auf die Motorwelle.
c) Berechnen Sie das zu überwindende Lastmoment.
d) Berechnen Sie das erforderliche Beschleunigungsmoment, wenn die stationäre Geschwindigkeit gleichförmig beschleunigt in 1 s erreicht werden soll.
e) Berechnen Sie das erforderliche maximale Motormoment M_M bezogen auf die Motorwelle.

Lösung:
zu a)

$$P_{el} = \frac{m \cdot g \cdot v_L}{\eta_G} = \frac{500\text{kg} \cdot 9{,}81 \frac{\text{m}}{\text{s}^2} \cdot 1 \frac{\text{m}}{\text{s}}}{0{,}8} = 6131{,}25 \text{ W}$$

zu b)
Wir benutzen Gleichung 3.31 und setzen ein:

$$J_L = m \cdot r^2 = 500 \text{ kg} \cdot 0{,}25^2 \text{m}^2 = 31{,}25 \text{ kg} \cdot \text{m}^2$$

$$J_L' = \frac{J_2}{\eta_G \cdot i^2} = \frac{31{,}25 \text{ kg} \cdot \text{m}^2}{0{,}8 \cdot 10^2} = 0{,}39 \text{ kg} \cdot \text{m}^2$$

zu c)

$$M_W = F_G \cdot r = m \cdot g \cdot r = 500 \text{ kg} \cdot 9{,}81 \frac{\text{m}}{\text{s}^2} \cdot 0{,}25 \text{ m} = 1226{,}25 \text{ Nm}$$

zu d)

$$M_B = F_B \cdot r = m \cdot a \cdot r = 500 \text{ kg} \cdot 1 \frac{\text{m}}{\text{s}^2} \cdot 0{,}25 \text{ m} = 125 \text{ Nm}$$

zu e)
Die Berechnung des maximalen Motormoments setzt sich zusammen aus dem auf die Motorwelle umgerechneten Widerstandsmoment M_1 und dem auf die Motorwelle bezogenen Beschleunigungsmoment M_{B1}:

$$M_1 = \frac{M_W}{\eta_G \cdot i} = \frac{1226{,}25 \text{ Nm}}{0{,}8 \cdot 10} = 153{,}28 \text{ Nm}$$

$$M_{B1} = \frac{M_B}{\eta_G \cdot i} = \frac{125 \text{ Nm}}{0{,}8 \cdot 10} = 15{,}6 \text{ Nm}$$

Die Berechnung von M_{B1} kann auch über die Winkelbeschleunigung erfolgen:

$$v_L = \omega_L \cdot r$$

$$\omega_L = \frac{v_L}{r} = \frac{1\frac{m}{s}}{0{,}25m} = 4\frac{1}{s}$$

$$\omega_M = \omega_L \cdot i = 4\frac{1}{s} \cdot 10 = 40\frac{1}{s}$$

$$M_{B1} = J_L' \cdot \frac{d\omega_M}{dt} = 0{,}39\ \text{kg} \cdot \text{m}^2 \cdot \frac{40\frac{1}{s}}{1\,\text{s}} = 15{,}6\ \text{Nm}$$

Gesamtmoment:

$$M_M = M_1 + M_{B1} = 168{,}88\ \text{Nm}$$

Zusammenfassung

Bei mechanischen Antriebsproblemen entstehen Widerstandskräfte, die durch den Aktor oder Elektromotor überwunden werden müssen. Die Widerstandskräfte und Momente resultieren aus Reibungsvorgängen, aus Steigungswiderständen, z. B. beim Heben einer Last, und aus Beschleunigungsvorgängen. Die Verwendung von Getrieben in Aktoren ermöglicht die Übertragung von mechanischer Energie. Die hohe Motordrehzahl kann herabgesetzt und gleichzeitig das Drehmoment erhöht werden. Getriebe besitzen einen Wirkungsgrad und bewirken einen Energieverlust, der in Wärme umgesetzt wird. Das Drehzahlverhältnis der Antriebswelle zur Abtriebswelle bestimmt das am Motor tatsächlich erforderliche Antriebsmoment. Bei Antriebssystemen wird das Massenträgheitsmoment drehender Wellen auf eine Welle umgerechnet.

Kontrollfragen

11. Welche Kräfte bzw. Momente muss ein Aktor überwinden?
12. Was wird benötigt, um bei gegebener Last die Kraft eines Aktors zu reduzieren?
13. Ein Aktor soll einen Schieber mit der Masse 1 kg in 0,5 s gleichmäßig beschleunigt auf eine Geschwindigkeit von 2 m/s bringen. Berechnen Sie die erforderliche Beschleunigung. Welche maximale Antriebsleistung ist erforderlich und wann tritt diese auf.
14. Ein Motor treibt über ein Getriebe (η = 0,9) einen Drehaktor an. Die Drehzahlen betragen Motor: n_M = 1000 1/min, Antrieb Aktor n_A = 20 1/min. Die Massenträgheitsmomente des Motors und des Aktors seien:

    $$J_M = 0{,}5\ \text{kg} \cdot \text{m}^2$$

    $$J_A = 0{,}9\ \text{kg} \cdot \text{m}^2$$

    Berechnen Sie das auf die Motorwelle umgerechnete Massenträgheitsmoment des Aktors.

4 Berechnungsgrundlagen magnetischer Kreise für elektrische Maschinen und Aktoren

Wir wollen grundlegende physikalische Prinzipien zur Krafterzeugung durch magnetische Felder behandeln. Um die Kräfte berechnen zu können, sind theoretische Kenntnisse zur Beschreibung magnetischer Kreise erforderlich. Die Berechnungen erfordern ein Verständnis der magnetischen Größen, wie magnetische Flussdichte B, magnetische Feldstärke H, magnetischer Fluss, magnetischer Widerstand R_m und magnetische Durchflutung ϕ. Wir werden zuerst auf den Begriff des Magnetfeldes näher eingehen.

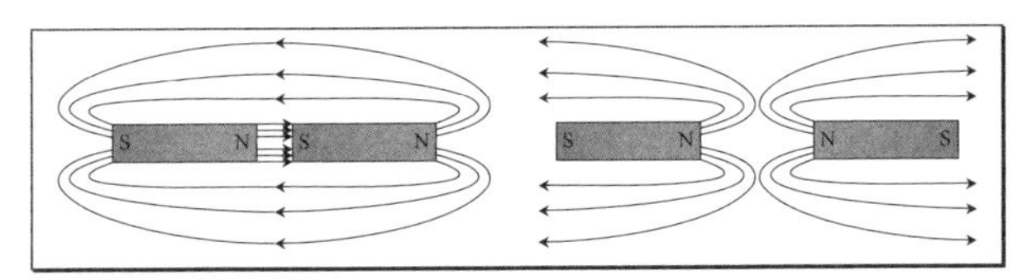

Abb. 24: Magnetische Felder

Magnetische Felder entstehen durch Permanentmagnete und stromführende Leiter, wie z. B. in elektrischen Spulen. Man ordnet magnetischen Feldern magnetische Feldlinien zu. Diese sind geschlossene Kurvenzüge und seien innerhalb des Magneten, wie in Abb. 24 gezeigt, vom Süd zum Nordpol gerichtet. Je dichter die Feldlinien beisammen liegen, desto stärker sei das magnetische Feld. Auch die in Abb. 24 rechts gezeigten, sich abstoßenden magnetischen Pole erzeugen Feldlinienverläufe, die in sich geschlossen sind.

Magnetische Feldlinien
Die Richtung und die Orientierung magnetischer Felder werden durch magnetische Feldlinien, als geschlossene Kurven, gezeichnet.

Die Abb. 25 zeigt rechts den Feldlinienverlauf innerhalb eines Elektromotors. Der Elektromotor besitzt einen unbeweglichen Stator oder Ständer und einen beweglichen Rotor. Die Wicklung der Maschine, in der eine Spannung induziert wird bezeichnet man auch als Ankerwicklung. Ist die Ankerwicklung am Rotor angebracht, nennt man den Rotor auch Anker. Wir erkennen in Abb. 25 in der linken Darstellung diese beiden Grundbauteile des Motors. Der Motor besitzt mehrere Spulen, die am Umfang des Stators verteilt angeordnet sind. Die Spulen sind mit Polschuhen verbunden, die den Magnetfluss führen. Die Spulen sind zu Wicklungssträngen verschaltet. Die obere und untere Spule bzw. die rechte und linke Spule können z. B. in Reihe verschaltet werden. Dadurch werden Magnetfelder mit einer gleichen Richtung in den Spulen erzeugt.

Stator oder Ständer einer elektrischen Maschine
Der Stator einer elektrischen Maschine ist der ruhende Teil einer rotierenden, elektrischen Maschine. Der Stator enthält elektrische Spulen oder Permanentmagnete, um ein Magnetfeld aufzubauen bzw. um Kräfte auf den Rotor auszuüben.

Der dargestellte Motor erzeugt über zwei Wicklungsstränge mit je zwei Spulen die Antriebskräfte auf den Rotor. Der Rotor besteht aus Eisen oder Eisenblechen. In den Rotor sind Permanentmagnete oder stromführende Spulen integriert, die ein magnetisches Feld zur Folge haben.

Rotor Der Rotor einer elektrischen Maschine ist der bewegliche Bestandteil. Er enthält oft Permanentmagnete oder Spulenwicklungen, um in Verbindung mit dem Stator Kraftwirkungen zu erzeugen.

Die magnetischen Feldlinien verlaufen vom Rotor über den Luftspalt in den Stator. Die Feldlinien werden im äußeren Bereich des Stators geführt und anschließend wieder über den Luftspalt zum benachbarten Rotorpol geleitet.

Magnetische Nord- bzw. Südpole
Eine Fläche eines Permanentmagneten oder Elektromagneten, in die magnetische Feldlinien eintreten, wird Südpol und die Fläche des Magneten, aus der die Feldlinien austreten, Nordpol genannt.

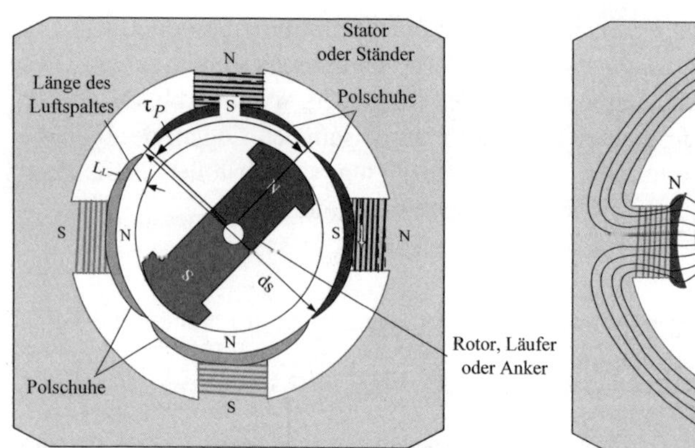

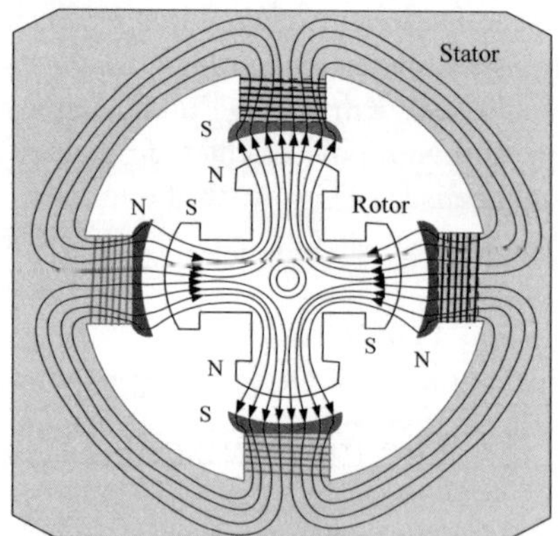

Abb. 25: Elektrischer Motor, links: 2 magnetische Pole, rechts: vier magnetische Pole

Wir erkennen, dass der in der Abb. 25 rechts dargestellte Motor vier konzentrierte magnetische Pole aufweist. Der in der linken Skizze vorgestellte Motor hatte nur zwei magnetische Pole. Da magnetische Pole nur paarweise vorkommen, ordnet man elektrischen Maschinen eine Polpaarzahl p zu. Für den Motor in Abb. 25 rechts beträgt die Polpaarzahl p = 2.

Polpaarzahl einer elektrischen Maschine
Die Anzahl der entlang des Rotor- oder Statorumfangs vorhandenen magnetischen Pole entspricht der doppelten Polpaarzahl.

Der Bereich des Übergangs der Feldlinien vom Stator zum Läufer ist für die magnetischen Kraftwirkungen besonders wichtig. Wir bezeichnen diesen Bereich als den Luftspalt der elektrischen Maschine. Die Luftspaltlänge ist in Abb. 25 mit L_L gekennzeichnet.

Luftspalt
Als Luftspalt bezeichnen wir den Bereich zwischen dem Stator und dem Rotor, durch den die Feldlinien verlaufen.

Der Luftspalt sollte möglichst kurz sein, da die Überbrückung längerer Luftspalten zu einem erhöhten Energieverbrauch führt.

Die genaue Berechnung des Verlaufs der magnetischen Feldlinien kann mit Hilfe von Programmen, die die Methode der finiten Elemente (FEM-finite Elemente Methode) benutzen, erfolgen.

Man ordnet einem Magnetfeld mit mehreren Polen eine *Polteilung* τ_p zu. Die Polteilung entspricht dem Bereich am Statorumfang eines jeden magnetischen Poles. Dem Stator der elektrischen Maschine in Abb. 25 links kann entlang des Luftspaltes ein Kreis mit dem Durchmesser d_s zugeordnet werden. Berechnet man den Umfang des Stators mit $U_S = \pi \cdot d_s$ und teilt diesen Wert durch die Anzahl der Magnetpole des Rotors, so entspricht dieser Wert der Polteilung.

$$\tau_p = \frac{d_s \cdot \pi}{2p} \qquad 4.1$$

Polteilung
Die Polteilung ist der Bereich des Umfangs eines Kreises mit dem Durchmesser d_s der zu einem Pol gehört.

4.1 Die magnetische Flussdichte B und die Feldstärke H

Die magnetischen Wirkungen kann man besonders durch Kräfte messen. Z. B. bewegt sich in einem magnetischen Feld eine Magnetnadel. Zwei parallele, vom Strom durchflossene, lange Leiter mit der Länge L üben aufeinander Kräfte aus. In Abb. 26 sehen wir die magnetischen Feldlinien, die vom stromdurchflossenen Leiter 1 ausgehen. Die Kraft auf den Leiter 2 aufgrund des Magnetfeldes des Leiters 1 sei $\vec{F}_{21}$. Man stellt fest, dass der Betrag der Kraft proportional zum Strom durch den Leiter 2 und zu der Länge L ist. Also gilt

$$F_{21} \sim I_2 \cdot L$$
$$F_{21} = k \cdot I_2$$

Der französische Naturwissenschaftler André-Marie Ampère hat 1820 herausgefunden, dass die Proportionalitätskonstante k bei einem geraden, langen Leiter über den folgenden Ausdruck berechnet werden kann:

$$k = \frac{\mu \cdot I_1}{2\pi \cdot r}$$

Die Proportionalitätskonstante wird die *magnetische Flussdichte* $\vec{B}$ genannt. In Abb. 26 sind Kreise um den Leiter 1 eingezeichnet, deren Abstand zueinander mit dem Radius größer wird. Die Kreise repräsentieren geschlossene, magnetische Feldlinien und beschreiben $\vec{B}$. Je dichter die Feldlinien verlaufen, umso größer ist der Betrag von $\vec{B}$. $\vec{B}$ ist eine gerichtete, also vektorielle Größe. Die Bestimmung der Richtung der Feldlinien ergibt sich durch die Richtung des Stromflusses. Ein Merksatz sagt aus:

Richtung der Feldlinien
Hält man den ausgestreckten Daumen der rechten Hand in Richtung des fließenden Stroms, so zeigen die gekrümmten Finger die Richtung der Feldlinien an. Die Feldlinienrichtung entspricht der Drehrichtung einer rechtsgängigen Schraube, die in Stromrichtung bewegt wird.

Magnetische Flussdichte
Die Vermittlung von magnetischen Kraft-Wirkungen erfolgt über die magnetische Flussdichte.

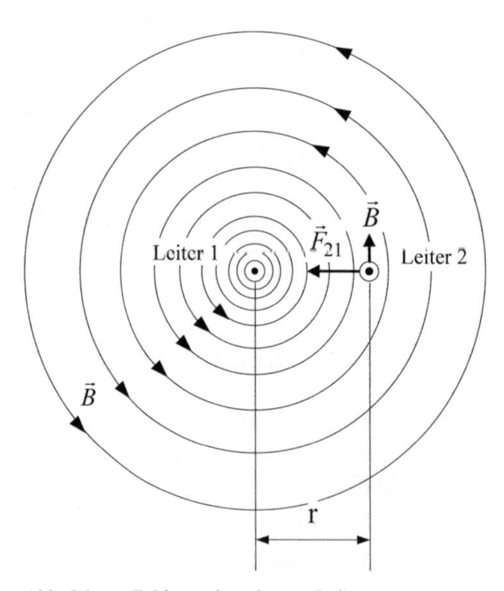

Abb. 26: Feld um einen langen Leiter

Es gilt für den Betrag der magnetischen Flussdichte B für einen sehr langen Leiter, der vom Strom I durchflossen wird, außerhalb des Leiters:

$$B = \frac{\mu \cdot I_1}{2\pi \cdot r}$$

Die Einheit der Flussdichte B ist 1 Tesla. [B] steht als Symbol für die Einheit von B!

$$[B]=1\frac{\text{Vs}}{\text{m}^2}=1\,\text{Tesla}=1\text{ T}$$

Eine ältere Einheit der Flussdichte ist „Gauß“: Es gilt: 1 Gauß = 10^{-4} Tesla.

Die Richtung der Kraft F_{21} hängt von den Richtungen des fließenden Stroms I_2 und der magnetischen Flussdichte B ab. Da jedoch der elektrische Strom I keine vektorielle, sondern nur eine gerichtete Größe mit positivem oder negativem Vorzeichen ist, weist man dem elektrischen Leiter 2 mit der Länge L einen Vektor $\vec{L}$ zu. Der Vektor $\vec{L}$ zeigt in die Richtung des Stroms. Sein Betrag entspricht der Länge des Leiters im Magnetfeld. Die auf den Leiter wirkende Kraft wird durch das folgende vektorielle Produkt berechnet.

$$\vec{F}_L = I \cdot \left(\vec{L} \times \vec{B}\right) \tag{4.2}$$

Diese Gleichung wird auch als das elektrodynamische Kraftgesetz bezeichnet. Zur Ermittlung der Richtung der Kraft ist die „Drei-Finger-Regel“ der rechten Hand hilfreich.

Drei-Finger-Regel der rechten Hand
Hält man die rechte Hand so, dass der der abgespreizte Daumen in Richtung der Ursache (technische Stromrichtung) und der ausgestreckte Zeigefinger in Richtung der Vermittlung (magnetische Flussdichte B) zeigt, dann zeigt der Mittelfinger in Richtung der Kraft.

Man bezeichnet die Kraft, die auf Ladungen q wirkt, die sich im Magnetfeld $\vec{B}$ mit der Geschwindigkeit $\vec{v}$ bewegen als Lorentzkraft, die nach dem holländischen Mathematiker und Physiker Hendrik Anton Lorentz (1853–1928) benannt ist:

$$\vec{F}_L = q \cdot \left(\vec{v} \times \vec{B}\right) \tag{4.3}$$

Lorentzkraft
Wird eine Ladung q mit der Geschwindigkeit $\vec{v}$ in einem Magnetfeld mit der magnetischen Flussdichte $\vec{B}$ bewegt, wirkt auf die Ladung die Lorentzkraft $\vec{F}_L$.

Die Kraft $\vec{F}_L$ steht senkrecht auf der durch $\vec{v}$ und $\vec{B}$ gebildeten Ebene.

Während sich die Formel 4.2 auf einen stromführenden Leiter bezieht, nutzt man die Formel 4.3, wenn man die Kraft auf frei im Raum bewegliche Ladungsträger im Magnetfeld berechnen will. Die aufgrund des stromdurchflossenen Leiters entstehende Flussdichte hängt von der Entfernung vom Leiter, also vom Radius der betrachteten Feldlinie um den Leiter ab. Außerdem wird das Material, das den Leiter umgibt, die Flussdichte beeinflussen. Die Fähigkeit eines Materials, magnetische Feldlinien zu führen, wird durch die Permeabilität μ beschrieben. Je mehr Feldlinien in dem betrachteten Querschnitt eines Materials verlaufen, desto besser führt das Material die Feldlinien und umso größer ist seine Permeabilität. In Luft beträgt der Wert der Permeabilität:

$$\mu_0 = 1,256 \cdot 10^{-6} \frac{\text{Vs}}{\text{Am}} \tag{4.4}$$

Für andere Werkstoffe gibt man häufig einen Faktor μ_r an, der als relative Permeabilität bezeichnet wird und multipliziert μ_0 mit diesem Wert. Für ferromagnetische Werkstoffe ist der Wert $\mu_r >> 1$ bis 10^5. Der Faktor μ_r ist für ferromagnetische Werkstoffe in Abhängigkeit von H nicht konstant, sondern ändert sich mit der magnetischen Feldstärke H.

Die *magnetische Feldstärke* H ist eine materialunabhängige und vektorielle Größe. Für den stromdurchflossenen Leiter gilt für den Betrag von H, der bereits von Ampere gefundene Zusammenhang:

$$H = \frac{I}{2\pi \cdot r} \tag{4.5}$$

Die Einheit der magnetischen Feldstärke ist: $[H] = 1 \frac{\text{A}}{\text{m}}$.

Eine früher verwendete Einheit der Feldstärke ist benannt nach dem dänischen Physiker Hans Christian Orstedt. Für diese Einheit gilt:

$$1\,\text{Oe} = \frac{1000}{4 \cdot \pi} \frac{\text{A}}{\text{m}} \approx 79,577 \frac{\text{A}}{\text{m}}$$

In einem bestimmten Bereich von H gilt:

$$B = \mu \cdot H \tag{4.6}$$

Damit ein Aktor eine große Kraft ausüben kann, sollten die magnetischen Feldlinien in einem Körper mit einer hohen Permeabilität verlaufen, also z. B. in Eisen. Denn dann ist der Wert von B besonders groß.

Für ferromagnetische Stoffe ist die Permeabilität nicht konstant. Diese Stoffe zeigen eine ausgeprägte Sättigungserscheinung und es gilt:

$$B = \mu(H) \cdot H \tag{4.7}$$

Diesen Zusammenhang wollen wir das Materialgesetz nennen. Die sogenannte *Hystereseschleife*, die in Abb. 27 gezeichnet ist, stellt das Verhalten der magnetischen Flussdichte im Werkstoff dar, wenn die magnetische Feldstärke H, die entlang der Abszisse angetragen ist, vergrößert oder verkleinert wird.

Hystereseschleife

Für die Elemente des Definitionsbereichs von H gibt es zwei Funktionswerte von B, die je nachdem ob H ansteigt oder abfällt, zugeordnet werden. Die Form der Doppelkurve ergibt eine Schleife, die Hystereseschleife genannt wird.

Ausgehend von der *Neukurve* des noch nicht magnetisierten Materials erfolgt durch die Vergrößerung der Feldstärke eine nichtlineare Erhöhung der Flussdichte B, bis zu einer Sättigung. Eine weitere Vergrößerung von B würde nicht effektiv sein, da der Strom zum Aufbau der Feldstärke H viel zu groß wäre, um einen spürbaren Effekt zu erhalten. Wird die Feldstärke wieder verringert, bleibt der Wert von B größer als bei der Erhöhung von H. Sogar bei dem Wert H = 0 bleibt eine magnetische Flussdichte erhalten, die wir als *remanente* magnetische Flussdichte B_r bezeichnen.

Remanenz-Induktion
Nachdem ein Werkstoff einem magnetischen Feld ausgesetzt wurde, kann eine messbare magnetische Flussdichte zurückbleiben, auch wenn das Feld verschwindet. Diese Flussdichte wird als remanente Flussdichte B_r bezeichnet.

Um die magnetische Erscheinung, also die magnetische Flussdichte vollständig rückgängig zu machen, muss eine negative Feldstärke eingestellt werden. Diese Feldstärke wird als *Koerzitiv-Feldstärke* H_C bezeichnet.

Koerzitivfeldstärke
Die magnetische Feldstärke, die erforderlich ist, um die magnetische Induktion in einem magnetisierten Stoff auf den Wert null zu bringen, bezeichnet man als Koerzitivfeldstärke H_C.

Der zweite Quadrant, der B-H-Kennlinie beschreibt durch die negative Feldstärke die Entmagnetisierung eines Materials. Bei Permanentmagneten ist der zweite Quadrant entscheidend für die Auslegung. Die Fläche innerhalb der Hystereseschleife ist ein Maß für die zur Ummagnetisierung erforderliche Energiedichte. Bei Aktoren werden häufig Permanentmagnete zur magnetischen Erregung eingesetzt. Starke Permanentmagnete zeichnen sich durch eine hohe Energiedichte w_M aus. Die Datenblätter der Magnetherstellerfirma, Magnetfabrik Schramberg GmbH & Co, geben z. B. für den Magnetwerkstoff Neodym-Eisen-Bor ($Nd_2Fe_{14}B$) Werte von

$$w_M = (B \cdot H)_{max} = 200 - 360 \, \frac{\text{kJ}}{\text{m}^3}$$

an (Magnetfabrik Schramberg GmbH & Co., Schramberg, 2012).

Die Remanenzinduktion des Werkstoffs liegt bei ca. B_r = 1,4 T. Stahlmagnete aus Aluminium, Nickel und Kobalt (AlNiCo) besitzen eine wesentlich geringere Energiedichte von

$$w_M = (B \cdot H)_{max} = 10 - 88 \, \frac{\text{kJ}}{\text{m}^3} .$$

Die maximale Energiedichte $(B \cdot H)_{max}$ entspricht der Fläche des größten Rechtecks, das im Bereich der B- und H-Koordinatenachsen und der Hysteresekurve im 2. Quadranten hineingelegt werden kann. Wir sehen in Abb. 27 rechts Hyperbeln im zweiten Quadranten, die jeweils für eine konstante Energiedichte gezeichnet wurden. Das eingezeichnete Rechteck tangiert eine Hyperbel. Diese Hyperbel bestimmt den $(B \cdot H)_{max}$ -Wert dieses Werkstoffs. Es

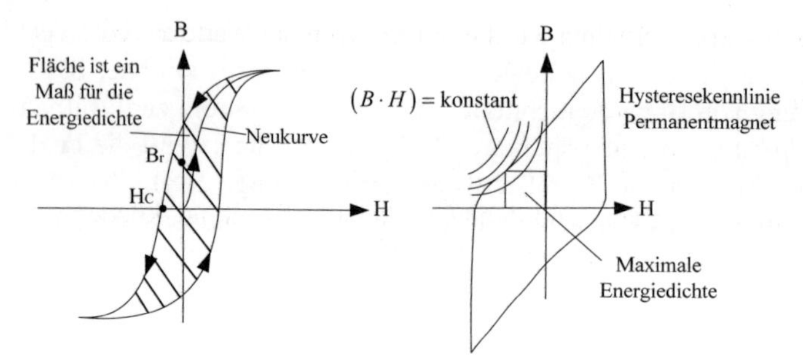

Abb. 27: Magnetisierungskennlinien, links: Hystereskurve, rechts: Entmagtnetisierungskennlinie im 2. Quadranten

ist zu berücksichtigen, dass Magnetwerkstoffe Hysteresekennlinien besitzen, die von der Temperatur abhängen!

Die wechselnde Erregung eines Werkstoffes durch Wechselstrom führt zum ständigen Durchlaufen der Hysterese-Kennlinie des Werkstoffs. Damit sind Energiewandlungen in Wärme verbunden. Man erhält dadurch magnetische Verluste, die den Wirkungsgrad der Maschine verschlechtern. Die Verwendung geeigneter Materialien führt zu einer Minimierung der Verluste, da die Fläche der Hysteresekurve dieser Werkstoffe kleiner wird.

Magnetische Verluste
Die Ummagnetisierung von magnetisierbaren Werkstoffen in elektrischen Maschinen durch Wechselströme führt zu Energieverlusten.

In vielen Aktoren erfolgt die Umwandlung magnetischer Energie in mechanische Energie. Die magnetische Energie ist meist in Spulen gespeichert. Für eine *kurze Zylinderspule,* wie sie in Abb. 28 skizziert ist, kann man mithilfe der Formel von *Biot-Savart* die folgende Berechnungsformel für die magnetische Feldstärke in der Mitte der Spule gewinnen. Die Herleitung der Formel kann z. B. in (Marinescu, 2012) nachgelesen werden:

$$H = \frac{N \cdot I}{2 \cdot L}\left(\frac{b}{\sqrt{b^2 + R^2}} + \frac{a}{\sqrt{a^2 + R^2}}\right) \tag{4.8}$$

Wir beachten in Abb. 28 den Punkt P, an dem die Feldstärke berechnet werden soll. Von diesem Punkt ausgehend ermitteln wir die Maße a und b und setzen diese Werte in Formel 4.8 ein.

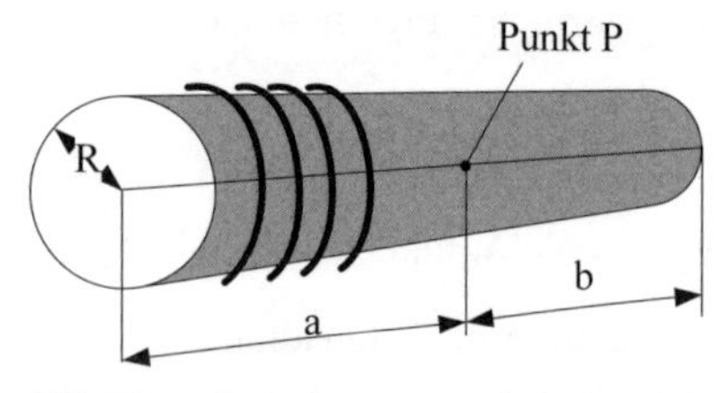

Abb. 28: Berechnung der Feldstärke einer kurzen Zylinderspule

Für die Feldstärke in der Mitte der Spule erhalten wir durch Einsetzen der Werte a = b.

$$H_{Mitte} = \frac{N \cdot I}{2 \cdot L}\left(\frac{2 \cdot a}{\sqrt{a^2 + R^2}}\right)$$

Wenn wir annehmen, dass die Spule sehr lang und dünn ist, also a >>R gilt, ist, können wir den Ausdruck R unter der Wurzel vernachlässigen und erhalten:

$$H \approx \frac{N \cdot I}{L}$$

Wir wollen das Feld an einem Ende der Spule bestimmen: An den Enden gilt z. B. a = 0 und b = L. Wenn wir wieder voraussetzen, dass R<<L ist, dann erhalten wir:

$$H \approx \frac{N \cdot I}{2 \cdot L}$$

Kurze Zylinderspule
Die Feldstärke in einer kurzen Zylinderspule sinkt gegenüber dem Wert in der Mitte der Spule um die Hälfte ab! Um diesen Abfall abzumildern, könnte man z. B. an den Enden der Spule mehr Windungen einfügen.

Die in Abb. 29 links dargestellte Zylinderspule enthält keinen Kern, sondern es handelt sich um eine Luftspule. Die Zylinderspule rechts besitzt einen Eisenkern. Unterhalb der Skizzen sind die Schaltzeichen der jeweiligen Spulen angegeben. Beide Spulen haben die Länge L,

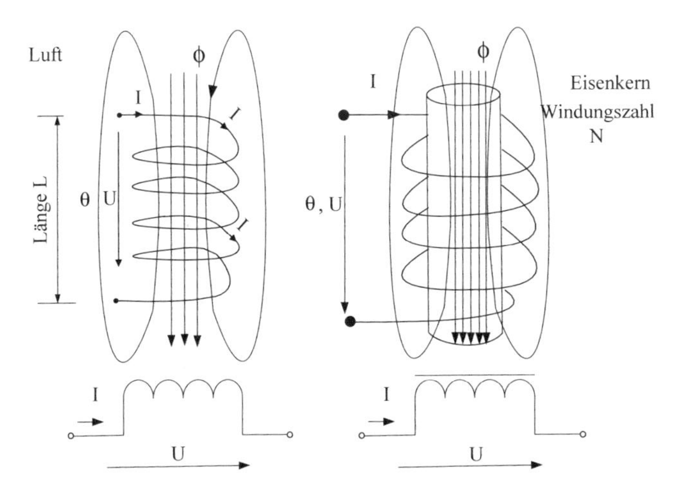

Abb. 29: Zylinderspule mit inhomogenem Feld

seien *sehr lang und sehr dünn*. Für die Feldstärke innerhalb der Spule gilt für diesen Sonderfall:

$$H = \frac{N \cdot I}{L}$$

$$\text{Luftspule: } B = \mu_0 \cdot H = \mu_0 \cdot \frac{N \cdot I}{L} \qquad 4.9$$

$$\text{Eisenspule: } B = \mu_{\text{Eisen}} \cdot H = \mu_{\text{Eisen}} \cdot \frac{N \cdot I}{L}$$

Die magnetische Feldstärke wird nur durch den Strom, die Länge der Spule und die Windungszahl bestimmt. Daher ist diese Größe für beide (langen) Spulen gleich. Die magnetische Flussdichte ist allerdings unterschiedlich, da die Permeabilität, d. h. die Durchlässigkeit für magnetische Feldlinien bei Eisen wesentlich größer ist. Der magnetische Fluss ist in der rechten Spule in Abb. 29 daher größer.

Beispielaufgabe:
Eine kurze Zylinderspule habe 500 Windungen und es fließe ein Strom von 2 A. Der Radius beträgt 2 cm. Die Spule sei 20 cm lang.
Berechnen sie das Magnetfeld im Inneren der Spule, an den Rändern und in der Mitte.

Lösung:
Zuerst berechnen wird die Feldstärke in der Mitte, also ist a = b = 10cm.

$$H = \frac{500 \cdot 2\text{A}}{2 \cdot 0{,}2\text{m}} \left(\frac{0{,}1}{\sqrt{(0{,}1\text{m})^2 + (0{,}02\text{m})^2}} + \frac{0{,}1}{\sqrt{(0{,}1\text{m})^2 + (0{,}02\text{m})^2}} \right) = 4902{,}9\,\frac{\text{A}}{\text{m}}$$

$a,b \gg R$

$$H = \frac{N \cdot I}{2 \cdot L} \left(\frac{b}{\sqrt{b^2}} + \frac{a}{\sqrt{a^2}} \right) = \frac{N \cdot I}{2 \cdot L} \cdot 2$$

Am Rand sind a oder b gleich null und wir erhalten:

$$H = \frac{500 \cdot 2\text{ A}}{2 \cdot 0{,}2\text{ m}} \left(\frac{0{,}1\text{ m}}{\sqrt{(0{,}1\text{m})^2 + (0{,}02)^2\text{ m}^2}} \right)$$

$$H = 2451{,}45\,\frac{\text{A}}{\text{m}}$$

Wir wollen noch zum Vergleich den Wert der Feldstärke im Innern berechnen, der sich mit der vereinfachten Formel ergibt:

$$H = \frac{N \cdot I}{L} = \frac{500 \cdot 2\text{A}}{0{,}2\text{m}} = 5000\,\frac{\text{A}}{\text{m}}$$

Wir erkennen, dass die vereinfachte Formel nur einen geringen Fehler bewirkt.

Die in einer Zylinderspule mit der Länge L und der Querschnittsfläche A gespeicherte magnetische Energie beträgt:

$$W_M = \frac{1}{2} \cdot \frac{B^2}{\mu_0 \cdot \mu_r} A \cdot L$$

Häufig rechnet man auch mit der auf das Volumen bezogenen Energie. Diese Größe wird als magnetische *Energiedichte* w_M bezeichnet:

$$w_{M,12} = \frac{1}{2} \cdot \frac{B^2}{\mu_0 \cdot \mu_r}$$

Zur Vertiefung wollen wir ein Berechnungsbeispiel behandeln:

Beispielaufgabe:
Im Luftspalt eines elektromagnetischen Aktors beträgt die Induktion B = 1 Vs/m². Die Querschnittfläche sei A = 400 cm²

Welche Energieänderung im magnetischen Feld tritt auf, wenn die Last um 3 mm angehoben wird?

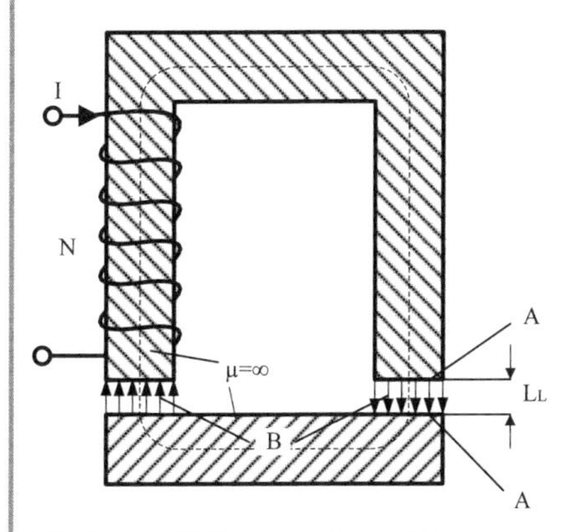

Abb. 30: Elektromagnetischer Aktor

Lösung:
Es gibt 2 Anziehungsflächen. Daher gilt für die Änderung der Energie:

$$\Delta W_{M,12} = 2 \cdot \frac{1}{2} \cdot \frac{B^2}{\mu_0 \cdot \mu_r} \cdot A \cdot \Delta l$$

$\mu_r = 1$ (magnetische Permeabilität von Luft)

$$\mu_0 = 1,256 \cdot 10^{-6} \frac{\text{Vs}}{\text{Am}}$$

$$W_{M,12} = \frac{1 \frac{\text{V}^2\text{s}^2}{\text{m}^4}}{1,256 \cdot 10^{-6} \frac{\text{Vs}}{\text{Am}}} \cdot 400\ \text{cm}^2 \frac{1\ \text{m}^2}{10000\ \text{cm}^2} \cdot 0,00\,3\text{m} = 95,54\ \text{VAs} = 95,54\ \text{Ws}$$

Die Energiedichte beträgt:

$$V = 2 \cdot A \cdot \Delta l = 2 \cdot 400\ \text{cm}^2 \frac{1\ \text{m}^2}{10000\ \text{cm}^2} \cdot 0{,}00\,3\text{m} = 2{,}4 \cdot 10^{-4}\ \text{m}^3 = 240\ \text{cm}^3$$

$$w_{M,12} = \frac{W_M}{2 \cdot A \cdot \Delta l} = \frac{95{,}54\text{J}}{240\ \text{cm}^3} = 0{,}4\frac{\text{J}}{\text{cm}^3}$$

Zusammenfassung
Stromdurchflossene Leiter erzeugen ein magnetisches Feld. Die Beschreibung der Feldgrößen erfolgt über die magnetische Feldstärke H und die magnetische Flussdichte B. Während die Flussdichte vom verwendeten Werkstoff, durch den die Feldlinien hindurch verlaufen, abhängt, ist die Feldstärke eine vom Material unabhängige Größe. Der Zusammenhang zwischen B und H wird über die Magnetisierungskennlinie hergestellt. Im Gegensatz zur Neukurve bewirkt die wechselnde Erregung eines Werkstoffes mit positiven und negativen Strömen Verluste durch die Werkstoff-Hysterese.

4.2 Der magnetische Fluss

Die magnetischen Feldlinien sind geschlossene Kurven. Man sagt auch, die magnetischen Feldlinien sind im Gegensatz zu den elektrischen Feldlinien *quellenfrei.* Es gibt eine Ähnlichkeit des Verhaltens der Feldlinien zu dem der elektrischen Ströme in einem Stromkreis. Ähnlich wie in einem elektrischen Strömungsfeld, bei dem es ja die Knotenpunktregel für Stellen gibt, an denen Stromverzweigungen vorhanden sind, gibt es für die magnetischen Feldlinien eine entsprechende Regel. Sie besagt grundsätzlich, dass die Feldlinien, die in eine Kontrollfläche hineinführen, diese auch wieder verlassen. Man kann über eine Kontrollfläche die Summe der Feldlinien mathematisch ermitteln. Dazu führen wir die Integration der magnetischen Flussdichte über diese Kontrollfläche durch. Wir gehen also von einer infinitesimalen Fläche dA aus und integrieren über die Gesamtfläche. Wir müssen berücksichtigen, dass der Anteil der Flussdichte B, der senkrecht zur Fläche dA steht, für die Berechnung des magnetischen Flusses benutzt werden muss. Aus diesem Grund verwendet man zur Berechnung das Skalar-Produkt zwischen $\vec{B}$ und $d\vec{A}$.

$$\phi = \int_{Fläche} \vec{B} \cdot d\vec{A} \qquad 4.10$$

Flächenvektor
Eine beliebig im Raum orientierte Fläche wird durch den Flächenvektor, der auf der Fläche senkrecht steht, beschrieben. Die Komponenten des Vektors beschreiben die Orientierung in einem gegebenen Koordinatensystem. Der Betrag des Vektors entspricht dem Flächeninhalt.

Wir wollen den magnetischen Fluss durch eine elektrische Maschine berechnen. Elektrische Maschinen enthalten einen unbeweglichen Stator und einen drehenden Rotor. Diese Anordnung zeigt die Abb. 25. In der folgenden Abb. 33 ist links ein als Zylinder dargestellter Rotor

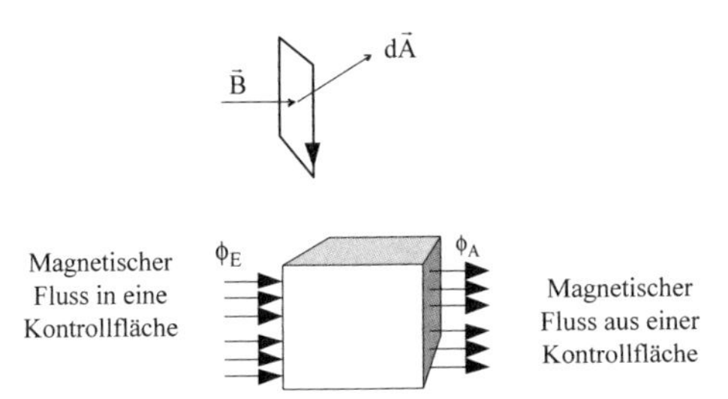

Abb. 31: magnetischer Fluss, oben: verschiedene Richtungen von Flussvektor und Flächenvektor, unten: gleicher Fluss am Ein- und Austritt einer Kontrollfläche

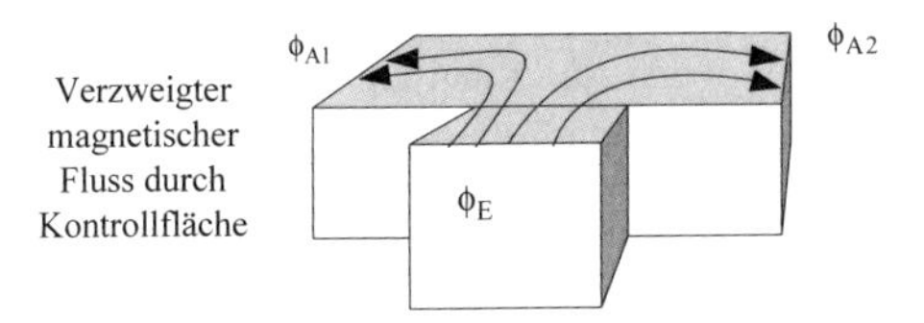

Abb. 32: Verzweigung des Magnetflusses

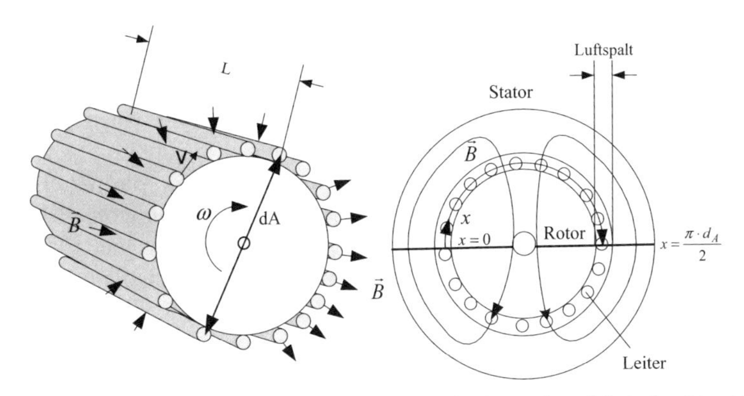

Abb. 33: magnetischer Fluss durch den drehenden Rotor einer elektrischen Maschine

zu sehen, auf dessen Zylindermantel die elektrischen Leiter skizziert sind. Die Leiter sind zu einer Wicklung verbunden, deren Aufbau wir später genauer erläutern werden. Der Rotor habe die Länge L und den Durchmesser d_A. Es gibt viele Maschinenkonzepte, bei denen der Stator der elektrischen Maschine die Aufgabe hat, den magnetischen Fluss bereitzustellen, der über den Luftspalt zum Rotor gelangt.

Bei der Berechnung des magnetischen Flusses in einer elektrischen Maschine geht man in vielen Anwendungen von einer radialen, magnetischen Flussdichte aus, die durch die sogenannten Polschuhe näherungsweise erreicht werden kann. Die Feldlinienverläufe in Abb. 37 machen diesen Verlauf erkennbar. Die magnetischen Feldlinien verlaufen dann senkrecht zu den Leitern in Richtung der Welle des drehenden Rotors. Ungefähr über die Hälfte des Umfangs dringen die Feldlinien in den Zylindermantel des Läufers ein. Über die zweite Hälfte des Umfangs des Zylindermantels verlassen die Feldlinien den Läufer wieder. Der Fluss wird dadurch negativ! Die Feldlinien schließen sich über den Stator der elektrischen Maschine. Entlang des Umfangs ordnen wir die Koordinate x an. Die Ausgangskoordinate x = 0 befindet sich genau zwischen zwei magnetischen Polen.

Wir berechnen das Integral 4.10 über den halben Umfang von x = 0 (siehe Abb. 33) beginnend bis $x = \frac{\pi \cdot d_A}{2}$. Man kann den Verlauf der Flussdichte B_E im Luftspalt entlang der Koordinate x in einem Graphen darstellen. Die Flussdichte B_E steigt in Richtung der Koordinate x an, bis der Bereich eines Magnetpoles wieder verlassen wird.

In dem Magnetpol-Bereich ersetzen wir den realen Verlauf der magnetischen Flussdichte durch einen angenähert konstanten Wert B. B bildet in Abb. 34 mit der x-Achse und den Grenzwerten x = 0 und $x = \frac{\pi \cdot d_A}{2}$ die schraffierte Fläche. Der magnetische Fluss wird gemäß Formel 4.10 über das Integral der Flussdichte über die Fläche berechnet. Wir ersetzen das Flächenelement durch: $dA = L \cdot dx$ und erhalten den folgenden Ausdruck zur Berechnung des Magnetflusses durch den Luftspalt der Maschine.

$$\phi = \int_{0}^{x=\frac{\pi \cdot d_A}{2}} B_E \cdot L \cdot dx \approx B \cdot L \cdot \frac{\pi \cdot d_A}{2} \qquad 4.11$$

Wir haben bereits elektrische Maschinen mit p = 2 Polpaaren kennengelernt (Abb. 25). In diesem Fall muss die Koordinate x bis $\frac{\pi \cdot d_A}{2 \cdot p}$ gezählt werden. Man erhält dementsprechend für den magnetischen Fluss den Ausdruck:

$$\phi = \int_{0}^{x=\frac{\pi \cdot d_A}{2 \cdot p}} B_E \cdot L \cdot dx \approx B \cdot L \cdot \frac{\pi \cdot d_A}{2 \cdot p} \qquad 4.12$$

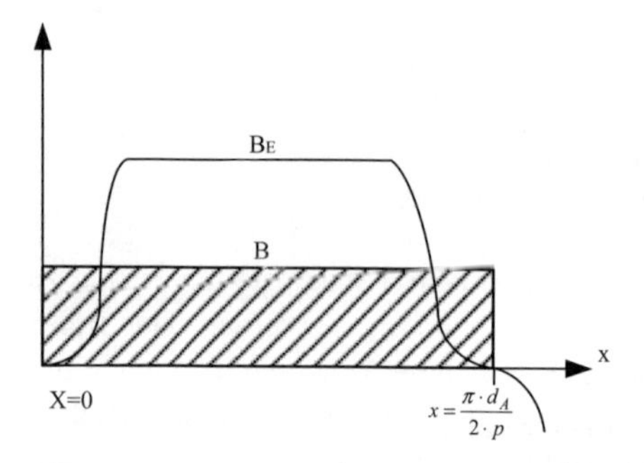

Abb. 34: Flussdichte des Erregerfeldes und mittlere Flussdichte B

Die in die Kontrollfläche eindringenden magnetischen Feldlinien verlassen diese auch wieder. Die Summe der eintretenden und austretenden Feldlinien ist null. Es handelt sich also um ein *Kontinuitätsgesetz für den magnetischen Fluss*. Die Auswertung des Flächenintegrals über die Kontrollfläche ergibt die Schlussfolgerung:

$$\phi = \oint_{Kontrollfläche} \vec{B} \cdot d\vec{A} = 0 \qquad 4.13$$

Der magnetische Fluss ϕ ist eine skalare Größe, sein Vorzeichen hängt von der Richtung von $d\vec{A}$ ab. Die Einheit von ϕ ist 1Vs:

$$[\phi] = [B] \cdot [A] = 1 \text{ Vs}$$
$$1 \text{ Vs} = 1 \text{ Weber} = 1 \text{ Wb}$$

Die Einheit 1 Weber ist nach dem deutschen Physiker Wilhelm Eduard Weber (1804-1891) benannt. Die Vektoren $\vec{B}$ und $\vec{A}$ seien gleichgerichtet. Ist B in jedem Punkt der Fläche A gleich groß, also homogen, können wir den Vektor $\vec{B}$ vor das Integral ziehen und erhalten:

$$\Phi = \vec{B} \cdot \vec{A} = B \cdot A \cdot \cos\alpha = B \cdot A \qquad 4.14$$

Streuverluste
Magnetische Feldlinien, die nicht wie gewünscht durch einen Eisenquerschnitt verlaufen, sondern sich auf einem anderen Weg schließen, führen zu Verlusten, denn sie tragen nicht zu der gewünschten magnetischen (Kraft) Wirkung bei.

In dem Fall, dass keine Streuverluste auftreten, gilt für den Magnetfluss, der in eine Fläche eines Kontrollkörpers eindringt und den Körper über eine zweite Fläche wieder verlässt:

$$\phi_E = \phi_A = \vec{B}_E \cdot \vec{A}_E = \vec{B}_A \cdot \vec{A}_A \qquad 4.15$$

Beispielaufgabe:
Eine lange Zylinderspule wie in Abb. 35 gezeigt, habe N = 100 Windungen. Die Maße betragen: a = 100 mm b = 80 mm, c = 10 mm, d = 10 mm, e = 60 mm. Der Strom beträgt I = 1 A. Der Magnetfluss betrage: $\phi = 0{,}0001$ Vs .

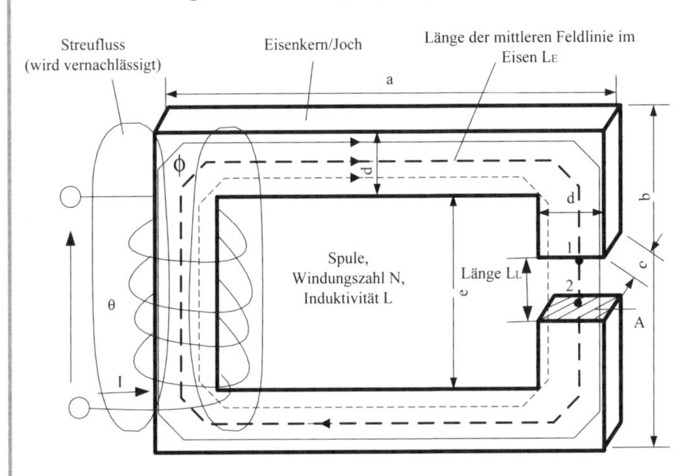

Abb. 35: Magnetischer Fluss in einem Eisenkörper

a) Berechnen Sie die Feldstärke im Inneren der Spule.
b) Welche relative Permeabilität hat das Material, wenn ein linearer Zusammenhang zwischen B und H in dem interessierenden Bereich vorausgesetzt wird?

Lösung:

zu a)

$$L = b - 2d = 80\ \text{mm} - 20\ \text{mm} = 60\ \text{mm}$$

$$H = \frac{N \cdot I}{L} \cdot = \frac{100\text{A}}{0{,}06\text{m}} = 1666{,}67\ \frac{\text{A}}{\text{m}}$$

zu b)

$$\phi = B \cdot A$$

$$A = 1\ \text{cm}^2 = 0{,}0001\ \text{m}^2$$

$$B = \frac{\phi}{A} = \frac{0{,}0001\ \text{Vs}}{0{,}0001\ \text{m}^2} = 1\ \text{T}$$

$$B = \mu_r \cdot \mu_0 \cdot H$$

$$\mu_r = \frac{B}{H \cdot \mu_0} = \frac{1\frac{\text{Vs}}{\text{m}^2}}{1666{,}67\frac{\text{A}}{\text{m}} \cdot 1{,}256 \cdot 10^{-6}\ \frac{\text{Vs}}{\text{Am}}} = 477{,}71$$

Rechteckspule und Führung des magnetischen Flusses

Die technische Realisierung einer Spule ist in der folgenden Abbildung links zu erkennen. Die Spule hat 250 Windungen und 2 Anschlüsse zur Versorgung. Deutlich zu erkennen ist das mittige Loch, in das der Polschuh, der im rechten Bild dargestellt ist, eingesteckt werden kann. Dazu besitzt der Polschuh eine rechteckige Verlängerung mit den Maßen a und b. Es handelt sich also um eine Rechteckspule. Durch die Polschuhe wird der magnetische Fluss so geführt, dass er möglichst radial zum Rotor gerichtet ist.

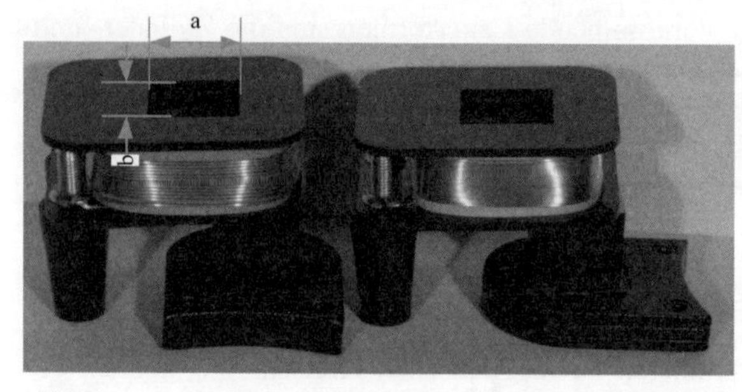

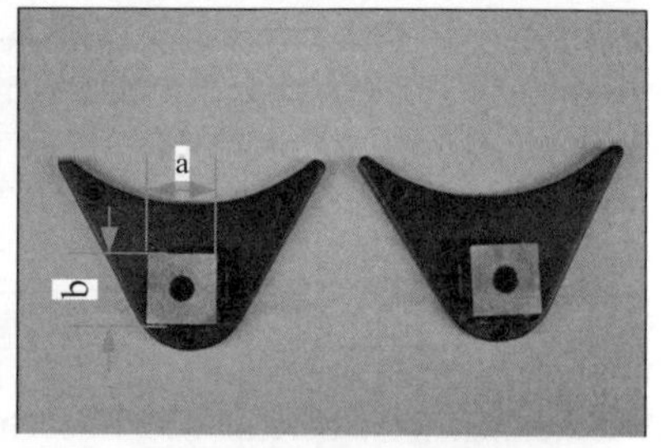

Abb. 36: Rechteck-Spule mit 250 Windungen, links: Bohrung für Polschuh, rechts: Eisenkern mit Polschuh (Quelle: eigenes Foto)

Die Spule kann mit dem Polschuh mithilfe einer Schraube in einer Grundplatte befestigt werden. In der nächsten Abbildung sind drei Spulen mit Polschuhen auf einer Grundplatte angeschraubt worden. Im Inneren befindet sich ein Rotor. Die Grundplatte besteht aus einer Eisenlegierung, die vorteilhaft das Magnetfeld leitet. Schließen wir die drei Spulen an eine Spannungsquelle an, überlagern sich die einzelnen Magnetfelder der drei Spulen. Es entsteht ein resultierendes magnetisches Feld mit der Polpaarzahl p = 1. Die magnetischen Feldlinien schließen sich über die Grundplatte. Wir stellen fest, dass die magnetischen Feldlinien durch die Eisenkerne der Spulen verlaufen, den Luftspalt zum Rotor überwinden und innerhalb des Rotors sowie der Grundplatte liegen.

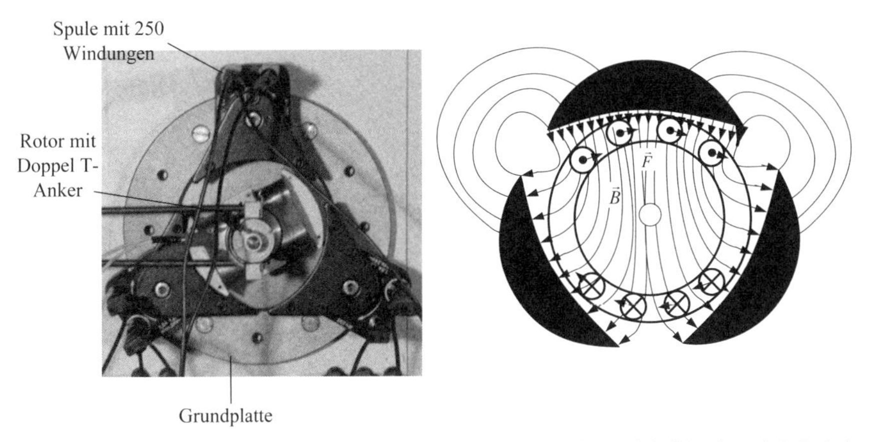

Abb. 37: Elektrische Maschine, links: Aufbau mit Doppel-T-Anker und drei Spulen mit Polschuhen am Rotor (Quelle: eigenes Foto), rechts: Ausschnitt des resultierenden, magnetischen Feldes dreier Spulen

Die Abb. 37 rechts stellt das Feldlinienbild dar und zeigt, wie Kräfte auf Leiter entstehen, die sich auf dem Rotor befinden. Dadurch entstehen Drehmomente auf den Rotor. Die Lage des zum Teil eingezeichneten, resultierenden Magnetfeldes ändert sich, wenn die Stromführung in den drei Spulen nach bestimmten Gesetzmäßigkeiten geändert wird. Dadurch erreicht man, dass die Drehmomente auf den Rotor bei der Drehung erhalten bleiben. Wir werden dieses Verfahren noch näher kennenlernen!

Zusammenfassung
Magnetische Feldgrößen in der Umgebung von Leitern können mithilfe der Formeln nach Biot-Savart berechnet werden. Häufig vorkommende Leiterformen sind die Zylinder- und die Ringspule. Die Verwendung von Eisenkernen erhöht die magnetische Flussdichte wesentlich. Falls die Zylinderspule sehr lang und dünn ist, werden vereinfachende Formeln benutzt. Der magnetische Fluss wird im Eisenkreis der elektrischen Maschine geführt.

4.3 Das Durchflutungsgesetz

Wir kennen jetzt bereits wichtige Grundlagen zu magnetischen Kreisen. Wir können den magnetischen Fluss berechnen. Die magnetische Induktion können wir ausgehend von der magnetischen Feldstärke und dem Materialgesetz bestimmen.

Die Berechnung der magnetischen Induktion in Luftspalten von Aktoren und Maschinen kann man über das Durchflutungsgesetz bestimmen.

In Analogie zu den elektrischen Strömungsfeldern beschreibt man bei magnetischen Kreisen einen Abfall der magnetischen Wirkung zwischen zwei Punkten 1 und 2 entlang einer Feldlinie, den magnetischen Spannungsabfall V, der über die folgende Beziehung berechnet werden kann:

$$V_{12} = \int_1^2 \vec{H} \cdot d\vec{s} \qquad 4.16$$

Das Wegintegral der magnetischen Feldstärke H entlang einer vorgegebenen Wegstrecke von s_1 nach s_2, die meist entlang einer magnetischen Feldlinie verläuft, bezeichnet man als den magnetischen Spannungsabfall V_{12}, der in der Einheit Ampere gemessen wird. Wir wollen zuerst einen einfachen Fall betrachten:

Die folgende Abb. 38 zeigt den Querschnitt eines unendlich langen, dünnen stromführenden Leiters. Durch den Leiter fließt ein Strom I. Einige der magnetischen Feldlinien sind in der Abbildung dargestellt. Wir berechnen für die Strecke von 1 nach 2 entlang einer Feldlinie das Integral 4.16:

$$V_{12} = \int_1^2 \vec{H} \cdot d\vec{s} = H \int_1^2 ds = H \cdot s_{12} \qquad 4.17$$

Da der Feldstärke-Vektor $\vec{H}$ und der Weg-Vektor $d\vec{s}$, der in Richtung der Feldlinie zeigt, gleichgerichtet sind, kann man den Ausdruck vereinfachen.

$$\vec{H} \cdot d\vec{s} = \left|\vec{H}\right| \cdot \left|d\vec{s}\right| \cdot \cos 0° = H \cdot ds$$

Entlang einer Feldlinie ändert sich die Feldstärke nicht, sodass wir H vor das Integral 4.17 schreiben können. Die Berechnung des Integrals von 1 nach 2 ergibt den Kreisbogen s_{12}. Die Situation ist in Abb. 38 skizziert.

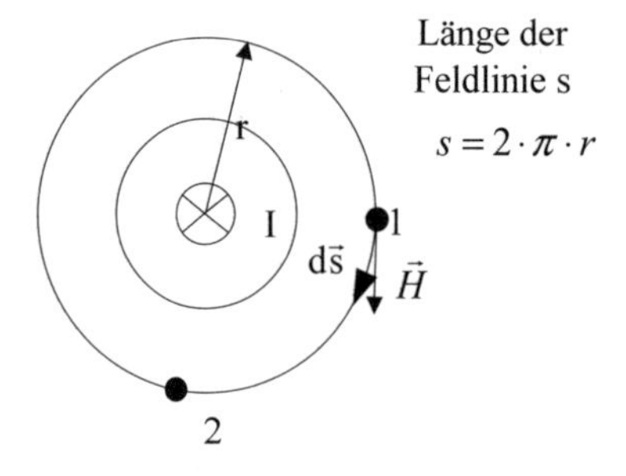

Abb. 38: Magnetischer Spannungsabfall

Die magnetischen Feldlinien sind geschlossen und man kann den Spannungsabfall entlang einer geschlossenen Feldlinie berechnen.

$$\oint_{\text{Kurve}} \vec{H} \cdot d\vec{s} = 2 \cdot \pi \cdot r \cdot H$$

Die Feldstärke im Abstand r ist bekannt, denn sie wird über die Formel 4.5 berechnet:

Also erhalten wir als Ergebnis dieser Rechnung:

$$\oint_{\text{Kurve}} \vec{H} \cdot d\vec{s} = I \tag{4.18}$$

Das Ergebnis zeigt, dass der magnetische Spannungsabfall beim Umfahren der Feldlinie gleich dem Strom I ist.

Durchflutungsgesetz

Das *Durchflutungsgesetz* sagt aus, dass die Summe der innerhalb eines geschlossenen Weges umfahrenen Ströme, also die Summe der Leiter, die den Strom führen, gleich der Durchflutung ist. Dabei müssen wir die Stromrichtung beachten. Fließen zwei Ströme gleicher Stärke in unterschiedlicher Richtung, ist die Summe null! Wir nennen diesen Gesamtspannungsabfall, also die Summe der Ströme, die Durchflutung θ.

$$\theta = \oint_{\text{Kurve}} \vec{H} \cdot d\vec{s} = \sum_{i=1}^{N} I_i \tag{4.19}$$

Wir können diesen Satz auch etwas anders ausdrücken: Das Linienintegral der magnetischen Feldstärke entlang jeder beliebigen, geschlossenen Linie ist stets gleich dem gesamten Strom, der durch eine beliebige, von dieser Linie gebildeten Fläche hindurchtritt.

Auch wenn die Berechnung des Integrals in Formel 4.19 kompliziert aussieht, kann für einfache Fälle der Ausdruck leicht berechnet werden. Wir wollen an einem Beispiel zeigen wie der Ausdruck

$$\sum_{i=1}^{N} I_i \quad ,$$

zu verstehen ist. Die Grafik in Abb. 39 stellt eine Ringspule dar, die an einem Segment des Ringumfangs angebracht ist. Der Ring sei aus einem Material mit einer hohen Permeabilität. Wir gehen von der mittleren Feldlinie aus, die ebenfalls kreisförmig verläuft. Der geschlossene Umlauf, der bei der Anwendung des Durchflutungsgesetzes gefordert ist, soll sich auf

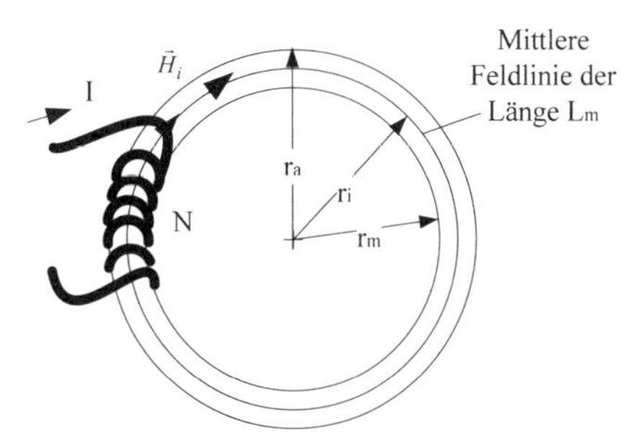

Abb. 39: Durchflutungsgesetz am Beispiel einer Ring-Spule mit N-Leitern

diese Feldlinie beziehen. Die Summe der innerhalb dieses Kreises liegenden Ströme beträgt N, da innerhalb der Feldlinie jede Windung vorkommt. Also gilt für die Summe der Ströme:

$$I_1 = I_2 = \cdots I_N = I$$

$$\theta = \sum_{i=1}^{N} I_i = N \cdot I \qquad 4.20$$

Das Durchflutungsgesetz besagt, dass der Integrationsweg entlang der gesamten mittleren Feldlinie zu wählen ist.

$$\theta = \oint_{\text{Kurve}} \vec{H} \cdot d\vec{s} = H_i \cdot 2 \cdot \pi \cdot r_m = N \cdot I$$

$$H_i = \frac{N \cdot I}{2 \cdot \pi \cdot r_m}$$

$$B = \mu \cdot H = \mu \frac{N \cdot I}{2 \cdot \pi \cdot r_m} \qquad 4.21$$

Wir erhalten mit Gleichung 4.21 eine Formel zur Berechnung der Feldstärke und der magnetischen Flussdichte. Auch die um den linken Schenkel in Abb. 40 gewickelte Spule erzeugt eine Durchflutung, die nach 4.20 berechnet werden kann.

4.4 Magnetischer Widerstand

Einen magnetischen Kreis kann man vergleichen mit einem elektrischen Stromkreis. Die Ursache für den Stromfluss ist die Spannung. Im magnetischen Kreis ist die Ursache für den Magnetfluss die Durchflutung. Eine dem elektrischen Strom vergleichbare Größe ist im magnetischen Kreis der Magnetfluss. Man hat auch eine Größe eingeführt, die vergleichbar zum Widerstand in einem Stromkreis ist. Diese Größe wird mit R_m abgekürzt und als der magnetische Widerstand bezeichnet.

Der magnetische Widerstand hängt von der Länge L eines Abschnitts des Magnetkreises ab, in dem der Werkstoff und die Querschnittsfläche A gleich sind. In der folgenden Formel, mit der der magnetische Widerstand berechnet werden kann, wird der Werkstoffeinfluss durch die Permeabilität des Werkstoffs berücksichtigt:

$$R_m = \frac{L}{\mu \cdot A} \qquad 4.22$$

Der magnetische Widerstand ist proportional der Länge L, in der das Material gleich und der Querschnitt konstant ist, und umgekehrt proportional zur Querschnittsfläche des die Feldlinien tragenden Mediums. Der magnetische Widerstand wird auch als Reluktanz bezeichnet. Die Formel erinnert uns an die Berechnung des ohmschen Widerstands in einer Leitung der Länge L, dem Querschnitt A und dem spezifischen Widerstand.

Wir wollen die Berechnungs-Grundlagen für magnetische Kreise mithilfe eines Beispiels erschließen. In Abb. 40 ist ein sogenannter unverzweigter magnetischer Kreis abgebildet. Die Verzweigung eines magnetischen Kreises ist in Abb. 31 dargestellt.

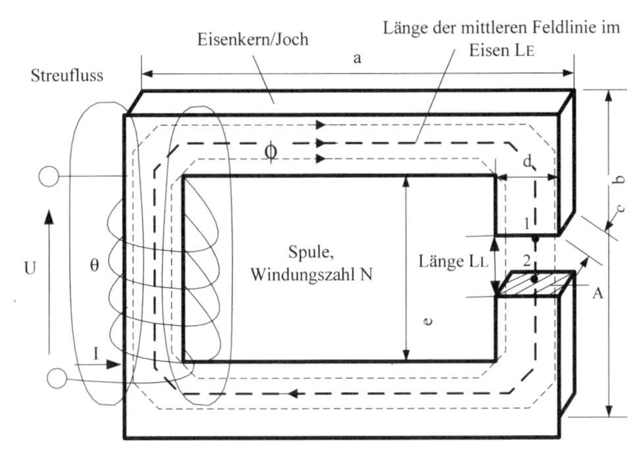

Abb. 40: Unverzweigter magnetischer Kreis

Unverzweigter Eisenkreis
In einem unverzweigten Eisenkreis werden magnetische Felder nur in einem Eisenzweig geführt. In diesen Querschnitten ist der Magnetfluss bei Vernachlässigung der Streuung konstant.

Wir erkennen einen Eisenkern, um dessen linke Schenkel eine Spule mit N Windungen gewickelt ist. Fließt ein Strom durch die Spule, aufgrund der angelegten Spannung U, bildet sich der magnetische Fluss aus. Abb. 40 zeigt drei stellvertretende Feldlinien, von denen die obere einen längeren und die untere einen kürzeren Weg im Eisen verfolgt. Die mittlere Feldlinie ist gestrichelt gezeichnet.

Wir erkennen außerdem, dass einige Feldlinien nicht durch den Eisenkern verlaufen, sondern einen kurzen Weg durch die umgebende Luft verfolgen. Hierbei handelt es sich um einen sogenannten *Streufluss*. Diese Feldlinien stellen Verluste dar, denn sie führen zu keiner nutzbaren magnetischen Wirkung. Wir vernachlässigen im Folgenden den gezeichneten Streufluss, d. h. die Feldlinien verlaufen alle innerhalb des Eisenkerns. Die Feldlinien verlaufen also alle durch den Querschnitt des Eisenkerns, sie verzweigen nicht, da auch der Eisenkern nicht verzweigt.

Für unsere Berechnungen ersetzen wir die durch den Eisenquerschnitt verlaufenden Feldlinien durch die mittlere, gestrichelt gezeichnete Linie. Die Länge dieser mittleren Feldlinie im Eisen sei L_E. Wir erkennen im Bild, dass die Feldlinie den Eisenquerschnitt verlassen muss, um den Luftspalt mit der Länge L_L zu durchlaufen. Die Querschnitts-Fläche des Eisenkerns wird mit A bezeichnet.

Die Durchflutung berechnet sich für den dargestellten magnetischen Kreis aus dem Produkt der Windungszahl und dem Strom I, der durch die Spule fließt:

$$\theta = I \cdot N \qquad 4.23$$

Uns interessiert, welche Stärke das magnetische Feld im Luftspalt hat, wenn ein bestimmter Strom durch die Spule fließt. Bezogen auf den magnetischen Kreis in Abb. 40, gibt es 2 magnetische Widerstände. Der Erste wird durch den Weg der Feldlinien durch den Eisenkörper mit gleichem Querschnitt bewirkt. Der zweite Widerstand entsteht durch den Luftspalt, durch den die Feldlinien hindurchgehen.

$$R_{m,1} = \frac{L_E}{\mu_E \cdot A_E}$$

$$R_{m,2} = \frac{L_L}{\mu_0 \cdot A_L}$$

Damit können wir das folgende Ersatzschaltbild des magnetischen Kreises zeichnen. Das Ersatzschaltbild Abb. 41 enthält die Symbole für die magnetische Durchflutung und die beiden magnetischen Widerstände.

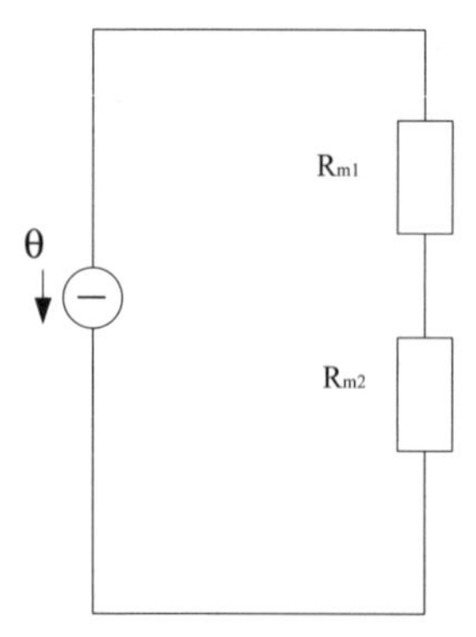

Abb. 41: Ersatzschaltbild eines magnetischen Kreises

Der elektrische Widerstand im Gleichstromkreis wird durch das ohmsche Gesetz als Verhältnis von der elektrischen Spannung U zum Strom I ausgedrückt. Man kann dieses Gesetz auch auf magnetische Kreise anwenden: Der magnetische Widerstand entspricht dem Verhältnis der Durchflutung θ zum magnetischen Fluss ϕ. Also gilt für den Kreis in Abb. 41:

$$R_{m,ges} = R_{m1} + R_{m2} = \frac{\theta}{\phi}$$

4.5 Berechnung magnetischer Größen im unverzweigten Magnetkreis

Es gibt bei der Berechnung magnetischer Kreise mit einem Luftspalt grundsätzlich zwei Fragen zu beantworten: Die erste Frage lautet:

Die magnetische Durchflutung sei gegeben, welchen Wert haben der magnetische Fluss und die magnetische Flussdichte B? Die zweite Frage lautet: Gegeben sei die gewünschte Flussdichte im Luftspalt B_L, welchen Wert muss die notwendige Durchflutung aufweisen?

Ist der notwendige Wert der Durchflutung bekannt, kann man die Durchflutung durch eine hohe Windungszahl bei geringer Stromstärke oder umgekehrt, bei hoher Stromstärke und niedriger Windungszahl, erreichen. Der Lösungsweg zur zweiten Frage wird im Folgenden hergeleitet.

Wir können den magnetischen Spannungsabfall in zwei Teile aufteilen. Ein Teil beschreibt den Spannungsabfall innerhalb des Eisenkernes, der andere Teil den magnetischen Spannungsabfall im Luftspalt. Die Feldstärken im Eisenabschnitt und im Luftspalt sind unterschiedlich und müssen in der Regel berechnet werden. Wir betrachten die mittlere Feldlinie und bezeichnen die Feldstärke im Eisen mit H_E und im Luftspalt mit H_L. Damit können wir das Durchflutungsgesetz wie folgt notieren.

$$I \cdot N = \int_1^2 \vec{H}_L \cdot d\vec{s} + \int_2^1 \vec{H}_E \cdot d\vec{s} \qquad 4.24$$

Der linke Ausdruck in 4.24 stellt die Durchflutung dar. Er entspricht der Summe auf der rechten Seite in Formel 4.19.

In den Abschnitten von 1 nach 2 bzw. von 2 nach 1 ist in diesem Beispiel die Feldstärke konstant, daher können wir den Ausdruck von H vor das Integral schreiben.

$$I \cdot N = H_L \cdot L_L + H_E \cdot L_E$$

Die Flussdichten im Eisen und im Luftspalt seien B_E und B_L. Die Querschnittsflächen im Eisen und im Luftspalt sind gleich.

$$A_E = A_L$$

Wir wenden das Kontinuitätsgesetz für magnetische Kreise an und erhalten:

$$\begin{aligned} \phi_E &= \phi_L \\ B_E \cdot A_E &= B_L \cdot A_L \\ B_E &= B_L = B \end{aligned} \qquad 4.25$$

Die Flussdichten im Luftspalt und im Eisen sind in diesem Fall gleich.

Im Luftspalt kann der Zusammenhang zwischen der bekannten Induktion B und der Feldstärke H_L berechnet werden.

$$H_L = \frac{B}{\mu_0}$$

Zur Berechnung der Feldstärke im Eisenquerschnitt H_E ist es erforderlich, den Zusammenhang zwischen B_E und H_E für den speziellen Werkstoff über die Magnetisierungskennlinien zu ermitteln. Die in der Abb. 42 gezeichneten Kennlinien zeigen näherungsweise einige wichtige Magnetisierungskurven für verschiedene Werkstoffe. Ausgehend von dem bekannten Wert B, der entlang der Ordinate aufgezeichnet ist, können wir für den benutzten Werkstoff die zugehörige Feldstärke H_E ablesen.

Damit sind sowohl die Feldstärken im Eisen und im Luftspalt bekannt. Die Streckenabschnitte für die mittlere Feldlinie, auf die wir die Berechnung gestützt haben, können den gegebenen Abmessungen des Eisenkörpers entnommen werden. Durch Einsetzen der Feldstärke im Luftspalt ergibt sich aus dem Durchflutungsgesetz der Zusammenhang:

$$\theta = I \cdot N = \frac{B}{\mu_0} \cdot L_L + H_E \cdot L_E \qquad 4.26$$

Alle in Formel 4.26 auf der rechten Seite des Gleichheitszeichens stehenden Variablen sind bekannt und die Durchflutung kann berechnet werden!

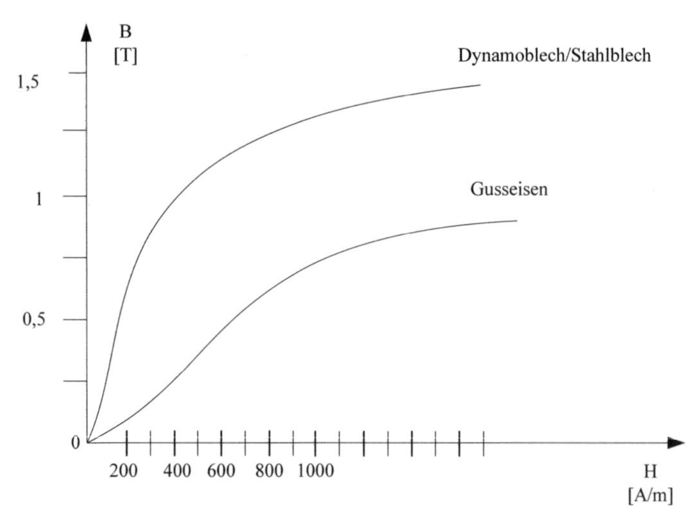

Abb. 42: Magnetisierungskennlinien verschiedener Werkstoffe

Neben der rechnerischen Lösung kann auch eine zeichnerische Lösung der gestellten Aufgabe gefunden werden. Wir können mit Formel 4.26 B in Abhängigkeit von H_E berechnen:

$$B = \frac{\mu_0}{L_L} \cdot \left(I \cdot N - H_E \cdot L_E \right)$$

Diese Gleichung beschreibt eine abfallende Gerade im B = f(H) Diagramm, deren Schnittpunkte mit der B- und H-Achse errechnet werden können und die wir *Luftspaltgerade* nennen. Die Gerade kann man zeichnen, wenn man die Koordinaten von 2 Punkten, die auf der Geraden liegen, kennt. Dazu berechnen wir die Schnittpunkte mit den Koordinatenachsen.

$$H_E = 0 \rightarrow B^* = \frac{\mu_0}{L_L} \cdot I \cdot N$$
$$B = 0 \rightarrow H^* = \frac{I \cdot N}{L_E} \qquad 4.27$$

Der Schnittpunkt der Luftspaltgeraden mit der Magnetisierungskennlinie bestimmt den Arbeitspunkt. Zeichnet man die Magnetisierungskennlinie und die Luftspaltgerade in die B-H-Ebene ein, kann aus dem Schnittpunkt die Permeabilität des Werkstoffs im Arbeitspunkt bestimmt werden:

$$\mu_E = \frac{B_0}{H_0} \qquad 4.28$$

Nun sollen die Ergebnisse in einem Berechnungsbeispiel geübt werden.

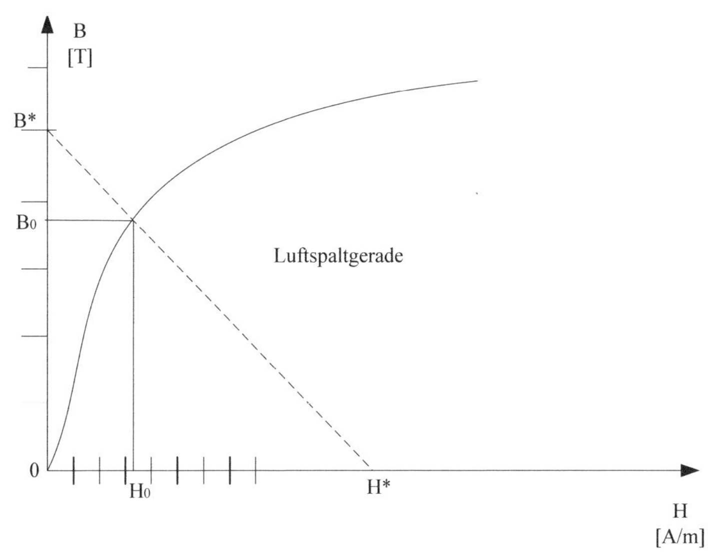

Abb. 43: Luftspaltgerade

Beispielaufgabe:
Gegeben ist der im folgenden Bild dargestellte magnetische Kreis. Der Eisenkreis habe überall den gleichen Querschnitt. Die Streuung ist zu vernachlässigen. Die Flussdichte im Luftspalt betrage 0,5 T. Die Permeabilität des Eisens betrage:

$$\mu_E = 2000 \frac{Vs}{Am}$$

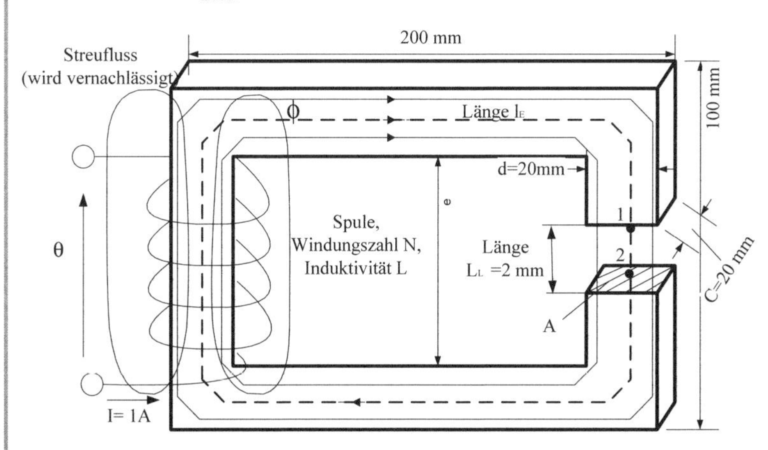

Abb. 44: Eisenkreis mit Luftspalt

a) Berechnen Sie die magnetischen Widerstände.
b) Berechnen Sie den magnetischen Fluss.
c) Berechnen Sie die Durchflutung.
d) Berechnen Sie die Windungszahl N, wenn der zulässige Strom 1 A nicht überschritten werden soll.

Lösung:

zu a)

Es gibt zwei magnetische Widerstände. Im Eisenkreis kann der Widerstand über die folgende Formel berechnet werden.

$$R_{m,E} = \frac{L_E}{\mu_E \cdot A} = \frac{2 \cdot 0{,}18\ \text{m} + 0{,}08\ \text{m} + 0{,}078\ \text{m}}{2000\ \frac{\text{Vs}}{\text{Am}} \cdot 0{,}02 \cdot 0{,}02\ \text{m}^2} = \frac{0{,}52\ \text{Am}}{0{,}8\ \text{Vsm}} = 0{,}65\ \frac{\text{A}}{\text{Vs}}$$

$$R_{m,L} = \frac{L_L}{\mu_0 \cdot A} = \frac{0{,}002\ \text{m}}{1{,}256 \cdot 10^{-6}\ \frac{\text{Vs}}{\text{Am}} \cdot 0{,}02 \cdot 0{,}02\ \text{m}^2} = 3980891\ \frac{\text{A}}{\text{Vs}}$$

zu b)

Die Flussdichten sind aufgrund der gleichen Querschnitte vom Luftspalt und Eisen gleich. Der magnetische Fluss kann wie folgt berechnet werden:

$$\phi = B \cdot A = 0{,}5\ \frac{\text{Vs}}{\text{m}^2} \cdot 0{,}02 \cdot 0{,}02\ \text{m}^2 = 2 \cdot 10^{-4}\ \text{Vs}$$

zu c)

Durch Umstellen der Gleichung:

$$N \cdot I = \theta = \phi \cdot \left(R_{m,Eisen} + R_{m,Luftspalt}\right)$$

erhalten wir eine Berechnungsformel für die Durchflutung:

$$N \cdot I = \theta = \phi \cdot \left(R_{m,Eisen} + R_{m,Luftspalt}\right) = 2 \cdot 10^{-4}\,\text{Vs} \cdot \left(3980891\frac{\text{A}}{\text{Vs}} + 0{,}65\frac{\text{A}}{\text{Vs}}\right)$$

$$N \cdot I = 796\ \text{A}$$

zu d)

$$N \cdot I = \theta = \phi \cdot \left(R_{m,Eisen} + R_{m,Luftspalt}\right) = 2 \cdot 10^{-4}\,\text{Vs} \cdot \left(3980891\frac{\text{A}}{\text{Vs}} + 0{,}65\frac{\text{A}}{\text{Vs}}\right)$$

$$N \cdot I = 796\ \text{A}$$

$$I = 1\ \text{A}$$

$$N = 796$$

Zusammenfassung

Aktoren sollen Kräfte aufbringen und Arbeit verrichten. Elektromagnetische Aktoren erzeugen magnetische Anziehungskräfte. Elektromotorische Aktoren erzeugen Kräfte auf stromdurchflossene Leiter im Magnetfeld. In beiden Fällen ist es erforderlich, das magnetische Feld bereitzustellen und zu dimensionieren. Entweder ist die Stromstärke des Spulenstroms gegeben und die dadurch bedingte Flussdichte im Bereich des Luftspaltes ist zu berechnen, oder umgekehrt, die Flussdichte ist gegeben und die Durchflutung ist zu berechnen. Der magnetische Kreis kann durch das Durchflutungsgesetz beschrieben werden. Falls die Flussdichte in einem Luftspalt gegeben ist, kann die notwendige Durchflutung berechnet werden. Damit können die Windungszahl N der Spule und der erforderliche Strom bestimmt werden. Zu den magnetischen Größen gibt es Analogie-Beziehungen zu elektrischen Größen.

Kontrollfragen

15. Für den magnetischen Kreis in Abb. 40 sollen die magnetischen Widerstände berechnet werden. Es gelten die folgenden Werte: $L_E = 500$ mm. $L_L = 2$ mm. c = d = 5 mm.
    $$\mu_E = 2000 \frac{Vs}{Am}$$
16. Es gelten die Werte von Aufgabe 15. Die magnetische Flussdichte im Luftspalt betrage $B_L = 1{,}2$ T. Welche Werte haben die Magnetflüsse im Eisen bzw. Luftspalt ϕ_E bzw. ϕ_L und die Flussdichte B_E?
17. Durch welche Größe kann die Wirkung eines magnetischen Felds aufgehoben werden?
18. Gibt es eine magnetische Wirkung in einer Spule mit einem Eisenkern, wenn der Strom null ist?
19. Eine Ringspule habe 100 Windungen und einen inneren Radius von 10 mm. Es fließt ein Strom von I = 2 A. Der äußere Radius beträgt 15 mm. Berechnen Sie die Feldstärke im Ring der Spule und den magnetischen Widerstand.
20. Gegeben ist ein unverzweigter magnetischer Kreis gemäß Abb. 40. Die Durchflutung beträgt $\theta = 796\ \text{A}$. Berechnen Sie die Windungszahl (abgerundet), wenn der zulässige Strom von 5 A nicht überschritten werden soll.

4.6 Dynamik der Stromführung in Aktor-Spulen

Aufgrund der physikalischen Eigenschaften kann der Strom durch die Spulen in Aktoren nicht beliebig schnell auf- und abgebaut werden. Dieser Effekt hat Auswirkungen auf elektrische Maschinen. Bei elektrischen Maschinen muss der Strom häufig in einer bestimmten Zeit von einer Spule auf die nächste Spule wechseln.

Die Anordnung in Abb. 37 zeigt drei am Umfang verteilte Spulen. Es entsteht ein resultierendes magnetisches Feld, wenn die Spulen gleichzeitig mit einem Strom versorgt werden. Möchte man die Richtung des resultierenden Feldes ändern, muss die Stromrichtung in einzelnen Spulen geändert werden. Erst wenn der gewünschte Strom einer Spule erreicht wird, kann frühestens auf eine andere Spule umgeschaltet werden, sonst wird das Moment des Motors reduziert, da die magnetische Flussdichte nicht voll aufgebaut ist.

Bei einer genaueren Betrachtung der physikalischen Verhältnisse kann man ein Ersatzschaltbild für die Spule aufstellen, das die Induktivität L und einen ohmschen Widerstand R enthält. Mit dem Schalter in Abb. 45 können wir (zum Zeitpunkt t_0) den Stromkreis schließen und die Versorgungsspannung an die Spule anlegen.

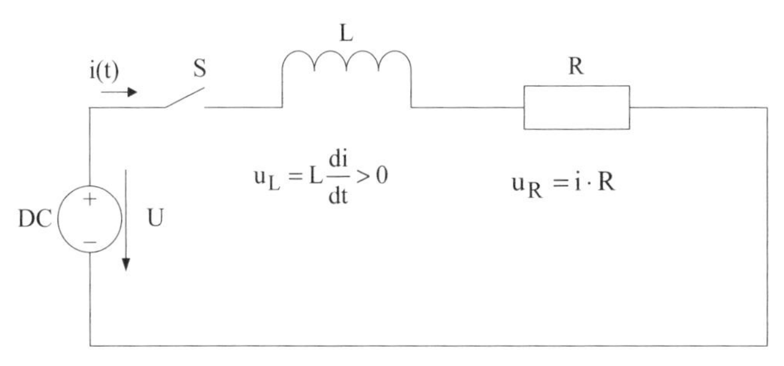

Abb. 45: Ersatzschaltbild einer Spule

Die entstehenden Spannungsabfälle an der Induktivität und am Widerstand werden durch die folgenden mathematischen Beziehungen angegeben:

Spannung an der Induktivität L:

$$u_L(t) = L \cdot \frac{di(t)}{dt}$$

Spannung am Widerstand R:

$$u_R(t) = R \cdot i(t)$$

Spannungsbilanz:

$$u_L(t) + u_R(t) = u$$

$$L \cdot \frac{di(t)}{dt} + R \cdot i(t) = u \qquad 4.29$$

Die Gleichung 4.29 stellt eine lineare Differenzialgleichung dar. Es kommen der Strom i(t) und die erste Ableitung des Stroms nach der Zeit auf der linken Seite der Gleichung vor. Die lineare Differenzialgleichung ist erster Ordnung, da sie nur die erste Ableitung nach der Zeit enthält, und hat konstante Koeffizienten. Wir wollen eine Gleichung für den Stromverlauf in Abhängigkeit der Zeit als Lösung der Differenzialgleichung gewinnen. Dabei gehen wir davon aus, dass der Schalter zum Zeitpunkt t = 0 s geschlossen wird. Die Anfangsbedingung gibt an, welchen Wert der Strom zum Zeitpunkt t = 0, hat. Wir wollen voraussetzen, dass zum Zeitpunkt des Einschaltens kein Strom fließt:

Anfangsbedingung:

$$i(0) = i_0 = 0 \qquad 4.30.$$

Wir formen die Gleichung um, indem wir sie mit 1/R multiplizieren und erhalten 4.31.

$$\frac{L}{R} \cdot \frac{di(t)}{dt} + i(t) = \frac{1}{R} \cdot u(t) \qquad 4.31$$

Den Koeffizienten L/R nennt man *Zeitkonstante*, da er die Dimension einer Zeit hat. Er wird mit dem Buchstaben T symbolisiert.

$$T = \frac{L}{R} \qquad 4.32$$

Den auf der rechten Seite der Gleichungen aufgeführten Koeffizienten 1/R nennt man den *Proportionalbeiwert*, der auch mit K bezeichnet wird.

$$K = \frac{1}{R} \qquad 4.33$$

Die Spannung ändert sich näherungsweise sprungförmig durch das Einschalten des elektronischen Schalters um den Wert $U = \Delta u$. Man nennt den sprungförmigen Signalanstieg eine *Sprungfunktion* und beschreibt sie durch die folgende Gleichung:

$$u(t) = \begin{cases} 0 \text{ für } t<0 \\ \Delta u \text{ für } t \geq 0 \end{cases} \qquad 4.34$$

Die Lösung der Differenzialgleichung für das Eingangssignal 4.34 beschreibt die Änderung des Stroms $i(t)$ vom Ausgangswert (der als Null vorausgesetzt wurde) auf den Endwert. Sie kann durch elementare Verfahren der Mathematik, die z. B. in (Papula, 2011) beschrieben werden, ermittelt werden:

$$i(t) = \frac{\Delta u}{R} \cdot \left(1 - e^{-\frac{t}{T}}\right) = K \cdot \Delta u \cdot \left(1 - e^{-\frac{t}{T}}\right) \qquad 4.35$$

Die Zeitkonstante T bestimmt die Geschwindigkeit, mit der der Strom aufgebaut wird, sie hängt von der Induktivität und dem Widerstand R ab. Tritt eine sprunghafte Spannungsänderung auf, erreicht der Strom nach Ablauf der Zeit, die der Zeitkonstanten entspricht, ca. 62,5 % des neuen Beharrungswertes. Nach Ablauf der Zeit, die der fünffachen Zeitkonstante entspricht, erreicht der Stromwert ca. 99,3 % des Endwertes.

Zeitkonstante
Der Zeitkonstante T der Reihenschaltung einer Spule und eines Widerstands berechnet man aus dem Quotienten L/R. Die Zeit T entspricht der Zeit, nach der bei einer sprungförmigen Spannungsänderung aus dem stromlosen Zustand der Strom sich auf 62,5 % dem Endwert angenähert hat.

Beispielaufgabe:
Die Induktivität einer Motorspule betrage L = 0,005 Vs/A, der Widerstand habe den Wert R = 2,5 Ω . Welche Werte haben die Zeitkonstante T und der Proportionalbeiwert K?

Lösung:

$$T = \frac{L}{R} = \frac{0{,}005\,\frac{\mathrm{Vs}}{\mathrm{A}}}{2{,}5\,\frac{\mathrm{V}}{\mathrm{A}}} = 0{,}002\ \mathrm{s}$$

Die Zeitkonstante beträgt T = 2 ms. Der Proportionalbeiwert beträgt:

$$K = \frac{1}{R} = \frac{1}{2{,}5}\,\frac{\mathrm{A}}{\mathrm{V}} = 0{,}4\,\frac{\mathrm{A}}{\mathrm{V}}$$

Dieser Wert bestimmt die Höhe des sich einstellenden maximalen Stroms im stationären Zustand bei einem vorgegebenen Spannungssprung:

$$I = \frac{U}{R} = K \cdot U$$

4.6.1 Verzögerungssystem erster Ordnung, PT1-System

Ein technisches System mit einer Ein- und einer Ausgangsgröße, das durch Gleichung 4.31 beschrieben werden kann, wird als *proportionales Verzögerungsglied erster Ordnung*, abgekürzt PT1-System bezeichnet.

Man stellt das Signalverhalten von technischen Systemen mit Hilfe von Blockschaltbildern dar. Die Blockschaltbilder enthalten einen Block für das technische System, mit einem Eingangspfeil, der das Eingangssignal repräsentiert und einem Ausgangspfeil, der das Ausgangssignal darstellt. Im Blockschaltbild wird ein Verzögerungsglied 1. Ordnung mit der Darstellung seiner Sprungantwort in dem entsprechenden Block angegeben.

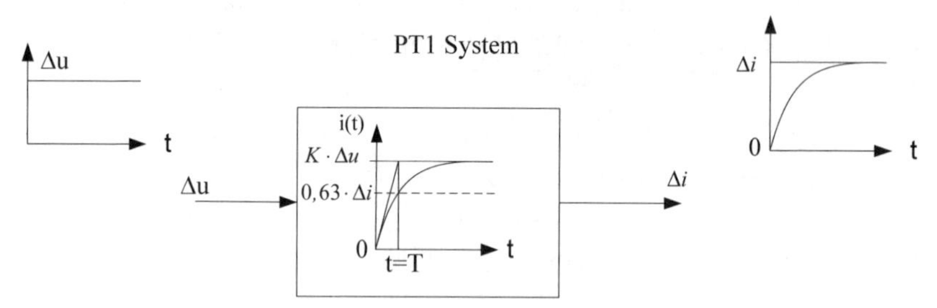

Abb. 46: Blockschaltbild eines PT1-Systems

Das PT1-System erkennt man an der charakteristischen Sprungantwort. Die Sprungantwort ist die Gleichung, die als Zeit-Liniendiagramm wie folgt abgebildet werden kann:

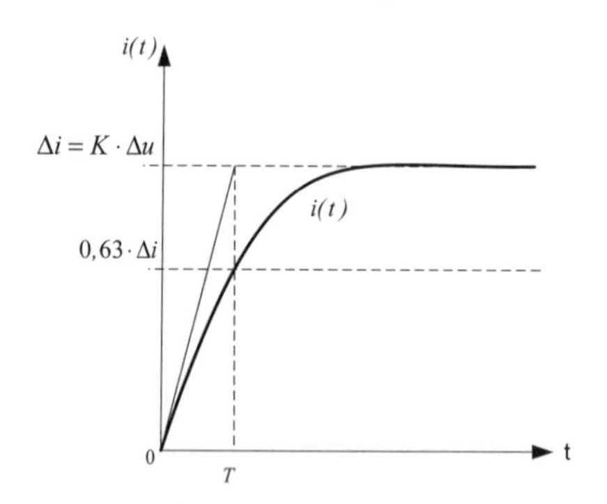

Abb. 47: Sprungantwort eines PT1-Systems

Wir erkennen den stationären Endwert des Stroms, der sich aus der Multiplikation des Proportionalbeiwertes mit der Spannungsänderung ergibt. Außerdem können wir die Zeitkonstante T aus der Kurve bestimmen. Man ermittelt aus dem Kurvenverlauf den Wert der Stromänderung, der ca. 63 % des Endwertes entspricht. Man zieht eine Horizontale ausgehend von diesem Wert und bestimmt den Schnittpunkt mit der Kurve i(t). Vom Schnittpunkt zieht man eine Vertikale bis zu Zeitachse und liest den Zeitwert ab. Dieser entspricht der Zeitkonstanten T, wenn der Sprung zum Zeitpunkt $t = 0$ aufgeschaltet wurde.

4.6.2 Simulationsprogramm

In diesem Lehrbuch werden viele mathematisch beschreibbare Beziehungen zwischen Größen in elektrischen Maschinen und Aktoren mit Hilfe von Rechenprogrammen grafisch ausgewertet.

Das Programmpaket WINFACT der Firma Kahlert GmbH bietet, ähnlich wie das bekanntere Programm Matlab/Simulink die Möglichkeit, technische Systeme in ihrem dynamischen Verhalten zu simulieren. Eine gute Einführung in die Arbeit mit dem Programm ist in (Kahlert, 2009) zu finden. WINFACT steht für Windows Fuzzy and Control Tools. Es ist ein modular strukturiertes Programmsystem. Zu den typischen Anwendungsfeldern des Programms gehören die Modellierung und Simulation dynamischer Systeme, der Entwurf und die Optimierung von Reglern, aber auch die on-line Steuerung oder Regelung realer Anlagen. WINFACT besteht aus Modulen, mit dem wichtigsten Modul BORIS zur blockorientierten Simulation.

Man erstellt mithilfe eines umfangreichen „Werkzeugkastens" ein grafisches Programm, das dem Blockschaltbild des Systems entspricht.

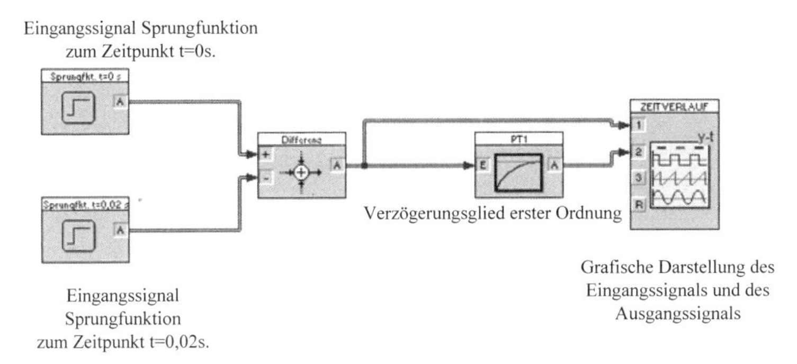

Abb. 48: Grafisches Programm zur Simulation erstellt mit WINFACT/Modul Boris

Die Abb. 48 stellt ein einfaches Beispiel für ein grafisches Programm zur Simulation des zeitlichen Verhaltens des Stroms in einer Spule dar.

> **Simulation dynamischer Systeme**
> Die Vorhersage des Verhaltens der Ausgangsgröße(n) dynamischer Systeme mit Hilfe von Rechenprogrammen bei einer Änderung der Eingangsgröße(n) wird als Simulation bezeichnet.

Aus einem Werkzeugkasten dynamischer Systeme wird der PT1-Block in das Boris-Arbeitsfenster geschoben und die Parameter, also die Werte der Zeitkonstanten T und des Proportionalbeiwertes K, in vorbereitete Datenfelder eingetragen. Es wurden zwei sprungförmige Eingangsfunktionen als Spannungssignale mit der Amplitude 1,2 V in das Arbeitsfenster übernommen und über einen Differenzblock voneinander abgezogen. Während der erste Sprung bei $t = 0$ zu Beginn der Simulation aufgeschaltet wird, wird der zweite Sprung 20 ms später aufgeschaltet. Durch die Differenzbildung geht nach Ablauf dieser Zeit die Spannung auf null zurück. Der Verlauf des Spannungs-Eingangssignals und der Ausgangssignalverlauf des PT1-Systems, das den Stromverlauf repräsentiert, werden in dem Block-Zeitverlauf als Zeit-Liniendiagramme dargestellt. Das PT1-System hat die Zeitkonstante T = 0,002 s, der Proportionalbeiwert beträgt: $K = 0,4\frac{A}{V}$. Die weiteren Parameter der Simulation sind die Simulationsschrittweite und die Anzahl der Simulationsschritte. Es wurden 5000 Simulationen in einer Zeitdifferenz von 0,0001 s durchgeführt.

In der ersten Phase der Simulation wurde nur der erste Sprung bei t = 0 genutzt. Im Zeitbereich von 0 bis 0,02 s zeigt die Abb. 49 den sich einstellenden Stromverlauf.

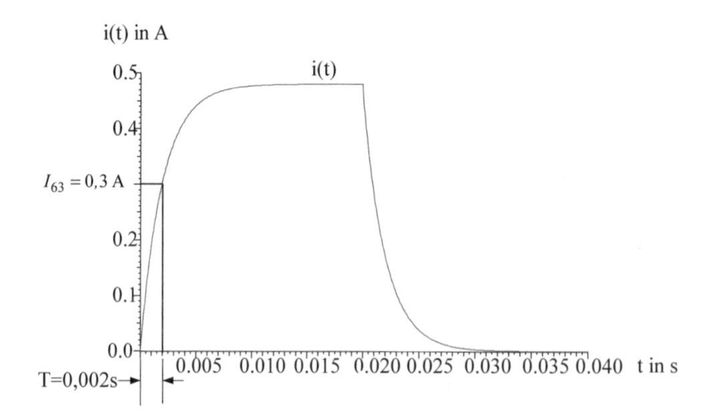

Abb. 49: Stromanstieg in einer Spule bei Änderung der Eingangsspannung (Berechnung und grafische Darstellung mit WINFACT)

Nach 0,02 s wird der Stromkreis unterbrochen und der Stromfluss wird abgebaut. Der zeitliche Stromverlauf i(t) zeigt zwischen t = 0,02 s bis t = 0,04 s ein abklingendes Verhalten.

Die Zeitkonstante T kann man der Abbildung ebenfalls entnehmen. Dazu berechnet man den Wert I_{63}. Das ist der Wert von i(t), bei dem 63 % vom stationären Endwert erreicht werden. Es gilt für I_{63}: $I_{63} = 0,3$ A. Ausgehend von diesem Wert zeichnen wir eine Horizontale. Diese schneidet die Kurve i(t) zum Zeitpunkt t = T. Wir können den Zeitpunkt für den gilt: $i(t=T) = I_{63}$ dadurch ermitteln, dass wir im Schnittpunkt der Horizontalen mit i(t) eine Vertikale zeichnen, die die Zeitachse bei t = T schneidet. Wir lesen dann ab T = 0,002 s. Der Endwert des Stroms erreicht den Wert I = 0,48 A.

Zusammenfassung

Der Stromanstieg durch die Spule erfolgt verzögert. Mithilfe des Ersatzschaltbildes, bestehend aus Spule und Widerstand, kann der dynamische Stromverlauf durch eine lineare Differenzialgleichung erster Ordnung mit der Eingangsgröße Spannung beschrieben werden. Man nennt ein System mit einer Ein- und einer Ausgangsgröße, das über eine lineare Differenzialgleichung erster Ordnung beschrieben wird, ein Verzögerungsglied erster Ordnung oder ein PT1-System. Auch der Stromabbau erfolgt verzögert. Den zeitlichen Verlauf des Stromanstiegs bzw. des Stromabbaus nach einer sprungförmigen Spannungsänderung kann man durch Lösen der Differenzialgleichung berechnen. Man kann die rechnerische Lösung umgehen, indem man eine Simulation über ein Simulationsprogramm durchführt.

Kontrollfragen

21. Die Induktivität einer Motorspule betrage L = 0,01 Vs/A, der Widerstand habe den Wert R = 1 Ω . Welchen Wert hat die Zeitkonstante?
22. Durch welchen Gleichungstyp wird ein PT1-System mathematisch beschrieben?
23. Das PT1-System bildet den Stromverlauf in einer Spule ab. Eine Simulation ergab, dass eine sprungförmige Spannungsänderung von 0 auf 10 V zu einer stationären Stromänderung von 0 A auf 2 A führt. Berechnen Sie den Widerstand der Spule.

5 Elektromagnetische Aktoren

Die elektrischen Aktoren unterscheiden wir in diejenigen, die auf *elektromotorischen* bzw. *elektromagnetischen* Kräften beruhen. Bei elektromotorischen Aktoren wirkt die Lorentzkraft, während die elektromagnetischen Aktoren Anziehungskräfte auf Eisenkörper ausüben und dadurch die Stellbewegung zustande kommt. Anziehungskräfte treten auch bei Aktoren auf, die Permanentmagnete nutzen, deren Kraftwirkungen sind jedoch nicht von außen steuerbar.

Elektromagnete trifft man in vielen Bereichen des täglichen Lebens an, so z. B. beim täglichen Zähneputzen. Herkömmliche elektrische Zahnbürsten verfügen über einen elektromechanischen Antrieb: Dieser überträgt die Bewegung eines mit Batterie oder Akku angetriebenen Elektromotors über ein Zahnstangengetriebe in den Bürstenkopf, um dort zumeist oszillierende Bewegungen zu verursachen. In elektrisch angetriebenen Zahnbürsten moderner Bauart werden häufig elektrisch betriebene Magnete oder sogar Piezoaktoren verwendet. Damit kann in sehr schneller Folge die gewünschte auf und ab Bürstbewegung durch elektrisches Ummagnetisieren erzeugt werden. Man erreicht Frequenzen von ca. 30000 Schwingungen pro Minute gegenüber ca. 8000 Schwingungen bei elektromechanischen Antrieben.

Auch im Auto begegnet man Elektromagneten als Aktoren z. B. bei der elektrischen Verriegelung über Funkschalter oder bei den elektromagnetischen Einspritzventilen. Meist erzeugt der Elektromagnet eine Bewegungs- oder Haltekraft über Anziehungskräfte. Der Magnet verrichtet bei der Bewegung physikalische Arbeit, die wir mit den bereits besprochenen Berechnungsformeln berechnen können.

5.1 Berechnung der Reluktanzkraft

Wir wollen uns zur Vertiefung das Beispiel in Abb. 50 genauer ansehen! Die stromdurchflossene Spule erzeugt einen magnetischen Fluss im Eisenkreis. Es entstehen in beiden Luftspalten Anziehungskräfte auf Eisenkörper. Der Effekt der Anziehung beruht darauf, dass die *Reluktanz,* also der magnetische Widerstand, reduziert wird, wenn die Feldlinien durch den Anker verlaufen. Wird der Abstand zwischen dem Anker und den Magnetpolen verkürzt, verringert sich der magnetische Widerstand der Feldlinien, denn der Widerstand ist im Eisen wesentlich kleiner als in der Luft! Zur Berechnung der magnetischen Anziehungskraft müssen die Werte der magnetischen Flussdichte B an der Eisenoberfläche, der Wert der Eisenfläche des Ankers zu der B senkrecht steht, und die Permeabilität der Luft μ_0 bekannt sein. Die magnetische Kraft F_m steht senkrecht auf der Eisenfläche. Auch die magnetischen Feldlinien stehen auf der angezogenen Eisenfläche senkrecht.

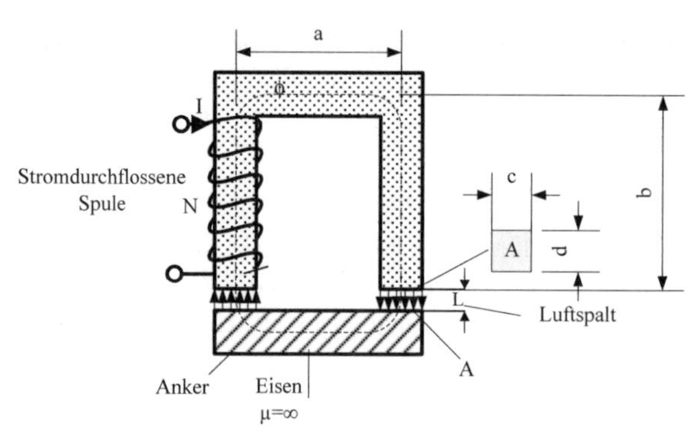

Abb. 50: Elektromagnet als Aktor

Für den in der Abbildung skizzierten Elektromagneten wollen wir das Durchflutungsgesetz anwenden. Die Länge des Luftspaltes beträgt insgesamt: $L_L = 2 \cdot L$.

Wir gehen davon aus, dass die Querschnitte A im Eisen und im Luftspalt gleich groß sind. Bei Vernachlässigung der Streuverluste ist der magnetische Fluss durch den Eisenquerschnitt und durch den Luftquerschnitt gleich. Dadurch sind auch die Beträge der magnetischen Flussdichten im Eisen und im Luftbereich gleich. Der magnetische Widerstand im Luftspalt ist viel größer als der Widerstand im Eisen. Wir vernachlässigen den Anteil der Durchflutung der erforderlich ist, um die Feldlinien durch den Eisenkern zu bringen! Damit gilt der folgende Zusammenhang:

$$N \cdot I = \theta = \phi \cdot \left(R_{\mathrm{m,Eisen}} + R_{\mathrm{m,Luftspalt}} \right) \text{ mit } \mathrm{R}_{\mathrm{m,Eisen}} \ll \mathrm{R}_{\mathrm{m,Luftspalt}}$$

$$\rightarrow$$

$$N \cdot I = \theta = \phi \cdot \mathrm{R}_{\mathrm{m,Luftspalt}} \qquad 5.1$$

$$N \cdot I = \theta = B \cdot A \cdot R_{\mathrm{m,Luftspalt}}$$

mit

$$R_{\mathrm{m,L}} = \frac{L_L}{\mu_0 \cdot A}$$

Wir stellen die Formel nach der magnetischen Flussdichte um und erhalten:

$$B = \mu_0 \cdot \frac{N \cdot I}{L_L} \qquad 5.2$$

Die Flussdichte ist proportional zur Windungszahl und zum Strom und umgekehrt proportional zur Länge des Luftspaltes. Die Proportionalität gilt nur, wenn sich die Magnetisierungskurve nicht in der Sättigung befindet!

Elektromagnetische Kraftrichtung
Die elektromagnetische Kraft ist immer so gerichtet, dass sie die Reluktanz des magnetischen Kreises zu verringern versucht. Grundsätzlich gilt, dass Eisenkörper im stationären Magnetfeld angezogen werden.

Die Formel für die Anziehungskraft kann man über das *Prinzip der virtuellen Arbeit* herleiten und es ergibt sich der folgende Formelausdruck (Marinescu, 2012):

$$F_{m,} = \frac{1}{2} \cdot \frac{B^2}{\mu_0} \cdot A \qquad 5.3$$

Diese Kraft wird als Reluktanzkraft oder Maxwellkraft bezeichnet. Den zuvor hergeleiteten Formelausdruck für die Flussdichte B, Gleichung 5.2, setzen wir nun in die Kraft-Formel 5.3 ein. Daraus folgt dann eine Gleichung zur Berechnung der magnetischen Anziehungskraft:

$$F_m = \frac{1}{2} \cdot \frac{B^2}{\mu_0} \cdot A = \frac{1}{2} \cdot \frac{\left(\mu_0 \frac{N \cdot I}{L_L}\right)^2}{\mu_0} \cdot A$$

$$F_m = \frac{1}{2} \cdot \frac{B^2}{\mu_0} \cdot A = \frac{1}{2} \cdot \mu_0 \cdot \frac{(N \cdot I)^2}{{L_L}^2} \cdot A \qquad 5.4$$

$$F_m = k \cdot \frac{I^2}{{L_L}^2}$$

$$k = \frac{1}{2} \cdot \mu_0 \cdot N^2 \cdot A$$

Wir erkennen aus der obigen Formel, dass die magnetische Anziehungskraft quadratisch vom Spulenstrom I abhängt. Außerdem wird sie mit geringerem Abstand zwischen Eisenkörper und Spule größer.

Will man den Hub eines Magneten mit gegebener Windungszahl verdoppeln, also den doppelten Abstand L_L nutzen und die magnetische Kraft beibehalten, ergeben sich prinzipiell die Möglichkeiten, den Strom oder den Querschnitt zu vergrößern. Die Induktion B kann über den Strom nur erhöht werden, wenn der Sättigungszustand des Eisens noch nicht erreicht ist, sonst steigt der Aufwand erheblich an. *Es bleibt nur die Möglichkeit, den Querschnitt und damit die Baugröße des Magneten zu erhöhen.* Wir sehen daraus, dass die Anwendung von magnetischen Aktoren durch die Baugröße begrenzt wird.

Diese Überlegung wird in der folgenden Formel nachvollzogen. Wir wollen den Weg des Ankers durch den Luftspalt verdoppeln und dabei die gleiche Anziehungskraft erhalten!

$$F_m = \frac{1}{2} \cdot \mu_0 \cdot \frac{(N \cdot I)^2}{{L_L}^2} \cdot A = \frac{1}{2} \cdot \mu_0 \cdot \frac{(N \cdot I)^2}{{L_{L,neu}}^2} \cdot A_{neu}$$

$$L_{L,neu} = 2 \cdot L_L \qquad 5.5$$

$$F_m = \frac{1}{2} \cdot \mu_0 \cdot \frac{(N \cdot I)^2}{4 \cdot {L_L}^2} \cdot A_{neu} \rightarrow A_{neu} = 4 \cdot A$$

Die Formel 5.5 zeigt, dass die erforderliche Fläche vervierfacht werden muss. Dadurch wird der Aktor 4-mal größer!

Ein weiteres Problem bei großen Hüben in Elektromagneten stellen die unvermeidlichen Streuverluste dar, die größer werden können als der Wirkfluss. Auch zu diesem Thema soll ein Beispiel den Stoff veranschaulichen. Dargestellt ist das Prinzipbild eines Reluktanz-Schrittmotors.

Die Reluktanzkraft wirkt auf einen gezahnten Eisenrotor, wie in Abb. 51 dargestellt. Der Stator besitzt 8 konzentrierte Spulen, die die Windungszahl N besitzen und durch die der Strom I fließen kann. Im Bild sind nur zwei Spulen gezeichnet. Es entstehen an den Zähnen des Rotors je zwei elektromagnetische Kräfte, die mit F_R und F_T bezeichnet sind. Für die Kraft in tangentialer Richtung kann der folgende Ausdruck gefunden werden (Janschek, 2010):

$$F_T \approx \frac{1}{2} \cdot I^2 \cdot \frac{N^2 \cdot \mu_0 \cdot L}{L_L} \qquad 5.6$$

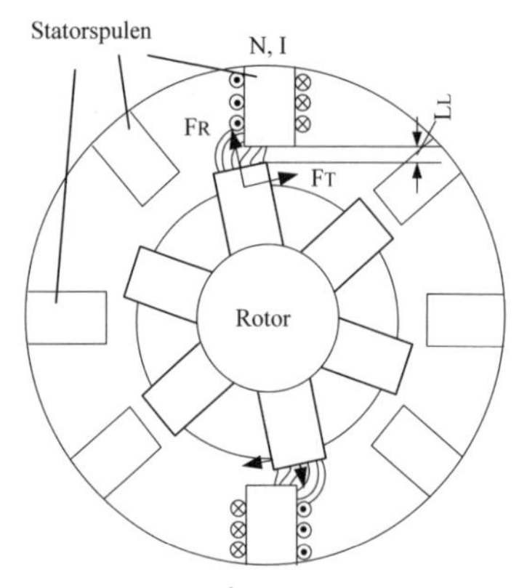

Abb. 51: Reluktanzkraft auf den Rotor eines elektrischen Schrittmotors

Die Länge L entspricht der Tiefe des Rotors gemäß Abb. 33. Bei einem Schrittmotor erfolgt ein schrittweises Ein- und Ausschalten der Statorspulen. Die genaue Wirkungsweise wird in Kapitel 9 vorgestellt.

Beispielaufgabe:

Der in Abb. 50 dargestellte Elektromagnet besitze einen Querschnitt von

$A = c \cdot d = 3\text{ cm} \cdot 3\text{ cm} = 9\text{ cm}^2$.

Dieser Querschnitt kann auch für den Fluss im Luftspalt angenommen werden. Für die Maße a und b gilt: a = 40 mm, b = 50 mm. Der Werkstoff sei Dynamoblech. Die gewünschte magnetische Flussdichte sei B = 1 T. Die Länge des Luftspalts betrage L = 1 mm.

a) Berechnen Sie die notwendige Durchflutung θ.
b) Berechnen Sie die Kraft, die auf einen angezogenen Eisenkörper am unteren Ende des Luftspalts wirkt.

Lösung:

zu a)

Wir berechnen zuerst die Feldstärken im Eisen und im Luftspalt über den Wert der gegebenen Induktion. Wir gehen davon aus, dass der Magnetfluss im Eisen und im Luftspalt konstant ist und dass die Querschnitte gleich sind. Dann sind auch die Werte der Flussdichte gleich. Die Feldstärke im Luftspalt kann mithilfe der Permeabilitäts-Konstante von Luft berechnet werden.

$$\mu_0 = 1{,}256 \cdot 10^{-6} \frac{\text{Vs}}{\text{Am}}$$

$$H_L = \frac{B}{\mu_0} = \frac{1 \frac{\text{Vs}}{\text{m}^2}}{1{,}256 \cdot 10^{-6} \frac{\text{Vs}}{\text{Am}}} = 0{,}796 \cdot 10^6 \frac{\text{A}}{\text{m}}$$

H_E muss aus der Magnetisierungskennlinie ermittelt werden. Aus Abb. 52 lesen wir für B = 1 T eine Feldstärke von H_E = 400 A/m ab. Wir setzen die bekannten Werte in die Formel 5.1 für das Durchflutungsgesetz ein und erhalten den folgenden Ausdruck:

$$I \cdot N = \frac{B}{\mu_0} \cdot L_L + H_E \cdot L_E$$

Die Durchflutung ist durch zwei Summanden bedingt, der Erste stellt den magnetischen Spannungsabfall im Luftspalt und der Zweite den magnetischen Spannungsabfall im Eisen dar.

Im nächsten Rechenschritt berechnen wir die Längen der mittleren Feldlinie im Luftspalt und im Eisen.

$$L_E = 2 \cdot a + 2 \cdot b + c = 2 \cdot 40 \text{ mm} + 2 \cdot 50 \text{ mm} + 30 \text{ mm} = 210 \text{ mm}$$

$$L_L = 2 \text{ mm}$$

Wir setzen die Zahlenwerte in die Formel ein und stellen fest, dass der magnetische Spannungsabfall im Eisen wesentlich kleiner ist, als der Spannungsabfall im Luftspalt. Während der Durchflutungsanteil im Eisen 210 A/m beträgt, liegt er im Luftspalt bei 1592 A/m

$$\theta = I \cdot N = 0{,}796 \cdot 10^6 \frac{\text{A}}{\text{m}} \cdot 0{,}002 \text{ m} + 1000 \frac{\text{A}}{\text{m}} \cdot 0{,}21 \text{ m}$$

$$\theta = 1592 \frac{\text{A}}{\text{m}} + 210 \frac{\text{A}}{\text{m}} = 1802 \frac{\text{A}}{\text{m}}$$

Um die Durchflutung von 1802 A/m zu erzielen, kann man eine Spule mit 500 Windungen verwenden. Der dann fließende Strom beträgt I = 3,6 A. Natürlich sind auch andere Windungszahlen denkbar.

zu b)

Die Kraft auf den Eisenkörper berechnen wir mithilfe der Formel 5.3:

$$F_m = \frac{1}{2} \cdot \frac{B^2}{\mu_0} \cdot A = \frac{1}{2} \cdot \frac{\left(1 \frac{\text{Vs}}{\text{m}^2}\right)^2}{1{,}256 \cdot 10^{-6} \frac{\text{Vs}}{\text{Am}}} \cdot (0{,}03 \text{ m})^2 = 358{,}28 \text{ N}$$

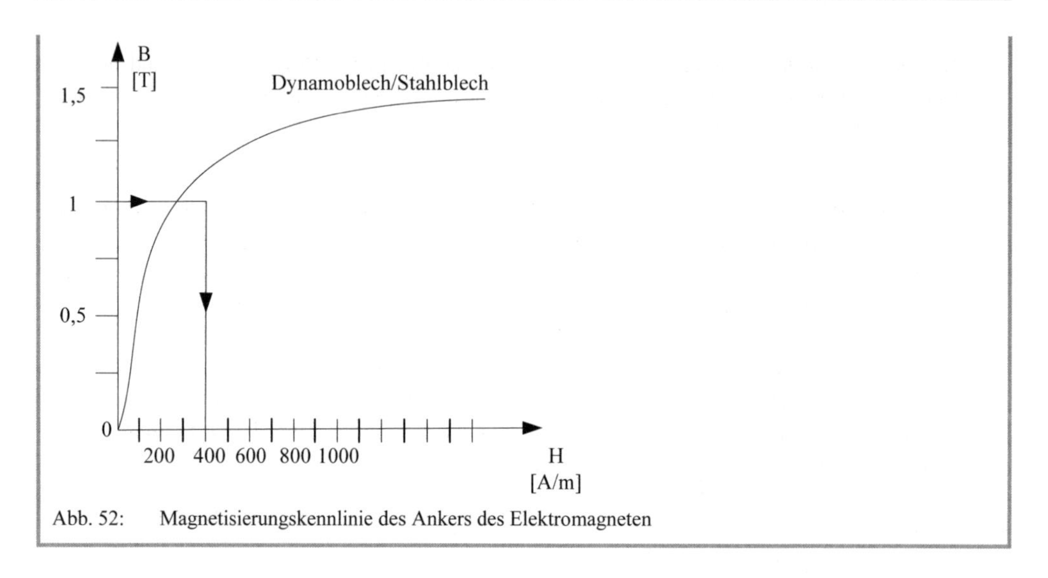

Abb. 52: Magnetisierungskennlinie des Ankers des Elektromagneten

5.2 Magnetaktoren

Magnetaktoren nutzen Anziehungskräfte, die auf Eisenkörper wirken. Gemäß Abb. 53 wird der elektromagnetische Aktor mit einem elektrischen Signal angesteuert. Die bereitgestellte elektrische Hilfsenergie wird über den Energiesteller als elektrische Energie zum elektromagnetischen Energiewandler geleitet. Dieser erzeugt aus der elektrischen Energie elektromagnetische Energie, die vom magnetomechanischen Wandler in mechanische Energie umgeformt wird.

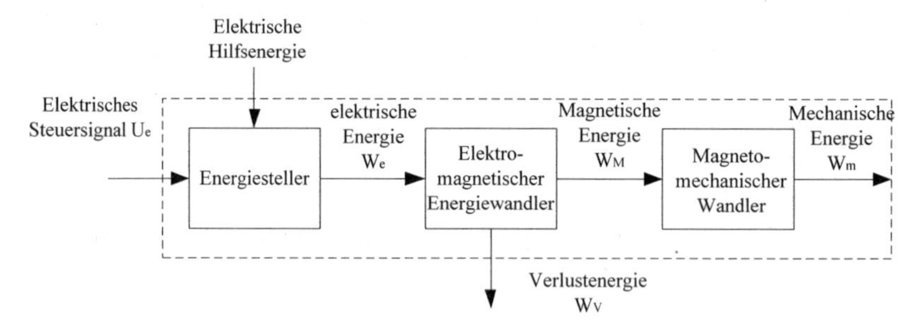

Abb. 53: Struktur eines elektromagnetischen Aktors

Das elektrische Steuersignal wird durch einen Energiesteller verstärkt. Als Energiesteller werden z. B gesteuerte Gleichrichter-Schaltungen eingesetzt, mit deren Hilfe aus dem Wechselstrom ein einstellbarer Gleichstrom erzeugt wird. Die Energie des Magnetfeldes der mit dem Gleichstrom versorgten Spule wird im Magneten in mechanische Energie gewandelt.

Man kann zur Versorgung von Elektromagneten auch Wechselspannungen nutzen, denn der Magnet erzeugt auch bei der Wechselstromversorgung immer nur Anziehungskräfte.

Wechselstrommagnete haben in der Regel einen schlechteren Wirkungsgrad und neigen zum Brummen. Durch die ständige Ummagnetisierung entstehen Wirbelstromverluste und Hystereseverluste im Eisenkern.

Gleichstrom-Hubmagnete werden z. B. als *Tauchankermagnete*, bei denen der Arbeitsluftspalt zwischen Kern und Anker innerhalb der Erregerwicklung liegt, ausgeführt. Die Schnittzeichnung eines Topfmagneten zeigt die Abb. 54. Der Anker, also der bewegliche Teil, wird in die Erregerwicklung durch magnetische Anziehungskräfte gezogen. Die elektrisch in die Magnetspule eingebrachte, magnetische Energie wird zur Erzeugung der Hubarbeit ausgenutzt. Die Rückstellung des Ankers muss über eine äußere Kraft erfolgen. Die Kraft kann durch eine mechanische Feder, einen zweiten Magneten oder durch die Gravitation entwickelt werden. Einfache Hubmagnete können nur die Hubanfangs- und die Hubendlage erreichen. Der Hubmagnet hat ein Zweipunkt-Verhalten.

Hubmagnet
Ein Hubmagnet besteht aus einem Anker, dem Ankergegenstück, dem Joch und einer Spule, die über einen Schalter ein- oder ausgeschaltet werden kann.

Das Magnetgehäuse enthält das Joch zur Flussführung, die Erregerwicklung oder Erregerspule, den Anker und das Ankergegenstück. Der Luftspalt zur Übertragung des magnetischen Feldes vom Magnetkörper zum Anker, an dem die mechanische Kraft angreift, ist rotationssymmetrisch ausgebildet. Der Anker wird in der Regel in wartungsfreien, hochtemperaturfesten Kunststoffverbundlagern mit geringem Spiel geführt. Die geometrische Gestaltung des Ankers und des Ankergegenstücks bestimmt das Aussehen der Kraft-Hub-Kennlinie.

Als Magnethub (Drehwinkel bei einem Drehankermagneten) gilt der nutzbare Weg (Drehwinkel) des Magnetankers von der Hubanfangslage L_1 in die Hubendlage L_0. Die Hubanfangslage L_1 ist die Ausgangslage des Ankers vor Beginn der Arbeitsbewegung bzw. nach Beendigung der Rückstellung. Als Hubendlage L_0 gilt die konstruktiv festgelegte Stellung des Ankers nach Beendigung der Arbeitsbewegung. Die Hubendlage ist durch Anschläge im Magnet-Gehäuse festgelegt.

Der magnetische Fluss wird bei dem in der Abb. 54 dargestellten Topfmagneten bei der Näherung des Ankers an das Ankergegenstück so geführt, dass die Kennlinienform in Abb. 55 links entsteht.

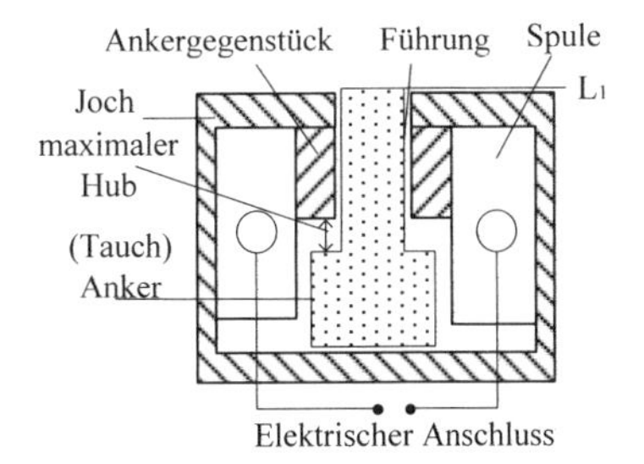

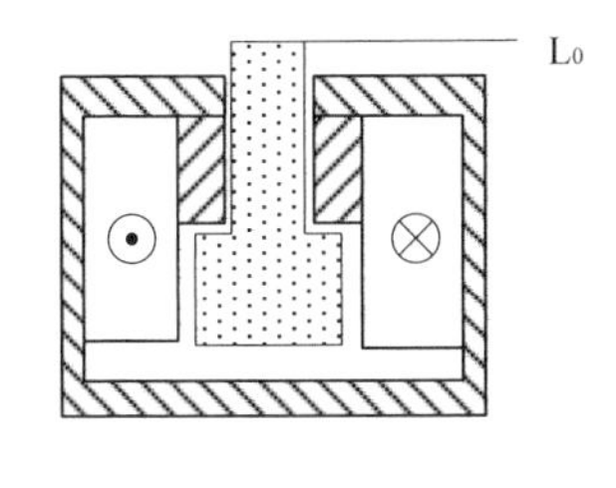

Abb. 54: Topfmagnet-Aktor, links: Aufbau, die Spule ist vereinfacht durch eine Windung dargestellt, rechts: Anker durch Magnet angezogen

Die magnetische Kraft-Hubkennlinie eines typischen Magneten in der Ausführung von Abb. 54 links verläuft gemäß der Formel 5.4:

$$F_m = k \cdot \frac{I^2}{L^2} \qquad 5.7$$

Die Kraft des Aktors F_m hängt vom Strom I und von der Hublänge L ab. Die Kennlinie wird durch eine minimale und eine maximale Kraft begrenzt. Der Kraftverlauf ist nicht linear. Für einen typischen Hub ist die zugehörige Kraft auf dem Typenschild eines speziellen Hubmagneten angegeben. Die magnetische Anziehungskraft wird größer, wenn der Anker sich dem Anker-Gegenstück nähert.

Die Hubkraft F_M ist die Magnetkraft, welche unter Berücksichtigung der zugehörigen Gewichtskraft des Ankers sowie weiterer angreifender Kräfte nach außen wirkt. Bei der Bewegung des Ankers wirken entgegen der Bewegungsrichtung z. B. Reibungskräfte, die die nutzbare magnetische Kraft mindern.

Aufgrund der Konstruktion des Ankers und seinem Ankergegenstück kann die Kraft-Hub-Kennlinie in weiten Grenzen modifiziert werden. Die Möglichkeiten der Kennlinienbeeinflussung zeigt Abb. 55. Während die Kennlinie links steil abfällt, ist die Kraft bei der Kennlinie in der rechten Skizze über einen bestimmten Hubbereich konstant.

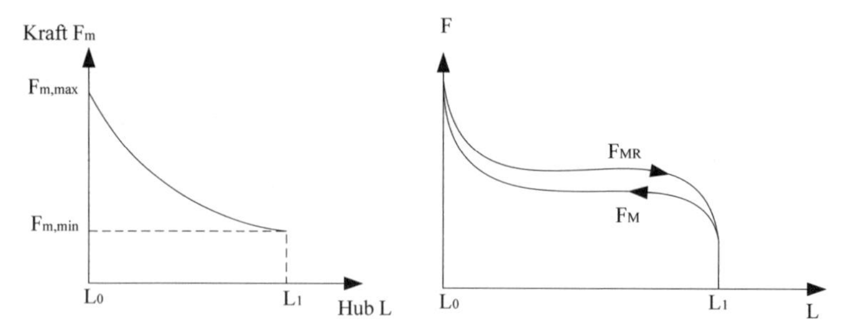

Abb. 55: Kraft-Hub-Kennlinien, links: normale Kennlinie, rechts: die Form des Ankergegenstücks erzeugt einen im Arbeitsbereich konstanten Verlauf der Kraft, Hysterese bei der Rückstellung.

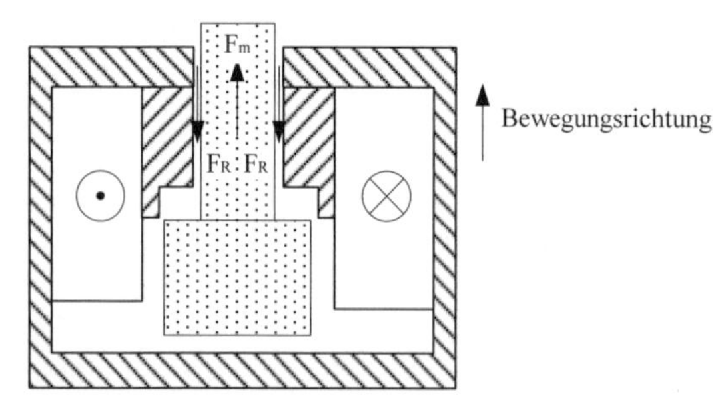

Abb. 56: Modifiziertes Ankergegenstück

Außerdem stellt man bei Topfmagneten eine Hysterese in der Hubkennlinie fest. Die Bewegung des Ankers entgegen dem Magnetfeld erfordert eine größere Kraft als die Kraft zum Anziehen des Ankers. Wollen wir den Anker des Magneten wieder in seine Ausgangslage gegen die Magnetkraft bringen, müssen wir die Kraft F_{MR} aufbringen. Wir erhalten für die wirksame Magnetkraft bei Vernachlässigung der Gravitationskraft den Ausdruck:

$$F_M = F_m - F_R \tag{5.8}$$

Für die Rückstellkraft muss die Hysteresekraft zusätzlich aufgebracht werden:

$$F_{MR} = F_m + F_{Hy} + F_R \tag{5.9}$$

Damit können wir feststellen, dass die Differenz zwischen der Magnetrückstellkraft F_{RM} und der Magnetkraft F_M gerade gleich der doppelten Reibungskraft plus der Kraft aufgrund der Hysterese ist:

$$\Delta F = F_{RM} - F_M = F_m + F_R + F_{Hy} - F_m + F_R = F_{Hy} + 2 \cdot F_R \tag{5.10}$$

Die Bewegung des Magneten bei Stromführung in der Spule wird ohne zusätzliche Maßnahmen immer gegen den Anschlag erfolgen.

Damit der Magnet als Proportionalmagnet Zwischenpositionen erreichen kann, sind mehrere Möglichkeiten denkbar. Eine Möglichkeit besteht darin, die Ankerposition mit einer Regeleinrichtung auf einen konstanten Positionswert zu bringen. Der Regler berechnet die erforderliche Kraft zur exakten Positionierung in Abhängigkeit der Regelabweichung. Das Verfahren erfordert komplexere Regel-Algorithmen, da der Magnet ohne eine Rückstellfeder ein instabiles System darstellt.

Proportionalmagnete
Proportionalmagnete sind Stellglieder oder Teile von Stellgliedern in Steuerketten und Regelkreisen, die, je nach der praktischen Anwendung, entweder ein definiertes Weg-Stromverhalten oder ein bestimmtes Kraft-Stromverhalten aufweisen. Durch die Stromstärke der Erregerwicklung kann der Hub näherungsweise proportional verändert werden.

Eine einfachere aber auch ungenauere Maßnahme ist die Verwendung einer mechanischen Feder, die mit dem Anker verbunden ist. Durch die Auslenkung des Ankers entsteht eine Federkraft. Die magnetische Kraft wird durch die Federkraft ausgeglichen. Bei einer bestimmten Auslenkung entsteht ein Gleichgewichtszustand.

Mit den in Abb. 57 eingezeichneten Kräften können wir die folgende Kräfte-Bilanz für die wirksame Magnetkraft aufstellen:

$$F_M = F_m - F_R - F_c \tag{5.11}$$

Bei der Verbindung des Magneten-Ankers mit der mechanischen Feder stellt sich je nach der Größe der Magnetkraft ein bestimmter Arbeitspunkt ein. Nach Erreichen des Arbeitspunkts verschwindet die Kraft F_M.

Den Arbeitspunkt eines federgebundenen Hubmagneten kann man auch grafisch ermitteln. Dazu zeichnet man die Federkennlinie (gestrichelte Linie in Abb. 58) und die Magnetkennlinie in ein Diagramm. Der Schnittpunkt der beiden Kennlinien stellt den Arbeitspunkt dar. In Abb. 58 wurden mehrere Magnetkennlinien und eine Federkennlinie gezeichnet. Der Parameter der Magnet-Kennlinienschar ist der Strom durch die Spule. Wir sehen, dass je nach Stromstärke I_1, I_2 bzw. I_3 verschiedene Arbeitspunkte entstehen. Die zugehörigen Hübe sind L_1, L_2 und L_3. Diese Hübe sind auch in Abb. 57 dargestellt!

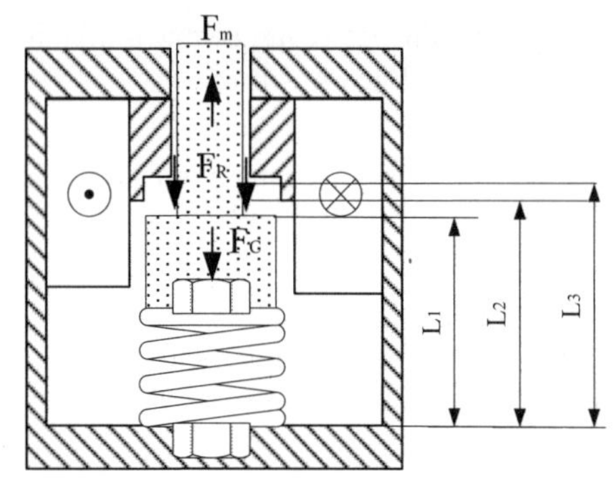

Abb. 57: Anker mit Feder verbunden

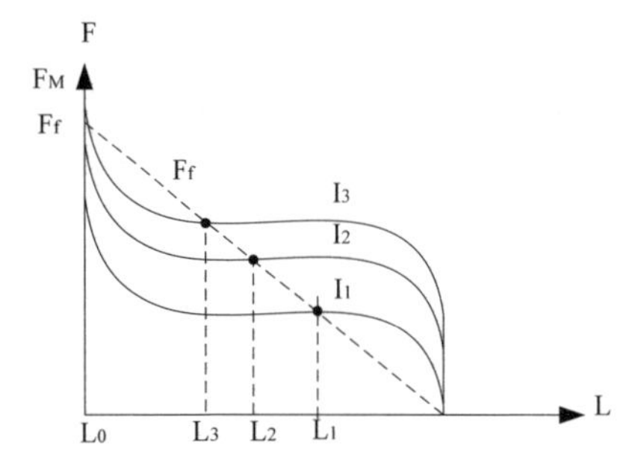

Abb. 58: Kraft-Hub-Kennlinien für Magnet und Feder bei unterschiedlichen Spulenströmen

Die Einstellung eines bestimmten Arbeitshubes kann näherungsweise erreicht werden, wenn eine proportionale Zuordnung zwischen dem Strom I und der Auslenkung L besteht.

Beispielaufgabe:
Ein elektromagnetischer, proportionaler Aktor mit dem Strom I als Eingangsgröße und dem Hub L als Ausgangsgröße soll auf Proportionalität untersucht werden. Der Ankerweg wird durch eine Federkraft stabilisiert. Es wurden drei Kennlinien mit jeweils unterschiedlichem Stromwert als Parameter aufgenommen. Sie zeigen die Kraft in Abhängigkeit der Auslenkung bei konstantem Strom.

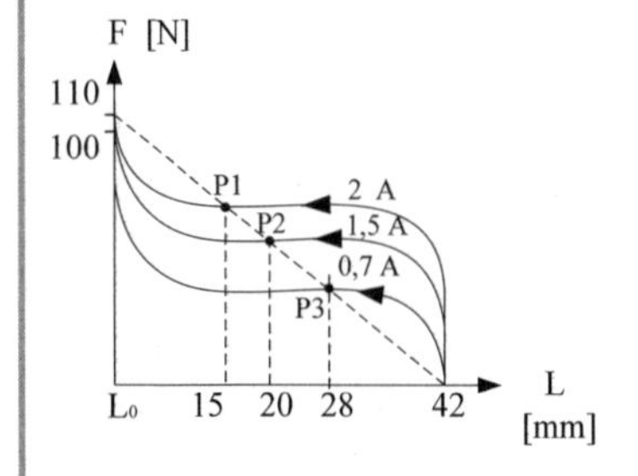

Abb. 59: Kennlinienfeld mit Zahlenwerten

Überprüfen Sie die Proportionalität des Hubes für Änderungen der Ströme zwischen 0,7 und 2,0 A.

a) Berechnen Sie den Proportionalitätsfaktor K_{32}, der für die Bewegung vom Punkt 3 zum Punkt 2 gilt: $K_{32} = \frac{\Delta L}{\Delta I}$

b) Berechnen Sie den Proportionalitätsfaktor K_{21}, der für die Bewegung vom Punkt 2 zum Punkt 1 gilt: $K_{21} = \frac{\Delta L}{\Delta I}$

c) Müssen bei der Bewegung des Ankers in Richtung des Magnetfeldes gleichgroße Kräfte aufgewendet werden wie bei der Bewegung entgegen dem Magnetfeld?

d) Kann der Aktor auch einen Hub von 42 mm auf 10 mm durchführen, wenn der Strom dabei nicht vergrößert werden darf?

Lösung:

zu a)

Es werden die Änderungen des Hubes in Abhängigkeit der Wegänderungen untersucht. Von P3 nach P2 liegen Änderungen von 8 mm Hub pro 0,8 A Stromänderung vor. Der Proportionalitätsfaktor beträgt also:

$$K_{32} = \frac{\Delta L}{\Delta I} = \frac{20\text{ mm} - 28\text{ mm}}{1{,}5\text{ A} - 0{,}7\text{ A}} = -10\,\frac{\text{mm}}{\text{A}}$$

zu b)

Für die Änderung von P2 nach P1 beträgt der Faktor:

$$K_{21} = \frac{\Delta L}{\Delta I} = \frac{15\text{ mm} - 20\text{ mm}}{2{,}0\text{ A} - 1{,}5\text{ A}} = -10\,\frac{\text{mm}}{\text{A}}$$

Es liegt also ein proportionaler Zusammenhang vor.

zu c)

Nein, da die Hysterese in der Kennlinie beachtet werden muss. Die Bewegung des Ankers entgegen dem Magnetfeld erfordert eine größere Kraft als die Bewegung in Richtung des wirkenden Magnetfeldes.

zu d)

Nein, denn es ergibt sich kein Schnittpunkt der Aktorkennlinie mit der Federkennlinie.

5.3 Magnetbetriebene Hydroventile

Die hydraulischen Aktoren erzeugen hohe Kräfte bei geringen Bauvolumen, besitzen also eine hohe Leistungsdichte. In Straßenfahrzeugen wie Raupen oder Baggern werden Hydraulikzylinder z. B. zur Verstellung der Schaufeln eingesetzt. Die hydraulisch (und pneumatisch) betriebenen Aktoren sind gemäß Abb. 6 eine eigene Aktorgruppe. Sie nutzen im Fluid gespeicherte Energie. Obwohl sie nicht zu den elektrisch betätigten Aktoren gehören, besitzen sie häufig einen elektrischen Energiesteller. Das elektrische Eingangssignal des Energiestellers steuert die hydraulische Stellenergie, wie Abb. 60 zeigt. Die hydraulische Energie wird im Hydrozylinder in mechanische Arbeit gewandelt.

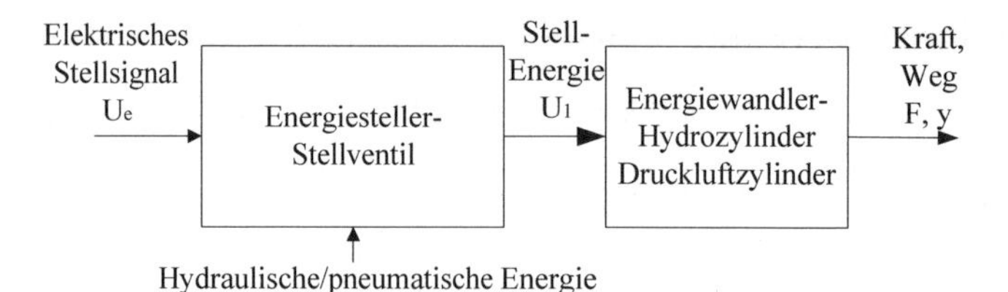

Abb. 60: Hydraulischer Aktor mit Energiesteller und Energiewandler

Als Beispiel betrachten wir einen hydraulisch betriebenen Ausleger, der über ein Hydroventil betätigt werden kann.

Hydroventil:
Mit *Hydroventilen* werden der Volumenstrom und der Druck einer Hydraulik-Flüssigkeit für einen Hydrozylinder oder einen Hydromotor eingestellt.

Es handelt sich um ein Wegeventil, das drei Wege des Öl-Flusses zulässt und vier Anschlüsse besitzt. Man nennt diese Ventile 4/3 Wegeventile und die Anschlüsse, die Arbeitsanschlüsse 2 und 4, den Druckanschluss 1 und die Tankanschlüsse 3 und 5. Die Hydraulikschaltung ist in Abb. 61 dargestellt. Ein Antriebsmotor treibt eine Hydropumpe an, die das Hydrauliköl gegen ein Druckbegrenzungsventil in den Tank fördert. Das Ventil verbindet den Druckanschluss der Pumpe mit der linken oder rechten Kammer des Hydrozylinders. Dadurch füllt sich die linke oder rechte Kammer mit Öl, wobei sich der Kolben nach rechts oder links bewegt. Schalten wir die elektrische Versorgung der Wicklung ab, entsteht die „mittlere" Stellung des Schieberkolbens im Wegeventil.

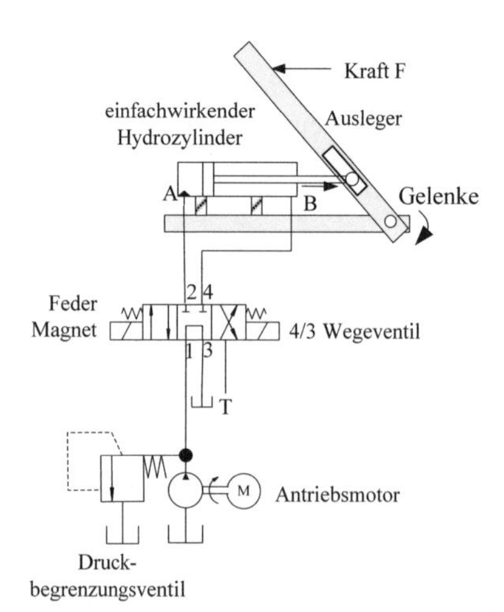

Abb. 61: Steuerung eines einfach wirkenden Zylinders mit einem 4/3 Wegeventil

Man unterscheidet *Wegeventile, Druckventile, Sperrventile* und *Stromventile*. Es gibt binär arbeitende und proportional-wirkende Wegeventile. Diese wollen wir in diesem Abschnitt kennenlernen. Ausführliche Darstellungen zur Ölhydraulik findet man z. B. in Grollius (2010).

5.3.1 Hydraulische 4/3 Wegeventile

Das hydraulische 4/3 Wegeventil ist mit zwei elektrisch betätigten Magneten ausgestattet. In Abb. 62 rechts ist das Sinnbild für ein Wegeventil mit drei Stellungen dargestellt. Der Druckanschluss liegt am Anschluss 1, die Tank-Abflüsse liegen an den Anschlüssen 3 und 5. In der Abb. 62 ist das Ventil nicht betätigt. Über die beiden rechts und links vom Schieber eingebauten Federn wird das Ventil zentriert. Die Federn sind im Sinnbild an den beiden Seiten der Rechtecke dargestellt. Die mittlere Position im Sinnbild ist dazu gedacht, den Volumenstrom zu sperren. In dieser Stellung findet ein Pumpenumlauf durch das Ventil statt. Der bei 1 eindringende Volumenstrom fließt bei 3 und 5 wieder in den Tank zurück. Die dazu erforderlichen Verbindungskanäle im Ventil sind nicht eingezeichnet!

In der Abb. 63 wurde das Ventil betätigt. Die Betätigung erfolgt über die Erregerspulen der rechts und links am Ventil angebrachten Elektromagnete. Auch diese Art der Betätigung wird im Sinnbild durch ein Extra-Schaltzeichen vermerkt. Der linke Elektromagnet wurde aktiviert und zieht den am Schieber angebauten Anker an. Die linke Feder wird gespannt. Nun sind der Druckanschluss 1 und der Arbeitsanschluss 4 nicht mehr vom Schieber verdeckt. Die Verbindung zum Tank wird unterbrochen und das Öl fließt über den Anschluss 4 ab. Das Öl fließt in die Kammer B des Hydrozylinders. Der Öl-Abfluss aus der Kammer A erfolgt über den Ventilanschluss 2 in den Tankanschluss 3. Entsprechend wird bei der Aktivierung des rechten Magneten die Verbindung der Anschlüsse 1 und 2 möglich. Damit können drei unterschiedliche Stellungen von dem Ventilschieber eingenommen werden.

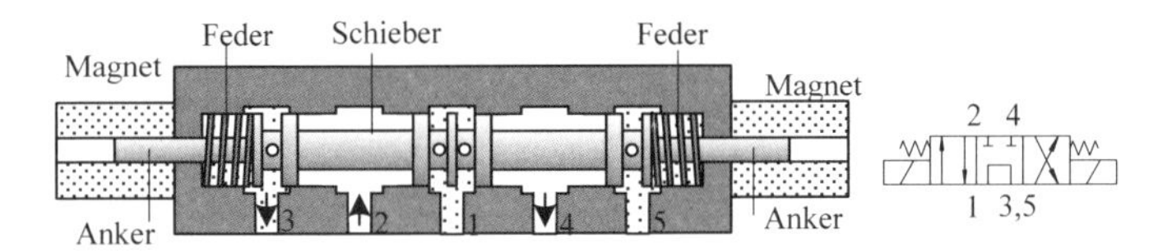

Abb. 62: 4/3 Wegeventil in Ruhestellung, links: Aufbau, rechts: Sinnbild

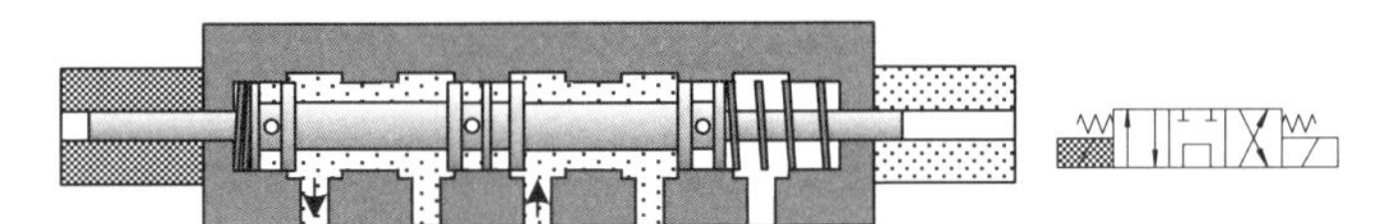

Abb. 63: Darstellung im betätigten Zustand

5.3.2 Stetig wirkende Proportional- und Servoventile

Das bisher besprochene Ventil besitzt 3 festgelegte Schaltstellungen. Falls man die Geschwindigkeit des Kolbens stufenlos steuern möchte, muss die in den Zylinderraum einfließende Ölmenge pro Zeit genau kontrolliert werden. Ein Anwendungsfall ist die Bewegung schwerer Lasten. Man möchte zuerst langsam die Last bewegen und dann schneller fahren.

Daher wurden Wege-Ventile entwickelt, deren Schieber über ein äußeres Signal positionierbar sind. Man nennt diese Ventile *Stetigventile* und unterscheidet die Bauformen *Proportionalventil* und *Servoventil*. Die Proportionalventile werden vorzugsweise im Maschinenbau eingesetzt. Sie sind robuster als Servoventile, die allerdings genauer arbeiten. Das Proportionalventil hat einen hohen Verstärkungsfaktor, d. h. die Eingangsleistung ist wesentlich kleiner als die gesteuerte Ausgangsleistung.

Proportionalventil
Proportionalventile besitzen eine lineare Zuordnung zwischen dem elektrischen Stellstrom und der Stellgeschwindigkeit des Stellkolbens.

Wir wollen die Funktionsweise des Proportionalventils erklären. Proportionalventile bestehen aus einem Schieberkolben, der über einen elektrischen Magneten angesteuert wird. Die Stromstärke durch die Spule des Magneten sorgt für einen bestimmten Hub bzw. eine definierte Anziehungskraft. Die Anziehungskraft wird durch eine gegenwirkende Feder ausgeglichen. Der Federweg bestimmt den Magnethub. Die Kraft-Hub-Kennlinie verläuft in einem bestimmten Hubbereich näherungsweise horizontal, damit gelingt der proportionale Zusammenhang zwischen Strom und Hub. Der Hub bedingt einen bestimmten Öffnungsquerschnitt des Ventils und führt zu einem (proportionalen) Volumenstrom. Um den Reibungseinfluss zu minimieren, gibt es Proportionalventile mit einem Schieber-Lageregelkreis. Dazu dient ein Schieberweg-Messsystem, das ein dem Weg proportionales elektrisches Signal dem Regler zuführt. Der Regler berechnet aus der Abweichung zwischen dem Schieber-Weg-Sollwert und dem gemessenen Istwert ein angepasstes Stromsignal zur Ausregelung eines vorhandenen Fehlers.

Servoventil
Servoventile werden in geschlossenen Regelkreisen zur hochgenauen Steuerung von hydraulischer Energie eingesetzt. Ein elektrisches Eingangssignal im Milliwatt-Bereich steuert dabei hydraulische Leistungen von vielen Kilowatt.

Den Aufbau eines einstufigen, direkt gesteuerten Servoventils zeigt die Abb. 64. An dem Anschluss P liegt die Druckleitung an. Die Anschlüsse A und B führen zu den Kammern des Hydrozylinders. Der Rückfluss des Öls erfolgt über den Tankanschluss T. Der Steuerkolben im Servoventil ist beweglich und steuert den Öl-Fluss in die Kammern A oder B des Hydrozylinders. Als Antrieb des Steuerkolbens wird ein Permanentmagnet-Linearmotor eingesetzt. Der Linearmotor verstellt den Steuerkolben aus der federzentrierten Mittelposition in beide Arbeitsrichtungen. Das Servoventil erreicht eine hohe Stellkraft des Steuerkolbens und gleichzeitig hohe statische und dynamische Eigenschaften. Das Ventil besitzt eine integrierte, digitale Treiber- und Regelektronik. Die digitale Elektronik wird von außen über eine Feldbus-Schnittstelle angesprochen. Damit erfolgt die Parametrierung, Ansteuerung und Überwachung direkt aus einem Anwenderprogramm heraus. Das Ventil kann in der Betriebsart Volumenstromfunktion die Position des Steuerkolbens genau einregeln. Zur Messung der Ist-Position dient ein Wegaufnehmer.

Das nächste Bild zeigt einen elektrohydraulisch gesteuerten Industrieroboter mit vier Achsen, jeweils 2 rotatorischen und 2 translatorischen Achsen, die alle über Hydraulik-Antriebe realisiert werden. Zur Drehung der Achsen 2 und 4 werden Hydromotoren eingesetzt, während die Achsen 1 und 3 durch Hydrozylinder bewegt werden.

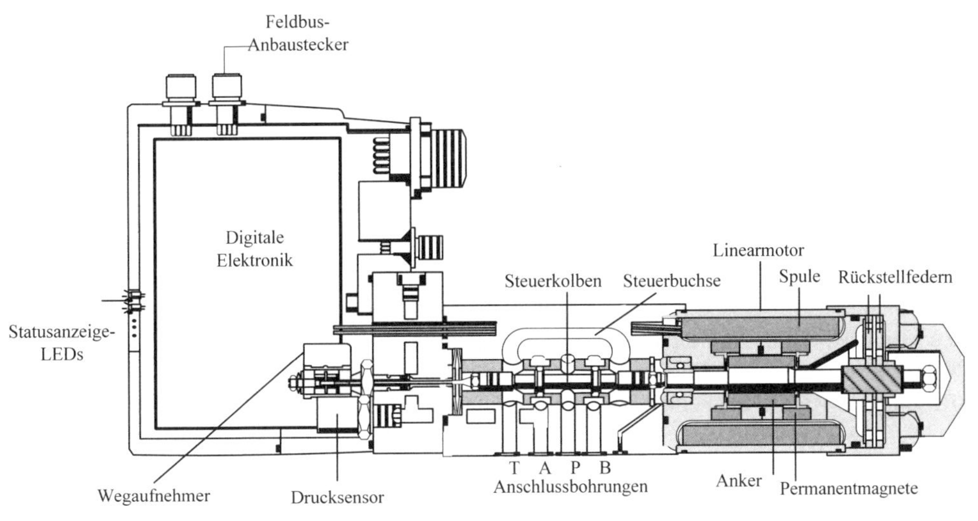

Abb. 64: Direkt betriebenes Servoventil (eigene Zeichnung nach Firma Moog, 2012)

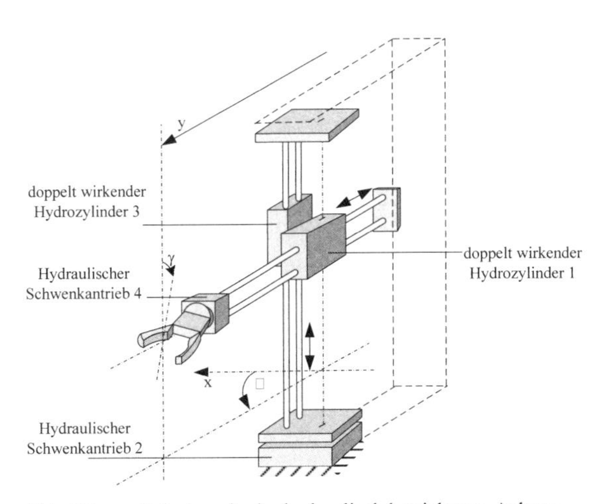

Abb. 65: Roboter mit vier hydraulisch betriebenen Achsen

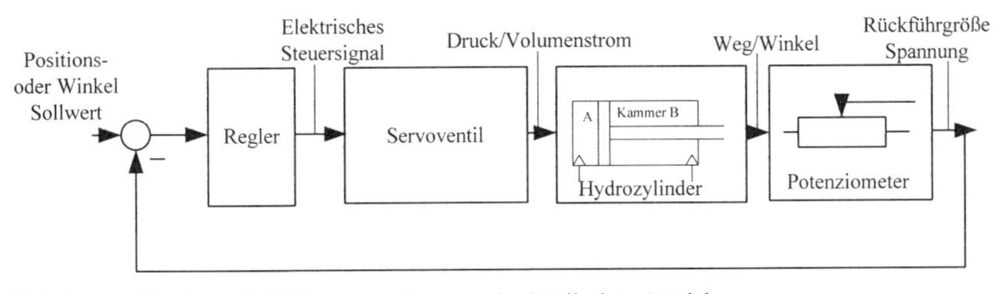

Abb. 66: Blockschaltbild des geregelten servohydraulischen Antriebs

Das Blockschaltbild in Abb. 66 stellt den Regelkreis für eine Achse des Roboters dar. Die Achswinkel bzw. Achswege werden über Potenziometer-Messsysteme erfasst. Der Sollwert für den Achswinkel oder Achsweg wird mit dem gemessenen Istwert verglichen und dem

Regler zugeführt. Der Regler ermittelt das Steuersignal für das Servoventil. Dadurch gelingt es, den Istwert an den Sollwert gut anzunähern. Der Roboter kann vorgegebene Sollpunkte im Raum exakt anfahren.

5.4 Elektrisch gesteuerte Einspritzventile im Kraftfahrzeug

Für die Kraftstoffdirekteinspritzung im Kraftfahrzeug werden Hochdruck-Einspritzventile eingesetzt. Die Aufgabe des Hochdruck-Einspritzventils besteht darin, den Kraftstoff zu dosieren und durch dessen Zerstäubung eine gezielte Durchmischung von Kraftstoff und Luft in einem bestimmten räumlichen Bereich des Brennraums zu erzielen. (Robert Bosch GmbH, 2007) Insbesondere in Verbindung mit Common-Rail-Systemen werden elektrisch angesteuerte Einspritzventile verwendet. Bei elektrisch angesteuerten Einspritzventilen unterscheidet man Injektoren mit Magnetventilen oder mit Piezostellern, die wir in Kapitel 6 kennenlernen. Zuerst wollen wir die Funktionsweise des Einspritzventils mit magnetischem Antrieb erklären. Der in Einspritzventilen verwendete elektromagnetische Linearantrieb steuert das Stellglied binär an, d. h. das Ventil kann vollständig geöffnet oder geschlossen werden. Man kann aber aufgrund des sehr schnellen Stromaufbaus in schnellem Wechsel das Ventil öffnen und wieder schließen und so ganz gezielt Einspritzmengen in den Brennraum befördern. Wir werden diese Methode der Pulsweitenmodulation (PWM) in 8.3 behandeln.

Der prinzipielle Aufbau eines Einspritzventils ist in der folgenden Abb. 67 dargestellt.

In Injektoren mit Magnetventilen wirkt der vom Druckspeicher anliegende Druck sowohl unten auf die schräge Druckschulter der Düsennadel, als auch oben auf den Ventilsteuerkolben. Die obere Fläche, die mit dem Druck beaufschlagt wird, ist jedoch größer, dadurch ist die Druckkraft größer als im unteren Bereich, sodass das Ventil schließt.

Wenn nun der Elektromagnet mit Strom versorgt wird, wird der Anker gegen die Feder nach oben angezogen und die Ventilkugel wird angehoben. Der Kraftstoff kann den Ventilsteuerraum verlassen und an der Zulaufdrossel entsteht ein Druckverlust. Die Kraft auf die Düsennadel wirkt nun nach oben und hebt diese an. Die Düsenöffnungen werden freigegeben und der Einspritzvorgang beginnt. Da das Ventil sehr schnell öffnet und schließt, können zu bestimmten Zeitpunkten genau dosierte Kraftstoffmengen in den Verbrennungsraum eingespritzt werden.

Der Energiesteller des Aktors erzeugt die Spannung zur Ausbildung des Magnetstroms und stellt die Energie zum Anziehen des Ankers über die elektrische Hilfsenergie zur Verfügung. In diesem Fall gibt es nur zwei Ankerstellungen, d. h. es gibt nur zwei Stellungen des Aktors. Der Magnet ist der Energiewandler, der die elektrische Energie in die mechanische Energie zum Zusammendrücken der Feder durch den Anker des Magneten bereitstellt.

Betrachtet man das zeitliche Verhalten der verschiedenen Signale, erkennt man, dass Zeitverzögerungen zwischen dem Einschalten des elektrischen Spannungssignals u_e und der Änderungen des Düsennadelhubs entstehen.

Wir untersuchen die Ursache-Wirkungszusammenhänge beim elektrischen Einspritzventil anhand der Abb. 67. Nachdem das Einschaltsignal zum Zeitpunkt $t = 0{,}5$ ms den Magnetventilstrom freigibt, baut sich der Strom aufgrund der Verzögerungswirkung der Induktivität etwas zeitverzögert auf. Zusammen mit der mechanischen Feder entsteht eine Schwingung des Ankerhubs, die nach Ablauf von ca. einer halben Millisekunde abgebaut ist. Über die

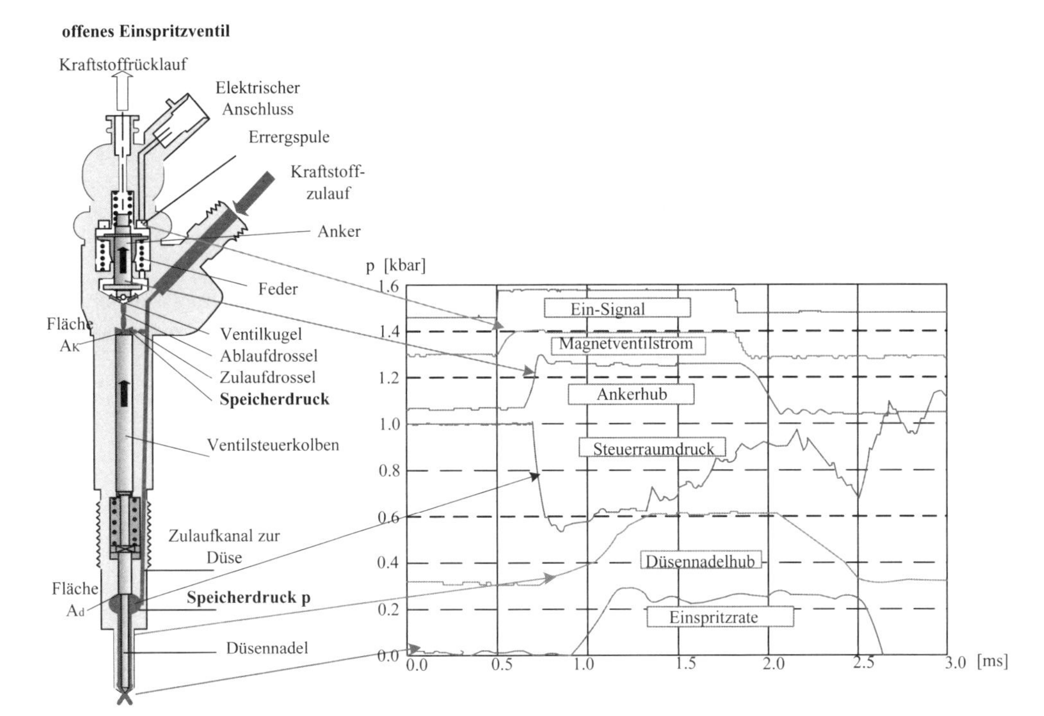

Abb. 67: Aufbau des Hochdruck-Einspritzventils und zeitliche Verläufe wichtiger Signale

Zulaufdrossel entstehen Strömungsverluste und der Steuerdruck baut sich ab. Ca. 0,8 ms nachdem das Einschaltsignal für den Magnetstrom vorlag, hat die Düsennadel den oberen Anschlag erreicht. Die Einspritzung startet ca. 0,5 ms nach dem Einschaltsignal. Es stellt sich eine nahezu konstante Einspritzrate ein. Zum Zeitpunkt 1,8 ms geht das Einschaltsignal zurück. Fast 1 ms später ist der Einspritzvorgang beendet. Für eine genaue Auslegung des Systems ist die Berücksichtigung der zeitlichen Verläufe notwendig.

Zusammenfassung

Man nutzt magnetische Anziehungskräfte bei magnetischen Aktoren. Wir unterscheiden das Zweipunktverhalten und das Proportionalverhalten von magnetischen Aktoren. Ein einfacher elektromagnetischer Aktor kann nur in eine Position angezogen werden. Über eine äußere Kraft, z. B. eine Feder erfolgt die Rückstellung. Ein Proportionalmagnet kann in beliebige Positionen gebracht werden. Durch die geometrische Gestaltung des Ankers und des Anker-Gegenstücks kann die magnetische Kraft-Auslenkungs-Kennlinie stark beeinflusst werden. Damit ist es möglich, stabile Arbeitspunkte zu finden, wenn man eine Feder als Gegenkraft verwendet. Elektromagnete werden in Kraftfahrzeugen zur Einspritzung des Kraftstoffs verwendet. Die Einspritzung einer bestimmten Menge Kraftstoff in einem Zeitbereich erfolgt durch schnelles Öffnen und Schließen des Einspritzventils über einen Elektromagneten.

Kontrollfragen

24. Warum ist es energetisch günstiger, einen Hub-Magneten mit Gleichstrom anstelle von Wechselstrom zu betreiben?
25. Berechnen Sie die Anziehungskraft eines Elektromagneten ohne ein spezielles Ankergegenstück gemäß Abb. 54, wenn die folgenden Daten gegeben sind: $B = 1$ T, $L_L = 2$ mm, Querschnittsfläche 5 mm^2.
26. Wie kann erreicht werden, dass die Kraft eines Hubmagneten über einen weiten Hub konstant bleibt?
27. Ein Magnet mit $L_L = 2$ mm, Querschnittsfläche 5 mm^2 wird im Sättigungsbereich der Flussdichte betrieben. Die Kraft soll verdoppelt werden. Wie kann man die Kraftverdopplung erreichen?

6 Piezoaktoren

Für die Ausübung von vergleichsweise hohen Kräften bei geringen Stellwegen und hohen Geschwindigkeiten können Piezoaktoren vorteilhaft eingesetzt werden. Die Diesel Direkteinspritzung bei vielen modernen Common-Rail-Systemen im Kraftfahrzeug verwendet z. B. Piezoaktoren anstelle der Magnetaktoren. Sie basieren auf dem inversen piezoelektrischen Affekt. Der *Piezoeffekt* wurde 1880 von Jacques und Pierre Curie durch Aufbringen von Druck auf Quarzkristallen entdeckt. Sie stellten dabei fest, dass durch den Druck Ladungen erzeugt wurden. Wir sehen in der folgenden Abb. 68 a den Atomaufbau von Quarz SiO_2. Der Ladungsschwerpunkt der positiven und negativen Ionen ist identisch. Daher ist der Quarz nach außen hin neutral. Die Abb. 68 b verdeutlicht die Ladungsverschiebung aufgrund einer äußeren Kraft. Dabei werden die Ladungsschwerpunkte der positiven und negativen Ionen getrennt und nach außen ist eine Spannung messbar. Die Kraftrichtung und die Richtung der Spannung sind gleich. Man nennt diesen Effekt den *longitudinalen Effekt.* Das Bild kann auch so gedeutet werden, dass aufgrund einer angelegten Spannung eine äußere Kraft zustande kommt. Daher entstehen Stellwege bei Anlegen einer elektrischen Spannung an Piezoaktoren. In Abb. 68 c wirkt die Kraft senkrecht zur entstehenden Spannung. Dieser Effekt wird *transversaler Effekt* genannt.

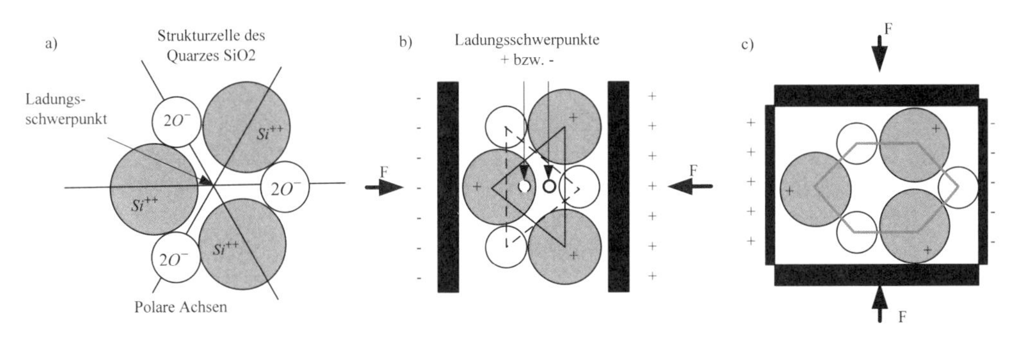

Abb. 68: Piezowerkstoff, links: Ladungsschwerpunkt der Silizium- (große Kreise) und der der Sauerstoff-Ionen (kleine Kreise) fallen zusammen, mitte: Verschiebung der Ladungsschwerpunkte, rechts: Änderung der Kraftrichtung

Der *inverse piezoelektrische Effekt* führt zu einer Verformung des Materials beim Anlegen einer Spannung. Beide Effekte treten gleichzeitig auf, daher kann das Material auch zur Messung der Auslenkung als Sensor verwendet werden. Wir erinnern uns an den einfachen Thermo-Bimetallaktor!

Die Ursache für die Dehnung in einem speziellen Werkstoff ist ein elektrisches Feld, das zu dem inversen piezoelektrischen Effekt führt. In den 40er Jahren des letzten Jahrhunderts wurde als piezoelektrischer Werkstoff *Bariumtitanat* entdeckt, das die Entwicklung von Piezoaktoren beschleunigte, da der Piezoeffekt wesentlich größer ist als bei dem Quarz. Neben

Bariumtitanat wird heute zur Herstellung von Piezoaktoren Blei-Zirkonat-Titanat *(PZT)* eingesetzt. Die Herstellung der Piezowerkstoffe beginnt mit dem Mischen und Mahlen der Ausgangsstoffe. Das Material wird geformt und gepresst und bei Temperaturen von ca. 1250 °C gesintert. Danach werden die entstandenen Keramikblöcke geschnitten, geschliffen poliert und geläppt und die Elektroden z. B., durch Siebdruck, aufgebracht. Zuletzt wird das Material in ein starkes, elektrisches Gleichfeld mit einer Feldstärke, die größer als 3 kV pro mm ist, gebracht. In diesem Schritt richten sich die polaren Bereiche aus. Diese Polarisation bleibt nach Abschalten des elektrischen Feldes erhalten. Der Körper hat damit auch seine Länge bleibend geändert.

Wir wollen folgende Bezeichnung für Auslenkungsrichtungen und Drehungen einführen. In Abb. 69 sehen Sie, dass die Koordinatenrichtungen mit 1, 2, und 3 bezeichnet wurden. Die Rotationen 4, 5 und 6 deuten Scherungen an, die wir aber nicht beachten werden.

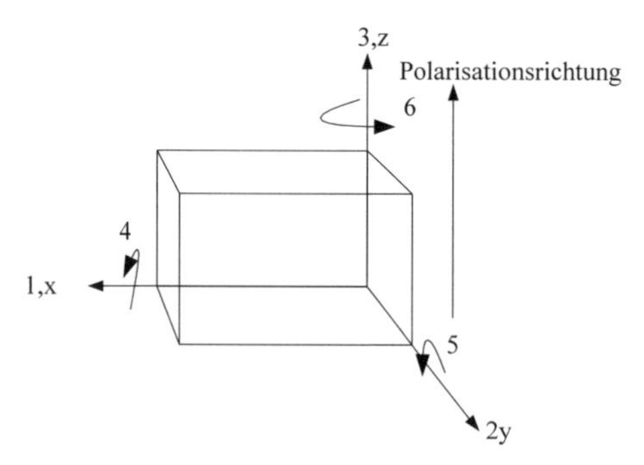

Abb. 69: Festlegung von Auslenkungsrichtungen und Drehungen

Die Polarisationsrichtung verläuft in z-Richtung, das ist die Richtung, in der das elektrische Feld bei der Herstellung des Piezoaktors aufgebracht wurde.

Verläuft die von außen angelegte Feldstärke E nach Abb. 69 in Richtung 3 und tritt eine Längenänderung in Richtung 3 auf, sprechen wir vom *Longitudinaleffekt*. Die Beschreibung dieses Effektes erfolgt mit dem Piezomodul d_{33}. Der erste Index gibt die Richtung der Erregung, der zweite die Richtung der Reaktion an. Daher wird dieser Effekt auch d_{33} Effekt genannt. Wir können in Abb. 70 die Dehnung aufgrund des äußeren elektrischen Felds als gestrichelte Verlängerung des Quaders erkennen. Die Dehnung wird hier nach der englischen Übersetzung „strain" mit S abgekürzt. Diese Bezeichnung finden wir in der Literatur meist wieder und daher werden wir sie in dem Zusammenhang der Piezoaktoren auch verwenden, auch wenn bei der thermischen Längenänderung meist die Bezeichnung ε für die Dehnung verwendet wird.

Dehnung eines Aktors
Unter der *Dehnung* eines Aktors verstehen wir die Auslenkung des Aktors im angesteuerten Zustand dividiert durch seine ursprüngliche Länge im nicht angesteuerten Zustand.

Wenn wir eine Längenänderung senkrecht zur Richtung des elektrischen Feldes feststellen, nennen wir diesen Effekt den *Transversaleffekt*, der auch d_{31} Effekt genannt wird. Auch die-

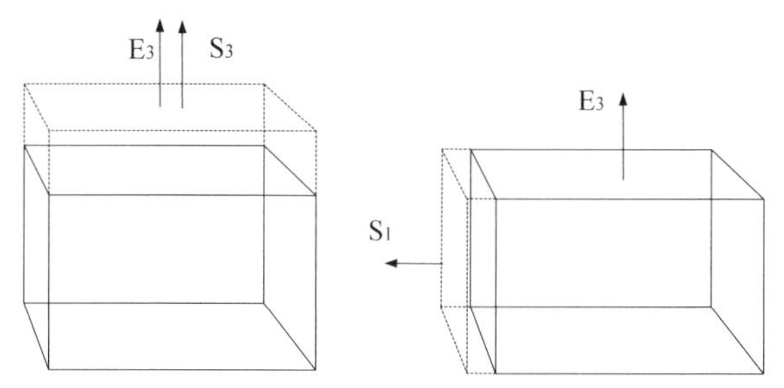

Abb. 70: Piezo Effekte, links: longitudinaler Effekt oder d_{33}-Effekt, rechts: transversaler Effekt oder d_{31}-Effekt

sen Effekt erkennen wir in Abb. 70 rechts. Auffallend ist, dass in dem Bild eine Verdickung des Körpers gestrichelt eingezeichnet ist, da die Dehnung in x-Richtung positiv definiert ist. Da die physikalische Realität aber gegenteilig ist, werden wir hier negative „Dehnungen" erwarten.

6.1 Stapelaktoren und Multilayer-Aktoren

Der beschriebene Prozess zur Herstellung bezieht sich auf die sogenannten *Stapelaktoren,* die auch *Translatoren* genannt werden. Diese Piezoaktoren sind die am weitesten verbreiteten Typen, die auch die höchsten Kräfte erzeugen können. Die Stellwege können bis zu 500 µm betragen. Standardelemente können mit Kräften bis zu 100 kN beaufschlagt werden und haben eine hohe Steifigkeit.

Translatoren
Translatoren sind Piezo-Stapel-Aktoren deren Bewegung translatorisch erfolgt.

Stapelaktoren bestehen aus Stapeln übereinander geschichteter Piezokeramikscheiben unterschiedlicher Polarität. Wenn man eine Spannung an den Stapel anlegt, dehnen sich die einzelnen Scheiben aus und es entsteht eine resultierende Längenänderung Δl. Die relative Auslenkung kann bis zu 0,2 % betragen. Die Ausdehnung des Aktors hängt ab von der elektrischen Feldstärke E, der Länge l_0 des Stapels, der auf dem Aktor wirkenden Kraft F und den piezoelektrischen Materialeigenschaften. Die Polarisationsrichtung zweier verbundener Platten ist *umgekehrt* orientiert. Elektrisch sind die Scheiben parallel verschaltet, bezogen auf die mechanische Belastung ist die Schaltung eine Reihenschaltung. Die Abb. 71 zeigt die Verschaltung der einzelnen Piezoelemente.

Die Längenänderung Δl ergibt sich aus der Summe der Längenänderungen der einzelnen Scheiben nach Anlegen der äußeren Spannung u. Die Eingangsgröße eines Piezoaktors ist also eine Spannung, die ein elektrisches Feld bewirkt. Die maximal zulässige Feldstärke liegt bei 1–2 kV/mm in Polarisationsrichtung und bis zu 300 V/mm in der umgekehrten Richtung.

Die Materialeigenschaften werden, wie bereits erwähnt, durch die piezoelektrischen Koeffizienten d_{33} und d_{31} beschrieben, die auch *Piezomodul* genannt werden. Die Einheit des Piezomoduls ist [m/V]. Er beschreibt, welche Längenänderungen bei Aufschalten einer Spannung auftreten. Da der direkte Piezoeffekt eine Ladungsänderung in Abhängigkeit einer Kraft

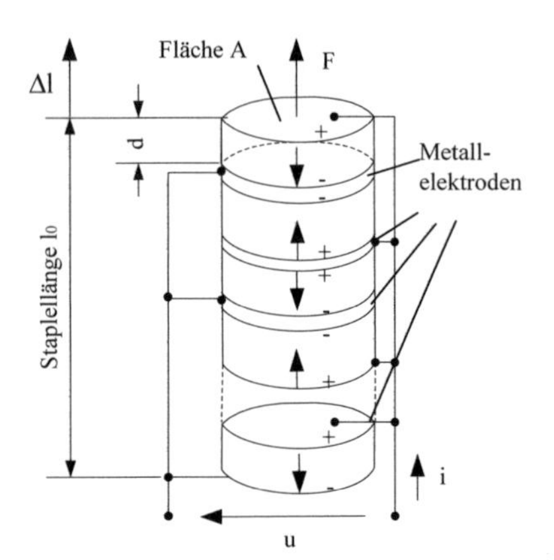

Abb. 71: Stapelaktor aus piezoelektrischen Keramikscheiben

beschreibt, wird die sogenannte *Piezo-Ladungskonstante* des Werkstoffs definiert und in Tabellen angegeben.

Ein Piezoaktor, der im statischen Betrieb arbeitet, d. h. die Eingangsspannung ändert sich nicht dynamisch mit der Zeit, kann wie ein Kondensator berechnet werden. Die Auslenkung ist proportional zur aufgenommenen elektrischen Ladung. Natürlich bestimmt die Anzahl n der gestapelten Piezokeramikscheiben die Kapazität C. Die Berechnung kann entsprechend der folgenden Formel vorgenommen werden:

$$C \approx n \cdot \varepsilon \cdot \frac{A}{d} \qquad 6.1$$

[C] = 1 Farad = 1 As/V

n: Anzahl der Keramikschichten

A: Elektrodenfläche

d: Abstand zwischen den Elektroden

Der Abstand d entspricht der Dicke der Scheiben. Da die Anzahl der Scheiben näherungsweise auch durch den Quotienten aus Länge des Aktors l_0 durch Dicke der Scheiben berechnet werden kann, folgt:

$$n = \frac{l_0}{d} \qquad 6.2$$

Für die Kapazität gilt:

$$C \approx n \cdot \varepsilon \cdot \frac{A}{\frac{l_0}{n}} = n^2 \cdot \varepsilon \frac{A}{l_0} \qquad 6.3$$

Erhöht man bei einer gegebenen Aktorlänge die Anzahl der Piezoelemente, steigt die Kapazität quadratisch mit n an.

Beispielaufgabe:
Ein Piezostapelaktor aus Bariumtitanat hat laut Spezifikation eine Länge von l_0 = 150 mm und einen Durchmesser von d = 16 mm. Die Kapazität ist laut Datenblatt mit C = 2000 nF angegeben. Die relative Dielektrizitätszahl beträgt $\varepsilon_r = 2500$. Berechnen Sie die Anzahl der Piezoelemente n. Die elektrische Feldkonstante ε_0 hat den Wert:

$$\varepsilon_0 = 8{,}85 \cdot 10^{-12}\,\frac{\text{As}}{\text{Vm}}$$

Lösung:

$$\varepsilon = \varepsilon_r \cdot \varepsilon_0$$

$$C \approx n \cdot \varepsilon \cdot \frac{A}{\frac{l_0}{n}} = n^2 \cdot \varepsilon \frac{A}{l_0}$$

$$n = \sqrt{\frac{C \cdot l_0}{\varepsilon_0 \cdot \varepsilon_r \cdot A}} = \sqrt{\frac{2000 \cdot 10^{-9}\,\frac{\text{As}}{\text{V}} \cdot 0{,}150\text{m}}{8{,}85 \cdot 10^{-12}\,\frac{\text{As}}{\text{Vm}} \cdot 2500 \cdot \frac{\pi \cdot 0{,}016^2\,\text{m}^2}{4}}}$$

$$n = 260$$

Die Längenänderung Δl eines Piezoelementes des Stapelaktors, der nicht durch eine äußere Kraft belastet wird, hängt von der Feldstärke E, dem Piezomodul und der Länge des Elementes ab. Sie kann nach der folgenden Formel berechnet werden:

$$\Delta l = S \cdot l_0 \approx \pm E \cdot d_{ij} \cdot l_0 \qquad 6.4$$

Mit S wird die Dehnung bezeichnet. Gängige Piezomaterialien weisen Werte von d_{33} in dem Bereich von 250 bis 550 pm/V auf. Bariumtitanat hat einen Wert von 250 pm/V. Der Piezomodul von Quarz liegt nur bei 2,3 pm/V. Die d_{31} Werte sind negativ, da sich das Material bei der Beanspruchung einschnürt. Die d_{31}-Werte liegen im Bereich von –180 bis –210 pm/V. Die Einheit pm bedeutet Picometer und entspricht $10^{-12}\,m$.

Beispielaufgabe:
Ein piezoelektrischer Stapelaktor besteht aus Bariumtitanat (d_{33} = 250 pm/V). Er hat eine Länge von 160 mm und einen Durchmesser von 15 mm. Die Feldstärke beträgt 2 kV/mm. Berechnen Sie die Auslenkung des Aktors, wenn er nicht durch eine Kraft belastet wird.

Lösung:

$$\Delta l = E \cdot d_{ij} \cdot l_0 = 2000\,\frac{\text{V}}{\text{mm}} \cdot 250 \cdot 10^{-12}\,\frac{\text{m}}{\text{V}} \cdot 160\text{ mm} \Leftrightarrow$$

$$\Delta l = 8 \cdot 10^{-5}\,\text{m} = 8 \cdot 10^{-5}\,\text{m} \cdot \frac{\mu\text{m}}{10^{-6}\,\text{m}} = 80\,\mu\text{m}$$

Der Stellweg ist gering und kann durch ein Material mit einem höheren Piezomodul oder durch eine mechanische Übersetzung heraufgesetzt werden.

Beispielaufgabe:
Berechnen Sie die spezifische Energie, die im Aktor mit den Daten aus der vorhergehenden Aufgabe gespeichert ist.

Lösung:

$$w_{e,12} = \frac{W_{e,12}}{V} = \frac{1}{2} \cdot \varepsilon \cdot E^2 = \frac{1}{2} \cdot 8{,}85 \cdot 10^{-12} \frac{\text{As}}{\text{Vm}} \cdot 500 \cdot \left(2000 \frac{\text{V}}{0{,}001\text{m}}\right)^2$$

$$w_{e,12} = 8850 \frac{\text{VAs}}{\text{m}^3} = 8850 \frac{\text{Ws}}{\text{m}^3} = 8850 \frac{\text{Ws}}{\text{m}^3} \cdot \frac{0.001\,\text{kW} \cdot \text{h}}{\text{W} \cdot 3600\text{s}} = 0{,}00246 \frac{\text{kWh}}{\text{m}^3}$$

Neben den im Abb. 71 vorgestellten Stapelaktor gibt es *Multilayer-Aktoren*, die aus einzelnen übereinander angeordneten und mit Elektroden versehenen 50-100 µm dicken Keramikfolien bestehen, die gepresst werden. Sie weisen eine deutlich höhere Steifigkeit als Stapelaktoren auf. Die maximalen Spannungen sind geringer als bei Stapelaktoren bei gleichen erreichten Dehnungen. Man spricht von *Niedervoltaktoren*, da sie bereits bei ca. 160 V ihre maximale Feldstärke erreichen, während Stapelaktoren als *Hochvoltaktoren* mit bis 1000 V angesteuert werden können.

6.1.1 Auslenkung bei Belastung

Wir wollen nun den Fall betrachten, dass der Aktor durch eine äußere Kraft belastet wird. Die Auslenkung des Piezoaktors wird dann durch die äußere Spannung u und die auf den Aktor wirkende Kraft F bestimmt. Mit der Aktorsteifigkeit c_p und dem Piezomodul d berechnen wir die Auslenkung nach der folgenden Formel (Physik Instrumente (PI) GmbH & Co. KG, 2012):

$$\Delta l = d_{ij} \cdot u + \frac{F}{c_p} \qquad 6.5$$

Vergleichen wir diese Formel mit 6.4 stellen wir fest, dass in der Formel anstelle des Produktes der elektrischen Feldstärke E mit der Aktorlänge l_0 die Spannung u verwendet wird!

Die Krafterzeugung des Piezoaktors aufgrund einer äußeren Last ist mit einer Verringerung seiner Auslenkung verbunden. Im Falle einer maximalen Kraft geht die Auslenkung des Aktors auf den Wert null zurück. Ausgehend von der letzten Gleichung kann man ein Kennlinien-Feld aufzeichnen, das die Abhängigkeit der Auslenkung von der Kraft und der Spannung dargestellt. Wir sehen im folgenden Bild, dass die Auslenkung des Stapelaktors mit der elektrischen Spannung steigt und durch Vergrößerung der Belastung sinkt. Es muss beachtet werden, dass die Kraft entgegen der durch die Spannung u bewirkten Auslenkung gerichtet ist.

In der Formel 6.5 muss die Kraft daher mit negativem Vorzeichen eingesetzt werden. Die schräg von links oben nach unten verlaufenden Linien sind die Aktor-Kennlinien. Der Aktor wird als Stelleinrichtung benutzt und arbeitet gegen eine äußere Kraft. Die äußere Kraft wird in Abb. 72 durch zwei Fälle beschrieben. Im ersten Fall ist sie konstant und z. B. eine Gewichtskraft. In Abb. 72 ist dieser Fall durch die senkrechte strichpunktierte Gerade darge-

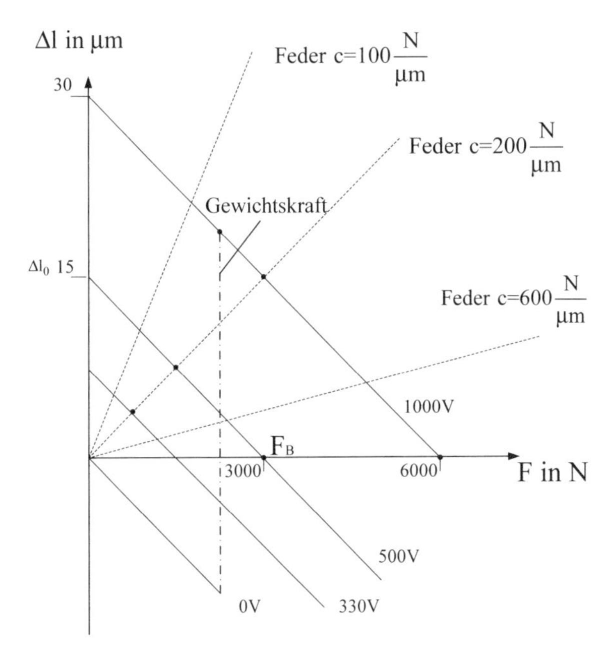

Abb. 72: Statische Kennlinien eines Stapelaktors mit einer Steifigkeit von $c_p = 200 \frac{N}{\mu m}$

stellt. Im zweiten Fall wird sie durch eine wegabhängige Kraft beschrieben, wie bei einer Feder.

$$F_f = c \cdot \Delta l \qquad 6.6$$

Für diesen Fall sind drei ansteigende, gestrichelte Geraden für drei verschiedene Federsteifigkeiten dargestellt. Die Schnittpunkte der Feder mit der Steifigkeit 200 N/μm mit den Aktor-Kennlinien stellen mögliche Arbeitspunkte dar, d. h., die dazugehörigen Auslenkungswerte würden sich einstellen. Wäre der Aktor blockiert und könnte sich nicht auslenken, dann wäre eine *Blockierkraft* die Folge.

Blockierkraft
Bewirkt eine äußere Kraft, dass die Auslenkung des Aktors trotz aufgeprägtem Signal null ist, nennt man diese Kraft eine Blockierkraft.

Bei einer Spannung von U = 500V liegt die Blockierkraft bei F_B = 3000 N. In diesem Fall hätte die zu bewegende Last (und die Befestigung des Aktors) eine unendlich große Steifigkeit (Federkonstante c). Δl_0 entspricht der Auslenkung ohne Belastung.

Die Blockierkraft kann man nach der folgenden Formel berechnen.

$$F_B \approx c_p \Delta l_0 \qquad 6.7$$

Beispielaufgabe:

Berechnen Sie die Blockierkraft eines Aktors mit der Steifigkeit $c_p = 200 \frac{\text{N}}{\mu\text{m}}$ bei u = 500 V und einer Auslenkung ohne Last $\Delta l_0 = 15\ \mu\text{m}$.

Lösung:
Im unbelasteten Fall stellt sich z. B. bei u = 500 V eine Auslenkung von 15 µm ein. Wir multiplizieren diesen Wert mit der Steifigkeit und erhalten die Blockierkraft:

$$F_B \approx c_p \Delta l_0 = 200 \frac{\text{N}}{\mu\text{m}} \cdot 15\ \mu\text{m} = 3000\ \text{N}$$

In praktischen Anwendungen verwendet man die folgende Formel zur Berechnung der maximalen Aktorkraft bei gegebenen Steifigkeiten des Aktors c_p und der äußeren Last c, (Physik Instrumente (PI) GmbH & Co. KG, 2012).

$$F_{max} = c_p \cdot \Delta l_0 \cdot \left(1 - \frac{c_p}{c_p + c} \right) \qquad 6.8$$

In der Formel ist die Länge Δl_0 die maximale freie Auslenkung ohne Belastung.

Beispielaufgabe:

Ein piezoelektrischer Aktor hat die Steifigkeit $c_p = 200 \frac{\text{N}}{\mu\text{m}}$.

Die Steifigkeit der Last beträgt $c = 10 \frac{\text{N}}{\mu\text{m}}$.

Der Aktor entwickelt im unbelasteten Zustand bei der eingestellten Spannung von 500 V eine Auslenkung von 15 µm. Berechnen Sie die maximale Kraft.

Lösung:
Wir setzen die Werte in die Formel 6.8 ein und erhalten als Lösung:

$$F_{max} = c_p \cdot \Delta l_0 \cdot \left(1 - \frac{c_p}{c_p + c} \right) \Leftrightarrow$$

$$F_{max} = 200 \frac{\text{N}}{\mu\text{m}} \cdot 15\mu\text{m} \cdot \left(1 - \frac{200 \frac{\text{N}}{\mu\text{m}}}{200 \frac{\text{N}}{\mu\text{m}} + 10 \frac{\text{N}}{\mu\text{m}}} \right) = 142{,}86N$$

Die maximale Kraft wird durch eine „weiche“ Last stark herabgesetzt. Wäre die Steifigkeit der Last gleich der Steifigkeit des Aktors, ergäbe sich eine Kraft von F = 1500 N.

6.2 Bauformen

Neben den vorgestellten Stapelaktoren wollen wir einige weitere Bauformen kennenlernen. Es gibt sogenannte Rohr- oder Tubusaktoren aus Keramikrohren, deren Elektroden am Rohr außen und innen befestigt sind. Die Rohre kontrahieren in axialer und radialer Richtung bei Anlegen einer Spannung. Die axiale Auslenkung kann nach der folgenden Formel berechnet werden (Physik Instrumente (PI) GmbH & Co. KG, 2012):

$$\Delta l = d_{31} \cdot L \cdot \frac{U}{d} \qquad 6.9$$

Die Auslenkung Δl hängt von der Länge des Rohres L, der angelegten Spannung U und der Dicke der Rohrwand d ab. (Abb. 73)

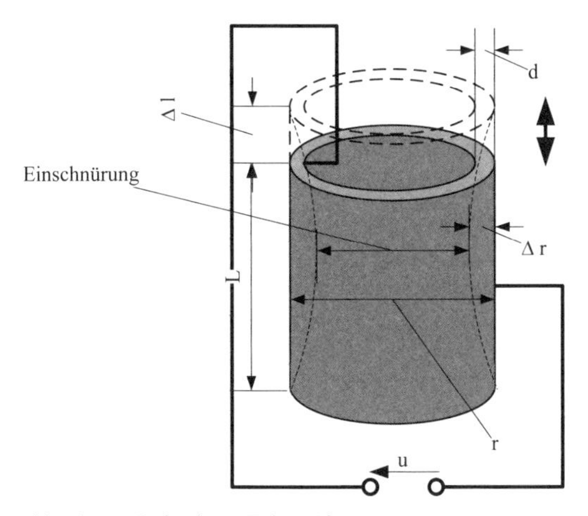

Abb. 73: Rohr- bzw. Tubus-Aktor

In einigen Anwendungen will man die Einschnürung des Tubus nutzen und möchte auch diese berechnen. Dazu nutzt man die folgende Formel, in der r der Außen-Radius des Rohres ist (Physik Instrumente (PI) GmbH & Co. KG, 2012):

$$\Delta r = d_{31} \cdot r \cdot \frac{U}{d} \qquad 6.10$$

Die Rohraktoren werden bei dem *Inchworm-Motor* angewandt, den wir später kennenlernen werden.

Der in Abb. 74 skizzierte Biegewandler nutzt den Transversaleffekt. Das Piezoelement ist auf einem streifenförmigen Federmetall befestigt. Bei einer Auslenkung des Piezoelementes bleibt der Metallträger ohne Längenänderung. Es erfolgt eine Biegung aufgrund der unterschiedlichen Ausdehnungen. Der Auslenkungsweg s kann bis zu einigen Millimetern betragen. Die Bauform ist ähnlich dem Bimetallaktor, der aber auf Temperaturen reagiert. Außerdem kann der Biegewandler kleiner gebaut werden.

Neben den beschriebenen, auch als unimorphe Biegewandler bezeichneten Aktoren, werden auch bimorphe Wandler eingesetzt, die aus einem Verbund zweier piezoelektrischer Keramikstreifen bestehen. Diese werden z. B. bei Piezomotoren eingesetzt.

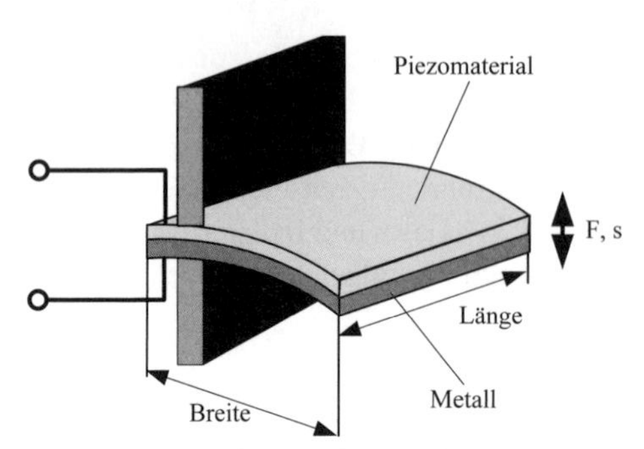

Abb. 74: Piezoaktor-Bauformen: Biegewandler

6.3 Wegvergrößerungssysteme

Da die Piezoaktoren nur kleine Auslenkungen erfahren, versucht man diese Auslenkungen über eine Wegübersetzung zu vergrößern. Es gibt die Möglichkeit auf hydraulischem oder mechanischem Wege den Stellweg zu vergrößern. Aufgrund der geringen Aktor-Auslenkungen, muss die Konstruktion und Fertigung der Hebel-Übersetzungen mit besonderer Sorgfalt durchgeführt werden. Das Hebel- und Führungssystem kann bei einer schlechten Ausführung in den Lagern zu einer Vergrößerung der Ungenauigkeiten führen. Durch die Bewegungen, die jetzt an verschiedenen Stellen gelagert werden müssen, entstehen auch Reibungskräfte, deren Überwindung die Nutzkraft des Aktors schmälert.

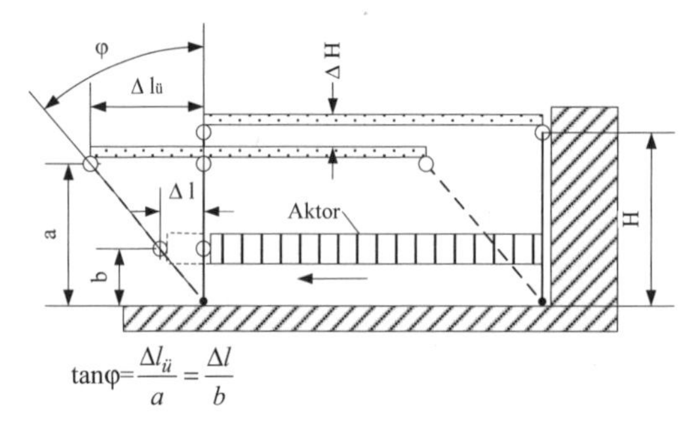

Abb. 75: Einfache Parallelogramm-Hebelübersetzung

Wir wollen herausfinden, wie die Hebelübersetzung funktioniert und nehmen als Hilfe Abb. 75 hinzu. Der Aktor erfährt bei Aufbringung einer Spannung die Auslenkung Δl. Durch den Hebel wird diese Auslenkung auf den Weg $\Delta l_{ü}$ vergrößert. Man kann diese Vergrößerung durch die folgende Formel ausdrücken:

$$\frac{a}{\Delta l_{ü}} = \frac{b}{\Delta l}$$

$$\Delta l_{ü} = \Delta l \cdot \frac{a}{b} \qquad 6.11$$

Das Hebelverhältnis a/b bestimmt also den Vergrößerungsfaktor für die Auslenkung des Piezoaktors. Eine andere Möglichkeit, den Stellweg zu vergrößern zeigt die folgende Abbildung.

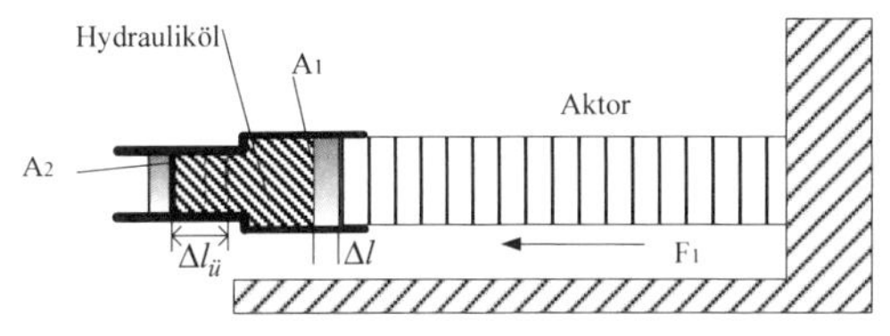

Abb. 76: Hydraulischer Wegvergrößerer

Es handelt sich um einen *hydrostatischen Übertrager*, dieser Übertrager liefert eine Wegvergrößerung in Abhängigkeit des Flächenverhältnisses:

$$\Delta l_{ü} = \Delta l \cdot \frac{A_1}{A_2} \qquad 6.12$$

Die Kraft reduziert sich allerdings. Einen Einsatzfall dieses Wegvergrößerungssystems finden wir in dem folgenden Beispiel.

6.4 Anwendung Stapelaktor: Einspritzventil mit Piezoaktor

Wir wollen ein modernes Diesel-Einspritzventil für einen PKW betrachten, wie es in Abb. 77 dargestellt ist. Die Aufgabe des Ventils besteht darin, zu bestimmten Zeitpunkten genau dosierte Mengen Dieselkraftstoff in den Brennraum des Motors zu injizieren. Meist steht der Kraftstoff unter hohem Druck, der über eine Hochdruckpumpe erzeugt wird. Als Speicher für den komprimierten Kraftstoff dient ein Rohr, das Rail genannt wird. Alle Zylinder eines Verbrennungsmotors besitzen je ein Einspritzventil, wobei jedes Ventil mit dem Rail über eine Leitung verbunden ist. Man spricht vom Raildruck, unter dem der Diesel-Kraftstoff steht, der bis zu 1600 bar betragen kann.

Die Einspritzventile werden konventionell mit einem elektromagnetischen Aktor geöffnet. Eine noch schnellere und präzisere Einspritzung ist mit einem piezoelektrischen Aktor möglich. Durch den Einsatz der Piezoaktoren ergeben sich gegenüber dem Einsatz elektromagnetischer Stellantriebe die Vorteile: niedrigere Geräusche, geringeres Gewicht, Mehrfacheinspritzung, kompakteres Design. Der piezoelektrische Antrieb betätigt über eine Membran und einen hydraulischen Koppler ein Steuerventil. Der Ventilhub beträgt nur 45 μm. Der Piezoaktor ist in Abb. 77 dargestellt, der Aufbau des Piezoinjektors ist in Abb. 78 abgebildet.

Der in Abb. 78 dargestellte Aufbau lässt eine Düsennadel erkennen, die die Öffnungen am Ende der Düse versperren kann. Der Druck des Rails hält die Düse geschlossen. Der Hub des Piezostapelaktors betätigt den hydraulischen Koppler. Dadurch wird u. a. der Stellweg vergrößert. Der hydraulische Koppler ist von Diesel-Kraftstoff umgeben, der unter einem Druck von ca. 10 bar steht. Zum Einspritzen von Kraftstoff wird der Piezoaktor mit 110–150 V Spannung beaufschlagt. Die Einspritzmenge wird über die Dauer der Spannung geregelt.

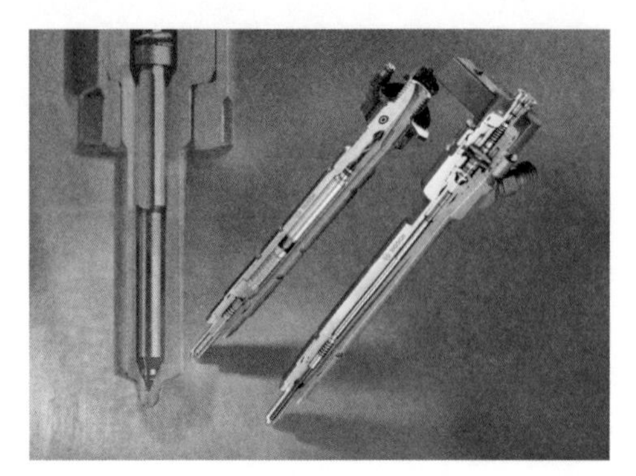

Abb. 77: rechts: magnetisch betriebener Aktor, links: Piezoinjektor (Quelle: Firma Robert Bosch GmbH)

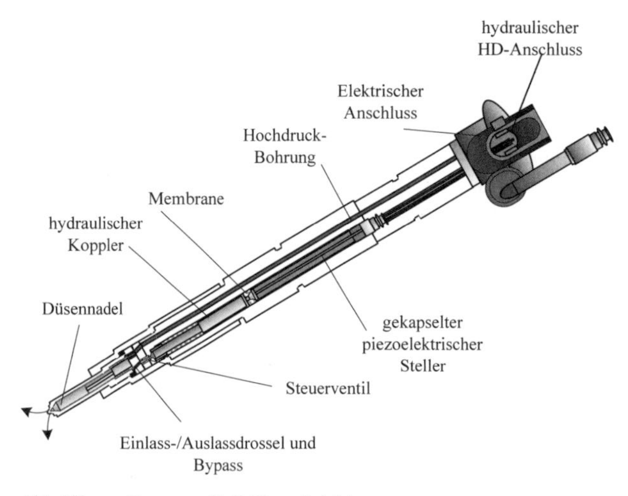

Abb. 78: Common-Rail-Piezo-Injektor

In Abb. 79 ist der hydraulische Koppler zu sehen, der im Inneren den Druck der Hydraulik-Flüssigkeit aufgrund der Kraft des Piezoaktors aufbaut. Dadurch entsteht bei Betätigung des Piezoaktors eine Kraft zur Bewegung des Ventilkegels.

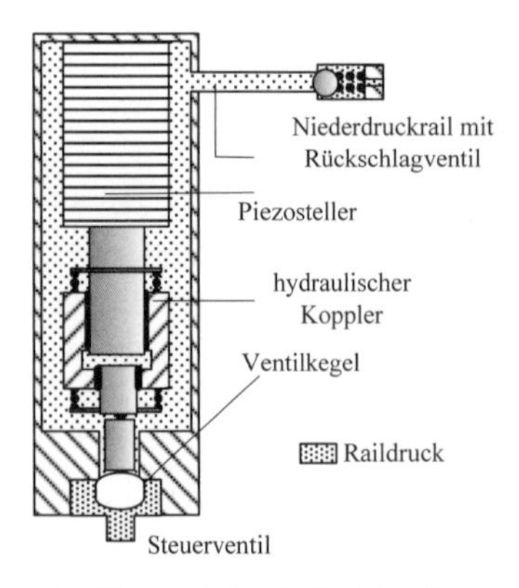

Abb. 79: Hydraulischer Koppler

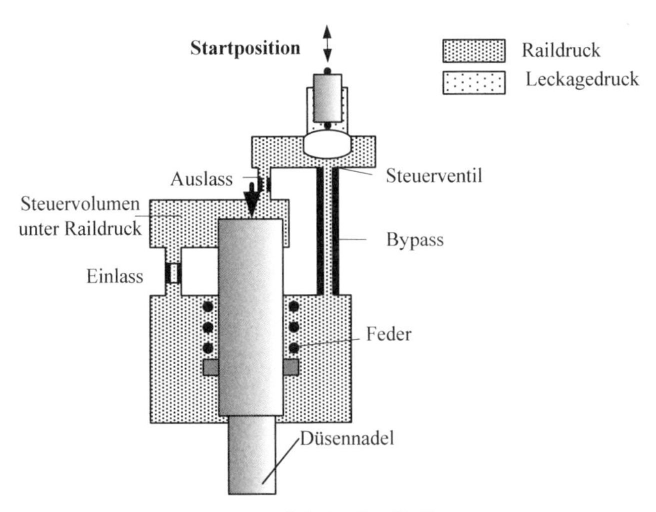

Abb. 80: Düsennadel verschließt Kraftstofföffnungen

Im unbetätigten Fall liegt an der Düsennadel (Abb. 80 oberer Pfeil) der hohe Raildruck an und die Düsennadel verschließt die Öffnungen des Kraftstoffaustritts. Im betätigten Fall, also zum Zeitpunkt des Einspritzbeginns, verschließt der Kolben die Bypass-Öffnung am Steuerventil. Am Einlass und am Auslass des Steuerkammervolumens entsteht ein Druckverlust des austretenden Kraftstoffstroms, der in den Niederdruckkreis abfließt. Dadurch kann über die Feder die Düsennadel angehoben werden.

Um das Einspritzventil wieder zu schließen, wird die Spannung abgeschaltet. Das Steuerventil öffnet. Die Steuerkammer wird wieder mit Kraftstoff gefüllt und der Raildruck baut sich auf. Gegen die Feder wird die Düsennadel nach unten bewegt. Der Einspritzvorgang ist beendet. (Abb. 82)

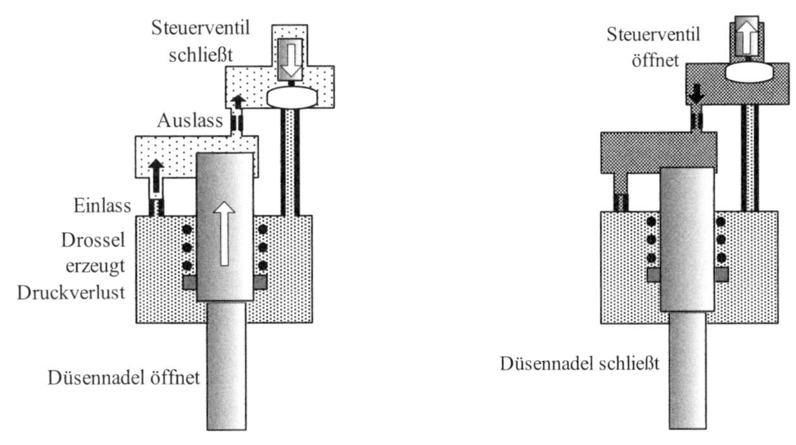

Abb. 81: Piezoaktor verschließt Steuerventil

Abb. 82: Ventilkegel gibt den Bypass wieder frei

Dieser Ablauf wird in sehr kurzen Zeitabständen wiederholt und eine genaue Dosierung der Kraftstoffmenge erzielt.

Zusammenfassung
Zu den unkonventionellen Aktoren gehören die Piezoaktoren. Man unterscheidet den Longitudinal- und den Transversaleffekt bei der Auslenkung der Piezoaktoren. Es gibt Stapelaktoren und die Multilayeraktoren. Während Stapelaktoren aus einzelnen Piezokeramikscheiben bestehen und Hochvoltaktoren darstellen, sind die Multilayer-Aktoren aus Stücken einer dünnen Keramikfolie zusammengesetzt. Die maximalen Auslenkungen werden bei Multilayeraktoren bereits bei ca. 160 V erreicht. Mithilfe des Piezomoduls können die Auslenkungen der Aktoren berechnet werden. Die maximalen Kräfte eines Piezoaktors hängen von der Spannung und den Steifigkeiten der Last und des Aktormaterials ab. Neben den Stapelaktoren und den Multilayeraktoren gibt es Rohr- oder Tubusaktoren, die sich ausdehnen und einschnüren können, sowie Biegewandler. Biegewandler bestehen aus einem Piezostreifen, der mit einem Metall fest verbunden ist. Der Tubus-Aktor wird im Inchworm-Motor genutzt. Die Stellwege von Piezoaktoren sind recht gering. Daher werden Wegvergrößerungssysteme eingesetzt, wenn zwar die Kräfte der Piezoaktoren hoch genug, die Wege aber zu gering sind. Neben den einfachen Hebel-Systemen, bei denen das Hebelverhältnis den Stellweg vergrößert, gibt es hydraulische Wegübersetzungen. Die Nachteile von Wegvergrößerungssystemen sind Einbußen in der Genauigkeit, da Führungen erforderlich werden, deren Reibungskräfte überwunden werden müssen. Ein wichtiges Beispiel für den Einsatz eines Piezoaktors ist das Einspritzventil für Dieselkraftstoff bei Pkws. In Verbindung mit dem hydraulischen Koppler wird u. a. eine Wegübersetzung erreicht. Der Piezostapelaktor schließt und öffnet ein Steuerventil und bewirkt ein Öffnen und Schließen der Düsennadel.

Kontrollfragen

28. Was versteht man unter der Blockierkraft?
29. Aus welchen Werkstoffen können Piezoaktoren bestehen?
30. Gegeben ist das statische Kennlinien-Feld eines Piezoaktors gemäß Abb. 72. Welche maximale Auslenkung erreicht der Aktor, wenn keine äußere Kraft angreift, bei u = 330 V? Welche Blockierkraft besitzt der Aktor? Welche Auslenkung erreicht er, wenn die Last eine Steifigkeit von $c_P = 200 \frac{\mathrm{N}}{\mu\mathrm{m}}$ besitzt?
31. Berechnen Sie die Einschnürung eines Piezotubus mit dem Außenradius 20 mm, der 50 mm lang ist und eine Wandstärke von 1 mm besitzt.
32. Beschreiben Sie die Aufgaben eines Wegvergrößerungssystems.
33. Welche Aufgabe hat der hydraulische Koppler im Piezoinjektor?
34. Welche Vorteile bietet der Piezoinjektor gegenüber dem magnetisch betätigten Einspritzventil?

6.5 Piezoaktoren mit unbegrenzter Auslenkung

Die Piezoaktoren können auch als Piezomotoren in Anwendungen integriert werden, bei denen die Auslenkungen des Stapelaktors zu klein sind. Bei dem Motorbetrieb erfolgt eine kontinuierliche lineare oder rotatorische Bewegung. Meistens werden Weginkremente mittels eines Piezoaktors erzeugt und aufsummiert. Dadurch kann bei einer vorgegebenen Anzahl von Inkrementen ein vorgegebener Weg erreicht werden. Es handelt sich also um einen schrittweisen Betrieb. Bekannt gewordene Piezomotoren sind der Inchworm-Motor und der LEGS-Motor.

6.5.1 Inchworm-Motor

Der Inchworm-Motor wurde bereits 1970 entwickelt und ähnelt in seinem Bewegungsablauf der Bewegung einer Spannerraupe. Das Bewegungsprinzip kann verglichen werden mit dem Fall, bei dem zwei Personen einen langen Stab in axialer Richtung weitergeben. Während der eine den Stab nach vorne bewegt, führt der andere seine Hände nach hinten und greift dann zu, wenn der Erste seinen maximalen Bewegungsweg erreicht hat. Danach führt er den Stab und der Erste greift nach hinten usw.

Die beiden Hände der Personen werden jeweils durch einen Piezorohraktor gebildet, die bei Spannungsansteuerung den Radius gemäß Formel 6.10 verringern und dadurch einen innen liegenden runden Stab klemmen können. Die beiden Piezotubusse sind im folgenden Bild als Aktoren mit radialer Auslenkung bezeichnet und werden durch ein weiteres Piezorohr (Aktor mit axialer Auslenkung in Abb. 83) getrennt. Dieser Aktor liegt in der Mitte zu den seitlich eng anliegenden beiden anderen Aktoren. Dieses mittlere Piezorohr liegt nicht an dem inneren Stab an, d. h. sein Radius ist größer als der Stab! Der mittlere Aktor wirkt bei Aktivierung axial und wird nur angesteuert, wenn einer der beiden äußeren Aktoren den innen liegenden Stab geklemmt hat. Der im folgenden Bild dargestellte Bewegungsablauf beginnt bei (1) mit dem Klemmen des linken Aktors. Danach wird der mittlere Aktor aktiviert (2). Er bewegt den klemmenden Aktor und dadurch entsteht ein kleiner axialer Vorschub des geklemmten Stabes. Nun schließt der zweite bisher nicht angesteuerte äußere Aktor und hält den Stab in dieser Lage (3). Der erste Aktor öffnet und gibt den Stab frei (4). Danach wird die Spannung vom mittleren Aktor genommen und der mittlere Aktor kann ebenfalls wieder

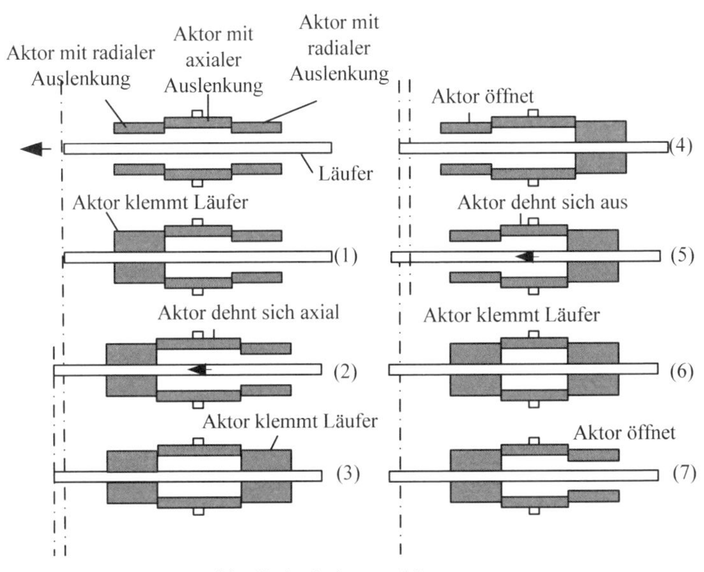

Abb. 83: Bewegungsablauf beim Inchworm-Motor

kontrahieren. In (5) macht der Läufer erneut einen kleinen Vorschub. Nun schließt wieder der linke Aktor radial (6), wonach der rechte Aktor öffnen kann (7). Jetzt wiederholt sich der Ablauf.

6.5.2 LEGS-Motor

Die Idee des LEGS-Motors besteht darin, dass das Prinzip des Biege-Aktors für seitliche und axiale Bewegungen genutzt wird. Der Biegeaktor besteht aus zwei Piezoaktoren, die nach dem Multilayer-Konzept aus gepressten Folien mit zwei Elektroden zu einem sog. Bein (englisch leg) zusammengefügt wurden. Jeder Aktor besitzt 2 Elektroden, sodass die Aktoren gleichzeitig oder getrennt angesteuert werden können. Je nach Ansteuerung biegt sich der Aktor nach links oder nach rechts. Wenn allerdings beide Aktoren angesteuert werden und diese die gleiche Auslenkung erzielen, verlängert sich das Bein, ohne das es sich verbiegt. Dementsprechend besitzt das Bein vier Bewegungsrichtungen, die von der elektrischen Ansteuerung der Aktoren abhängen. Es kann sich nach oben (und wenn die beiden Spannungen weggenommen werden auch wieder nach unten) bewegen und nach links oder rechts.

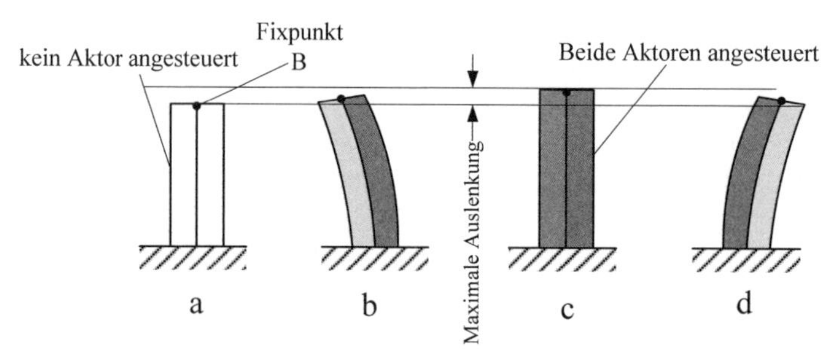

Abb. 84: Räumliche Beinauslenkungen bei unterschiedlichen Aktorspannungen

Die beiden Aktoren eines Beins werden mit um 90° versetzten, sinusähnlichen Spannungen angesteuert. Wie das folgende Bild zeigt, ergibt sich daraus, bezogen auf die Spitze des Beins, die Bewegungsform einer Ellipse. Wir erkennen in Abb. 85 links die zeitabhängigen Spannungssignale für die beiden Aktoren eines Beins und in der rechten Darstellung ist die mit den Spannungswerten korrespondierende Stellung des oberen Beinpunktes B (siehe Abb. 84) skizziert.

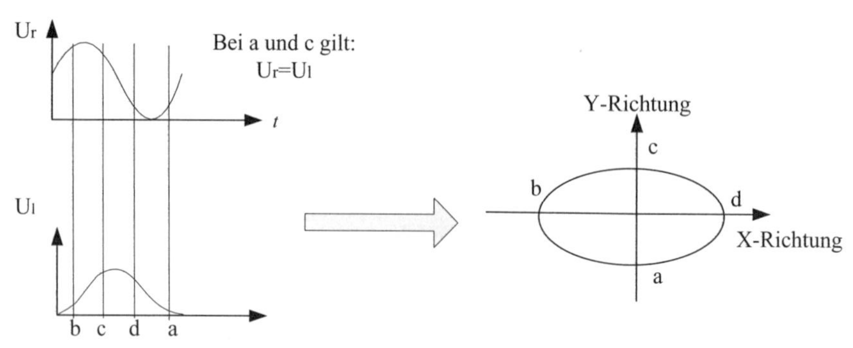

Abb. 85: Ansteuerung der bimorphen Piezobeine

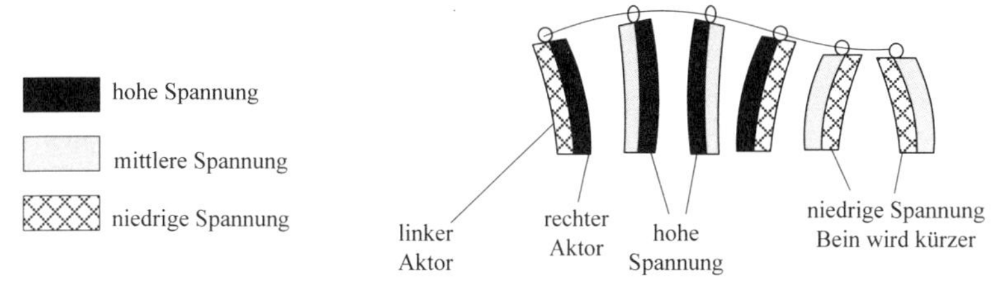

Abb. 86: Bewegungsablauf zum Transport eines Läufers beim LEGS-Motor

In Abb. 86 ist der Bewegungsablauf skizziert, der zum Transport eines Läufers genutzt wird. Die Farben verdeutlichen die Höhe der Auslenkung, die ja durch die Spannung, die an den Aktor gelegt werden kann, beeinflusst werden kann. Die stärkste Auslenkung nach links wird erreicht, wenn der linke Aktor des Beins gering und der rechte Aktor mit einer starken Spannung beaufschlagt wird. Steigert man nun sinusförmig die Spannung des linken Aktors und dazu um einen elektrischen Winkel von 90° versetzt den rechten Aktor, entsteht eine Art Wellenbewegung des Beins. Wie lässt sich damit der Läufer transportieren? Dazu schauen wir uns Abb. 87 an.

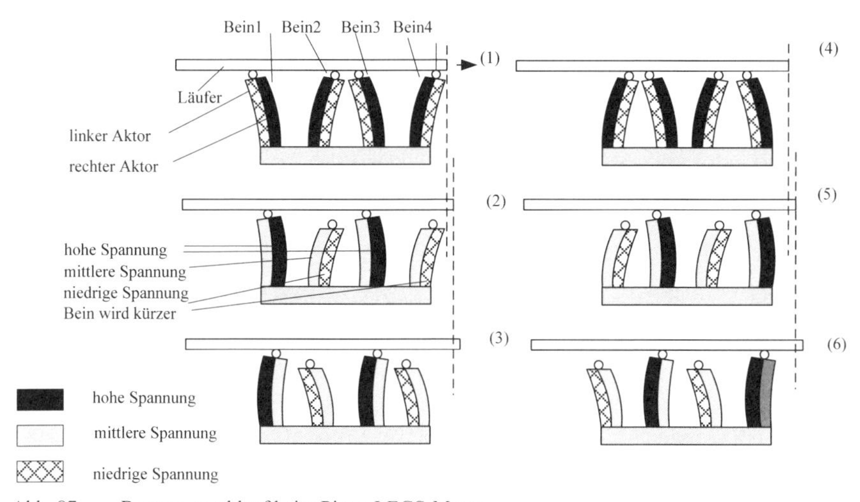

Abb. 87: Bewegungsablauf beim Piezo-LEGS-Motor

In der unter (1) dargestellten Skizze wird der Läufer durch alle 4 Beine getragen. Bei 2 tragen nur die Beine 1 und 3 und bewegen sich nach rechts. Bei (3) haben die Beine 1 und 3 den maximalen Vorschub erreicht. Jetzt (4) übergeben sie an die Beine 2 und 4. Diese bewegen sich nach rechts (5) während die Beine 1 und 3 zurückweichen. Bei (6) haben nun die Beine 2 und 4 die maximale Auslenkung erreicht und übergeben wieder an 1 und 3 (1). Das Spiel wiederholt sich und der Läufer bewegt sich dabei inkrementell nach rechts.

Der Piezo-LEGS-Motor benötigt im Halt keine Energie. Es handelt sich um einen getriebelosen Direktantrieb mit einer sehr hohen Positioniergenauigkeit und einer hohen Leistungsdichte. In Deutschland bieten verschiedene Firmen wie z. B. die Dr. Fritz Faulhaber GmbH & Co. KG den Motortyp an. (Dr. Fritz Faulhaber GmbH&Co. Kg, 2012) Im Angebot sind LEGS-Motoren mit einer Geschwindigkeit von 0,2–15 mm/s, einer Anhaltekraft von 450–20 N und der Schrittauflösung von 1 nm.

6.5.3 Piezo-Aktor-Drive (PAD™)

Der im nächsten Bild skizzierte Aktor besitzt einen Stator, der aus zwei um 90° versetzt angeordneten Stapelaktoren besteht. Die Aktoren werden mit Spannungen gleicher Frequenz und Amplitude angesteuert. Allerdings besitzen die Spannungen einen 90° Phasenversatz. Projiziert man die Überlagerung der beiden Spannungen zu jedem Zeitpunkt auf ein x, y-Koordinatensystem, wie in Abb. 88 dargestellt, erhält man einen Kreis. Wir stellen uns vor, die Spannungen bedeuten Auslenkungen der Aktoren in x- und y-Richtung. Eine entsprechende Anordnung der Aktoren ist in Abb. 89 dargestellt. Der am Ende der Aktoren befestigte Antriebsring dreht seinen Mittelpunkt auf einem Kreis. Der im Inneren befindliche Rotor gerät dadurch in Bewegung und dreht sich. Dieses Prinzip wird durch Verzahnungen am Stator und am Rotor noch unterstützt. Der Motor wird nach dem Erfinder Andreas Kappel, der das Prinzip 1999 erfand, als Kappel-Motor benannt (Kappel, 2006). Das Untersetzungsverhältnis ergibt sich aus der Zähnezahldifferenz zwischen Antriebsring und Motorwelle zu der Gesamtzähnezahl der Motorwelle und kann von 1:10 bis 1: mehrere Hundert betragen.

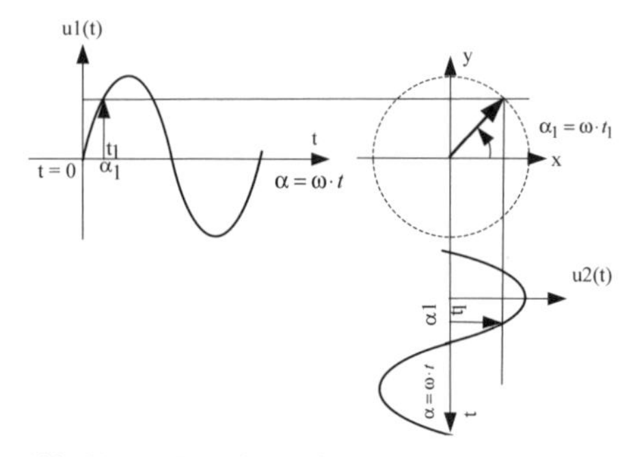

Abb. 88: Entstehung einer Kreisbahn durch zwei sinusförmige Spannungen

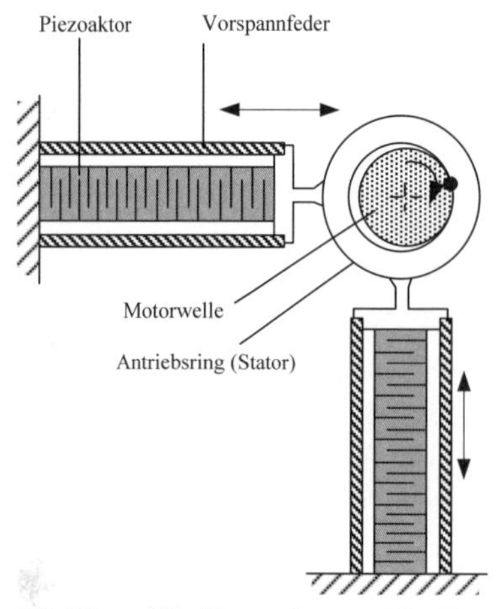

Abb. 89: Die Aktoren bewegen den Rotor

Bei dem dargestellten Aktor dreht der innenliegende Rotor, während der Stator durch die Piezoaktoren bewegt wird. Der in Abb. 89 zu erkennende schwarze Punkt ist der sogenannte

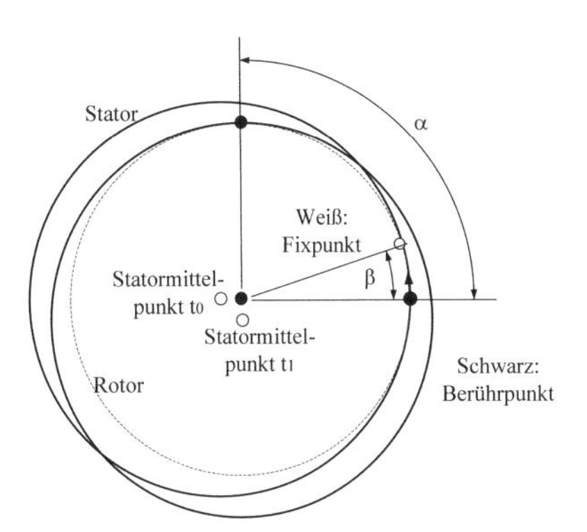

Abb. 90: Kontakt zwischen Rotor und Stator beim Kappel-Motor

Berührpunkt. Ein Fixpunkt des Rotors dreht sich mit wesentlich geringerer Drehzahl als die Drehzahl des Berührpunkts.

Die Abb. 90 zeigt, wie der gestrichelt gezeichnete Rotor im Kontakt mit einem abrollenden Punkt des Stators bleibt. Dieser Punkt ist der Berührpunkt. Der weiße Fixpunkt stellt die tatsächliche Winkeländerung β des Rotors bezogen auf die α= 90° umfassende Drehung des Statormittelpunktes dar. Das Untersetzungsverhältnis ü zwischen der Drehung des Statormittelpunktes und dem Rotor beträgt:

$$\ddot{u} = \frac{R-r}{R} = \frac{\beta}{\alpha} \qquad 6.13$$

In Formel 6.13 stellt R den Radius des Stators und r den Rotorradius dar.

Zusammenfassung

Wir haben die Piezoaktoren mit unbegrenzter Auslenkung behandelt. Wir stellten den Inchworm-Motor vor, der die Spannerraupe imitiert. Dieser Aktor besitzt drei Piezotubusse. Über zwei Tubusse wird die Klemmung eines Läufers realisiert. Der mittlere Tubus kann sich in axialer Richtung ausdehnen und führt den Vorschub durch. Ein weiterer Motor-Typ ist der LEGS-Motor, der aus vier bimorphen Piezo-Biegewandlern besteht, die einem Bein ähneln. Die Ansteuerung der Biegewandler ermöglicht eine Bewegung nach oben und unten sowie nach links und rechts. Durch eine synchronisierte Ansteuerung von jeweils 2 Biegewandlern erfolgt der Vorschub des Läufers bzw. die Rückbewegung der Beine. Wir haben auch den Kappel-Motor oder PAD (Piezo-Actuator-Drive), wie er bei der Firma Siemens genannt wird, kennengelernt. Er nutzt zwei Stapelaktoren, die mit sinusförmigen, um 90° phasenverschobenen Spannungssignalen angesteuert werden. Dadurch entsteht eine kreisende Bewegung des Stators. Im Inneren dieses kreisenden Rohres bewegt sich der Läufer und dreht sich.

Kontrollfragen

35. Wie kann die Bewegungsrichtung eines LEGS-Motors verändert werden?
36. Aus welchem Aktortyp besteht ein Inchworm-Motor?
37. Der Radius R eines PAD-Aktors betrage 5 mm. Das Untersetzungsverhältnis soll 1:100 betragen. Welcher Radius r ist zu wählen?

7 Elektromotorische Aktoren

Elektromotorische Aktoren nutzen die Kräfte auf stromdurchflossene Leiter im magnetischen Feld aus. Da die Elektrodynamik die Phänomene in Stromkreisen bei Gleich- oder Wechselstrom beschreibt, spricht man auch von elektrodynamischen Aktoren.

Elektromotorische Aktoren
Stellvorgänge, die durch Kräfte auf stromführende Leiter entstehen, die sich im Magnetfeld befinden, werden durch elektromotorische Aktoren bewirkt.

Abb. 91 zeigt eine Prinzip-Skizze zur Erläuterung der Entstehung von Kräften auf stromdurchflossene Leiter, die sich in einem Magnetfeld befinden. Im Feld eines Hufeisenmagneten befindet sich ein stromdurchflossener Leiter. Um den stromdurchflossenen Leiter entsteht gemäß der *Rechtsschraubenregel* ein kreisförmiges Magnetfeld.

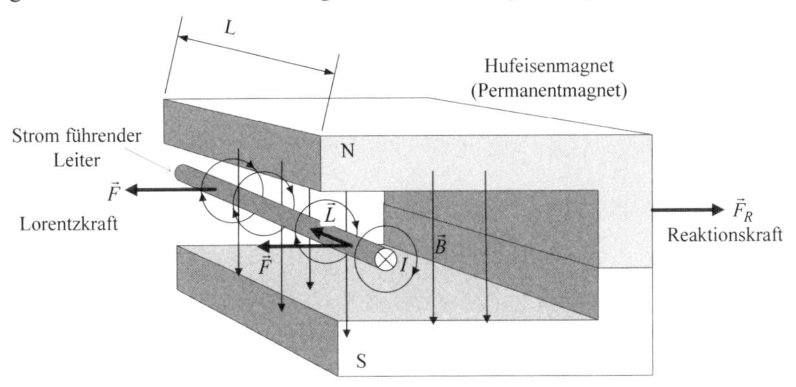

Abb. 91: Entstehung der magnetischen Kraft und der Reaktionskraft

Während im inneren Bereich des Hufeisenmagneten die Richtung der magnetischen Feldlinien des Hufeisenmagneten und die Feldlinien des Leiters gleichgerichtet verlaufen, sind sie im linken Bereich vom Leiter entgegengesetzt orientiert. Diesen Sachverhalt zeigt das nächste Bild im Querschnitt. Der Magnet und der Leiter wurden geschnitten, und die Stromrichtung wird durch das Kreuz gekennzeichnet. Das bedeutet, der Strom fließt in die Betrachtungsebene hinein. Stimmt die Orientierung der magnetischen Feldlinien, die vom Leiter stammen, mit der Richtung der Feldlinien des Hufeisenmagneten überein, entsteht eine Feldverstärkung. Links von Leiter stimmen die Orientierungen der Feldlinien des Magneten und des Leiters nicht überein und das Feld des Magneten wird geschwächt.

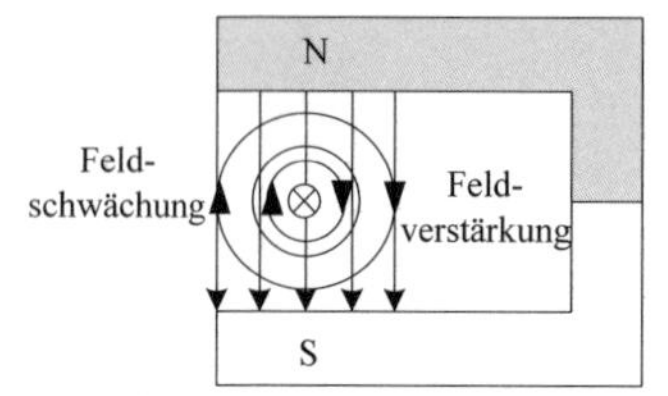

1. Stromleiter im Magnetfeld des Dauermagneten (Überlagerung von Polfeld und Leiterfeld)

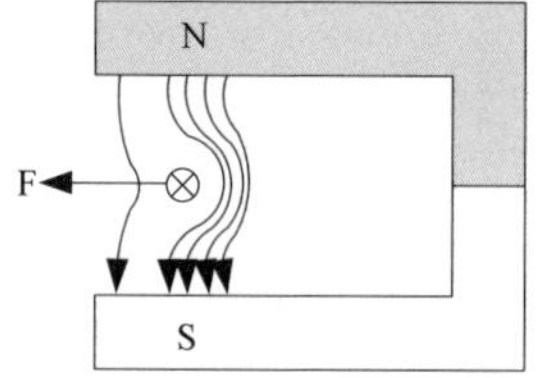

2. Verlauf des resultierenden Gesamtfeldes und Ablenkung

Abb. 92: Feldverstärkung und Feldschwächung, links: magnetische Feldlinien sind gleich- bzw. entgegengerichtet, rechts: eine Kraftwirkung entsteht

Als Resultat wirkt eine Kraft $\vec{F}$, die den Leiter aus den Hufeisenmagneten drücken will.

Der Kraftvektor $\vec{F}$ steht senkrecht auf der Ebene, die die magnetische Flussdichte $\vec{B}$ und ein Vektor $\vec{L}$ aufspannen. Der Vektor $\vec{L}$ zeigt in die Richtung des Stroms und besitzt den Betrag der Länge des Leiters im Magnetfeld. Die Kraft wird durch das vektorielle Produkt berechnet:

$$\vec{F} = I \cdot \left(\vec{L} \times \vec{B}\right) \tag{7.1}$$

$$F = I \cdot L \cdot B \tag{7.2}$$

Natürlich entsteht eine gleichgroße, aber entgegengesetzt gerichtete Kraft am Magneten, die in Abb. 91 mit $\vec{F}_R$ bezeichnet ist. Dadurch wird der Gleichgewichtszustand erreicht. Die Abb. 93 links zeigt einen Leiter im magnetischen Feld durch den der Strom I fließt. Der elektrische Widerstand des Leiters sei R. Es entsteht die Kraft $\vec{F}$, die den Leiter mit der Geschwindigkeit $\vec{v}$ bewegt.

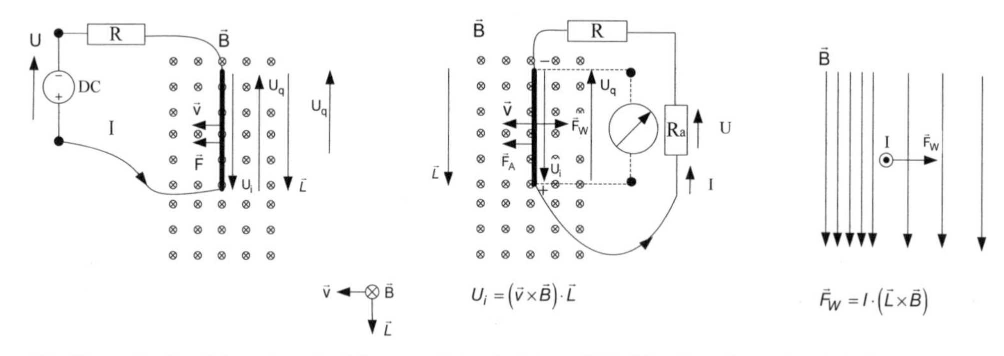

Abb. 93: Kraft auf einen stromdurchflossenen Leiter im Magnetfeld, links: Entstehung einer induzierten Spannung U_i im Motorbetrieb, mitte: Entstehung einer Widerstandskraft F_W aufgrund der Bewegung des Stabes im Magnetfeld im Generatorbetrieb, rechts: Überlagerung des Feldes des Leiters mit dem B-Feld

Die Bewegung eines durch die Kraft $\vec{F}_A$ angetriebenen, geraden Leiters im Magnetfeld, der nicht an einer Spannungsquelle angeschlossen ist, ist im mittleren Bild in Abb. 93 skizziert. Auf die bewegten Ladungsträger wirkt die Lorentzkraft, die die positiven Ladungsträger nach unten transportiert. Es entsteht die induzierte Spannung U_i. Mit einem Spannungsmesser ist eine elektrische Quellenspannung U_q feststellbar. Für die induzierte Spannung gilt: $U_i = -U_q$. Der in Abb. 93 in der Mitte dargestellte Widerstand R_a repräsentiert einen elektrischen Verbraucher. Der Stromfluss I führt nach nach der Lenzschen Regel zu einer Kraft, die seiner Ursache entgegengerichtet ist. Das bedeutet, dass eine Widerstandskraft $\vec{F}_W$ entsteht, die von der Antriebskraft überwunden werden muss.

Wir übertragen die Überlegung, dass aufgrund der Bewegung des Stabes eine Spannung erzeugt wird, auf auf den Motorbetrieb (linkes Bild). In diesem Fall entsteht ein elektrisches Feld $\vec{E}_i$, das den bewegten Ladungsträgern entgegen wirkt. Wir können die damit verbundene Spannung als Spannungsabfall U_q deuten.

$$U = I \cdot R + U_q$$

Gegenspannung
Im Motorbetrieb entsteht bei einer elektrischen Maschine eine Gegenspannung U_q.

Bezogen auf die physikalische Leistung ergibt sich ohne Berücksichtigung von mechanischen Verlusten die Gleichung:

$$P_{el} = U \cdot I = I^2 \cdot R + U_q \cdot I = I^2 \cdot R + F \cdot v \qquad 7.3$$

Die Gleichung 7.3 beschreibt die Aufspaltung der zugeführten elektrischen Leistung in die elektrische Stromwärme-Verlustleistung und die mechanische „abgegebene" Leistung.

Im zweiten Fall wird mechanische Leistung zugeführt und eine elektrische Leistung ist die Folge. Dieses Prinzip wird bei dem Generatorbetrieb elektrischer Maschinen ausgenutzt. Der Antriebskraft des Generators wirkt eine Widerstandskraft entgegen. Es gilt die folgende Beziehung für die Spannungsbilanz:

$$U_q = I \cdot R + U$$

7.1 Tauchspulenaktor

Eine direkte Anwendung des Prinzips der Krafterzeugung auf stromdurchflossene Leiter in einem magnetischen Feld können wir bei dem, in der nächsten Abb. 94 gezeigten *Tauchspulenaktor* wiederfinden. Die reale Ausführung in verschiedenen Baugrößen zeigt die Abb. 96.

Die Tauchspule befindet sich im ringförmigen Luftspalt eines Topfmagneten. Dieser Topf enthält Permanentmagnete, die ein starkes Magnetfeld erzeugen. Der Einbau der Magnete in den Aktor kann auf unterschiedliche Arten erfolgen. Eine Variante ist in der Abb. 95 dargestellt. Der Permanentmagnet befindet sich im inneren Bereich des Topfes und verursacht einen magnetischen Fluss, der über den Luftspalt auf den äußeren, ringförmigen Bereich des Topfes übergeht.

Tauchspulenaktor
Bei einem Tauchspulenaktor entstehen axiale Kräfte auf bewegliche Spulen in einem Magnetfeld.

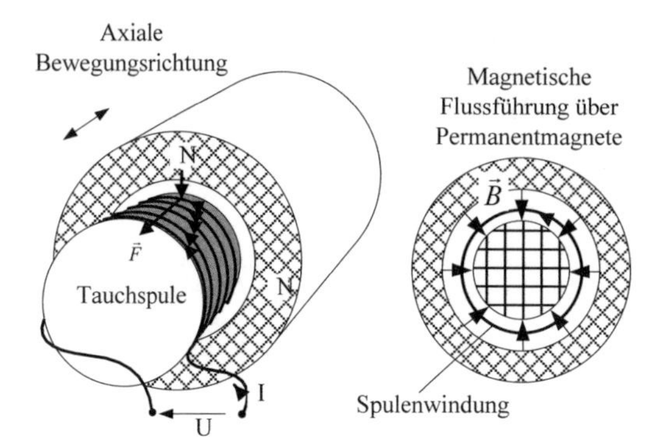

Abb. 94: Tauchspulenaktor

Die Ströme in der Tauchspule führen zu Kraftwirkungen, die je nach Stromrichtung aus dem Topf heraus oder in den Topf hinein gerichtet sind. Aufgrund des wirkenden Kraftgesetzes ist die Kraft proportional zum Strom durch die Tauchspule, zur Länge der Leiter im Magnetfeld und zur magnetischen Flussdichte im Luftspalt.

Der Längsschnitt durch einen Tauchspulenaktor ist in Abb. 95 zu erkennen. Die Kraftwirkung entsteht in dem gepunkteten Bereich, durch den das magnetische Feld verläuft, und kann über die folgende Formel betragsmäßig bestimmt werden:

$$F = I \cdot L \cdot B_L \tag{7.4}$$

Die Flussdichte im Luftspalt ist B_L. Der Länge L entspricht ungefähr die Gesamtzahl der im magnetischen Feld befindlichen Windungen der Spule, multipliziert mit dem Umfang einer Windung.

> Die magnetische Flussdichte im Luftspalt ist jedoch nicht bekannt und muss berechnet werden.

Der magnetische Kreis enthält zwei Durchflutungsquellen. Der Permanentmagnet ruft eine Durchflutung hervor. Aber auch die stromdurchflossene Spule wirkt als Durchflutung. Den durch die Spule hervorgerufenen magnetischen Fluss können wir mit den bereits gelernten Methoden ermitteln. Wir wenden das Durchflutungsgesetz an.

Wir betrachten die in Abb. 95 dargestellte, geschlossene Feldlinie im Schnittbild. Die Windungen, die sich innerhalb der geschlossenen Feldlinie befinden, bestimmen die Größe der Durchflutung. Die Anzahl verringert sich jedoch, wenn sich der Aktor nach oben bewegt. Daraus folgt, dass auch die magnetische Kraftwirkung vom Aktorweg d abhängig ist. Die elektrische Durchflutung hängt also vom Weg d ab und beträgt:

$$\theta_{Spule} = N(d) \cdot I = N_W \cdot I \tag{7.5}$$

Die wirksame Anzahl der Windungen nennen wir N_W. Die Feldlinien überwinden den Luftspalt horizontal über den gesamten, kreisförmigen Umfang. Die Fläche durch die die Feldlinien radial verlaufen, messen wir in der Mitte des Luftspaltes.

$$A_L = U_L \cdot a$$
$$U_L = \pi \cdot (d_M + L_L) \qquad 7.6$$

Der magnetische Kreis des Tauchspulenaktors enthält zusätzlich einen Permanentmagneten, der ja den äußeren Fluss aufbauen soll, damit es zu einer Kraftwirkung kommen kann.

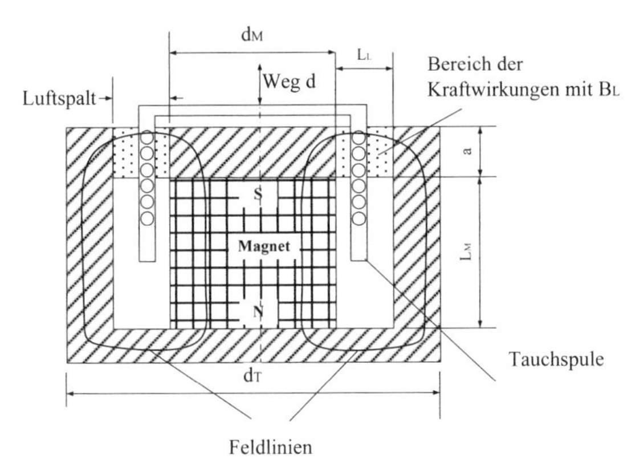

Abb. 95: Tauchspulenaktor, Schnittzeichnung und mögliche Anordnung eines Magneten

Abb. 96: Tauchspulenaktoren mit verschiedenen Hüben der Firma Maccon GmbH, München

Wie kann die magnetische Flussdichte im Luftspalt berechnet werden?

Dazu betrachten wir den magnetischen Kreis in Abb. 95 für den Fall, dass *kein Strom* durch die Spule fließt. Die Durchflutung stammt dann ausschließlich vom Dauermagneten. Für Dauermagneten liegen Entmagnetisierungskennlinien im zweiten Quadranten des B-H-Graphen vor. Für einen Hartferritmagneten und einen Magneten aus seltenen Erden mit einer Legierung aus Neodym-Eisen-Bor wurden die Verläufe der Kennlinien im B-H-Diagramm in Abb. 97 eingetragen.

Dauermagnete arbeiten normalerweise nicht im Remanenzpunkt bei $H = 0$, wie man annehmen könnte, da ja kein Strom fließt. Der Verlauf der Feldlinien, z. B. durch einen Luftspalt bewirkt Verluste, die als Teil-Entmagnetisierung zu interpretieren sind. Es ergibt sich ein Arbeitspunkt des Magneten im 2. Quadranten der B-H-Ebene. Die Entmagnetisierungskurve eines Permanentmagneten lässt sich näherungsweise durch eine abfallende Gerade beschreiben.

Arbeitspunkt eines Dauermagneten
Dauermagnete besitzen einen Arbeitspunkt im 2. Quadranten, der durch den Schnittpunkt der Entmagnetisierungs-Kennlinie mit der Scherungsgeraden gegeben ist.

Der Arbeitspunkt des Dauermagneten im zweiten Quadranten kann mithilfe der *Scherungsgeraden*, deren beispielhafter Verlauf in Abb. 97 dargestellt ist, ermittelt werden.

Zur Berechnung der Lage der Scherungsgeraden gehen wir vom Durchflutungsgesetz aus. Allerdings ist die Durchflutung null, da ja kein Strom fließt. Die Längen der Abschnitte der mittleren Feldlinie im Eisen und im Luftspalt seien L_E und L_L. Der Dauermagnet hat die Länge L_M und erzeugt die Feldstärke H_M. Daraus folgt aus dem Durchflutungsgesetz:

$$H_M \cdot L_M + H_E \cdot L_E + L_L \cdot H_L = 0$$

Der magnetische Spannungsabfall im Eisen $V_E = H_E \cdot L_E$ kann vernachlässigt werden, da er vergleichsweise gering ist. Damit folgt:

$$H_M \cdot L_M + L_L \cdot H_L = 0$$

$$H_M = -\frac{L_L}{L_M} \cdot H_L \tag{7.7}$$

Wir erhalten einen Zusammenhang zwischen den Feldstärken im Luftspalt und im Dauermagneten.

Der Magnetfluss durch den Magneten ist ungefähr gleich dem Fluss durch den Luftspalt. Die unvermeidlichen Streuverluste drücken wir durch einen Faktor k_V aus. Die Fläche, die die Feldlinien senkrecht im Luftspalt durchdringen sei A_L, die Fläche im Magneten sei A_M. Damit können wir die folgende Formel für die magnetische Flussdichte im Luftspalt aufstellen.

$$B_L \cdot A_L = k_V \cdot B_M \cdot A_M$$
$$0 < k_V \le 1$$

$$B_L = \frac{k_V \cdot B_M \cdot A_M}{A_L} \tag{7.8}$$

Der Zusammenhang zwischen der Flussdichte und der Feldstärke in Luft wird über die Permeabilität von Luft hergestellt. Damit können wir die magnetische Feldstärke im Luftspalt bestimmen:

$$B_L = \mu_0 \cdot H_L$$

$$H_L = \frac{B_L}{\mu_0} = \frac{k_V \cdot B_M \cdot A_M}{\mu_0 \cdot A_L} \tag{7.9}$$

Den Ausdruck 7.9 können wir in Gleichung 7.7 einsetzen und erhalten:

$$H_M = -\frac{L_L}{L_M} \cdot \frac{k_V \cdot B_M \cdot A_M}{\mu_0 \cdot A_L} \quad \text{bzw.}$$

$$B_M = -\mu_0 \cdot \frac{A_L}{A_M} \cdot \frac{L_M}{L_L \cdot k_V} \cdot H_M \qquad 7.10$$

Die letzte Gleichung stellt eine abfallende Gerade im B-H-Diagramm dar. Die Steigung der Geraden kann wie folgt berechnet werden:

$$\tan(\alpha) = \frac{B_M}{H_M} = -\frac{L_M \cdot \mu_0 \cdot A_L}{L_L \cdot k_V \cdot A_M} \qquad 7.11$$

Die Länge L_M des Magneten relativ zur Luftspaltlänge bestimmt bei gleichen Flächen die Lage des Arbeitspunktes. Der Schnittpunkt dieser Geraden mit der Magnetisierungskennlinie $B = f(H)$ des verwendeten Magnetwerkstoffs, stellt den Arbeitspunkt des Dauermagneten dar. Wenn die Annahme fallen gelassen wird, dass kein Strom durch die Tauchspule fließt, ändert sich die Gleichung 7.7 infolge der zusätzlichen Durchflutung:

$$H_M \cdot L_M + L_L \cdot H_L = I \cdot N_W$$

Wir führen die Feldstärke H_A ein:

$$H_A = \frac{\theta(d)}{L_M} = \frac{N_W \cdot I}{L_M}$$

N_W – wirksame Anzahl der Windungen

und erhalten mit Gleichung 7.9 mit der zusätzlichen Durchflutung H_A:

$$H_M \cdot L_M + L_L \cdot \frac{k_V \cdot B_M \cdot A_M}{\mu_0 \cdot A_L} = I \cdot N_W$$

$$B_M = \frac{\mu_0 \cdot A_L}{k_V \cdot L_L \cdot A_M} \cdot (I \cdot N_W - H_M \cdot L_M)$$

$$B_M = \frac{\mu_0 \cdot A_L \cdot L_M}{k_V \cdot L_L \cdot A_M} \cdot \left(\frac{I \cdot N_W}{L_M} - H_M\right)$$

$$B_M = -\mu_0 \cdot \frac{A_L}{A_M} \cdot \frac{L_M}{L_L \cdot k_V} \cdot (H_M - H_A)$$

Die Magnetisierung aufgrund des Permanentmagneten wird aufgrund des Spulenstroms I verstärkt oder je nach Stromrichtung geschwächt. Die „neue“ Scherungsgerade erhalten wir, indem wir den Wert der magnetischen Feldstärke H_A an der Abszisse abtragen und die „alte“ Scherungsgerade parallel verschieben, sodass sie auf der Abszisse durch den markierten Punkt H_A verläuft. Damit ist die magnetische Flussdichte im Magneten B_M bekannt. Wir setzen diesen Wert in die Formel 7.8 ein und erhalten die gesuchte Flussdichte im Luftspalt:

$$B_L = \frac{k_V \cdot B_M \cdot A_M}{A_L} \qquad 7.12$$

Mit der Formel 7.4 können wir nun die Kraft berechnen.

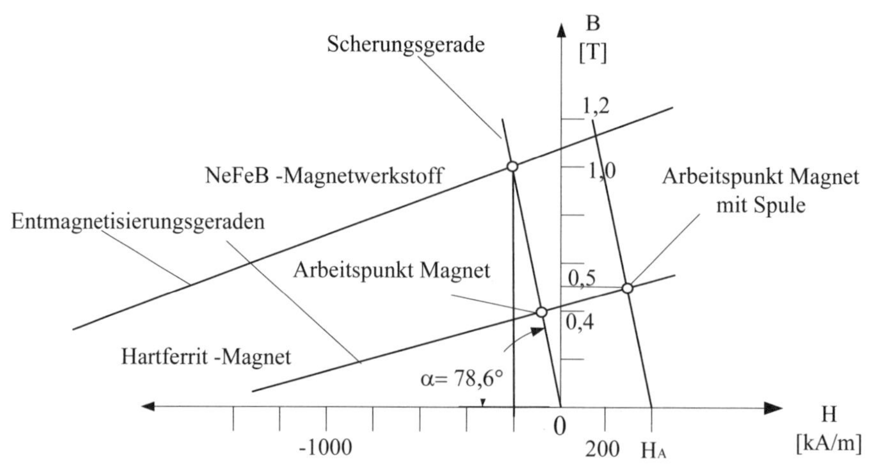

Abb. 97: Entmagnetisierungskennlinien für Dauermagneten und Scherungsgeraden

Wir wollen die Planung eines Tauchspulenaktors an einem Beispiel üben.

Beispielaufgabe:
Ein Tauchspulenaktor, wie in Abb. 95, besitzt einen Topfdurchmesser von $d_T = 50$ mm. Die Feldlinien verlaufen über a = 19 mm in Hubrichtung gemessen radial in den Topfbereich. 400 Windungen verlaufen durch den Luftspalt und führen einen Strom von 10 A. Der Verlustfaktor beträgt, $k_V = 0{,}95$. Die Länge des Magneten beträgt $L_M = 10$ mm. Der Durchmesser des Magneten beträgt $d_M = 45$ mm. Die Tauchspule liegt in der Mitte des Luftspalts. Die Luftspaltlänge beträgt: $L_L = 5$ mm. ($\mu_0 = 1{,}256 \cdot 10^{-6} \frac{\text{Vs}}{\text{Am}}$) Gegeben ist die Entmagnetisierungskennlinie des Magnetmaterials (Hartferrit in Abb. 97). Berechnen Sie die Kraft auf den Aktor.

Lösung:
Wir berechnen zuerst den Winkel der Schergeraden. Die Feldlinien verlaufen radial vom inneren Bereich zum äußeren Topf durch den Luftspalt. Für die von den Feldlinien durchlaufene Fläche berechnen wir den Umfang in der Mitte des Luftspalts und multiplizieren diesen mit dem Maß a.

$$U_L = \pi \cdot (d_M + L_L) = \pi \cdot (0{,}045\text{m} + 0{,}005\text{m}) = \pi \cdot 0{,}05\text{m}$$

$$A_L = 0{,}019\text{m} \cdot \pi \cdot 0{,}05\text{m} \approx 0{,}003\ \text{m}^2$$

Die für die Feldlinien maßgebliche Querschnittsfläche A_M berechnet sich gemäß:

$$A_M = \frac{\pi \cdot d^2{}_M}{4} = \frac{\pi \cdot 0{,}045^2\,\text{m}^2}{4} = 0{,}0016\ \text{m}^2$$

Mithilfe der Formel 7.9 ermitteln wir den Winkel α:

$$\tan(\alpha) = \frac{B_M}{H_M} = -\frac{0{,}010\ \text{m} \cdot 1{,}256 \cdot 10^{-6}\ \frac{\text{Vs}}{\text{Am}} \cdot 0{,}003\ \text{m}^2}{0{,}005\ \text{m} \cdot 0{,}95 \cdot 0{,}0016\ \text{m}^2} = -0{,}000005\ \frac{\text{Vs}}{\text{Am}} = -5\ \frac{\text{mVs}}{\text{kAm}}$$

$$\tan(\alpha) = -5\frac{\text{mT}}{\text{kA/m}} = -5\frac{200\ \text{mT}}{200\ \text{kA/m}} = -\frac{1\ \text{T}}{200\ \text{kA/m}}$$

$$\rightarrow \alpha \approx 78{,}6°$$

Mit den Längen der Feldlinien im Magneten und im Luftspalt bekommen wir einen Winkel von 78,6°. Wir beachten, dass dieser Winkel sich auf die Skalierung der Ordinate in der Einheit Vs/m^2 und der Abszisse in der Einheit kA/m bezieht! Die Schergerade wird in Abb. 97 eingezeichnet und der Schnittpunkt von Hartferrit mit der Entmagnetisierungskennlinie ermittelt. Wir lesen die Flussdichte im Magneten $B_M = 0{,}4$ T ab. Dieser Wert der Flussdichte setzt voraus, dass kein Strom fließt.
Wir rechnen die Feldstärke H_A aus und erhalten:

$$H_A = \frac{\theta(d)}{L_M} = \frac{N_W \cdot I}{L_M} = \frac{400 \cdot 10\ \text{A}}{0{,}01\ \text{m}} = 400000\ \frac{\text{A}}{\text{m}} = 400\ \frac{\text{kA}}{\text{m}}$$

N_W – wirksame Anzahl der Windungen

Die Scherungsgerade bei stromführender Spule verläuft durch diesen Wert auf der H-Achse. Daher wird die Scherungsgerade parallel nach rechts verschoben. Die magnetische Flussdichte erhöht sich durch den Spulenstrom auf $B_M = 0{,}5$ T. Im nächsten Rechenschritt berechnen wir die Flussdichte im Luftspalt nach Formel 7.12.:

$$B_L = \frac{k_V \cdot B_M \cdot A_M}{A_L} = 0{,}95 \cdot 0{,}5\ \text{T} \cdot \frac{0{,}0016}{0{,}003} = 0{,}253\ \text{T}$$

Die Kraft F wirkt auf jeden der 400 Leiter mit der Umfangslänge einer Windung. Bei einem vorgegebenen Strom von 10 A in 400 Leitern, mit einer Länge von 0,0475 m beträgt die Kraft:

$$F = B_L \cdot I \cdot L = 0{,}253\ \text{T} \cdot 400 \cdot 10\ \text{A} \cdot \pi \cdot 0{,}0475\ \text{m} = 151\ \text{N}$$

Anwendungen des Tauchspulenaktors

Der Tauchspulenaktor wird z. B. bei Lautsprechern und in Computer-Festplatten verwendet. Im Lautsprecher schwingt die Spule im Takt eines Stroms. Mit der Spule ist eine Membran verbunden, deren Hin-und Herbewegungen hörbare, akustische Signale erzeugen.

Den prinzipiellen Aufbau des Lesekopfmotors für eine Computer-Festplatte stellen die folgenden beiden Bilder dar. Abb. 98 zeigt, wie die linear bewegliche Spule angeordnet wird, damit die magnetische Flussdichte im Luftspalt fast über die gesamte Verfahrlänge konstant bleibt. Allerdings wird dafür immer nur ein Teil der Durchflutung des Permanentmagneten genutzt.

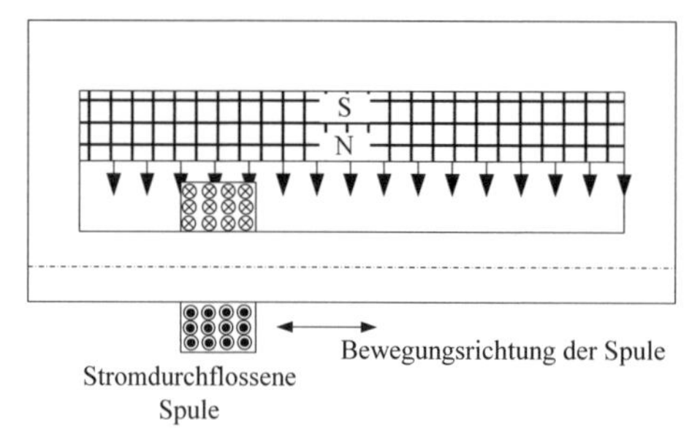

Abb. 98: Tauchspulenmotor als Linearmotor

Die Positionierung des Lesekopfes in der in Abb. 99 rechts gezeigten Festplatte oberhalb der Festplatte erfolgt über die bewegliche Tauchspule, die mit entsprechenden geregelten Strömen beaufschlagt wird. Die Regelung der Position erfordert ein Positions-Messsystem. Auf dem Datenträger, der vom Lesekopf gelesen werden soll, sind sogenannte Servo-Codes codiert. Die Informationen dienen der Messung der Position. Die Regelung ermittelt in Abhängigkeit der Regelabweichung zwischen der Soll- und Istposition einen Stellwert für den Strom, mit dem die Regelabweichung minimiert werden soll.

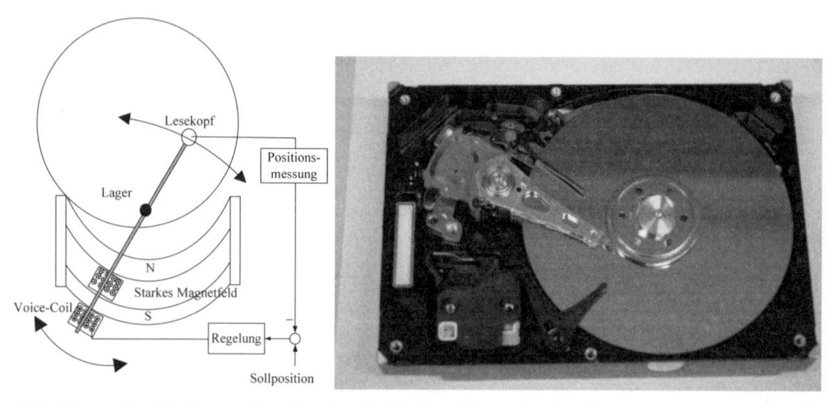

Abb. 99: Positionierung eines Lesekopfes für Festplatten-Laufwerke, links: Prinzip der Regelung, rechts: geöffnete Festplatte (Quelle: eigenes Foto)

Tauchspulenaktoren sind besser in der Position und Kraft regelbar als Hubmagnete. Während bei Hubmagneten bei Annäherung des Ankers an das Joch die Kraft exponentiell ansteigt, bleibt sie beim Tauchspulenantrieb fast konstant. Damit ist eine leichtere und genauere Steuerbarkeit des Aktor gegeben.

7.2 Linearmotor mit elektronischer Kommutierung

Bei dem Tauchspulenaktor handelt es sich um einen Linearmotor mit geringem Hub. Die industriellen Linearmotoren können in sehr unterschiedlicher Art aufgebaut sein. Sie besitzen, wie die rotierenden Motoren, ein stationäres und ein bewegliches Element. Man nennt das stationäre Element das *Sekundärelement* und das bewegliche Element, das *Primärelement*. Das folgende Beispiel stellt einen Linearmotor vor, der 2 Magnetschienen in einer

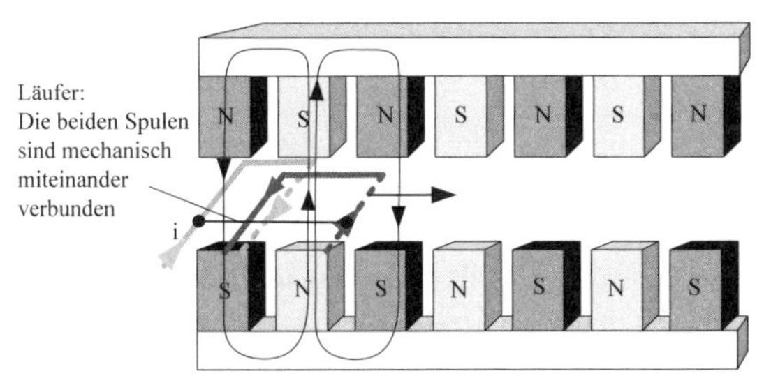

Abb. 100: Linearbewegung eines Läufers mit 2 Leiterschleifen und mit kommutierender Stromführung

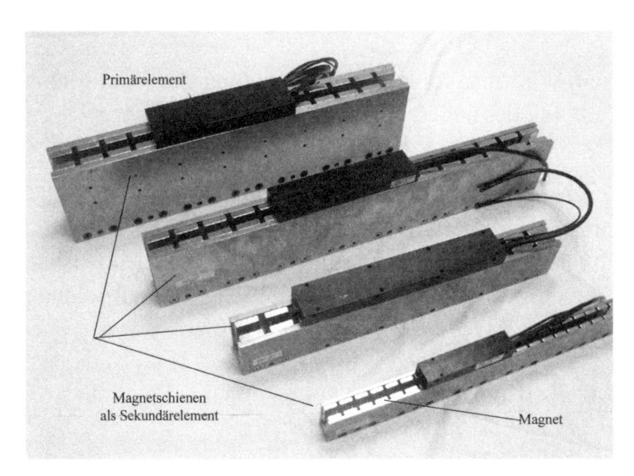

Abb. 101: Linearmotoren verschiedener Längen, bestehend aus dem Kurzstator und der Magnetschiene, Firma Maccon GmbH, München

Kamm-ähnlichen Bauweise als Sekundärelement enthält. Das Prinzip geht aus Abb. 100 hervor. Ein Ausführungsbeispiel zeigt Abb. 101. Der Linearmotor erzeugt über die Magnetschienen ein, entlang der Bewegungsrichtung wechselndes, magnetisches Feld. Zwischen den Magnetschienen bewegen sich stromführende Spulen. Diese Bauweise wird Kurzstator-Bauweise genannt. Die Spulen im beweglichen Teil können mit Eisenkern oder ohne Eisenkern ausgeführt werden. Verwendet man einen Eisenkern, ergeben sich hohe Kräfte, aber der Kurzstator wird auch im Stillstand von den Magneten angezogen. Damit können in einer Anwendung Nachteile verbunden sein.

Kurzstator
Der aktive, den Strom führende Teil eines Linearmotors wird als Stator bezeichnet. Ein Kurzstator Linearmotor führt die Wicklungen im kürzeren beweglichen Läufer, dem Primärelement, mit. Der längere Teil führt den Magnetfluss oder besteht aus einer Magnetschiene.

Der Linearmotor in Abb. 100 benutzt zwei Spulen mit mehreren Windungen, die um eine Polteilung τ_P versetzt angeordnet sind. Sie sind mechanisch miteinander verbunden und führen den Gleichstrom in umgekehrter Richtung, d. h. mit einer Phasenverschiebung um

180°. Da sich die beiden Spulen im Magnetfeld nach rechts oder links bewegen können, erfolgt die Stromzufuhr über Schleppkabel oder Schleifkontakte und Stromschienen, die im Bild nicht dargestellt sind.

In Abb. 100 wird eine eine bestimmte Stromrichtungen in den Spulen angenommen. In dem Bild befinden sich die Strom führenden Hinleiter im Bereich des oberen Nordpols, während die Rückleiter im Bereich des Südpols liegen. Die Kraftrichtung auf die Leiter ist deswegen gleich. Bewegt sich die Anordnung in den Bereich des jeweils nächsten magnetischen Pols, wird die Stromrichtung über eine Stromwenderschaltung/Kommutierungsschaltung umgepolt. Der Strom kommutiert während der Bewegung je nach der Lage der Leiter im Magnetfeld.

Stromwendung oder **Kommutierung**
Als Stromwendung oder Kommutierung wird der Vorgang der Umpolung der Stromrichtung in Leitern in Abhängigkeit der Richtung des äußeren Magnetfeldes bezeichnet.

Die Richtung der Kraft bleibt gleich, wenn sich die Stromrichtung und die Richtung des Magnetfeldes ändern. Zur Verdeutlichung dieses wichtigen Sachverhaltes dient die Abb. 102. Während im linken Bild der Strom aus dem Leiter austritt, tritt er im rechten Bild in die Bildebene ein. Ohne Änderung der Richtung des Magnetfeldes würde sich die Kraftrichtung ändern.

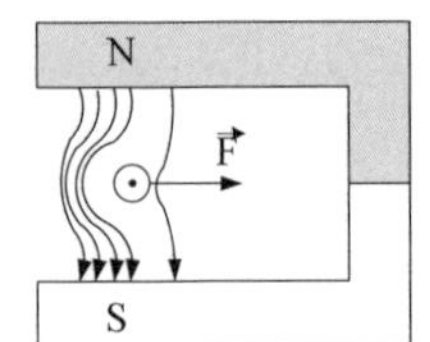

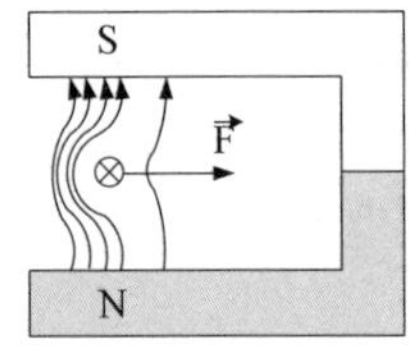

Abb. 102: Die gleiche Kraftrichtung entsteht bei gleichzeitiger Änderung der Magnetfeld- und der Stromrichtung

Die Kommutierung muss automatisch in Abhängigkeit der Lage des Läufers geschehen. Daher wird ein Messsystem für die Wegmessung des Läufers mitgeführt. Die Messung der Lage des Läufers kann inkremental oder absolut erfolgen. Man verwendet z. B. optische Encoder oder Magnetfeld-Sensoren, z. B. *Hall-Sensoren.* Diese werden mitbewegt und detektieren das wechselnde Magnetfeld. Sie stellen fest, wenn der bewegte Läufer den Bereich eines Magnetpols verlässt, und melden diese Information der Elektronik mit Kommutierungslogik. Dieser veranlasst die Strom-Kommutierung für die Leiter.

Die Hall-Sensoren erzeugen bei der Bewegung der Leiterschleifen elektrisch auswertbare Spannungssignale. Je nachdem in welcher Richtung und in welcher Stärke sich der magnetische Fluss ändert, werden auch die induzierten Spannungen unterschiedlich sein.

Hall-Effekt
Befindet sich ein stromführender Leiter in einem Magnetfeld konstanter Stärke, entsteht senkrecht zur Stromflussrichtung und zum Magnetfeld eine elektrische Spannung, die als Hall-Spannung nach dem US-amerikanischen Physiker Edwin Herbert Hall (1855–1938) benannt wird.

Die Hall-Sensoren werden wie in Abb. 103 gezeigt nebeneinander und um eine Viertel-Teilung einer Periode der wechselnden Magnetfelder versetzt angeordnet.

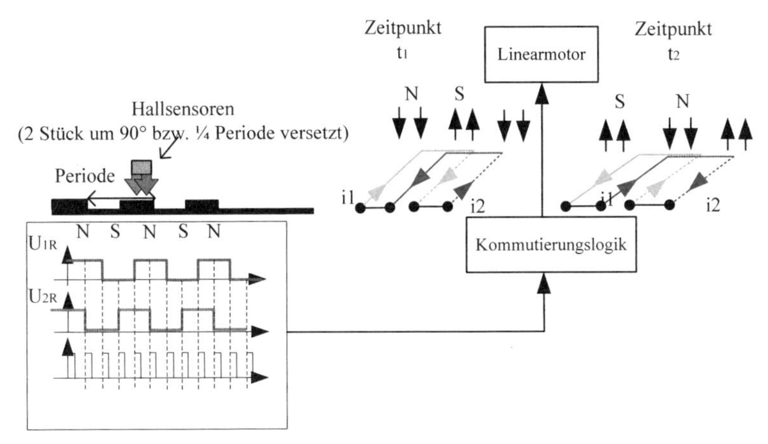

Abb. 103: Hall-Sensoren zur Lagedetektion des Läufers eines Linearaktors. Elektronische Kommutierung

Die Auswertung der Gebersignale erfolgt durch Vorwärts- oder Rückwärtszählen der Impulse. Es werden alle 4 Flanken der Gebersignale im Rechner ausgewertet. Man nennt diese Art der Auswertung eine Vierfachauswertung, die bei optischen Inkrementalgebern bekannt ist (Probst, 2011). Je nach der detektierten Lage des Läufers wird die Stromrichtung durch elektronische Schalter (siehe nächstes Kapitel) geändert, wenn der Läufer in den Bereich eines „neuen" Magnetpols gelangt. Dadurch erreicht man einen nahezu konstanten Momentenverlauf.

Elektronische Kommutierung
Die Änderung der Stromrichtung in einer Spule in Abhängigkeit der Lage der Spule in einem wechselnden magnetischen Feld über eine elektronische Schaltung wird elektronische Kommutierung genannt.

Zusammenfassung

Der Tauchspulenaktor erzeugt aufgrund einer stromdurchflossenen Spule im Magnetfeld Kraftwirkungen. Die Kraftwirkung kann für lineare und rotatorische Aktoren genutzt werden. Das Prinzip wird z. B. bei der Positionierung von Leseköpfen von Computerfestplatten genutzt. Die Positionierung von Tauchspulenaktoren ist einfacher zu realisieren als bei Hubmagneten, da die Kraftwirkung während der Bewegung nahezu konstant bleibt. In Verbindung mit einer mehrphasigen Wicklung im Primärelement kann das Prinzip bei Linear Aktoren genutzt werden. Dabei wechseln sich im Sekundärelement ständig die Nord- und Südpole ab. Der Läufer besitzt z. B. zwei Spulen, deren Strom in umgekehrter Richtung fließt. Sie befinden sich im Einfluss des Nord- bzw. Südpols. Verlässt der Läufer das Einflussgebiet dieser Pole, wird der Strom in den Spulen umgepolt und die Kraftwirkung verläuft weiterhin in der eingeschlagenen Richtung. Wir nennen diesen Vorgang die Kommutierung des Stroms. Um die Position des Läufers zu ermitteln, verwendet man Sensoren. In einfacher Bauart können Hallsensoren verwendet werden, die Magnetfelder detektieren können.

Kontrollfragen

38. Warum ist es günstiger, eine längere Linearbewegung über das elektrodynamische Kraftgesetz durchzuführen, als über die Anziehungskraft eines Magneten?
39. Ein Tauchspulenaktor mit einem Permanentmagneten aus Neodym-Eisen-Bor (NeFeB) besitzt einen Topfdurchmesser von 50 mm. Die Feldlinien verlaufen über a = 20 mm in Hubrichtung gemessen radial in den Topfbereich. Im Magnetbereich liegen 50 Windungen mit einem Strom von 2 A. Der Verlustfaktor beträgt $k_V = 0{,}95$. Die Berechnung der Fläche A_L soll über den mittleren Umfang und dem Maß a erfolgen. Die Länge des Magneten beträgt $L_M = 10$ mm. Der Durchmesser des Magneten beträgt $d_M = 60$ mm. Die Luftspaltlänge beträgt $L_L = 10$ mm. Die Tauchspule liegt in der Mitte des Luftspalts. Die magnetische Wirkung der Tauchspule wird vernachlässigt. Gegeben ist in Abb. 97 die Entmagnetisierungskennlinie des Magnetmaterials. Berechnen Sie die Kraft auf den Aktor.
40. Ein Tauchspulenaktor besteht im Wesentlichen aus einer Spule und einem Permanentmagneten. Welche der Aussagen a-d sind richtig?
    a) Die Kraftwirkung hängt nur vom Strom der Tauchspule ab, da der magnetische Fluss konstant ist.
    b) Der magnetische Fluss im Tauchspulenaktor wird durch Durchflutungen der Tauchspule und des Permanentmagneten aufgebaut.
    c) Die magnetische Induktion im Luftspalt beeinflusst die Kraft des Tauchspulenaktors.
    d) Die Höhe des Tauchspulenstroms ist für die Kraftbildung unbedeutend.

8 Elektronische Energiesteller

Ein Aktor besteht aus dem Energiesteller und dem Energiewandler. Der Energiesteller ermöglicht die an die Aufgabenstellung angepasste Energieabgabe. Wir wollen überlegen, wie mithilfe einer elektronischen Schaltung der Strom durch eine Aktorspule gesteuert und z. B. eine Stromumkehr durch eine Spule erreicht werden kann. Der zeitliche Verlauf des Stroms durch die Spule ist durch ein Verzögerungsverhalten charakterisiert. Diesen Effekt müssen wir bei der Steuerung des Stroms beachten.

8.1 Unipolare Ansteuerung

Als Beispiel der Untersuchung soll eine Spule des Linearmotors mit Kurzstator herangezogen werden. Eine Wicklung des Läufers des Linearmotors kann durch ein Ersatzschaltbild, bestehend aus der Reihenschaltung der Induktivität und des Widerstands der Spule eines Motorstrangs, dargestellt werden. Im linken Bild in Abb. 104 wurde ein Transistor als elektronischer Schalter verwendet.

Der *ideale* elektronische Schalter ist bei Vorhandensein eines Steuer- oder Eingangssignals, z. B. einer Spannung U_S, eingeschaltet, er besitzt keinen Widerstand und leitet den Strom dann ohne Verluste. Ohne das Eingangssignal fließt kein Strom über den Schalter, er hat einen unendlich großen Widerstand. Wenn sich das Eingangssignal sprungförmig ändert, baut er den Strom ohne zeitliche Verzögerung sofort auf. In der Praxis sind diese Voraussetzungen nicht erfüllt, doch wir wollen weiterhin von diesem idealen Schalter ausgehen.

Idealer elektronischer Schalter
Der ideale elektronische Schalter wird durch ein Eingangssignal aktiviert und leitet den Strom ohne Verluste. Verschwindet das Eingangssignal, sperrt er den Stromfluss vollständig.

Als elektronische Schalter werden in Abhängigkeit der zu schaltenden Leistung, z. B. Bipolar-Transistoren oder Leistungs-Feldeffekttransistoren, sog. Mosfets (Schröder, Leistungselektronische Bauelemente, 2006) verwendet.

In der rechts in Abb. 104 dargestellten Schaltung erfolgt der Schaltvorgang durch einen Leistungs-Mosfet. Der Mosfet hat drei Anschlüsse, die als Source (S), Drain (D) und Gate (G) bezeichnet werden. Der Mosfet wird durch eine Spannung zwischen Gate und Source, die wir Gate-Spannung nennen, angesteuert und arbeitet als elektronischer Schalter. Schalten wir die Spannung ab, öffnet der Mosfet T den Stromkreis. Da die Spule als Energiespeicher arbeitet, fließt bei abgeschaltetem Mosfet der Strom weiter und erhöht die Spannung. Dadurch können Bauteile beschädigt werden. Der Stromabbau erfolgt bei geöffnetem elektronischem Schalter über den Stromkreis, der durch die Diode D sowie L und R gebildet wird.

Die Spulenenergie wird am Widerstand in Wärme umgewandelt. Ohne Anliegen der Versorgungsspannung baut sich der Strom über diesen Stromkreis ab. Man nennt die Diode auch *Freilaufdiode*.

Freilaufdiode
Zum Schutz von Bauteilen in Stromkreisen mit elektronischen Schaltern und Induktivitäten verwendet man Dioden, die den Strom nach dem Abschalten des Schalters führen und die Spulenenergie über Widerstände in Wärme überführen.

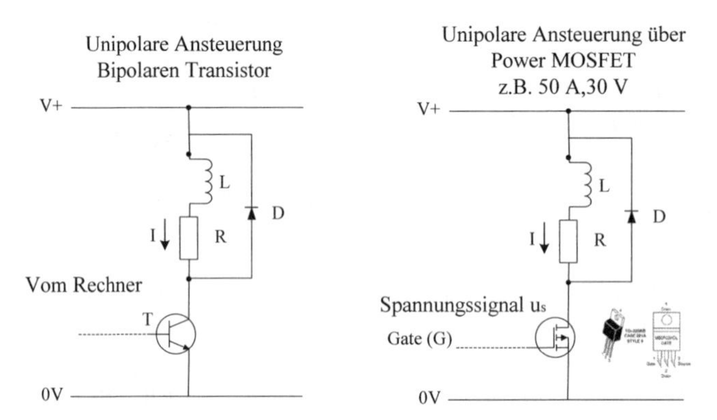

Abb. 104: Unipolare Ansteuerung einer Spule, links: mit Bipolar Transistor, rechts: mit Mosfet

Man bezeichnet die Ansteuermethode der Spulen als *unipolare Ansteuerung*, da der Strom nur in eine Richtung durch die Spule fließen kann.

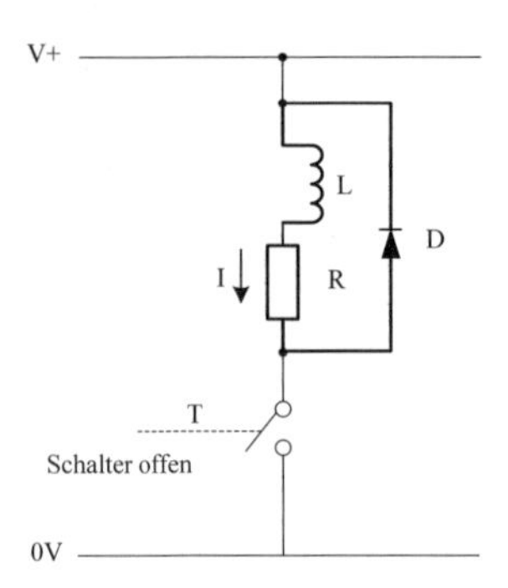

Abb. 105: Stromabbau bei geöffnetem Schalter

Unipolare Ansteuerung
Führt die Ansteuerschaltung einer Spule zu Magnetfeldern mit nur einer Richtung der Flussdichte, handelt es sich um eine unipolare Ansteuerung.

Da die beschriebene Ansteuerung eine unveränderliche Spannung bewirkt, nennt man sie auch Konstantspannungssteuerung.

8.2 Bipolare Ansteuerung

Die unipolare Ansteuerung reicht für viele Hubmagnete, wie sie z. B. in einfachen hydraulischen Wegeventilen eingesetzt werden, aus. Bei der elektronischen Kommutierung muss der Strom in beide Richtungen fließen können. Denn bei der elektronischen Kommutierung im Linearmotor wird gefordert, dass das Magnetfeld der Spule bei der Bewegung geändert wird. Damit der Strom in beide Richtungen einer Spule fließen kann, wird eine H-Brückenschaltung gemäß der Skizze in Abb. 106 benötigt.

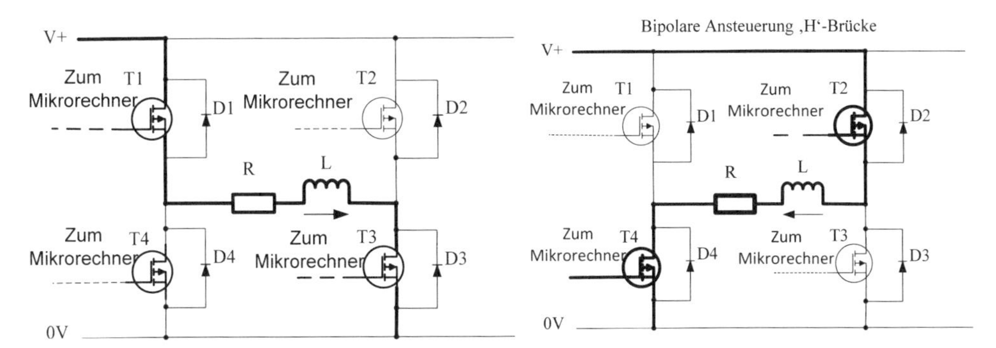

Abb. 106: Bipolare Ansteuerung einer Spule, links: Stromrichtung von links nach rechts, rechts: Stromrichtung von rechts nach links

Die sogenannte H-Brückenschaltung mit 4 elektronisch schaltbaren Ventilen, z. B. Leistungs-Mosfets und vier antiparallel geschalteten Dioden, erlaubt die Änderung der Stromrichtung durch die Spule. Wir erkennen an dem fett gezeichneten Strompfad in Abb. 106 in der linken Schaltung, dass die Mosfets T1 und T3 aktiviert sind und den Strom führen, während die Mosfets T2 und T4 ausgeschaltet bleiben. Es ergibt sich die Stromrichtung im Bild von links nach rechts durch die Spule. In der Schaltung rechts wurden die Mosfets T2 und T4 eingeschaltet und die beiden anderen ausgeschaltet, der Strom fließt im Bild von rechts nach links. Die Ansteuerung der Mosfets erfolgt über einen Mikrorechner. Auch bei dieser Schaltung muss beachtet werden, dass beim Ausschalten des Stroms der Stromfluss über die Freilaufdioden aufrechterhalten werden kann.

Bipolare Ansteuerung
Ermöglicht eine elektronische Schaltung die Umpolung der Magnetfeldrichtungen der Flussdichte in einer Spule, liegt eine bipolare Ansteuerung vor.

Die Abb. 107 stellt den Abschaltvorgang der Spannung für beide Fälle dar. Im linken Bild wird der Mosfet T3 abgeschaltet, der Mosfet T1 bleibt jedoch eingeschaltet und der Strom baut sich in dem dargestellten Stromkreis ab. Entsprechend bleibt im rechten Bild der Mosfet T4 eingeschaltet.

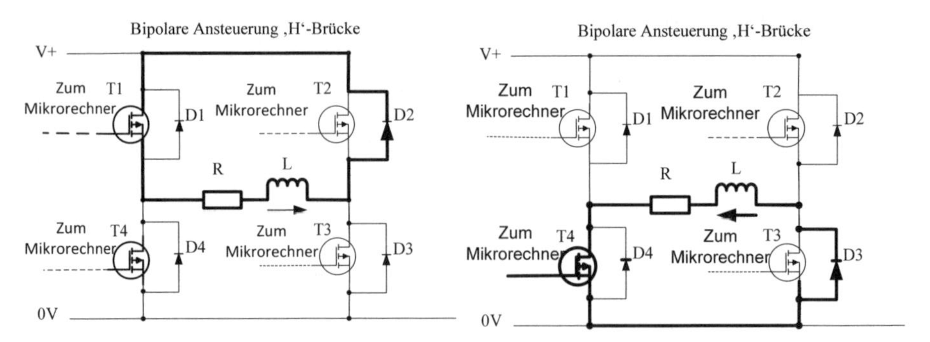

Abb. 107: Bipolare Ansteuerung einer Spule, links: Führung des Stroms über T1 und die Freilaufdiode D2, rechts: Stromführung über T4 und D3

Zusammenfassung

Zur Steuerung der Ströme durch Wicklungsstränge benötigt man eine elektrische Schaltung, die den Strom in eine oder beide Richtungen durch die Spule treibt. Man verwendet zum Einschalten des Stroms Leistungstransistoren oder Power-Mosfets, deren Basis- bzw. Gate-Anschluss mit einem Mikrorechner aktiviert wird. Die leistungsarme Ansteuerung bringt den Mosfet in den leitenden Zustand, in dem er über den Source- und Drain-Anschluss die Spule mit der Versorgungsspannung verbindet. Während die Ausbildung einer Stromrichtung in einem Strang mit nur einem Mosfet durchgeführt werden kann, benötigt man für beide Stromrichtungen eine H-Brückenschaltung mit vier Mosfets. Man nennt die erste Ansteuerung unipolar und die zweite bipolar. Man benötigt zum Aufbau der Schaltung außer den Mosfets Freilaufdioden, die anti-parallel zu schalten sind, um die Stromverzögerung beim Ausschalten der Spulenspannung zu berücksichtigen. Dann fließt der Strom über die Freilaufdiode und durch den Spulenwiderstand wird die gespeicherte Energie in Wärme umgewandelt.

8.3 Pulsweitenmodulation (PWM)

Die Stromstärke in einer Aktorspule sollte durch eine Steuerung veränderlich sein. Falls nur eine Gleichspannungsversorgung mit konstanter Spannung vorliegt, kann der Strom durch die Methode der Pulsweitenmodulation verändert werden. Bei der PWM erfolgen in einem bestimmten Zeittakt, der Periodendauer T ein periodisches Ein-und Ausschalten eines Signalzustands. Dadurch entsteht eine Schaltfunktion u_s. Mit diesem periodischen Signal kann z. B. die Basis eines Schalttransistors oder der Gate-Anschluss eines Mosfets versorgt werden. In der Abb. 110 ist dieses Pulsmuster am Gate-Anschluss des Mosfets skizziert. Der elektronische Schalter verbindet zeitweise die Gleichspannungsquelle mit der Spule und führt der Spule Energie in Portionen zu.

Der Zeittakt T des Signalverlaufs wird zu Anfang vorgegeben. Bei industriellen Anlagen will man das hochfrequente Geräusch, das mit der Taktung verbunden sein kann, vermeiden und wählt hohe Frequenzen $f = 1/T$, z. B. 16–20 kHz. Der Zeittakt besteht aus einem Abschnitt, in dem die Spannung eingeschaltet ist. Diese Zeit wird T_{on} genannt. In der restlichen Zeit des Taktes ist die Spannung ausgeschaltet.

Das Zustandekommen der Schaltfunktion u_s wird anhand der Abb. 108 veranschaulicht. Die Schaltfunktion u_s wird durch einen Vergleich der Modulationfunktion u_m mit dem Trägersignal u_d erzeugt. Der Zeitbereich in dem u_m größer als u_d ist, bestimmt die Einschaltzeit des Ausgangssignals, d.h. es gilt $u_s = 1$, sonst ist $u_s = 0$.

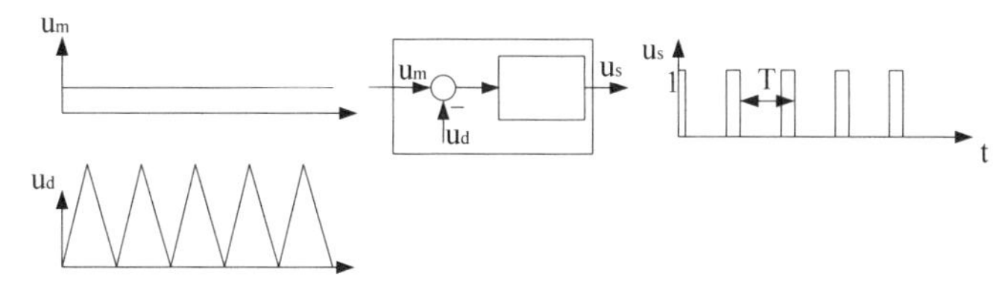

Abb. 108: Die Schaltfunktion u_s wird durch den Vergleich der Modulationsfunktion u_m mit dem Trägersignal u_d erzeugt.

Das Prinzip der Vorgehensweise, mit der die Schaltfunktion u_s erzeugt wird, ist in Abb. 109 veranschaulicht. Die Abbildung stellt die Dreiecksfunktion u_d und das Modulationssignal u_m gestrichelt dar. Je nach dem Wert u_m entstehen innerhalb der Periode T unterschiedlich lange Einschaltzeiten.

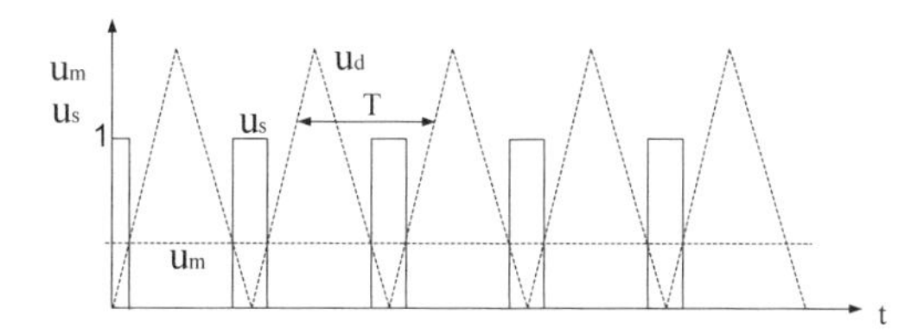

Abb. 109: Prinzip der Differenzbildung

Wir wollen die Wirkungsweise des Ein- und Ausschaltens des Schalttransistors gemäß Abb. 110 bei der unipolaren Ansteuerung mithilfe der Methode der Simulation anhand des Blockschaltbilds in Abb. 111 erläutern.

Dazu wird das Simulationsprogramm WINFACT/Boris (Kahlert, 2009), das wir in Abschnitt 4.6.2 eingeführt haben, genutzt. In Abb. 111 erkennen wir den Block mit der Bezeichnung PWM, der die *Pulsweitenmodulation* repräsentiert. Der Block PWM erzeugt eine Impulsfolge mit der Amplitude 5, so wie sie in Abb. 110 am Gate-Anschluss gezeichnet ist. Der Eingang des Blockes PWM ist ein analoges Signal, das von einem Potenziometerblock stammt und dem Signal u_m in Abb. 109 entspricht. Damit kann ein analoger Wert u_m, zwischen $U_{min} = 0$ und $U_{max} = 1$ verändert werden. Die Periodendauer der Gesamtzeit T, also der Summe der zeitlichen Abschnitte T_{on} und der Ausschaltzeit, wird über ein zu dem Block PWM gehörendes Menü eingestellt.

Pulsweitenmodulation (PWM)
Die Veränderung der Breite der Impulse einer Impulsfolge konstanter Periodendauer T in Abhängigkeit eines Eingangssignales wird als Pulsweitenmodulation bezeichnet.

Der Wert $u_m = 1$ entspricht einem Anteil der T_{on} Phase von 100 %, d.h. das Ausgangssignal ist ständig aktiv. Bei dem Wert u = 0,5 wird zu 50 % der Taktzeit die Spannung eingeschaltet. Die Berechnung der Einschaltzeit kann mit Hilfe der Formel 8.1 erfolgen.

$$T_{on} = \frac{u_m}{U_{max}} \cdot T \qquad 8.1$$

Der Signalfluss bei der PWM geht aus Abb. 111 hervor. Der Block PWM liest den Wert des Potenziometers u_m und berechnet einen impulsförmigen Spannungsverlauf der mit $u_s(t)$ bezeichnet wird. Die Spannung $u_s(t)$ wirkt als Eingangssignal auf einen Verstärker. Der Verstärker berücksichtigt die Energieverstärkung. Im realen Verlauf wird durch die Schaltfunktion der elektronische Schalter angesteuert und eine im Vergleich hohe Energiemenge zugeschaltet.

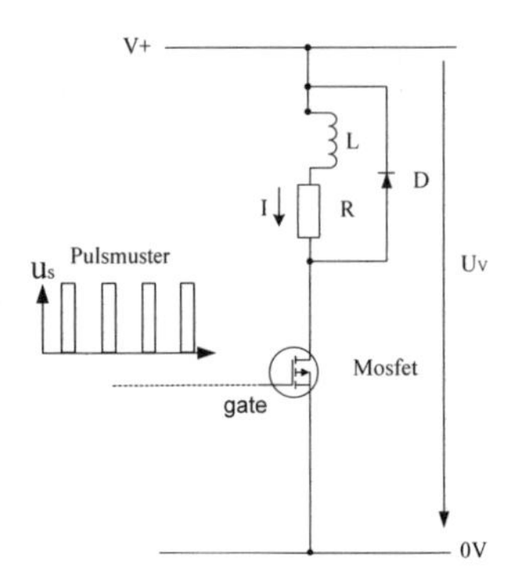

Abb. 110: unipolare Ansteuerung mit Stromregelung mit PWM

Schließlich werden die Zeitverläufe der Signale $u_m(t)$, $u_s(t)$ und u(t) im Block Zeitverlauf aufgezeichnet.

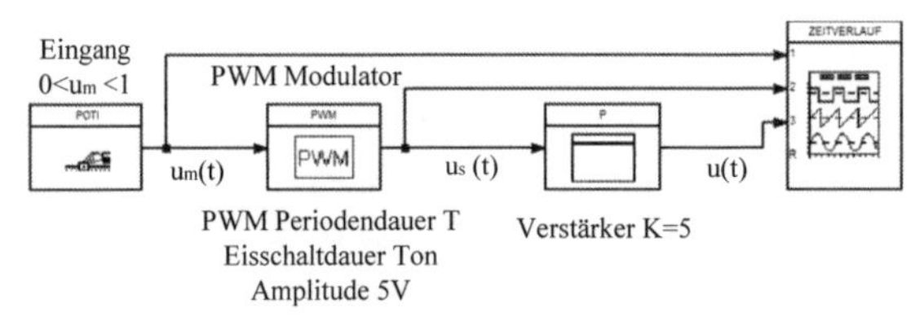

Abb. 111: Blockschaltbild der PWM-Ansteuerung

In dem folgenden, in Abb. 112 dargestellten Beispiel, wurde $u_m = 0,5$ eingestellt, T_{on} liegt dann bei 50 %. Die Taktzeit beträgt T = 0,5 ms. Die Simulationszeit beträgt 1ms, so dass zwei vollständige Perioden von $u_s(t)$ aufgezeichnet werden.

Die Zeitdauer des aktivierten Signals beträgt demnach $T_{on} = 0,25$ ms. Das erzeugte Pulsmuster wird durch die Rechtecke gebildet. Die Spannungshöhe u_s beträgt 5 V. Durch den Verstärker wird diese Spannung auf u = 25 V angehoben.

Im nächsten Schritt prüfen wir mit der Simulationstechnik den Stromverlauf in der Spule, wenn das gepulste Signal u(t) auf die Spule aufgeschaltet wird. Wir betrachten ein Beispiel: Die Induktivität beträgt L = 0,005 mH und der Spulenwiderstand sei $R = 2,5\,\Omega$. Mit diesen

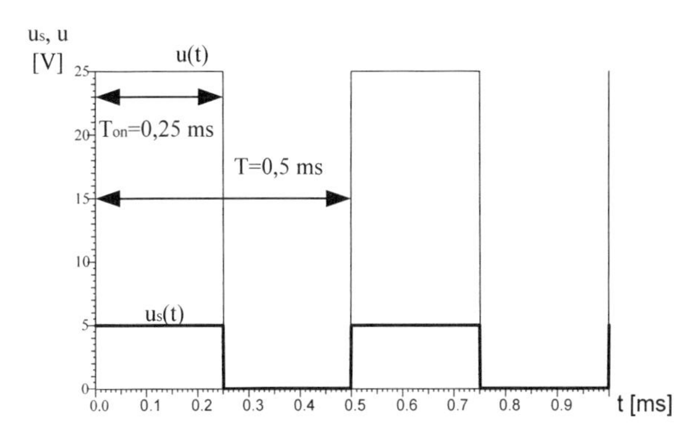

Abb. 112: PWM-Modulation mit T = 0,5 ms, Ton = 50 %, Simulation mit WINFACT

Werten simulieren wir den Stromaufbau in der Spule mit einem PT1-Block, dem wir einen Proportionalbeiwert K = 0,4 A/V und die Zeitkonstante T = 2 ms zuordnen. Der Verlauf von $u_s(t)$ entspricht dem Verlauf in Abb. 112. Die Simulationszeit wurde auf 10 ms verlängert. Deutlich zu erkennen ist der ansteigende und wieder abfallende Stromverlauf während einer Puls-Periode.

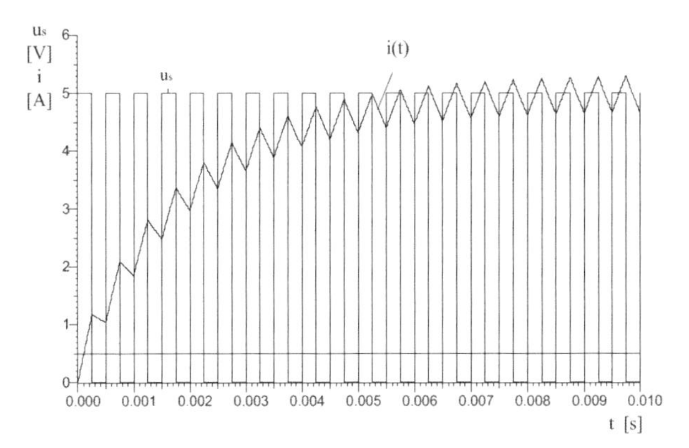

Abb. 113: Simulation der PWM bei einem Schaltkreis mit Induktivität und Widerstand gestrichelt bei Ton = 50 %, Simulation mit WINFACT

Es stellt sich ein stationärer Stromwert von $I_s = 5$ A ein. Den stationären Endwert des Stroms berechnet man nach der einfachen Formel:

$$I(t \to \infty) = \frac{U_m}{R}$$

Die mittlere Spannung U_m wird durch die PWM erzeugt und beträgt:

$$U_m = \frac{U_V}{2} = \frac{25\text{V}}{2} = 12{,}5\ \text{V}$$

Daraus folgt der Stromwert:

$$I(t \to \infty) = \frac{12{,}5\text{V}}{2{,}5\Omega} = 5\text{ A}$$

Mit Hilfe der Schaltfunktion können auch komplizierte Stromverläufe in Spulen erzeugt werden. Es können z.B. sinusförmige Stromverläufe mit geeigneten Schaltfunktionen $u_s(t)$ entstehen. Das nächste Bild zeigt im oberen Bereich ein Pulsmuster, das als Eingangsignal einer Magnetspule, die durch einen Widerstand und eine Induktivität modelliert wird, dient. Wir sehen den Stromverlauf, der näherungsweise sinusförmig verläuft, im unteren Bild in Abb. 114.

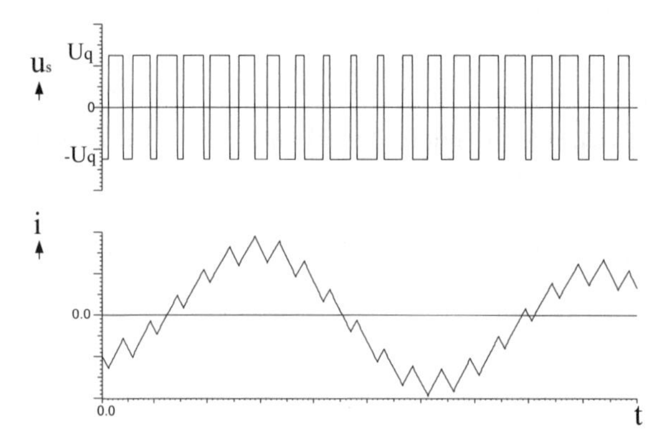

Abb. 114: Stromverlauf bei Sinus-Dreieck-Verfahren, Simulation mit WINFACT

Das Sinus-Dreieck-Verfahren erzeugt dieses Pulsmuster. Ein dreieckförmiges Signal u_d wird mit einem sinusförmigen Modulationssignal u_m verglichen. Immer wenn in der positiven Halbwelle der Sinusschwingung u_d kleiner als u_m ist, wird der positive Pol der Spannungsquelle mit der Spule verbunden, sonst der negative. In der negativen Halbwelle verfährt man entsprechend. (Michel, 2008)

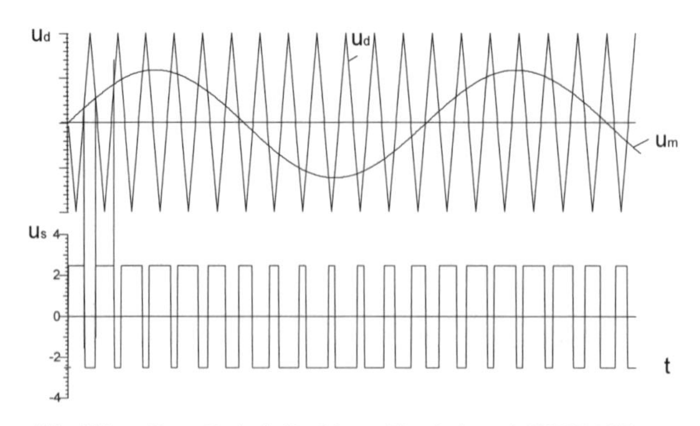

Abb. 115: Sinus-Dreieck-Verfahren, Simulation mit WINFACT

Zusammenfassung
Mit Hilfe von Schalttransistoren wird die Versorgung der Spulen-Stränge durchgeführt. Die Konstantspannungssteuerung schaltet den Transistor ein bzw. aus. Der Strom stellt sich auf den durch die Spannung bedingten Maximalwert ein. Damit der Motor nicht immer „Vollgas“ fahren muss, verwendet man die Technik der Puls-Weiten-Modulation. In einem periodischen Takt wird für einen bestimmten Zeitanteil die Spannung eingeschaltet und danach für die restliche Zeit des periodischen Taktes wieder ausgeschaltet. Dadurch ergibt sich ein Mittelwert der Spannung, der einen geringeren, stationären Strom bewirkt, als wenn die volle Gleichspannung anliegen würde.

Kontrollfragen

41. Die Ansteuerung von Schrittmotoren mit konstanter Spannung kann mit mathematischen Hilfsmitteln beschrieben werden. Es zeigt sich durch Versuche an einem Schrittmotor, dass ein Spannungssprung von 0 auf 12 V den in der folgenden Abbildung dargestellten Stromanstieg bewirkt.
    a) Berechnen Sie den Widerstand der Spulenwicklung.
    b) Berechnen Sie die Zeitkonstante T.
    c) Berechnen Sie die Spulen Induktivität L.

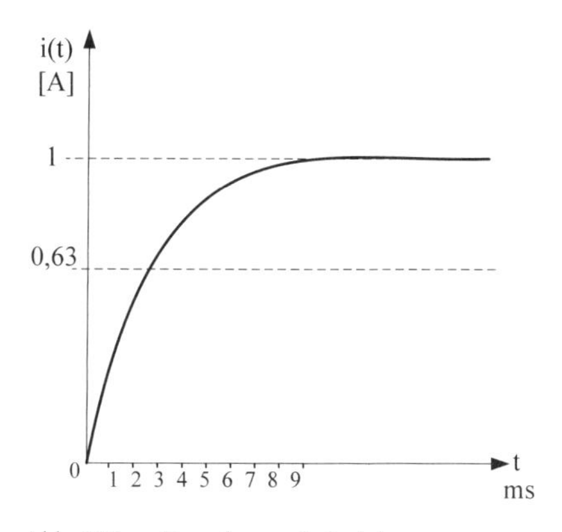

Abb. 116: Berechnungsbeispiel

8.4 Prinzip der Stromregelung bei Spulen und Wicklungen

Durch die Verwendung der PWM kann der Strom auf vorgegebene Werte eingestellt werden. In vielen Fällen muss der Strom auf einen genauen Wert eingestellt werden können. Dabei spielt die *Stromregelung* eine bedeutende Rolle. Das Prinzip geht aus der Abb. 117 hervor.

Jeder Regelkreis benötigt für die zu regelnde Größe eine Messeinrichtung. Zur Strommessung dient in Abb. 117 z. B. ein Strom-Wandler oder ein Shunt-Widerstand. Der Regler vergleicht den sich einstellenden Strom mit dem Strom-Sollwert. Der dargestellte Regelkreis umfasst die Vergleichseinrichtung mit dem Regler, den Mosfet als Stellglied, den Shunt-Widerstand als Messglied und die Spule als Regelstrecke. Die Regelgröße, also die zu beeinflussende Größe, ist der Strom.

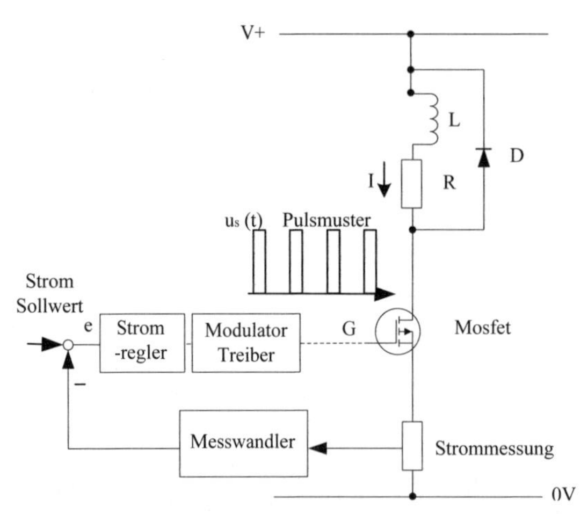

Abb. 117: unipolare Ansteuerung mit Stromregelung

Regelkreis
Ein Regelkreis besteht aus der Vergleichseinrichtung mit dem Regler, der Regelstrecke, der Stelleinrichtung und der Messeinrichtung für die Regelgröße. Der Regler ermittelt in Abhängigkeit der Regelabweichung eine geeignete Stellgröße, die im Sinne einer Angleichung des gemessenen Istwertes an den Sollwert wirkt.

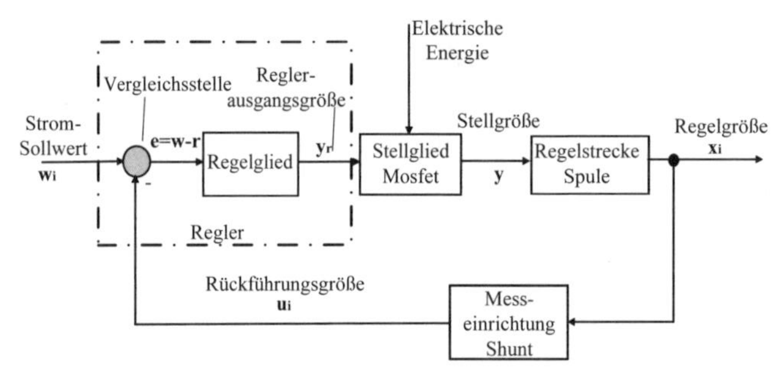

Abb. 118: Aufbau eines Regelkreises

Die Abb. 118 stellt die Elemente und Größen eines Regelkreises in einem allgemeinen Blockschaltbild dar. Wir stellen fest, dass die Regelgröße, also der Strom, über die Messeinrichtung zu einer Messspannung gewandelt wird und der Vergleichsstelle zugeführt wird. Der Sollwert für den Strom wird dann ebenso als eine dem Strom proportionale Spannung umgerechnet und der Vergleichsstelle zugeführt.

Es gibt viele verschiedene Regel-Strategien, die im Regelglied realisiert werden können. Eine Strategie, die als Zweipunktregelung bezeichnet wird, schaltet die Spannung in Abhängigkeit der Regelabweichung zwischen Sollwert und Istwert entweder ein oder aus. Wird der Sollwert erreicht, schaltet der Regler den Mosfet aus. Der Strom baut sich nun über die Freilaufdiode D langsam ab. Dadurch sinkt der Strom unter den Sollwert und der Regler schaltet die Spannung erneut ein. Der ständige Wechsel zwischen Ein- und Ausschalten führt zu einer systematischen Strom-Regelschwingung.

Zweipunktregelung
Kann die Stellgröße eines Reglers nur zwei Werte in Abhängigkeit der Regelabweichung annehmen, handelt es sich um eine Zweipunktregelung.

Eine modifizierte Regelungsstrategie hat das Ziel den Mittelwert, der an der Spule anliegenden Spannung in Abhängigkeit der Regelabweichung zu beeinflussen. Mithilfe der Methode der Pulsweitenmodulation wird also das Verhältnis der Einschaltzeit zur Taktzeit $\frac{T_{on}}{T}$ modifiziert und der Spannungsverlauf $u_s(t)$ auf die Spule aufgeschaltet.

Vorgegebene Stromsollwerte können mit einer gut eingestellten Stromregelung auch bei evt. auftretenden Störgrößen eingehalten werden.

Der Stromregler ermittelt die Regelabweichung und erzeugt einen Stellwert $y_r = u_m$, der in ein gepulstes Stellsignal u_s vom Block PWM gewandelt wird. Dadurch wird die Zeit T_{on} der Pulsweitenmodulation im Sinne einer Angleichung des gemessenen Strom-Istwertes an den geforderten Sollwert angepasst.

Wir wollen die Auswirkung eines einfachen Proportional-Reglers untersuchen, der als Eingangssignal die Stromdifferenz zwischen dem Sollstrom und dem gemessenen Iststrom verwendet und daraus eine Stellgröße für die PWM berechnet. Der Sollwert für den Strom sei w und der Istwert i(t). Der P-Regler kann durch die folgende Gleichung beschrieben werden:

$$y_r(t) = K_R \cdot (w - i(t)) = K_R \cdot e(t)$$
$$e(t) = w(t) - i(t) \qquad 8.2$$

Die Einheit der einzustellenden Reglerverstärkung K_R ist also $[K_R] = 1/A$. Der Stellwert y_r hängt von der Abweichung Sollwert-Istwert ab. Man bezeichnet diese Differenz als Abweichungen vom Arbeitspunkt. Der Stellwert y_r entspricht der Größe u_m gemäß Abb. 111, die kontinuierlich zwischen den Werten 0 und 1 veränderlich ist.

P-Regler
Der Proportionalregler bewertet die Regelabweichung zwischen der Führungsgröße und der Regelgröße proportional innerhalb des Regler-Stellbereichs. Der P-Regler kann einen bleibenden Regelfehler nicht vermeiden.

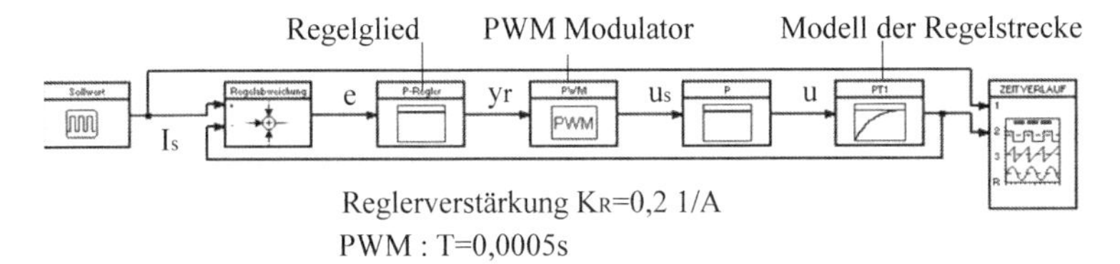

Abb. 119: Simulationsstruktur mit dem Programm WINFACT/Boris der Firma Kahlert

Das Blockschaltbild des Simulations-Beispiels zeigt Abb. 119. Die Spule habe eine Zeitkonstante von T = 2 ms und einen Übertragungsbeiwert $K_S = 0,4$ A/V. Das Verzögerungsverhalten des Stromanstiegs wird durch einen dynamischen Block mit PT1-Verhalten (Strom) dargestellt, als Regler wird ein P-Regler eingesetzt. Für den PWM-Block wurde die

Periodendauer von T = 0,0005 s eingestellt. Diese Periodendauer entspricht einer Frequenz von 2 kHz. Die maximale Einschaltdauer T_{on} = 100 % wird bei einer Stromdifferenz von 5 A erreicht. Die Spannung u, die durch die PWM an die Spule gelegt wird, beträgt 25 V. Der Sollwert des Stroms soll I_s = 0,5 A betragen. Die Reglerverstärkung des Regelgliedes liegt bei K_R = 0,2 1/A.

Für die Zeit T_{on} gilt der Zusammenhang:

$$T_{on} = \frac{y}{Y_{max}} \cdot T \qquad 8.3$$

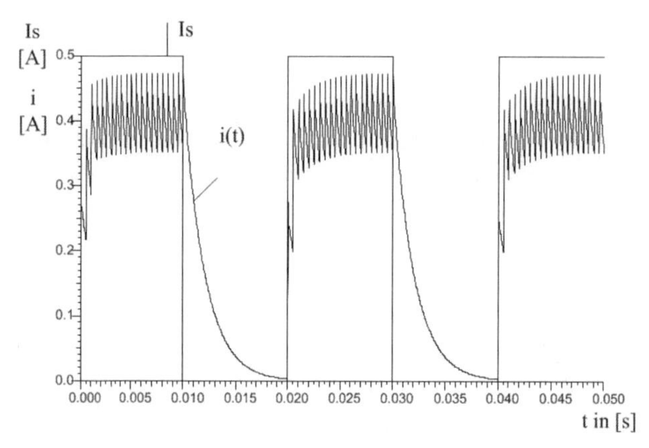

Abb. 120: Simulation der zeitlichen Verläufe von Strom, Reglerausgangssignal und Spannung mit P-Regler

Wir sehen in Abb. 120 die Zeitlinienverläufe des Stroms i(t) und des Stromsollwertes $I_s(t)$, die bei der Simulation der Regelung durch den Block „Zeitverlauf" aufgezeichnet wurden. Der Sollwert ändert sich zuerst von 0 A auf 0,5 A. Nach der Zeit 0,01 s ändert er sich erneut von I_S = 0,5 A auf I_S = 0 A. Bei dem dargestellten, schwingenden Verlauf des Stroms kann man einen Mittelwert $\bar{i}$ der Schwingung berechnen. Der Mittelwert entspricht nicht dem Sollwert w. Die Verwendung eines P-Reglers führt zu einer bleibenden Regelabweichung. Wir wollen einen PI-Regler mit der Verstärkung K_R = 0,5 V/A und der Nachstellzeit T_N = 0,1 s verwenden. Die Gleichung des PI-Reglers lautet:

$$e(t) = w(t) - i(t)$$

$$y(t) = K_R \cdot \left(e(t) + \frac{1}{T_N} \cdot \int_0^t e(\tau) d\tau \right) \qquad 8.4$$

PI-Regler
Der PI-Regler ermittelt den Stellwert aus der aktuellen Regelabweichung und dem über die Zeit integrierten und bewerteten Regelfehler. Er kann einen bleibenden Regelfehler vermeiden.

Anstelle des P-Reglers wird in dem grafischen Simulationsprogram nach Abb. 119 der Block für den PI-Regler eingesetzt und es werden die genannten Einstellwerte als Block-Parameter eingestellt. In der folgenden Abbildung sind die Ergebnisse der Simulation des Stromverlaufs mit einem PI-Regler dargestellt. Der Strommittelwert $\bar{i}$ der Stromschwingung erreicht genau den Sollwert. Es zeigt sich der aus der Regelungstechnik bekannte Sachverhalt, dass die bleibende Regelabweichung nach einer sprungförmigen Sollwertänderung verschwindet. Allerdings wird auch ein erstmaliges Überschwingen auf den Stromwert 0,65 A sichtbar.

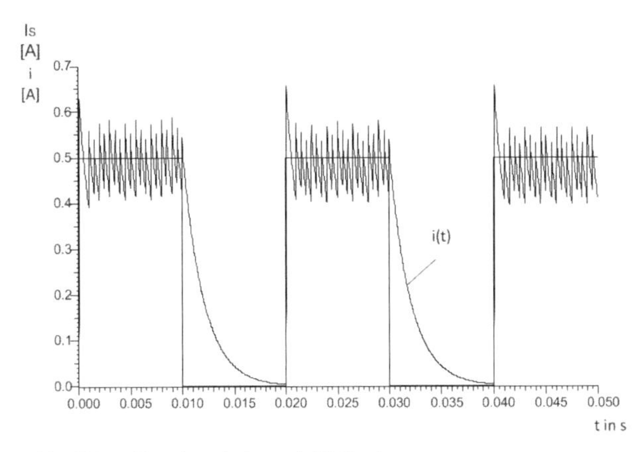

Abb. 121: Regelergebnisse mit PI-Regler

Zusammenfassung

Die Stromregelung in den Strängen eines Motors kann mithilfe der PWM-Technik realisiert werden. Der analoge Eingangswert für die PWM wird in Abhängigkeit des Regelfehlers über den Regler berechnet. Für die Berechnung des Regelfehlers wird außer dem Sollwert auch der Strom-Istwert benötigt. Daher ist eine Strom-Messeinrichtung erforderlich. Der Einsatz des P-Reglers führt zu einer Strom-Schwingung, deren Mittelwert ungleich dem Sollwert des Stroms ist. Daher ergibt sich ein mittlerer, bleibender Regelfehler. Durch den Einsatz eines PI-Reglers, der einen integrierenden Regler-Anteil beinhaltet, entsteht eine Strom-Überschwingung. Mit zunehmender Zeit erreicht der Mittelwert der Stromschwingung denSollwert.

9 Schrittmotoren

Die Aktoren wandeln verschiedene Energieformen in mechanische Energie, um Stellaktionen durchzuführen. Es wurden bereits wichtige Aktoren, die mit elektrischer Stellenergie arbeiten, vorgestellt. In dem vorliegenden Kapitel werden weitere elektrische Aktoren präsentiert. Besonders weit verbreitet in mechatronischen Systemen sind die *elektrischen Schrittmotoren*.

Die Schrittmotoren können in ihrem Arbeitsbereich nicht jede Position erreichen. Sie sind durch den minimalen Schrittwinkel in ihrer Genauigkeit beschränkt. Man gibt dem Schrittmotor über einen Rechner die Anzahl der zu verfahrenden Winkel- oder Wegschritte vor. Ein Nachteil der Schrittmotoren ist, dass sie bei einer zu großen zu transportierenden Last Schritte verlieren und dann das Ziel nicht mehr erreichen können. Eine Besonderheit der Schrittmotoren ist die ausschließliche Ansteuerung über einen PC oder Mikrorechner. Man muss ein Programm schreiben, um den Aktor zu betreiben. Daher bieten die Hersteller elektronische Schaltungen an, mit denen der Schrittmotor z. B. an den PC angeschlossen werden kann. Auch Programmbibliotheken mit Bewegungsbefehlen, die man mit unterschiedlichen Programmierumgebungen verbinden kann, werden angeboten und benötigt. Anwendungsbeispiele für Schrittmotoren finden wir in der Computer-Peripherie, wie z. B. bei Druckern.

9.1 Reluktanz Linear-Schrittmotoren

Schrittmotoren benötigen eine Ansteuerungselektronik, die die Versorgungsspannung mit den Wicklungen des Motors verbindet und einen Rechner, der die Ansteuerungselektronik mit Signalen versorgt. Man unterscheidet die folgenden Bauarten: *Reluktanz-Schrittmotor, Permanentmagnet-Schrittmotor* und *Hybrid-Schrittmotor*.

Schrittmotoren werden als Linear- und Rotationsmotoren gebaut. Wir wollen zuerst den Reluktanz-Linear-Schrittmotor einführen. Wir haben bereits einen Linearmotor mit elektronischer Kommutierung in Abschnitt 7.2 kennengelernt. Bei diesem Linearmotor musste die Position des Läufers über *Hall-Sensoren* gemessen werden. Daraufhin wird die Stromrichtung in den Spulen des Läufers umgekehrt (kommutiert).

Eine einfachere Anordnung verwendet einen elektromagnetischen Antrieb. Wir erinnern uns an den elektromagnetischen Aktor, der einen magnetisierbaren Körper anziehen kann und damit eine Positionierung bewirkt. Der Magnetaktor hat aber einen begrenzten Hub. Bei längeren Hüben werden hohe Streuverluste der magnetischen Felder erzeugt. Außerdem muss der Magnet sehr groß gebaut werden. Um das Prinzip des Elektromagneten auch bei längeren Hüben nutzen zu können, verwendet man Linear-Schrittmotoren.

Die Grundidee ist einfach. Wir schauen uns Abb. 122 an. Sie zeigt einen Läufer, der in einer Richtung beweglich ist und aus Eisen besteht. Weiterhin sind zwei Elektromagnete skizziert, deren Stromfluss getrennt gesteuert werden kann. In der ersten Skizze der Abbildung ist der Läufer genau unterhalb des stromführenden Elektro-Magneten A positioniert, da er von die

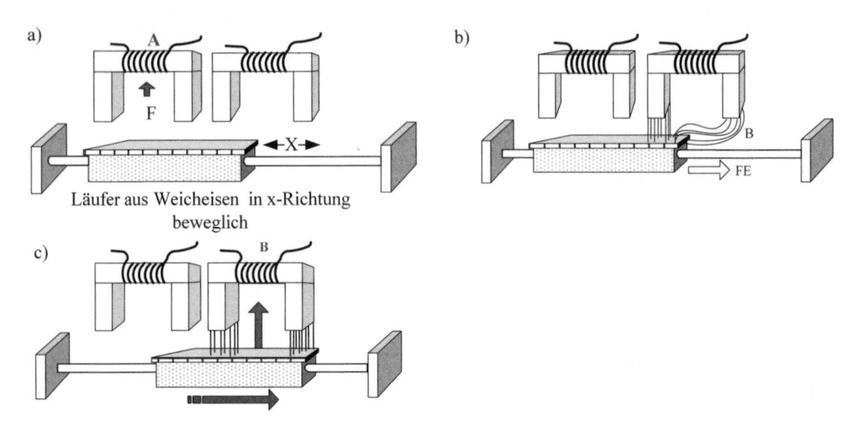

Abb. 122: Prinzip des Reluktanz Linear-Schrittmotors, a) Kraft durch Spule A, b) Anziehungskraft durch Spule B, c) Haltemoment im Stillstand

sem Magneten angezogen wird. Wenn nicht der erste, sondern der Magnet B den Strom führt, erzeugt dieser eine Anziehungskraft, die den Läufer bewegt (Abb. 122 b). Die Größe der Kraft kann mithilfe der Formel 5.3 berechnet werden.

In Abb. 122 c hat der Läufer eine Position eingenommen, die den magnetischen Widerstand des magnetischen Kreises minimiert, da die Feldlinien den kürzest möglichen Weg durch den Luftspalt nehmen.

Reluktanz-Schrittmotor
Der Reluktanz-Schrittmotor nutzt den Effekt, dass sich der aus weichmagnetischem Material bestehende Läufer aufgrund der Maxwellkraft in die Stellung des geringsten magnetischen Widerstands einstellt. In dieser Stellung ist der Magnetfluss maximal.

Wir erkennen, dass durch dieses Prinzip der getrennten Ansteuerung zweier Magnetspulen eine lineare Bewegung entsteht.

Mit diesem Wirkprinzip kann man auch lange Wege des Läufers erhalten, wenn man entlang des Weges nicht nur 2, sondern sehr viele Elektromagnete anordnet, wie Abb. 123 zeigt.

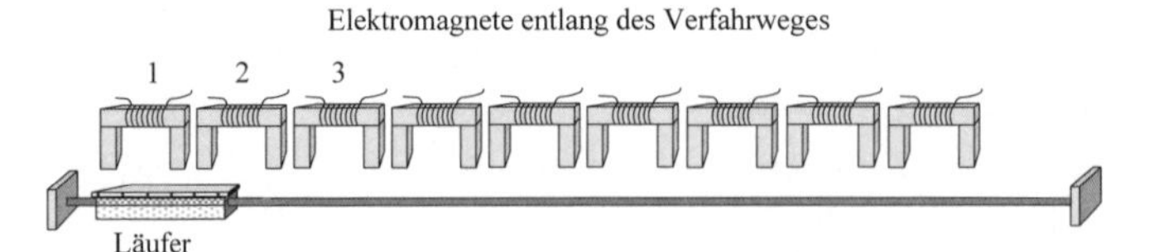

Abb. 123: Aufbau des Reluktanz-Linear-Schrittmotors mit mehreren Spulen und einem Läufer aus Weicheisen (Langstatorbauweise)

Der Läufer wird aus Weicheisen hergestellt, das gut und schnell auf- und entmagnetisierbar ist. Man könnte nun daran denken, jede zweite Spule in Reihe zu schalten. Damit erhält man zwei Wicklungsstränge. Mithilfe der Ansteuerungslogik werden die Stränge im Wechsel mit der Versorgungsspannung verbunden. Man nennt diese Bauweise, bei der die Wicklungen im Stator angebracht werden, auch die *Langstator* Bauweise.

Langstator
Bei einem Langstator-Linearmotor befinden sich die Wicklungsstränge im passiven, ruhenden Teil (Sekundärelement).

Im Prinzip handelt es sich um einen zweiphasigen Linear-Motor mit 2 Wicklungssträngen, da jeweils die geraden oder die ungeraden Spulen in Reihe geschaltet sind und mit der Spannungsversorgung im Wechsel verbunden werden. Es ist auch möglich, einzelne Spulen oder Spulengruppen getrennt anzusteuern. Damit ist eine Energie-Einsparung verbunden, denn nur die zum Antrieb benötigten Spulen werden mit Strom versorgt.

Bei der sogenannten *Kurzstator*-Bauweise wird die Wicklung im Läufer untergebracht. Ein Nachteil dieser Anordnung ist, dass der Läufer mit dem Strom versorgt werden muss und gleichzeitig bewegt wird. Der Stator besteht z. B., wie in der Abb. 124 gezeichnet, aus einer langen, gezahnten Stange. Die Zähne sind im Abstand a angeordnet. In Abb. 124 sind drei Elektromagnete A, B und C zu sehen, die über elektronische Schalter getrennt mit der Versorgungs-Gleichspannung verbunden werden können. Es wird zuerst der Strang A, dann der Strang B und folgend der Strang C mit der Versorgung verbunden.

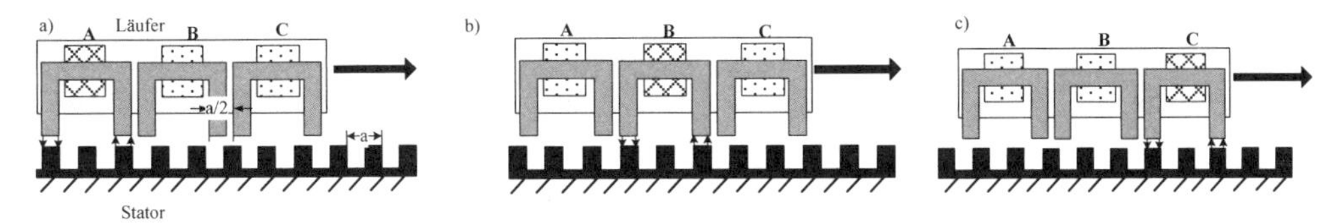

Abb. 124: Reluktanz-Linear-Schrittmotor, a) Strang A Strom führend, b) Strang B Strom führend, c) Strang C Strom führend

Aufgrund der Maxwell-Kraft stellt sich der Läufer so ein, dass die Zähne direkt gegenüber den Polen der den Strom führenden Spule liegen. Dadurch wird der magnetische Widerstand am geringsten. Aus diesem Ablauf folgt eine Linearbewegung des beweglichen Läufers, wenn das Ein- und Ausschalten der drei Spulen immer getrennt nacheinander erfolgt. Der Läufer bewegt sich um eine konstante Wegstrecke a/2. Die Gesamtzahl der Schritte bestimmt die gesamte Wegstrecke.

Grundsätzlich kann jeder Schrittmotor sowohl als rotatorischer Schrittmotor als auch als translatorischer Schrittmotor konstruiert werden. Wir wollen das Prinzip des Reluktanz-Linear-Schrittmotors auf Rotationsbewegungen übertragen. Zur Erläuterung der Vorgehensweise dient Abb. 125. Die Abbildungen a–c zeigen einen Reluktanz-Schrittmotor mit drei Wicklungs-Strängen, die aus je zwei in Reihe geschalteten Spulen aufgebaut werden. Während im Bild a der Strang 1 an eine Gleichspannungsquelle angeschlossen wird, werden in den folgenden Abbildungen b und c die Stränge 2 bzw. 3 mit Strom versorgt. Wir bezeichnen die Strangzahl mit s, daher gilt in diesem Fall $s = 3$. Der Rotor dieses Reluktanzmotors besteht aus einem Kreuz aus Weicheisen mit insgesamt 6 Zähnen. Die Zähne richten sich im Magnetfeld so aus, dass die Flussführung maximal wird und der magnetische Widerstand möglichst gering wird. Man ordnet in diesem temporären Zustand dem Rotor Magnetpole zu. Die Polpaarzahl beträgt $p = 3$.

Man kann die folgende Formel aufstellen, die einen Zusammenhang zwischen dem Schrittwinkel α und der Strangzahl s sowie der Polpaarzahl p des Rotors herstellt (Fischer, R., 2006):

$$\alpha = \frac{180°}{p \cdot s} \tag{9.1}$$

Der Schrittwinkel des Motors beträgt:

$$\alpha = \frac{180°}{3 \cdot 3} = 30° \tag{9.2}$$

Ohne Ansteuerung der einzelnen Stränge des Stators kann sich der Rotor frei drehen. Es gibt keine Kräfte und daher auch kein *Rastmoment.*

Rastmoment
Das Rastmoment ist das Selbsthaltemoment des Motors in einer eingestellten Lage, ohne dass ein Strom fließt.

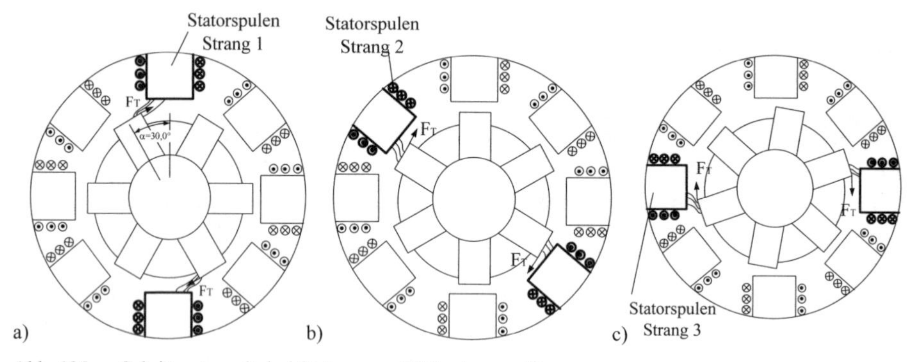

Abb. 125: Schrittmotor mit drei Strängen und 2 Spulen pro Strang

9.2 Schrittmotor-Ansteuerung

Ein Schrittmotorantrieb besteht aus einem Logikteil, einem Leistungsstellglied und dem Schrittmotor selbst. Der Ringzähler des Logikteils erhält eine Eingangsimpulsfolge sowie ein Richtungssignal. Die Ausgangssignale der Logikschaltung steuern das Leistungsstellglied an, sodass bei jedem Takt entsprechend der gewünschten Bewegungsrichtung und der eingestellten Betriebsart (Vollschritt, Halbschritt, Mikroschritt) ein Schritt mit einer konstanten Schrittweite ausgeführt wird. Das Leistungsstellglied versorgt die Wicklungen des Motors mit Energie.

Da die Rotoren der Reluktanz-Schrittmotoren keine Wicklungen tragen, besitzen die Schrittmotoren auch keine Kommutatoren oder Schleifringe, die die Lebensdauer negativ beeinflussen. Schrittmotoren sind deshalb sehr robust und zeichnen sich durch eine hohe Lebensdauer und geringe Wartung aus. Schrittmotoren dienen fast ausschließlich zur Positionierung. Ihr naturgemäßer Betriebszustand ist der so genannte dynamische Bereich, nämlich der rasche Wechsel zwischen Stillstand und Bewegung. Schrittmotoren sind elektro-magneto-mechanische Wandler, die zusammen mit einer elektronischen Ansteuerung eine digitale Eingangsimpulsfolge in eine analoge Bewegung umwandeln.

Die Ansteuerung des Motors erfolgt über einen Rechner und eine elektronische Ansteuerschaltung. Der geplante Sollweg oder der Sollwinkel wird in die notwendige Schrittzahl umgerechnet und der Ansteuerschaltung zusammen mit einer Information über die gewünschte Drehrichtung übergeben. Einige Steuerungen bieten auch die Möglichkeit, den Sollstromwert vorzugeben.

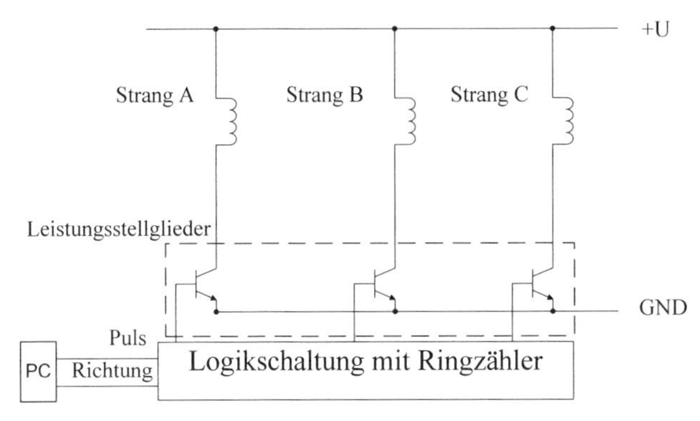

Abb. 126: Ansteuerungsschaltung für den Linear-Schrittmotor mit drei Strängen

Die Ansteuerungsschaltung des Schrittmotors besteht im einfachen Fall, der in der Abb. 126 dargestellt ist, aus drei elektronischen Schaltern, die bei geringen zu schaltenden Leistungen durch Transistoren gebildet werden können. Der *Ringzähler* versorgt bei Eintreffen eines Impulses nacheinander die Spulen A, B und C mit Strom. Die Anzahl der Impulse und die Fahrtrichtung werden über einen Rechner vorgegeben. Während die Folge A, B und C den Läufer nach rechts bewegt, fährt der Läufer in der Reihenfolge C, B und A nach links. Die Geschwindigkeit des Motors wird durch das zeitliche Auftreten der Impulsfolge festgelegt. Für die Vorgabe der Fahrtrichtung vom Rechner genügt ein einfaches binäres Signal, das von der Ansteuerungsschaltung ausgewertet wird.

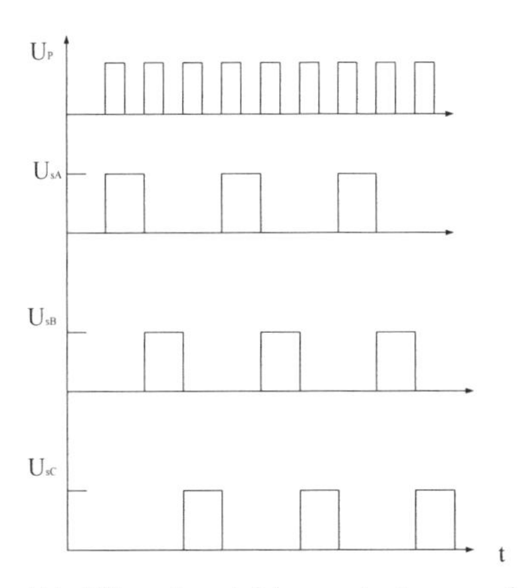

Abb. 127: Impulsfolge zur Ansteuerung des Linear-Schrittmotors

Die Abb. 127 zeigt die Logik-Diagramme der angelegten Spannungen an die Spulen A, B und C und die zyklisch eintreffende Impulsfolge U_P.

Zusammenfassung
Schrittmotoren erreichen nur einzelne Positionen im Abstand der Schrittbreite oder des Schrittwinkels. Sie besitzen eine begrenzte Auflösung. Es gibt Reluktanz-, Permanent- und Hybrid-Schrittmotoren. Der Aufbau von Linear-Schrittmotoren nach dem Reluktanzprinzip kann in der Langstator- oder der Kurzstator-Bauweise erfolgen. In der Langstator-Bauweise sind die Spulen im Stator untergebracht. Die Spulen im Stator können nacheinander mit Spannung versorgt werden, wodurch sich der Läufer schrittweise bewegt. Bei der Kurzstator-Bauweise bewegen sich die Spulen mit dem Läufer. Ein dabei auftretendes Problem ist die notwendige Stromzuführung. Schrittmotoren benötigen eine Ansteuerungsschaltung. Diese schaltet im Wechsel die Wicklungsstränge an die Gleichspannungsversorgung an. Eine vom Rechner vorgegeben Impulsfolge bestimmt dabei die Geschwindigkeit des Wechsels. Der Rechner gibt der Ansteuerungsschaltung außerdem die Fahrtrichtung als binäres Signal vor. Ein Nachteil des Reluktanz-Schrittmotors ist, dass der Motor ohne Stromführung in den Spulen kein Haltemoment erzeugen kann.

Kontrollfragen

42. Welche Schrittmotor-Prinzipien gibt es?
43. Beschreiben Sie die Signalübertragung zur Positionierung mit einem Schrittmotor.
44. Bei einem Reluktanz-Schrittmotor werden die Spulen nacheinander mit der Spannungsversorgung verbunden. Was passiert, wenn die Polarität der Spannung geändert wird?
45. Welche Vorteile hat der Reluktanz-Linear-Schrittmotor mit Langstator gegenüber dem Reluktanz-Linear-Schrittmotor mit Kurzstator?
46. Welches Problem entsteht bei dem Kurzstator-Linearmotor?
47. Ein Reluktanz-Schrittmotor habe 5 Stränge. Als Rotor wird ein Zahnrad aus Weicheisen mit der Polpaarzahl $p = 24$ verwendet. Berechnen Sie den Schrittwinkel.
48. Gegeben ist das in Abb. 123 dargestellte elektrische Antriebssystem. Welche der Aussagen ist richtig?
    a) Das Antriebssystem stellt einen Linearmotor dar.
    b) Es handelt sich um einen Langstator-Antrieb.
    c) Der Läufer enthält Permanentmagnete.
    d) Die Spulen werden alle gleichzeitig mit Strom versorgt.

9.3 Zweisträngiger Permanentmagnet-Schrittmotor mit je 2 Spulen

Der Reluktanz-Schrittmotor besitzt einen einfachen Aufbau des Rotors und kann über eine einfache Steuerung angetrieben werden. Man kann damit eine kostengünstige Antriebslösung aufbauen. Allerdings entwickelt er ein eher kleines Drehmoment. Falls dieser Nachteil ausschlaggebend ist, kann man einen magnetischen Rotor verwenden. Der Rotor des Permanentmagnet- oder PM-Schrittmotors ist entlang des Rotorumfangs nacheinander mit magnetischen, wechselnden Polen ausgestattet. Das folgende Bild, Abb. 128, zeigt einen einfachen Rotor mit nur einem Polpaar. Der Stator besteht aus zwei Wicklungssträngen mit je 2 Spulen.

Die Polschuhe tragen die Spulenwicklungen. Je zwei gegenüberliegende Spulen sind in Reihe geschaltet und bilden einen Strang des Schrittmotors. Wir bezeichnen die Wicklungsstränge mit A und B. Man nennt den Schrittmotor mit zwei Wicklungssträngen auch einen zweiphasigen Motor, da er mit zwei Phasen einer Versorgungsspannung verbunden werden kann. Die einzelnen Spulen der Stränge A und B werden PA1, PA2 und PB1, PB2 genannt. Dementsprechend hat der Schrittmotor nach außen nur vier Anschlüsse, A1, A2, B1 und B2. Die Spulen erzeugen die magnetischen Flussdichten $\vec{B}_{PA1}$, $\vec{B}_{PA2}$, $\vec{B}_{PB1}$ und $\vec{B}_{PB2}$.

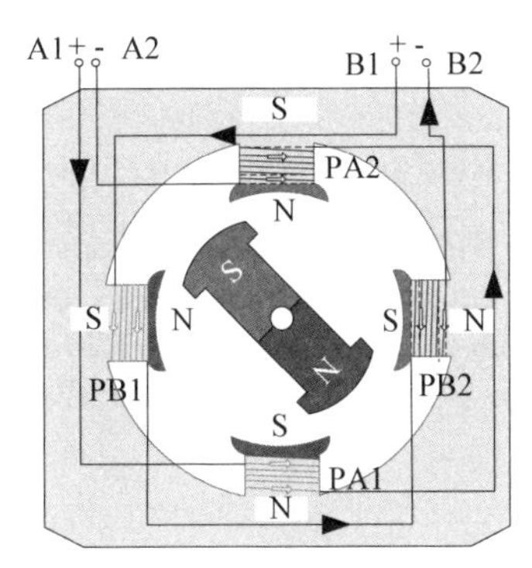

Abb. 128: PM-Schrittmotor mit vier Anschlüssen und zwei Wicklungssträngen (2 Phasen Schrittmotor),

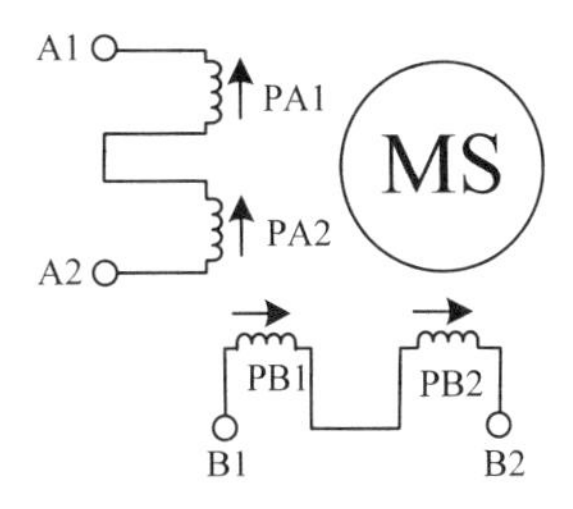

Abb. 129: Reihenschaltung der Spulen eines Stranges, der Schrittmotor ist mit dem Schaltzeichen des Synchronmotors gekennzeichnet.

Die Flussdichten $\vec{B}_{PA1}$, $\vec{B}_{PA2}$, $\vec{B}_{PB1}$ und $\vec{B}_{PB1}$ sind jeweils gleichgerichtet. Falls beide Stränge mit Strom versorgt werden, entstehen, je nach Stromrichtung, die resultierenden magnetischen Flussdichten: $\vec{B}_2$, $\vec{B}_4$, $\vec{B}_6$ und $\vec{B}_8$. Diese Vektoren sind in der Abb. 130 links eingezeichnet. In der rechten Darstellung wurden nur die Stränge A bzw. B mit Strom versorgt.

Aufgrund der magnetischen Flussdichten und dem magnetischen Rotor entsteht eine Maxwellkraft und ein Drehmoment wird ausgeübt. Dadurch dreht sich der Motor, bis er ähnlich einer Magnetnadel im Kompass im Magnetfeld ausgerichtet ist. Es gibt die folgenden Möglichkeiten des Anschlusses der beiden Stränge an die Gleichspannungsversorgung:

1. Ansteuern von jeweils einem Strang A oder B
2. Gleichzeitiges Anschließen der Stränge A und B
3. Wechselndes Anschließen von beiden Strängen gleichzeitig bzw. von nur einem Strang

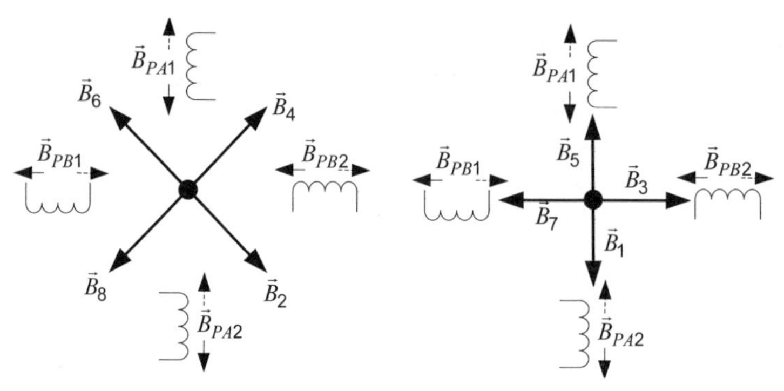

Abb. 130: Vektoren der magnetischen Flussdichte

Man nennt die ersten beiden Anschlussarten den *Vollschrittbetrieb* und die Anschlussart 3 den *Halbschrittbetrieb*. Bei dem Vollschrittbetrieb unterscheidet man, ob nur jeweils ein Strang für das Magnetfeld genutzt wird oder ob beide Stränge *gleichzeitig* Strom führen können. Wir nennen den ersten Betrieb Vollschrittbetrieb V1 und den zweiten Vollschrittbetrieb V2.

Vollschrittbetrieb
Als Vollschrittbetrieb bezeichnet man die gleichzeitige Ansteuerung aller Motorstränge.

Verwendet man Schrittmotoren mit mehr als 2 Strängen, gilt die Definition des Voll- bzw. Halbschrittbetriebes entsprechend. Der Hauptunterschied der Betriebsarten Vollschritt- und Halbschrittbetrieb liegt darin, dass die Winkelauflösung, also der Schrittwinkel im Halbschrittbetrieb, halbiert werden kann. Im Vollschrittbetrieb V1 ist das Moment des Motors kleiner, da nur ein Strang mit Strom versorgt wird.

9.3.1 Vollschrittbetrieb

Wir wollen die Vollschritt-Ansteuerung des Schrittmotors mit zwei Strängen analysieren. Es wird vereinbart, dass in den folgenden Bildern das magnetische Feld der Spule von Süd nach Nord zeigt, wenn der Stromfluss vom + Pol der Spannungsquelle zum – Pol verläuft.

Wenn der Rotor sich, ausgehend von der Stellung in Abb. 131 a, um 90° links herum im Vollschrittbetrieb V1 drehen soll, müssen wir den Strang B mit Strom versorgen. Dazu verbinden wir den Anschluss B1 mit dem Pluspol und den Anschluss B2 mit dem Minuspol der Gleichspannung. Die Phase A wird ausgeschaltet. Den zeitlichen Verlauf der Phasenspannungen zeigt die Abbildung Abb. 131 rechts. Der Rotor stellt sich dann horizontal mit dem Nordpol nach rechts zeigend ein, wie er in Abb. 131 b dargestellt ist. Es ist leicht nachvollziehbar, dass er weiter nach links um 90° dreht, wenn man den Strang A, wie in Abb. 131 c gezeigt, umgekehrt zu Abb. 131 a, anschließt. Im nächsten Schritt wird der Strang B umgekehrt zu b), mit dem Minuspol an den Anschluss B1 und dem Pluspol an dem Anschluss B2 verbunden. Der Rotor dreht sich wiederum um 90°. Die folgende Reihenfolge der Anschlüsse der Stränge A und B an die Versorgungsspannung ergibt eine 360°-Drehung des Rotors.

Anschlussfolge: 1) A1+, A2-; 2) B1+, B2-; 3) A1-, A2+; 4) B1-, B2+

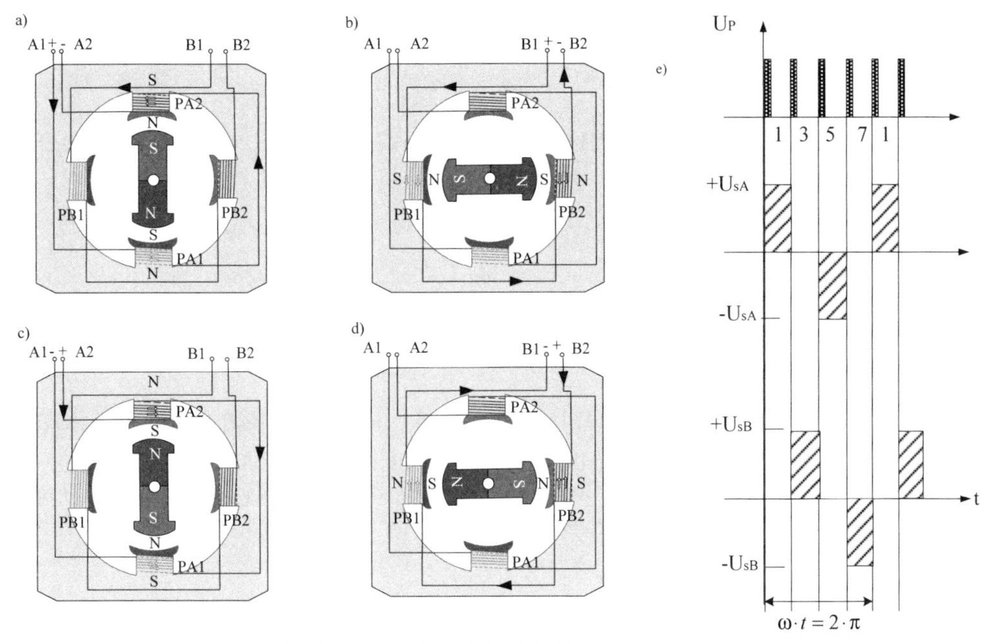

Abb. 131: Permanentmagnet-Schrittmotor, Vollschrittbetrieb V1

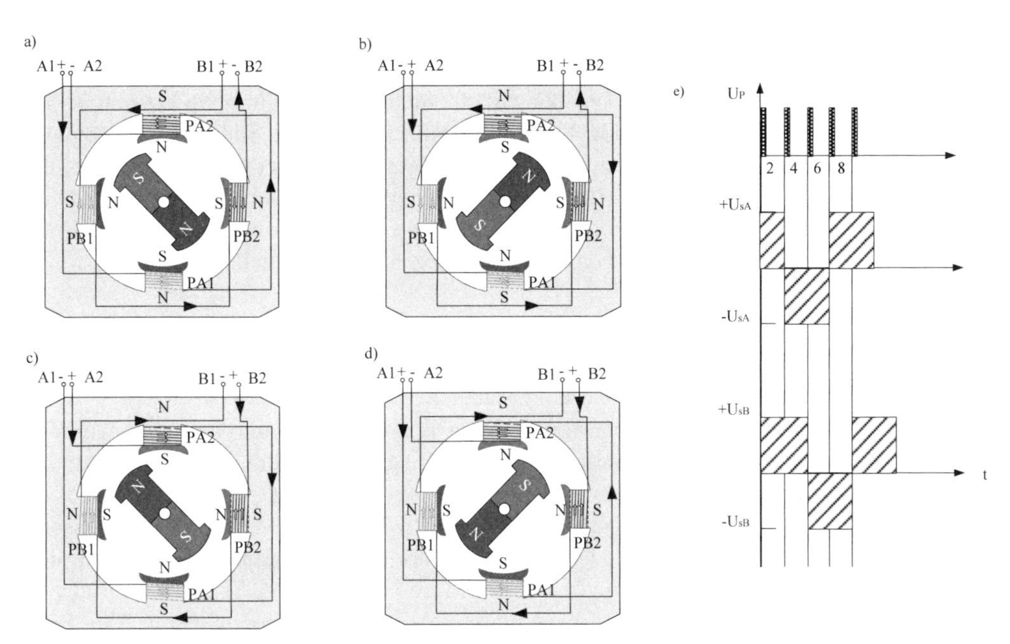

Abb. 132: Permanentmagnet-Schrittmotor Vollschrittbetrieb V2

In der Vollschrittbetriebsart 1 beträgt der Schrittwinkel des zweisträngigen Schrittmotors 90°.

Der gleichzeitige Anschluss der Stränge A und B im Vollschrittbetrieb V2 hat ebenfalls einen Schrittwinkel von 90° zur Folge. In der Abb. 132 sind jeweils zwei Stränge gleichzeitig mit der Versorgung verbunden. Verbindet man die Anschlüsse A und B in der folgenden Reihenfolge nacheinander mit der Versorgungsspannung, dreht sich das Magnetfeld im Innern um insgesamt 360° im Gegenuhrzeigersinn.

Anschlussfolge:

1) A1+, A2-; B1+, B2-; 2) A1-, A2+;B1+, B2-; 3) A1-, A2+; B1-, B2+; 4) A1+, A2-;B1-, B2+

9.3.2 Halbschrittbetrieb

Die Halbschrittbetriebsart kombiniert die beiden Vollschrittmöglichkeiten, indem jeweils im Wechsel der Vollschritt 1 und danach der Vollschritt nach 2 erfolgt. Die folgende Anschlussfolge erzeugt eine Drehung des Rotors um 360 .

Anschlussfolge:

1) A1+, A2-; 2) A1+, A2-;B1+, B2-; 3) B1+, B2-; 4) A1-, A2+;B1+, B2-; 5) A1-, A2+; 6) A1-, A2+;B1-, B2+; 7) B1-, B2+; 8) A1+, A2-;B1-, B2+.

Man erhält durch den Halbschrittbetrieb insgesamt 8 mögliche Raumrichtungen für den Rotor. Der Schrittwinkel wird auf 45° reduziert.

Halbschrittbetrieb
Im Halbschrittbetrieb eines Schrittmotors können auch nur einzelne Stränge mit Strom versorgt werden.

Rastmoment

Auch wenn kein Strom durch die Wicklung fließt, stellt sich der Rotor in einer Lage des geringsten magnetischen Widerstands. Der Grund dafür ist, dass die Spulen Eisenkerne enthalten, die eine Remanenz-Flussdichte besitzen, die den Rotor anzieht. Versucht man den Rotor aus dieser Vorzugslage per Hand herauszudrehen, entsteht ein Gegen-Moment, das *Rastmoment* genannt wird. Der Rotor nimmt eine stabile Rastposition ein. Das Rastmoment kann aber für die Positionierung und das Schwingungsverhalten nachteilig sein.

Haltemoment

Wir gehen davon aus, dass der Rotor in der in Abb. 131 a gezeichneten Position steht. Bestromen wir nun die Phase A, entsteht ein zusätzliches Haltemoment. Die Lage des Rotors ändert sich dadurch aber nicht.

Haltemoment
Befindet sich der Rotor in der Ruhelage und wird er von magnetischen Kräften angezogen, muss ein Widerstandsmoment, das Haltemoment genannt wird, aufgebracht werden, um den Rotor zu bewegen.

9.3.3 Zeitlicher Momentverlauf und Kommutierungswinkel

Die Steuerung des Schrittmotors gibt ständig einen weiteren Impuls an die Logikschaltung. Der Winkel zwischen der aktuellen Rotorposition und der neuen, gerade aufgeschalteten Ziel-Winkellage, wird als *Kommutierungswinkel* δ bezeichnet.

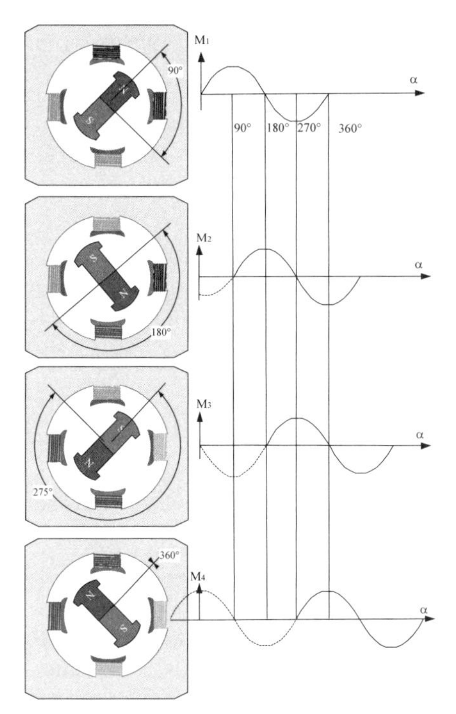

Abb. 133: Moment in Abhängigkeit der Rotorstellung bei vier verschiedenen Statorfeldlagen

Das Drehmoment des Schrittmotors hängt vom Winkel des Rotors zu dem Statormagnetfeld ab. Jede der in Abb. 132 dargestellten Stellungen des Rotors bewirkt, dass das Drehmoment auf den Rotor null ist. Würde der Rotor aus dieser stabilen Ruhelage ausgelenkt, entstünde ein Drehmoment. In Abhängigkeit des Auslenkungswinkels hat das entstehende Drehmoment einen sinusförmigen Verlauf. Da der dargestellte, zweisträngige Schrittmotor insgesamt vier stabile Ruhelagen besitzt, können wir die vier dargestellten sinusförmigen Momentfunktionen für alle vier resultierenden Statorfeldrichtungen zeichnen. Diese vier Momentenverläufe sind in der Abb. 133 neben den Stellungen des Rotors eingetragen, für die das Drehmoment jeweils null ist.

Kombinieren wir die gemessenen vier Momentenverläufe, in dem wir sie in ein Diagramm einzeichnen, erhalten wir prinzipiell die Kurvenverläufe gemäß Abb. 134. Die vier Kurvenverläufe sind mit den Zahlen 4, 1, 2 und 3 gekennzeichnet und wurden mithilfe des Programms WINFACT durch eine Simulationsrechnung berechnet und gezeichnet. Die Kennzeichnungen der einzelnen Momentenverläufe beziehen sich auf die in der Abb. 133 gezeichneten Momentenverläufe M_1–M_4. Es erfolgte eine Normierung auf den Amplitudenwert, des sinusförmigen Drehmomentes, sodass der Maximalwert der Drehmomente den Wert 1 hat.

Die Ansteuerlogik des Schrittmotors schaltet den Vollschritt mit jedem eintreffenden Impuls um. Unabhängig in welcher Winkellage der Rotor sich befindet, wird durch die Umschaltung zwischen den Spulen ein Drehmomentensprung auf den Rotor ausgeübt.

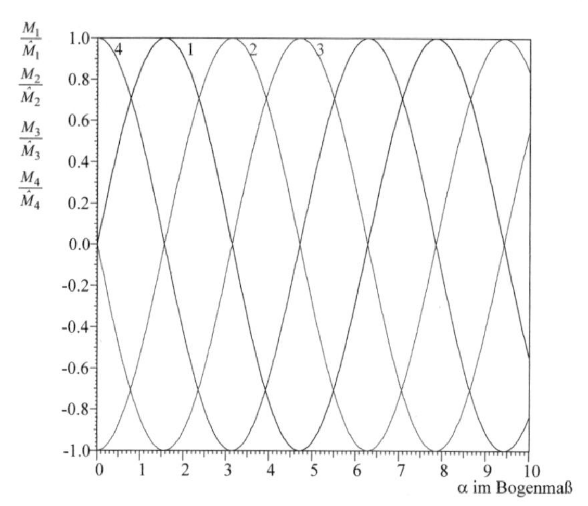

Abb. 134: Sinusförmige Drehmomentfunktionen des PM-Schrittmotors (Berechnung und grafische Darstellung mit WINFACT)

Kommutierungswinkel
Der Winkelunterschied zum Zeitpunkt des Schrittwechsels zwischen dem aktuellen Rotorwinkel und dem Winkel, bei dem das Drehmoment null würde, wird als Kommutierungswinkel δ bezeichnet.

Der Schrittmotor folgt für bestimmte Winkelbereiche im Wechsel Ausschnitten der Kurvenverläufe M_4, M_1, M_2, M_3 und wieder M_4.

Wir wollen ein Beispiel analysieren. Die Vermessung des Kommutierungswinkels ergibt den Wert: $\delta = 0{,}79 \cdot \frac{180°}{\pi} = 45°$.

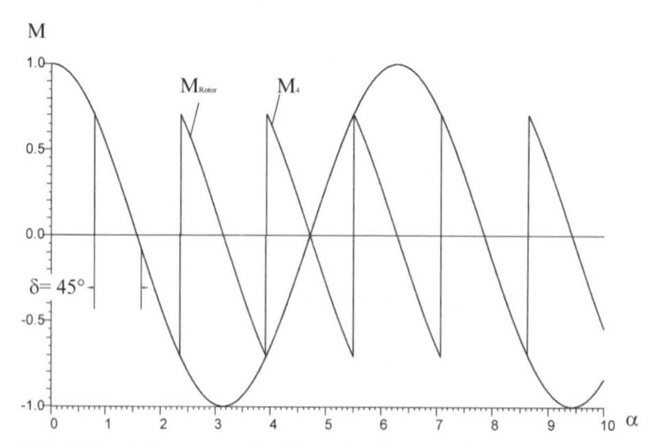

Abb. 135: Momentenverlauf in Abhängigkeit des Drehwinkels bei Leerlauf des Schrittmotors (Berechnung und grafische Darstellung mit WINFACT)

Der Rotor folgt zuerst dem eingestellten Momentenverlauf M_4 nach Abb. 134 bzw. Abb. 135. In dieser Zeit schwingt der Rotor über die Ziellage hinaus und entwickelt ein negatives Moment bis die Umschaltung auf den nächsten Schritt erfolgt. Das Motormoment wird dann durch die Momentenkurve M_1 bestimmt. Es können also Momente entstehen, die in beide Richtungen wirken und zu Drehmomenten-Schwingungen des Rotor führen. Der Mittelwert der wirkenden Momente ist null.

Bei einem wirkenden Widerstandsmoment erfolgt eine Verzögerung des Rotors gegenüber dem Leerlaufbetrieb, da der Motor ein höheres Moment bilden muss. Die Winkelbereiche, in denen das umgekehrt gerichtete Moment wirken kann, werden dann kleiner. Im Mittel ergibt sich ein positives Moment. Der Kommutierungswinkel vergrößert sich automatisch auf den Wert $\delta = 60°$.

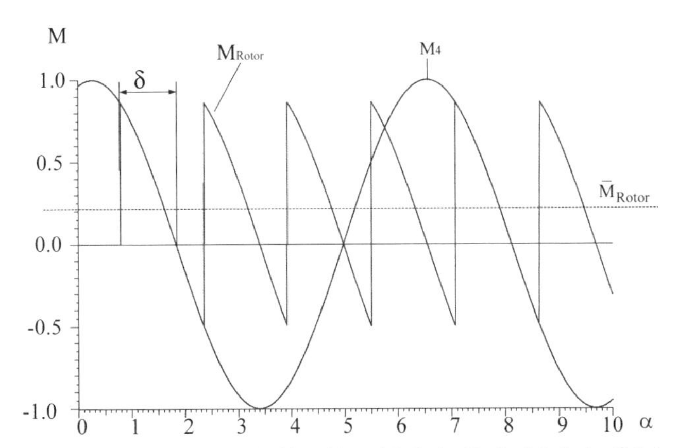

Abb. 136: Momentenverlauf in Abhängigkeit des Drehwinkels des Schrittmotors bei einem Last-Drehmoment (Berechnung und grafische Darstellung mit WINFACT)

Im Fall einer noch größeren Last steigt der Kommutierungswinkel weiter an. In dem Verlauf der nächsten Abbildung beträgt der Winkel bereits 135°. Die Phasen des negativen Drehmomentes sind vollständig verschwunden.

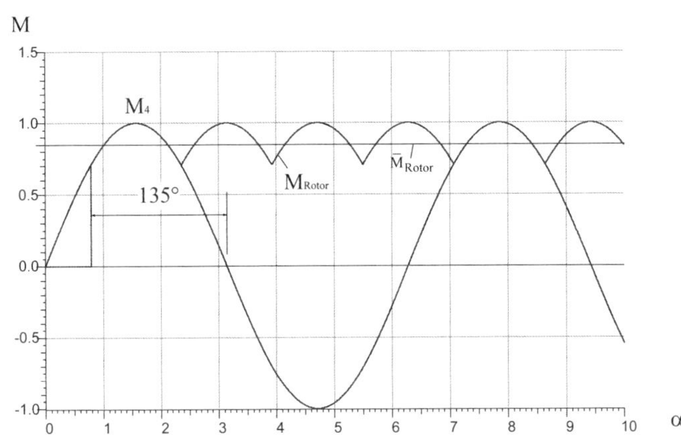

Abb. 137: Aufgrund eines größeren Widerstandsmomentes steigt der Kommutierungswinkel auf 135° (Berechnung und grafische Darstellung mit WINFACT).

9.4 Zweisträngiger PM-Schrittmotor mit je 4 Spulen

Der in der Abb. 138 dargestellte Schrittmotor besitzt am Stator 2 Wicklungsstränge mit je *vier* Spulen, die am Umfang im Winkelabstand von 90° angebracht sind. Die vier Spulen der Stränge sind mit A bzw. B gekennzeichnet. Der Anschluss der Spulen eines Strangs ist so durchgeführt, dass im Stator-Inneren die Magnetfeldrichtung wechselt. Damit entsteht ein *vierpoliges* Magnetfeld mit je zwei Nord- und Südpolen. Im Unterschied zur Abb. 131 besitzt der Rotor auch vier Pole, da er an das Magnetfeld des Stators angepasst wurde.

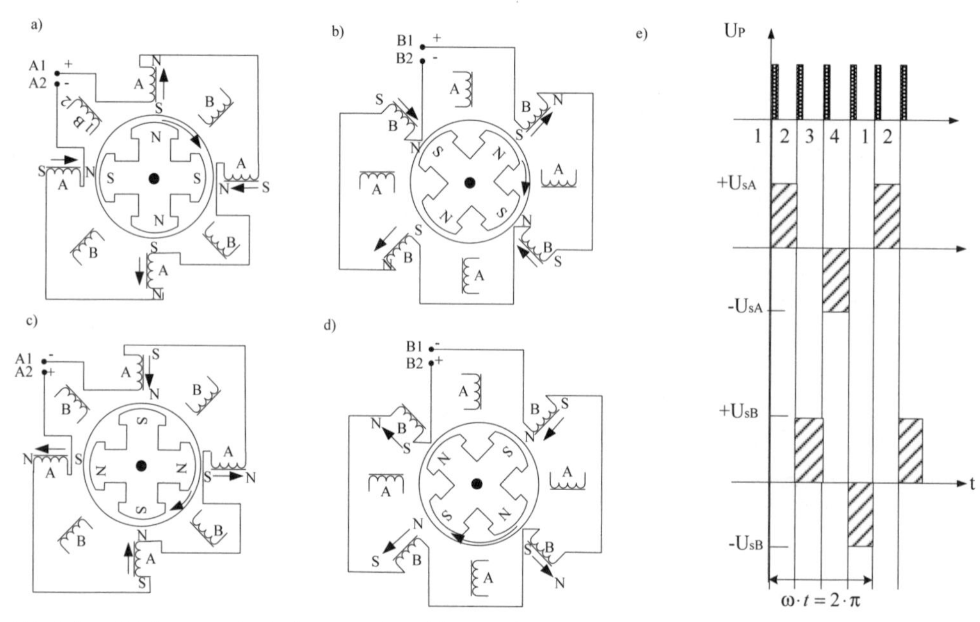

Abb. 138: Schrittmotor mit vier Spulen und zwei Strängen im Vollschrittbetrieb, a)-d):Stellungen des Rotors, e) Pulsfolge und Spannungen in den Strängen

Die Motoranschlüsse A1, A2 und B1, B2 werden gemäß dem folgenden Schema nacheinander mit der Spannungsquelle verbunden: 1) A1+, A2-; 2) B1+, B2-; 3) A1-, A2+; 4) B1-, B2+. Die Strangspannungen sind in Abb. 138 e dargestellt. Der Schrittwinkel beträgt 45°, wie beim *Halbschrittbetrieb* des zweisträngigen Motors mit je 2 Spulen.

Elektrisch-mechanischer Winkel

Da die Drehung des Rotors um 180° bereits eine volle induzierte Spannungsperiode in den beiden Wicklungssträngen bewirkt, ist der elektrische Winkel doppelt so groß wie der mechanische Winkel. Wir können uns vorstellen, dass ein Rotor mit noch mehr abwechselnd angebrachten Nord- bzw. Südpolen Polen eine weitere Verringerung der Rotordrehung zur Erzeugung einer Periode der Wechselspannung bewirkt.

Durch Einsetzen der Polpaarzahl des Rotors $p = 2$ und der Strangzahl des Stators $s = 2$ in die Formel 9.1 erhalten wir den bereits bekannten Schrittwinkel:

$$\alpha = \frac{180°}{2 \cdot 2} = 45°$$

Vollschrittbetrieb V2

Auch bei dem Motor mit der Polpaarzahl p = 2 können wir den Vollschrittbetrieb V2 einstellen. Die Abb. 139 a zeigt, in welche Winkellage sich der Rotor einstellt, wenn beide Stränge gleichzeitig an die Versorgungsspannung angeschlossen werden. Wir erhalten die Magnetfeldrichtungen in Abb. 139 a, indem wir die Vektoren der magnetischen Induktion aus Abb. 138 a und b an jede Spule im Bild zeichnen. Alle Spulen führen den Strom und die Magnetfelder überlagern sich. Eine gegenüber Abb. 139 a um 45° verdrehte Anordnung des Rotors ergibt sich, wenn wir den Strang A umpolen. Ausgehend von der Stellung des Rotors in Abb. 139 b kommen wir zu Abb. 139 c, indem wir auch den Strang B umpolen. Eine weitere 45° Drehung erfolgt bei Anschluss A1 an den + Pol, A2 an den – Pol, B1 an den – Pol und B2 an den + Pol der Spannungsquelle. Auch im V2-Betrieb bleibt der Schrittwinkel bei 45°. Die Strangspannungen sind in Abb. 139 e dargestellt.

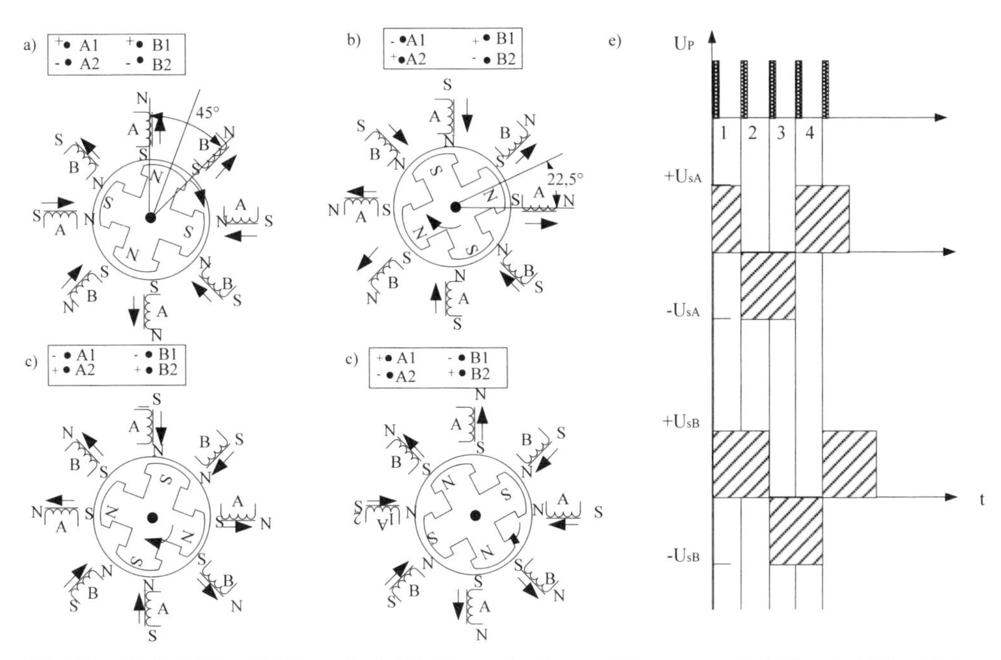

Abb. 139: Vollschrittbetrieb V2, p = 2, a)-d) Stellungen des Rotors, e) Spannungen der Stränge in Abhängigkeit der Zeit

Eine Schrittwinkelreduzierung kann man durch den Halbschrittbetrieb erreichen. Die abwechselnde Ansteuerung im V1- und V2-Betrieb gemäß dem folgenden Anschlussschema führt zum Halbschrittbetrieb.

1) A1+, A2-; 2) A1+, A2-;B1+, B2-; 3) B1+, B2-;4) A1-, A2+;B1+, B2-; 5) A1-, A2+;
6) A1-, A2+; B1-, B2+; 7) B1-, B2+; 8) A1+, A2-;B1-, B2+

Die gleiche Schrittfolge, wie bei dem zweipoligen Motor führt zur Halbierung des Schrittwinkels im Halbschrittverfahren auf 22,5°!

Zusammenfassung
Ein rotierender Schrittmotor mit 2 Wicklungssträngen und einem Rotor mit der Polpaarzahl $p = 1$, also mit einem Nord- und einem Südpol, besitzt pro Strang 2 Spulen, die am Umfang um 180° versetzt angeordnet sind. Im Vollschrittbetrieb V1 oder V2 beträgt der Schrittwinkel 90°. In der V1-Betriebsart wird wechselnd nur ein Strang an die Versorgungsspannung angelegt. Bei der V2-Betriebsart werden immer beide Stränge mit Strom versorgt. Die Winkellage des Rotors bei der V1- bzw. V2-Betriebsart unterscheidet sich um 45°. Die Kombination der V1- mit der V2-Betriebsart führt zum Halbschrittbetrieb, bei dem der Schrittwinkel halbiert werden kann. Ein zweisträngiger Schrittmotor kann je vier in Reihe geschaltete Spulen enthalten, die am Umfang des Stators um 90° versetzt angeordnet sind. Im Vollschrittbetrieb wird mit einem vierpoligen Rotor in den Betriebsarten V1 und V2 ein Schrittwinkel von 45° erreicht. Die Halbierung des Schrittwinkels auf 22,5° erreicht man im Halbschrittbetrieb.

Kontrollfragen

49. Berechnen Sie den Schrittwinkel des zweisträngigen Schrittmotors mit 4 Magnetpolen im Vollschrittbetrieb.
50. Wie erreicht man die Drehung im Gegenuhrzeigersinn des Schrittmotors in Abb. 132? Geben Sie das Anschlussschema an.

9.5 Hybrid-Schrittmotor

Die Kombination des Reluktanz-Schrittmotors mit dem Permanentmagnet-Schrittmotor führt zum Hybrid-Schrittmotor. Der Rotor besitzt zwei magnetisierte Zahnräder, daher ist das Magnetfeld des Rotors in axialer Richtung orientiert. Die Zähne eines Zahnrades bilden jeweils Nord- oder Südpole. Da die Zähne gleiche Pole bilden, nennt man diese Bauweise auch *Gleichpol-Bauweise*. Der Längsschnitt eines Hybrid-Schrittmotors ist in Abb. 140 links dargestellt.

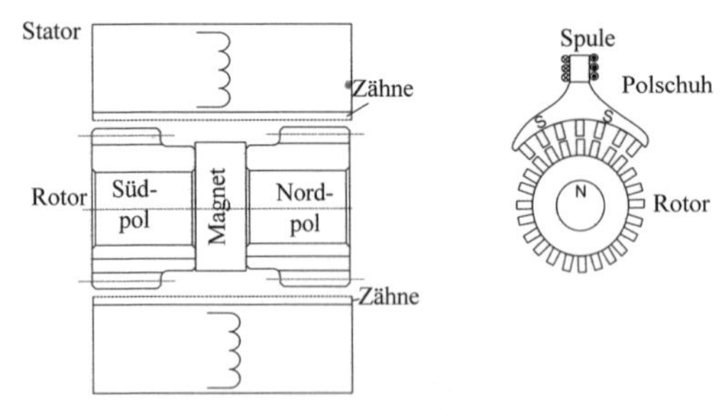

Abb. 140: Hybrid-Schrittmotor, links: Aufbau, rechts: in axialer Richtung versetzt angeordnete Zahnräder mit Nord- bzw. Südpolen

Die Wicklungen 1 und 2 am Stator bestehen aus konzentrierten Spulen, die um gezahnte Polschuhe gewickelt sind. Je nach Stromrichtung entstehen Nord- oder Südpole in den Statorzähnen.

Gleichpol-Bauweise
Der Rotor in Gleichpol-Bauweise besitzt in axialer Richtung magnetisierte Zahnräder.

Die Statorzähne üben Kräfte auf die Rotorzähne aus. Je nach Stromrichtung richtet sich der Rotor (bei fehlender Last) so aus, dass das Zahnrad mit den Nord- oder Südpolen den Statorzähnen gegenübersteht.

Hybrid-Schrittmotor
Der Hybridmotor kombiniert den Vielzahnaufbau des Reluktanzmotors mit dem hohen Drehmoment des PM-Motors. Der Rotor des Hybridmotors ist in axialer Richtung magnetisiert.

Der Stator eines zweisträngigen Schrittmotors mit vier Spulen pro Strang und einem Rotor mit je 50 Zähnen ist in Abb. 141 links dargestellt. Er unterscheidet sich durch die gezahnten Polschuhe von dem in Abb. 138 besprochenen Stator. Abb. 141 rechts zeigt den Rotor. Man erkennt die beiden Zahnräder sowie den Permanentmagneten. Der Rotor dreht sich in den beiden im Stator verankerten Lagern. Die Zähne des Rotornordpols sind um den Winkel α, von den Zähnen des Südpols versetzt, angeordnet.

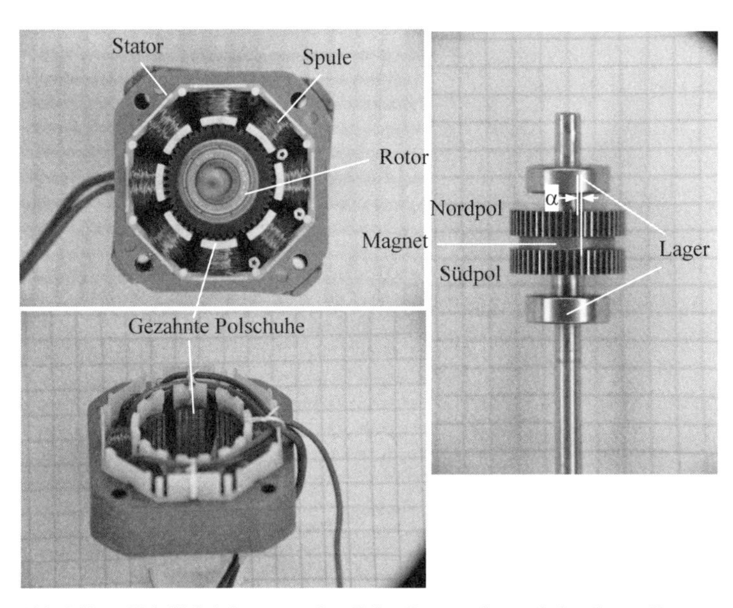

Abb. 141: Hybrid-Schrittmotor, oben links: Statorspulen und eingebauter Rotor, unten links: gezahnte Polschuhe des Stators, rechts: Zahnräder des Rotors (Quelle: eigenes Foto)

Die Polpaarzahl errechnet sich aus der Zähnezahl eines Rotor-Zahnrades. Der in Abb. 141 skizzierte Hybrid-Schrittmotor hat 2 Zahnräder mit jeweils 50 Zähnen. Die Strangzahl ist s = 2. Daher besitzt er einen Schrittwinkel von 1,8°:

$$\alpha = \frac{180°}{2 \cdot 50} = 1{,}8°$$

Die Verwendung eines stark gezahnten Rotors führt zu sehr geringen Winkeländerungen pro Schritt.

Der Hybrid-Schrittmotor ist der am meisten eingesetzte Schrittmotortyp. Ohne elektronische Zusatzmaßnahmen erreichen Hybrid-Schrittmotoren Auflösungen von bis zu 2000 Schritten pro 360° Drehung. Hybrid-Schrittmotoren erreichen höhere Leistungen als Reluktanz-Schrittmotoren.

Zusammenfassung

Wir unterscheiden drei verschiedene Arten des Schrittmotors. Der Dreiphasen-Reluktanzmotor benötigt keinen magnetischen Rotor. Der Rotor besteht aus Weicheisen. Die Polpaarzahl und die Strangzahl beeinflussen den Schrittwinkel. Der Reluktanz-Schrittmotor weist kein Rastmoment auf. Die Richtung des Stroms durch die Spulen ist beim Reluktanz-Schrittmotors unbedeutend. Der Permanentmagnet-Schrittmotor benötigt die Möglichkeit der Stromführung in beiden Spulenrichtungen, um den magnetischen Rotor mit einem geringen Schrittwinkel zu positionieren. Eine verbreitete Bauform des Permanentmagnet Schrittmotors ist der Hybrid-Schrittmotor. Er besitzt einen Rotor mit axialer Magnetisierung. Sowohl der Rotor als auch der Stator bestehen aus Zahnrädern. Die Zähne des Rotors stellen sich in die Stellung des geringsten magnetischen Widerstands. Da er sowohl Permanentmagnete enthält, als auch das Prinzip der Stellung des geringsten magnetischen Widerstands verfolgt, spricht man vom Hybrid-Schrittmotor.

Kontrollfragen

51. Warum weist ein Reluktanz-Schrittmotor kein Rastmoment auf?
52. Welchen Schrittwinkel hätte der in Abb. 132 gezeigte Hybrid-Schrittmotor bei der Strangzahl s = 5.
53. Berechnen Sie den Schrittwinkel eines Hybrid-Schrittmotors mit drei Strängen, wenn ein Rotor mit 36 Zähnen eingesetzt würde?
54. Ein zweiphasiger Hybrid-Schrittmotor besitzt am Rotor 50 Polpaare. In wie viel Schritten dreht sich der Motor um 360°?
55. Verschiedene Schrittmotoren sollen in ihrem Verhalten bewertet werden. Welche Aussagen sind richtig:
    a) Hybrid-Schrittmotoren besitzen ein Haltemoment.
    b) Hybrid-Schrittmotoren benötigen eine bipolare Ansteuerung.
    c) Ein Reluktanz-Schrittmotor benötigt eine unipolare Ansteuerung.
    d) Der Rotor eines PM-Schrittmotors entwickelt ein Rastmoment.

9.6 Ansteuerungsarten

Schrittmotoren können im *Vollschritt-, Halbschritt-, und Mikroschrittbetrieb* angesteuert werden.

Der Vollschrittbetrieb stellt die normale Ansteuerungsvariante von Schrittmotoren dar. In jeder Spule kann der Strom in beide Richtungen fließen, sodass jeweils 2 Magnetfeldrichtungen einstellbar sind. Damit sind bei dem in Abb. 128 skizzierten Motor 4 verschiedene Raumrichtungen des Magnetfeldes erreichbar.

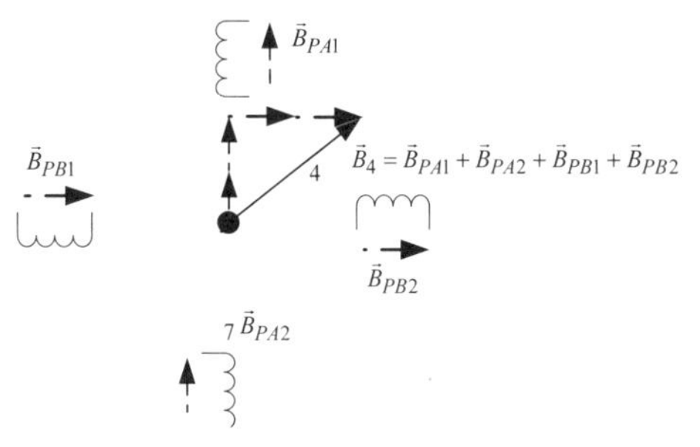

Abb. 142: Ansteuerung der Phasen im Vollschrittbetrieb V2

Das magnetische Feld ändert nach jedem Schritt seine räumliche Ausrichtung um den Schrittwinkel. Die praktische Umsetzung des Prinzips kann zu unerwünschten Schwingungen des Rotors führen, die mit Hilfe von Dämpfungsmaßnahmen unterdrückt werden können.

Zusätzliche Raumrichtungen des magnetischen Feldes entstehen, wenn beide Stränge *oder* nur ein Strang aktiv sind. Der Rotor erreicht bei dem Beispielmotor Abb. 128 zyklisch, die im folgenden Bild dargestellten 8 Richtungen des resultierenden magnetischen Feldes im Halbschrittbetrieb.

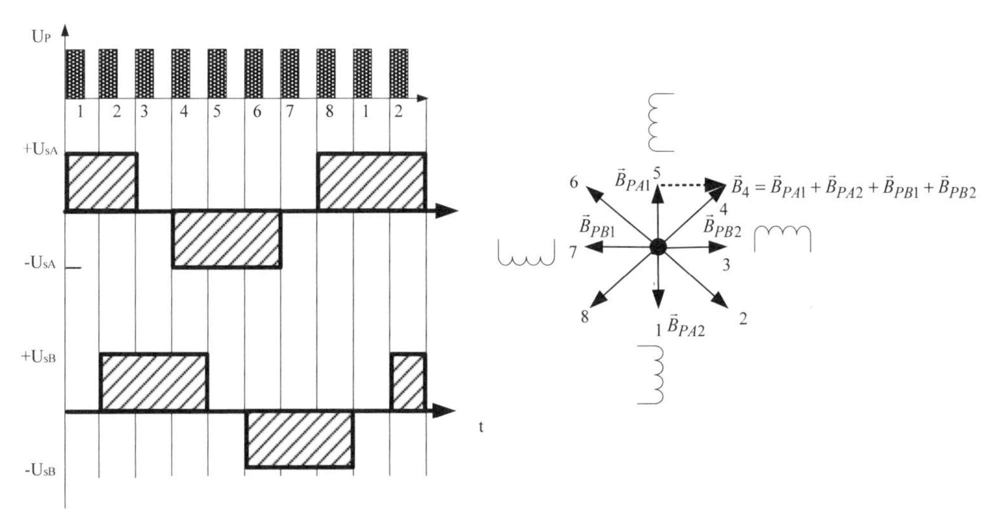

Abb. 143: Halbschritt-Ansteuerungsschema eines Schrittmotors, links: Versorgung der Stränge , rechts: Überlagerung der magnetischen Flussdichten bei gleichzeitigem Anschluss zweier Spulen an die Versorgungsspannung

Die Richtungen 1, 3, 5 und 7 entstehen bei dem Anschluss von nur einer Phase an die Versorgungsspannung. Die Richtungen 2, 4, 6 und 8 entstehen jeweils durch die Überlagerung zweier magnetischer Felder.

Ein Problem entsteht, wenn die Phasenströme unabhängig von der angesteuerten Richtung immer konstant sind. Dann wären die Ströme in den Richtungen 2, 4, 6 und 8 immer um den Faktor $\sqrt{2}$ größer als in den anderen Richtungen. Der Grund liegt in der vektoriellen Überlagerung der magnetischen Flussdichten. Sie sehen in Abb. 143 die Entstehung der Flussdichte $\vec{B}_4$. Die Richtung entsteht, wenn gleichzeitig die Phasen 1 und 2 an die Spannung gelegt werden. Die vektorielle Addition $\vec{B}_4 = \vec{B}_{PA1} + \vec{B}_{PA2} + \vec{B}_{PB1} + \vec{B}_{PB2}$ führt zu dem folgenden Betrag der Flussdichte:

$$B_A = B_{PA1} + B_{PA2}$$

$$B_B = B_{PB1} + B_{PB2}$$

$$B = B_A = B_B$$

$$B_4 = \sqrt{B_A^2 + B_B^2} = \sqrt{B^2 + B^2} = \sqrt{2 \cdot B^2} = \sqrt{2} \cdot B \qquad 9.3$$

Mit der erhöhten magnetischen Flussdichte ist eine Änderung des Drehmomentes verbunden, denn die Flussdichte beeinflusst die Kraftwirkung. Der Schrittmotor würde im Wechsel einen harten und einen weichen Schritt ausführen. Dadurch können Instabilitäten und Resonanzen angefacht werden. Um ein konstantes Moment beizubehalten, müssen die Phasenströme, je nach Richtung des Magnetfeldes, verändert werden. Setzen wir $\frac{B}{\sqrt{2}} = B_A = B_B$ in Gleichung 9.3 ein, erhalten wir $B_4 = B$ und der Betrag der magnetischen Flussdichte bleibt konstant.

Man versucht den Strom beider Phasen in den Halbschrittstellungen zu verringern, um ein konstantes Moment zu erhalten. Daher werden die Spannungen in den Phasen A und B abgesenkt, wenn beide Spulen versorgt werden müssen. Die Spannungsverläufe ändern sich daher. Es entstehen die beiden in Abb. 144 dargestellten Phasenspannungen, die an sinusförmige bzw. cosinusförmige Verläufe erinnern.

Mikroschrittbetrieb

Es werden Wege gesucht, den Schrittwinkel des Schrittmotors zu verringern. Wir haben gelernt, dass die Verfeinerung der Winkelschritte des Schrittmotors durch die Erhöhung der Polpaarzahl und die Vergrößerung der Strangzahl bewirkt werden kann. Ein anderer Weg die Schritte feiner zu gestalten, ist der *Mikroschrittbetrieb*. Abb. 145 zeigt einen Schrittmotor mit 2 Phasen, so wie im letzten Abschnitt beschrieben wurde. Die Spulen einer Phase liegen vertikal bzw. horizontal und sind in Reihe geschaltet. Im Vollschrittbetrieb entstehen 4 und im Halbschrittbetrieb 8 resultierende Magnetfeldrichtungen im Stator.

Mikroschrittbetrieb
Der Vollschritt eines Schrittmotors kann durch die gezielte Vorgabe geeigneter Stromwerte pro Strang in Teilschritte, die wir Mikoschritte nennen, unterteilt werden.

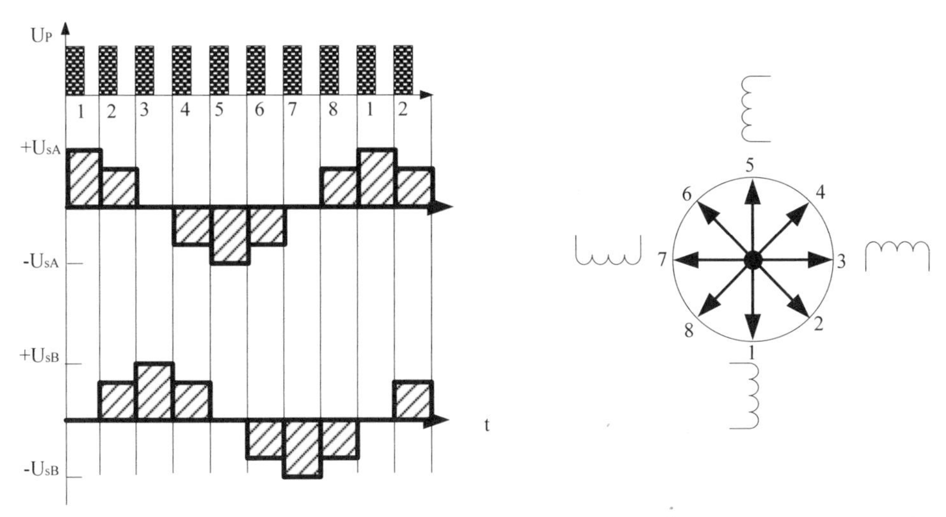

Abb. 144: Halbschritt-Ansteuerungsschema eines Schrittmotors, links modifizierte Spannungssteuerung mit Absenkung der Spannung in den Vollschritten, resultierende Flussdichte

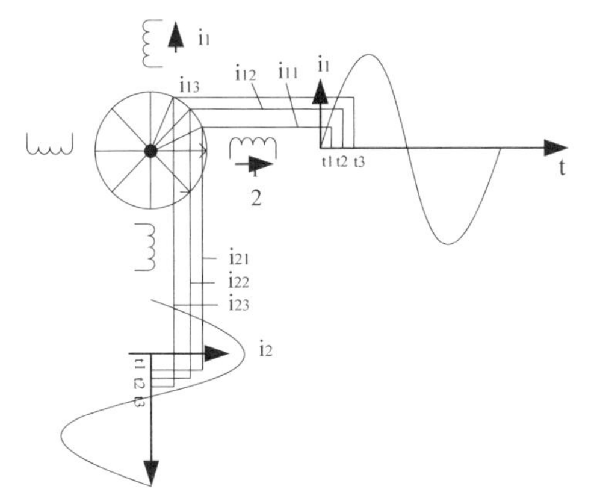

Abb. 145: Mikroschrittbetrieb bei einem Schrittmotor mit zwei Wicklungssträngen

Prinzipiell kann man beliebig kleine Winkelschritte auf elektronischem Weg erreichen. Die grundlegende Idee besteht darin, den Strom einzelner Stränge auf genau berechnete Werte zu regeln. Es entsteht ein kreisförmiges, drehendes Magnetfeld, wenn die Ströme in den beiden Phasen nach harmonischen Funktionen verlaufen. Allerdings muss die eine Phase einen Phasenunterschied von 90° aufweisen. Zusätzlich ist es erforderlich, dass die Spulen am Umfang um 90° gedreht angeordnet sind. Diese Bedingung ist bei den zweiphasigen Schrittmotoren erfüllt. Der kontinuierliche Verlauf der Ströme wird im Mikroschrittbetrieb durch einen zeitdiskreten, diskontinuierlichen Verlauf ersetzt. In bestimmten Zeitabständen werden die Ströme aus vorgegebenen Sinus- bzw. Kosinus-Kurven entnommen. Diese Sollwerte werden in der Steuerung zur Pulweitenmodulation oder zur Stromregelung genutzt. Meistens werden dazu die Sollwerte in Tabellen abgelegt, die durch einen Mikrorechner ausgelesen werden. Die Abb. 145 zeigt als Beispiel die Ermittlung dreier Stromwerte aus den Soll-Stromverläufen der Phasenströme zu den Zeitpunkten t_1, t_2 und t_3 für die Phasen 1 und 2. Es entstehen zwischen zwei Halbschritten drei Zwischenschritte.

Die Güte der Mikroschritt-Einstellung wird durch Reibung, Rastmomente, Regelabweichungen im Stromregler usw. beeinflusst. Es sind ca. 5000–10000 Schritte pro Umdrehung mit Standard-Techniken realisierbar.

Zusammenfassung
Man unterscheidet bei der Ansteuerung von Schrittmotoren den Vollschritt, -Halbschritt- und den Mikroschrittbetrieb. Wenn beide Stränge im Halbschrittbetrieb aktiv sind und die Ströme immer gleich groß sind, kommt es zu Vektoren der magnetischen Flussdichte mit unterschiedlichem Betrag. Dadurch entsteht ein unterschiedlich großes Antriebsmoment im Schrittmotor. Daher werden die Spulen so angesteuert, dass die Flussdichten um den Faktor $\sqrt{2}$ geringer sind als bei Ansteuerung beider Stränge. Durch den Mikroschrittbetrieb werden Zwischenschritte eingeführt. Bei einem Schrittmotor mit 2 Wicklungssträngen entnimmt man die einzustellenden Ströme sinusförmigen Strom-Sollkurven. Die Auflösung wird verbessert. Diese Betriebsart erfordert bei einer gewünschten, hohen Genauigkeit des Stromverlaufs eine Stromregelung in den Strängen.

Kontrollfragen

56. Mit welcher Ansteuerungsart eines Schrittmotors erhält man den geringsten Schrittwinkel?
57. Ein zweisträngiger Schrittmotor wird im Halbschrittbetrieb eingesetzt. Der Betrag der Flussdichten der Spulen kann nicht verändert werden. Ergeben sich dadurch Positionierfehler? Welche Nachteile entstehen?
58. Ein zweisträngiger Schrittmotor wird im Halbschrittbetrieb eingesetzt. Werden beide Stränge aktiviert, kann nur die Flussdichte eines Strangs verringert werden. Bleibt die Genauigkeit des Schrittmotors erhalten?
59. Muss die Flussdichte der Spulen eines zweisträngigen Schrittmotors im Mikroschrittbetrieb je nach Winkellage verändert werden, um den Betrag der resultierenden Flussdichte konstant zu halten?
60. Bei welchem Lastwinkel entsteht das maximale Drehmoment beim Schrittmotor mit $p = 1$ bzw. $p = 2$?
61. Berechnen Sie den Auslenkungswinkel e für einen zweisträngigen Schrittmotor der Polpaarzahl $p = 30$ mit $M_{max} = 500$ Ncm und einem Belastungsmoment $M = 100$ Ncm.
62. Welche Funktion hat eine Freilaufdiode?

10 Die Gleichstrommaschine

Als einer der Erfinder der Gleichstrommaschine gilt Werner von Siemens, der 1856 den Doppel-T-Anker (Abb. 148) zur Spannungserzeugung einsetzte. Die Entwicklung hatte den Nachteil, dass eine stark pulsierende Gleichspannung entstand. Im Jahr 1872 hat Friedrich von Hefner-Alteneck den Ringanker erfunden, bei dem mehr Leiter an der Spannungsbildung beteiligt sind als bei dem Doppel-T-Anker. Durch die Weiterwicklung des Ankers zu den auch heute noch verwendeten Schleifen- und Wellenwicklungen verbesserte sich der Wirkungsgrad der Maschine immer mehr. Die besonderen Vorzüge der Gleichstrommaschine liegen in der guten Steuer- und Regelbarkeit der Drehzahl. Die in diesem Kapitel vorgestellten Gleichstrommaschinen sind mit Grafitbürsten ausgestattet, die Nachteile mit sich bringen.

Gleichstrommaschinen werden z. B. im Kraftfahrzeug bei verschiedenen Anwendungen, wie dem Wischerantrieb, eingesetzt. Zur Einstellung eines gewünschten Drehmomentes im Pkw Verbrennungsmotor ist ein bestimmtes Luft-Kraftstoff-Gemisch erforderlich. Über die Drosselklappe wird die Gemischbildung geregelt. Sie stellt den Durchfluss-Querschnitt im Ansaugkanal für die von den Zylindern angesaugte Frischluft ein. Dazu wird ein Gleichstrommotor verwendet, der vom Motor-Steuergerät angesteuert wird. Die aktuelle Stellung der Drosselklappe wird z. B. über ein Potenziometer gemessen und diese Information dem Steuergerät zurückgeführt. Das Steuergerät regelt mit dieser Information die Stellung der Drosselklappe.

Wir wollen in diesem Kapitel das Wirkprinzip der Gleichstrommaschine kennenlernen und Gleichungen zur Berechnung mechanischer und elektrischer Größen angeben. Dabei gehen wir ausschließlich vom stationären Betrieb aus. Die zeitlichen Änderungen von Drehzahlen, Strömen und Momenten werden nicht betrachtet.

10.1 Das Barlowsche Rad

Zuerst gehen wir auf eine schon sehr früh gefundene Anordnung ein, die das Prinzip der Krafterzeugung auf stromdurchflossene Leiter zum Antrieb von rotatorischen Aktoren verwendet. Es handelt sich um die als das „Barlowsche Rad" bekannt gewordene Maschine. Peter Barlow war ein in England arbeitender Wissenschaftler und hat das Prinzip 1822 entwickelt (Barlow, 1824). Die Anordnung besteht aus einer Scheibe aus Kupfer, die im unteren Bereich in einen Quecksilberteich eintaucht. Die Welle und das Lager sind aus leitfähigem Material, die mit der Spannungsquelle verbunden sind. Der Quecksilberteich ist ebenfalls mit der Spannungsquelle verbunden. Über den Quecksilberteich fließt der Strom auf die Scheibe in Richtung Lager. Die Scheibe liegt innerhalb eines magnetischen Feldes, das senkrecht zur Stromrichtung wirkt. Im Bereich des Luftspalts des Magneten wirken Kräfte nach dem elektrodynamischen Kraftgesetz 7.1.

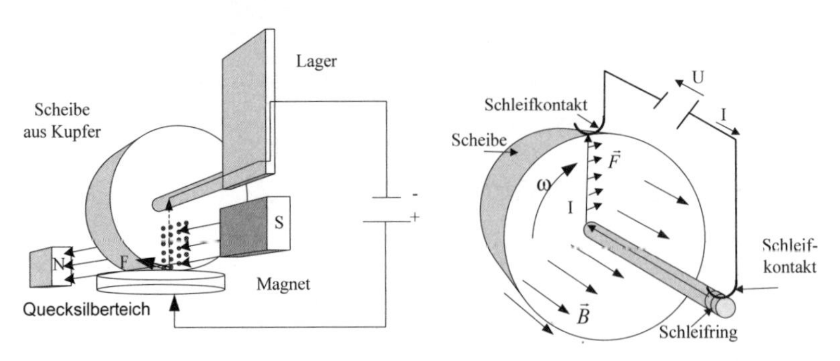

Abb. 146: Das Barlowsche Rad, links: Aufbau mit Quecksilberteich, rechts: Verwendung von Schleifkontakten (Grafitbürsten)

Die Kräfte beschleunigen die Scheibe zu einer Drehbewegung. Natürlich ist die Stromübertragung über Quecksilber mit Gefahren verbunden, aber das Prinzip hat den Vorteil, dass es ohne eine Stromwendung auskommt.

Eine leichte Modifikation der Anordnung, die ohne einen Quecksilberteich auskommt, zeigt die Abb. 146 rechts. Die drehbar gelagerte Scheibe befindet sich in einem magnetischen Feld der Stärke B, das z. B. durch einen Permanentmagneten hervorgerufen wird. Die Welle, auf der die Scheibe befestigt ist, besteht aus einem elektrisch leitfähigen Material. Der Welle wird über einen *Schleifring* ein elektrischer Strom zugeführt.

10.2 Die Unipolarmaschine

Die Unipolarmaschine als Generator zur Erzeugung hoher Gleichströme bei niedrigen Spannungen ist in Abb. 147 skizziert. Die Unipolarmaschine oder auch Homopolarmaschine ist in vereinzelten Anwendungen realisiert worden. Das Bild zeigt eine Scheibe, die aus drei fest miteinander verbundenen Bestandteilen besteht. Die äußeren Scheiben sind als Permanentmagneten, die axial magnetisiert sind, ausgeführt. Die Scheibenmagnete sind mit der mittleren, gut leitenden Scheibe befestigt. Wird die Scheibe durch eine mechanische Antriebskraft gedreht, entstehen zwischen den Schleifkontakten (geringe) Spannungen. Je nach Ausführung können aber sehr hohe Gleichströme fließen.

> Eine **Unipolarmaschine** besteht aus einer leitenden Scheibe, die im Magnetfeld konstanter Richtung und Stärke dreht und hohe Gleichströme bei niedrigen Spannungen erzeugt.

Das Prinzip des Unipolargenerators wurde im letzten Jahrhundert entwickelt und die Wirkungsweise lange diskutiert. Bruce de Palma (De Palma, 1980) nannte das Bauprinzip das „N-Machine“-Konzept. Er berichtet in seiner Veröffentlichung von den Experimenten zu einer Maschine, die mit einem Drehstrom Elektromotor angetrieben wurde. Der Antrieb trieb den Rotor mit einer Drehzahl von 6000 1/min an. Die Messung des Stroms erfolgt über den Spannungsabfall an Widerständen (Shunts) und ergab einen Strom von 7200 A bei einer erzeugten Gleichspannung von 1,5 V.

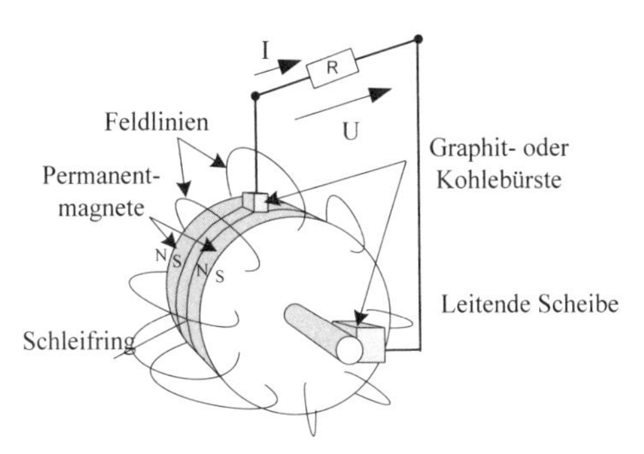

Abb. 147: Unipolargenerator (N-Machine)

10.3 Aufbau der Gleichstrommaschine

Im Unterschied zur Unipolarmaschine besitzt die Gleichstrommaschine, wie die meisten heute verwendeten elektrischen Maschinen, einen ruhenden Stator oder Ständer und einen beweglichen, drehenden Rotor. Der Rotor wird als Anker bezeichnet. Im Stator sind Spulenwicklungen untergebracht, deren Anschlüsse mit einer Spannungsquelle verbunden werden. Durch den Stromfluss wird ein meist konstantes, magnetisches Feld erzeugt. Bei Maschinen mit einer geringen Leistung werden anstelle der Spulen auch starke Permanentmagnete verwendet.

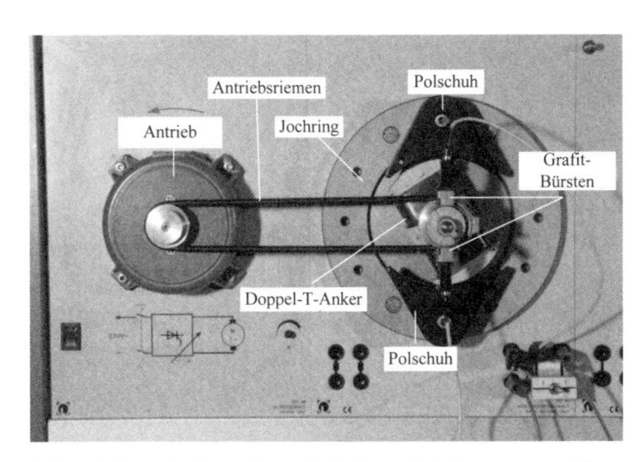

Abb. 148: Aufbau einer einfachen Gleichstrommaschine aus einem Baukasten für elektrische Maschinen

Die Abb. 148 zeigt die wesentlichen Komponenten einer einfachen Gleichstrommaschine, die aus Elementen eines Baukastens für elektrische Maschinen zusammengesetzt wurde. Hinter den beiden Polschuhen verbergen sich Permanentmagnete, die den magnetischen Fluss aufbauen. Der Doppel-T-Anker enthält zwei in Reihe geschaltete Spulen und wird über einen Antrieb und einen Riemen gedreht. Die Drehzahl kann verstellt werden. Durch Spannungsinduktion entstehen pulsierende Gleichspannungen, die über die beiden Grafit-Bürsten abgegriffen werden können. Der Aufbau kann nur geringe Spannungen erzeugen, da das Magnetfeld durch Ferrit-Magnete erzeugt wird, die eine geringe magnetische Flussdichte aufweisen.

Die wesentliche Erfindung von Werner von Siemens war es, dass er Spulen anstelle der Magnete hinter den Polschuhen benutzte, die allerdings nicht über eine eigene Stromquelle versorgt werden mussten. Er erfand das Prinzip der Selbsterregung, das besagt, das aufgrund einer Remanenz in den Eisenkernen der Spulen bereits ohne Stromfluss eine Spannung induziert wird. Durch eine geeignete Schaltung kann diese Spannung ausgenutzt werden, um einen Strom durch die Spulen zu erzeugen. Dadurch steigt der magnetische Fluss der Spulen an und es entsteht ein Aufschaukel-Vorgang, der schließlich in einem stabilen Spannungsarbeitspunkt endet.

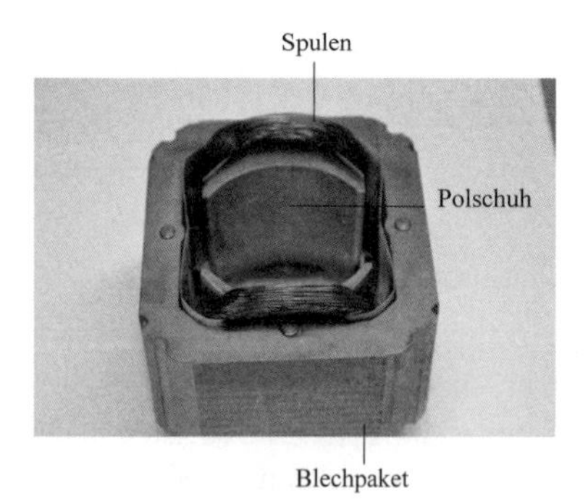

Abb. 149: Spulen im Stator oder Ständer einer Gleichstrommaschine (Quelle: eigenes Foto)

Die Abb. 149 stellt die Spulen im Stator einer Gleichstrommaschine zum Aufbau des magnetischen Feldes dar. Um den magnetischen Fluss besser zu führen, liegen die Spulen in einem Blechpaket eingebettet. Die Abbildung zeigt die Spulen, die um die sich erweiternden Polschuhe gewickelt sind.

In der Abb. 150 ist ein Aktor mit einem Gleichstrommotor dargestellt. Der Stator wurde entfernt, sodass der Anker mit dem Kommutator erkennbar wird. Der Motor treibt über ein Getriebe ein Schneckenrad an. Das Schneckenrad bewegt über ein weiteres, nicht dargestelltes Zahnrad eine Teleskopantenne. Über Endschalter wird die Bewegung bei ausgezogener oder eingefahrener Antenne gestoppt. Die wichtigsten Bauteile sind der Anker, die Ankerspulen, der Stromwender oder Kommutator, die Wicklung des Ankers und das Anker-Blechpaket. Das Blechpaket besteht aus lamellierten und gegeneinander isolierten Eisenblechen. In die Nuten am Umfang werden die Wicklungen eingelegt.

Die Stromwenderlamellen sind nicht elektrisch verbunden! Auf dem Stromwender mit den Stromwenderlamellen gleitet eine Grafitbürste, die den Strom auf die Spulen des Ankers überträgt.

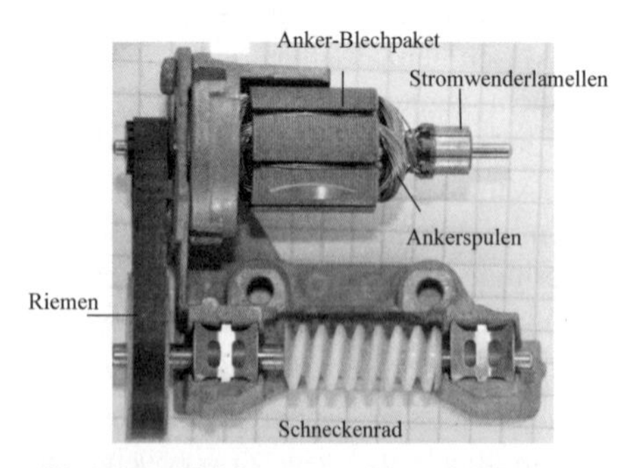

Abb. 150: Gleichstrommaschine mit Schneckenrad (Quelle: eigenes Foto)

Die Verwendung der Grafitbürsten führt zu einem Verschleißteil, das bei zu langer Nutzung der Maschine ausgetauscht werden muss, wie in der Abb. 151 zu sehen ist. Die Abb. 152 verdeutlicht die Bürstenhalterung. Die Grafitbürsten werden über eine gespannte Feder auf die Stromwenderlamellen gedrückt.

Abb. 151: Grafitbürsten, links: Neuzustand, rechts abgenutzt (Quelle: eigenes Foto)

Abb. 152: Bürstenhalterung mit Feder am Stator einer Gleichstrommaschine (Quelle: eigenes Foto)

Wirbelströme

Es bleibt noch die Frage offen, warum eigentlich das Blechpaket des Ankers aus gegeneinander isolierten dünnen Blechen besteht? Der Grund dafür ist die Entwicklung von Wirbelströmen im Eisenkreis bei wechselnden magnetischen Feldern. Der Anker dreht sich im Magnetfeld, daher ändert sich für die Ladungsträger im Innern das Magnetfeld ständig. Der Metallkern stellt eine kurzgeschlossene, leitende Verbindung dar. Dadurch werden Spannungen induziert und es fließen Ströme, die als (unerwünschte) Wirbelströme bezeichnet werden.

> **Wirbelströme**
> Unter Wirbelströmen verstehen wir unkontrollierte elektrische Ströme in leitenden Bauteilen des Stators oder des Rotors einer elektrischen Maschine aufgrund von magnetischen Wechselfeldern.

Dadurch erwärmt sich das Eisen und es entstehen Leistungsverluste. Infolge der Verwendung gestanzter, dünner Bleche, die ca. 0,1–0,3 mm dick sind und einseitig mit Lack isoliert sind, können sich die Ströme nur begrenzt ausbilden und die Verluste sinken. Die Wirbelstromausbildung bei monolithischem Anker und lamellierten Anker ist in Abb. 153 illustriert. Im linken Bild ist gezeigt, wie die Wirbelströme sich über den gesamten Anker ausbilden.

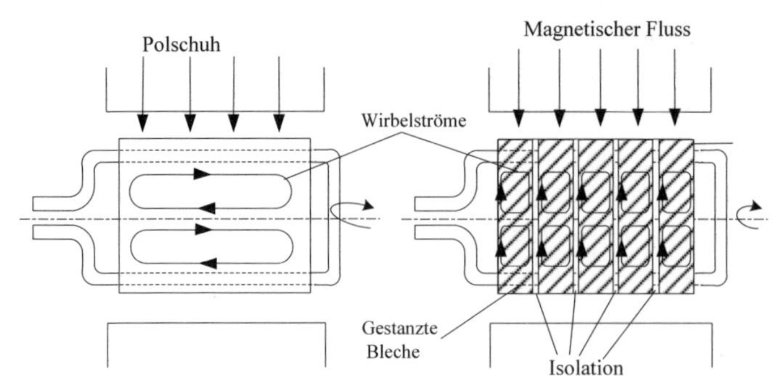

Abb. 153: Wirbelstromentstehung, links: massiver Eisenkern, rechts Wirbelströme im lamellierten Blechen

Rechts ist der Effekt der Lamellierung verdeutlicht. Die Wirbelströme können nur in den dünnen Blechen, die in der Abbildung gekennzeichnet sind, entstehen. Insgesamt werden dadurch die Verluste geringer.

Zusammenfassung

Das Prinzip der Kraftwirkung auf stromführende Leiter wird bei rotierenden Aktoren und Generatoren angewandt. Die Kräfte auf eine elektrisch leitfähige Scheibe, die über Schleifringe mit Strom versorgt wird und sich im Magnetfeld befindet, bewirken eine Drehung der Scheibe. Die Unipolarmaschine als Generator umfasst einen Rotor, der drei miteinander verbundene Scheiben enthält, wovon die äußeren Scheiben magnetisch sind.

Die Gleichstrommaschine besteht aus dem Stator und dem Läufer, der auch als Anker bezeichnet wird. Der Stator enthält die Erregerwicklung, die den magnetischen Fluss aufbaut. Am Anker befindet sich der Stromwender, der auch Kommutator genannt wird. Der Stromwender besteht aus einzelnen Lamellen, an die die Spulen des Ankers angeschlossen werden. Die Spulen des Ankers sind in die Nuten eines Blechpaketes eingelegt. Das Blechpaket besteht aus einzelnen, mit Isolierlack getrennten Blechen. Durch die einzelnen Bleche wird die Ausbildung von Wirbelströmen verringert. Dadurch erwärmt sich der Anker weniger und die Verluste werden geringer.

Kontrollfragen

63. Beschreiben Sie die Funktion des Kommutators.
64. In einem inhomogenen Magnetfeld liegt ein Rotor mit vier stromdurchflossenen Leitern (Stromstärke 2.5 A, Länge $l = 10$ cm) einer elektrischen Maschine (Abb. 154). Die magnetische Flussdichte habe die Stärke $B_{E1} = B_{E2} = B_{E3} = B_{E4} = 1$ T, wirkt aber in unterschiedlichen Richtungen.
    a) Auf welchen Leiter wirkt die größte Kraft in tangentialer Richtung des Rotors?
    b) Berechnen Sie die Kräfte auf die Leiter in tangentialer Richtung.

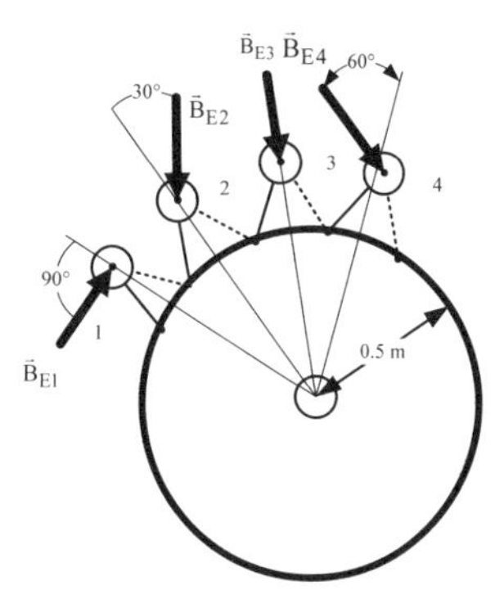

Abb. 154: Magnetische Flussdichtevektoren unter verschiedenen Winkeln

10.4 Kräfte auf eine Leiterschleife und mechanische Kommutierung

Wir wollen die Entstehung der Kraftwirkung und die Begründung der Stromwendung in den Spulen des Ankers der Gleichstrommaschine behandeln. Die einfachste Form der Gleichstrommaschine besitzt einen Anker, der nur aus einer Leiterschleife besteht. Die Leiterschleife besteht aus dem Hinleiter, dem Rückleiter, der Verbindungsleitung und den Anschlüssen. Sie bildet die Fläche mit dem Flächeninhalt A, deren Orientierung durch den Flächenvektor $\vec{A}$ angegeben wird. Die magnetische Flussdichte wirkt von unten nach oben.

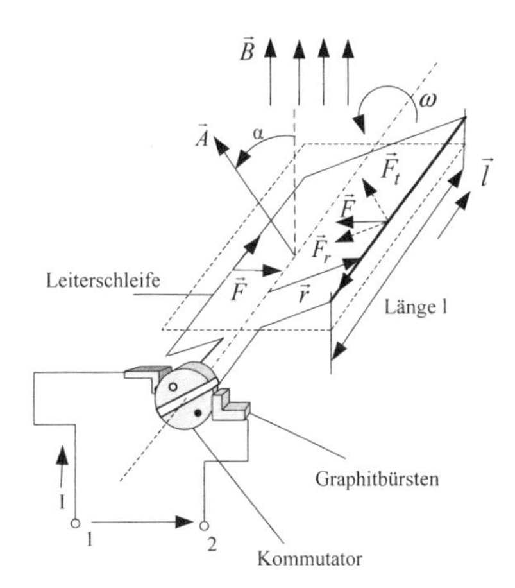

Abb. 155: Spule einer Ankerwicklung, Kräfte auf eine Leiterschleife, mechanischer Stromwender

Wie wir der Darstellung in Abb. 155 entnehmen, befinden sich an den Anschlüssen der Leiterschleife zwei Halbschalen, die den Stromwender oder Kommutator bilden. Der linke Teil der Leiterschleife ist mit der oberen Halbschale fest verbunden und der rechte Anschluss ist mit der unteren Halbschale fest verbunden. An die Halbschalen drücken zwei Stromabnehmer in Form von Kohle- oder Grafitbürsten. Der Strom fließt von der Klemme mit der Nummer 1 der Spannungsquelle über die linke Hälfte der Leiterschleife zur rechten Hälfte und über die rechte Kohlebürste wieder ab. Die Kraft wirkt im linken Leiter nach rechts und im rechten Leiter nach links. Dadurch entsteht ein Drehmoment, das die Leiterschleife antreibt. Wir sehen am rechten Leiter, dass die entstehende Kraft in zwei Komponenten zerlegt wurde, deren Beträge F_t und F_r heißen. Das Drehmoment entsteht *nur* durch die tangential wirkende Kraft-Komponente $\vec{F}_t$, die radial wirkende Komponente $\vec{F}_r$ versucht die Leiterschleife zusammenzudrücken.

10.4.1 Gleichgewichtszustände

Wir stellen uns vor, die Leiterschleife dreht sich aufgrund der tangentialen Kraftkomponente weiter. Im Fall, dass der Flächenvektor $\vec{A}$ senkrecht nach unten zeigt, ist die Komponente F_t allerdings null. Die Bewegung käme zum Stillstand. Es entsteht ein stabiles Kräftegleichgewicht. Aus dem stabilen Gleichgewichtszustand kann keine fortlaufende Drehung der Leiterschleife erfolgen. Dreht man die Schleife aus diesem Zustand etwas heraus, würde die angreifende Kraft versuchen sie in die stabile Lage zurückzudrehen!

Die Leiterschleife befindet sich in der Situation in Abb. 156 links im stabilen Gleichgewicht, rechts im Bild befindet sich die Leiterschleife im Zustand eines *labilen* Gleichgewichts, da die Stromrichtung in der Schleife geändert wurde (Kommutierung!). Wie in Abb. 156 rechts dargestellt, entsteht eine Komponente der Kraft, die die Schleife antreibt, da sich die Stromrichtung in den Leitern geändert hat. Kurze Zeit bevor die Stromwendung erfolgt liegt ein stabiles Gleichgewicht der Kräfte vor.

Weshalb dreht die Schleife trotz des stabilen Gleichgewichts weiter? Der Grund liegt in der Trägheit der Schleife. Eine auch nur geringe Weiterdrehung der Schleife aufgrund der eigenen Trägheit bei der Drehung bedingt die Ausbildung eines wachsenden Drehmomentes auf die Schleife aus dem dann vorliegenden labilen Gleichgewichtszustand.

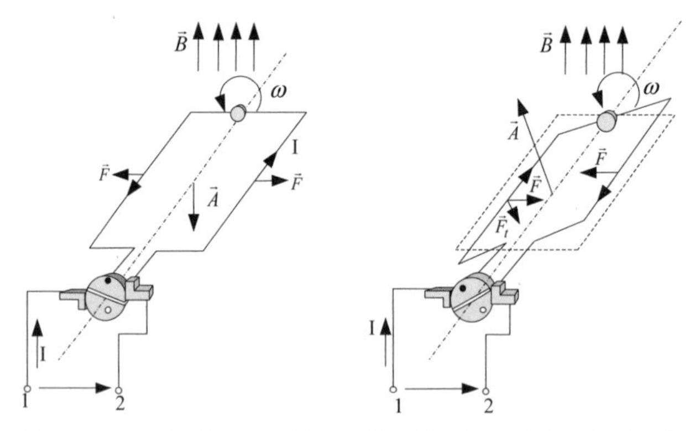

Abb. 156: Kraftrichtungen, links: stabiler Gleichgewichtszustand, rechts: nach der Kommutierung

Stromwender oder **Kommutator**
Als Stromwender einer drehenden elektrischen Maschine wird eine kreisförmige Anordnung von leitenden Segmenten oder Lamellen bezeichnet, die gegeneinander isoliert sind und mit den rotierenden Leiterschleifen verbunden sind. Der Stromwender oder Kommutator hat die Aufgabe, die Stromrichtung in den Leiterschleifen an die äußere Magnetfeldrichtung anzupassen, so dass eine konstante Kraftrichtung entsteht.

10.4.2 Berechnung des Drehmoments auf eine Spule

Das antreibende Moment, das auf die drehbar angeordnete, stromdurchflossene Leiterschleife in einem Magnetfeld wirkt, wollen wir mithilfe einer Gleichung berechnen. Wie Abb. 155 darstellt, wirken am oberen und unteren Leiter der Leiterschleife Kräfte, die ein Kräftepaar bilden. Die Kraftberechnung für einen Leiter erfolgt über die Formel,

$$\text{Kraft: } \vec{F} = I \cdot \left(\vec{l} \times \vec{B}\right) \qquad 10.1$$

Der Ortsvektor $\vec{r}$ beschreibt den Abstand vom Bezugspunkt, der auf der Drehachse liegt, zu einem beliebigen Punkt auf der Wirkungslinie der Kraft. Das Drehmoment wird über das Kreuzprodukt berechnet:

$$\text{Moment: } \vec{M} = \vec{r} \times \vec{F} \qquad 10.2$$

Einsetzen der Formel 10.1 in 10.2 führt zur folgenden Gleichung:

$$\vec{M} = \vec{r} \times I \cdot \left(\vec{l} \times \vec{B}\right) = I \cdot \left[\vec{r} \times \left(\vec{l} \times \vec{B}\right)\right]$$

Dieses Moment wirkt jeweils auf beide Leiter der Leiterschleife. Das Gesamtmoment ergibt sich durch die Addition beider Momente.

$$\vec{M}_{ges} = 2 \cdot \vec{r} \times I \cdot \left(\vec{l} \times \vec{B}\right) = I \cdot \left[2 \cdot \vec{r} \times \left(\vec{l} \times \vec{B}\right)\right]$$

Mit den Vektoren $\vec{r}$ und $\vec{l}$ können wir den Flächenvektor $\vec{A}$ ausdrücken.

$$\text{Fächenvektor: } \vec{A} = 2 \cdot \vec{r} \times \vec{l} \qquad 10.3$$

Diesen Flächenvektor setzen wir in die Berechnungsformel für das Moment ein:

$$\vec{M}_{ges} = I \cdot \left[\left(\vec{A} \times \vec{B}\right)\right]$$

Die Richtung des Momentenvektors bleibt gleich, der Betrag ändert sich. Wenn wir uns vorstellen, dass wir eine Leiterschleife mit N Schleifen, die als Spule gewickelt sind, verwenden, ergibt sich für den *Betrag* des Momentes Gleichung 10.4:

$$M = N \cdot I \cdot A \cdot B \cdot \sin\sphericalangle\left(\vec{A}, \vec{B}\right) \qquad 10.4$$

Wir stellen fest, dass das Moment von der Anzahl der Windungen, der Fläche der Leiterschleife, dem Strom und der magnetischen Flussdichte B abhängt. Der Betrag des Moments ändert sich nach einer Sinusfunktion.

Immer wenn der Drehwinkel der Leiterschleife die Werte 90, 270° 450° etc. annimmt, entstehen maximale Momente. Bei den Winkeln $n \cdot \pi, n = 1, 2, \cdots \infty$ stellt sich ein stabiler Gleichgewichtszustand ein. Aufgrund der Umpolung der Stromrichtung durch den Kommutator wird daraus *ein labiler Gleichgewichtszustand*, wie wir aus Abb. 156 erfahren haben.

Durch die Umpolung der Stromrichtung mithilfe des Kommutators gelingt es, die negativen Halbwellen des Momentes umzudrehen und wir erhalten den in der folgenden Abbildung skizzierten pulsierenden Momentenverlauf.

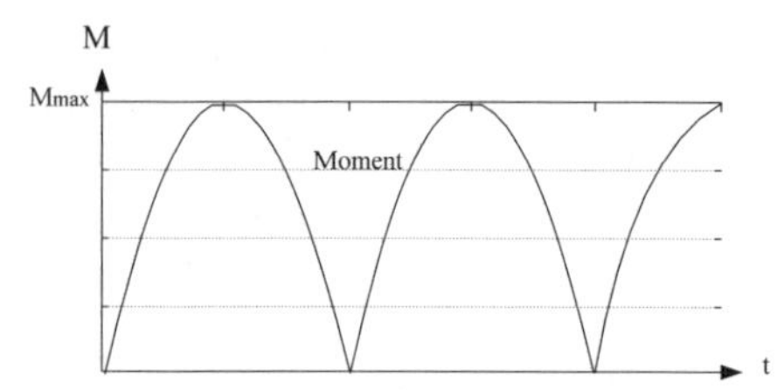

Abb. 157: Momentenverlauf bei der Drehung einer Leiterschleife

Dieser Verlauf ist stark pulsierend und das Moment geht auf den Wert null zurück. Daher ist man bestrebt eine Anordnung zu finden, die ein möglichst konstantes Moment bewirkt.

10.4.3 Kräfte auf mehrere Leiterschleifen

Wir wollen das Konzept der Kommutierung einer Leiterschleife erweitern und eine zweite Leiterschleife, die senkrecht zur ersten steht, einfügen. Dazu betrachten wir Abb. 158. Beide Leiterschleifen werden durch einen Gleichstrom über je einen Kommutator gespeist. Auch die beiden Kommutatoren sind um 90° versetzt angeordnet. In jeder der beiden Schleifen entsteht ein pulsierender Momentenverlauf gemäß Abb. 159. Die neu hinzugekommene Schleife erzeugt den mit Moment 2 bezeichneten Momentenverlauf.

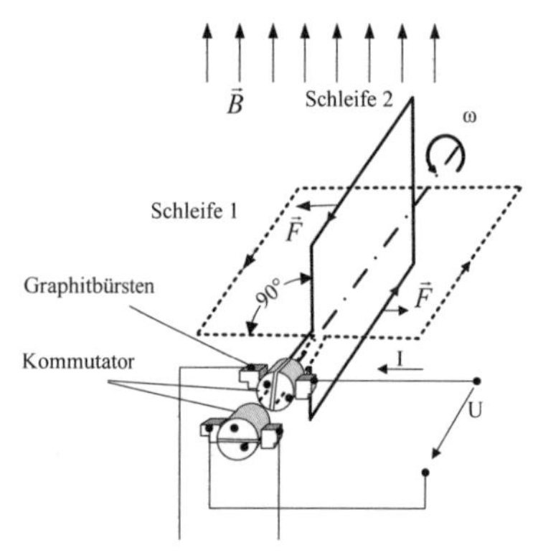

Abb. 158: Zwei versetzt angeordnete Leiterschleifen mit je einem Kommutator

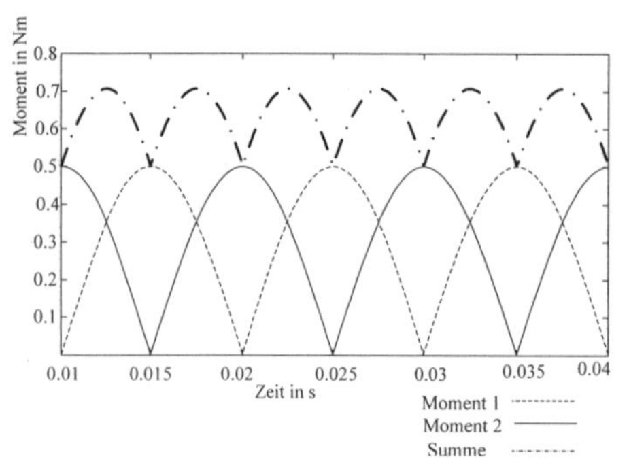

Abb. 159: Momentenverläufe zweier Leiterschleifen und Summenmoment für ein Anwendungsbeispiel (Berechnung und grafische Darstellung mit WINFACT)

Die Momentenverläufe in den beiden Schleifen sind um den Winkel 90° versetzt. Da beide Leiterschleifen miteinander verbunden sind, addieren sich die beiden Momentenverläufe. Wir erhalten den folgenden strichpunktierten Gesamt-Momentenverlauf.

Das resultierende Moment ist ausgeglichener und geht nicht auf null zurück. Grundsätzlich könnte man versucht sein, noch mehr Leiterschleifen zu verwenden, die an entsprechende, in Reihe geschaltete Kommutatoren angeschlossen werden. Dieser Ansatz ist jedoch mit Verlusten und einem zu hohem Aufwand verbunden. Denn durch die vielen, gleitenden Bürsten entstehen Spannungsverluste.

Wir wollen überprüfen, ob ein Stromwender mit vier Lamellen ein kontinuierliches Drehmoment bringt. Der bisher nur aus je zwei Halbschalen bestehende Stromwender oder Kommutator wird durch vier Segmente ersetzt, d. h. er bekommt so viel Segmente wie räumlich verteilte Leiter benutzt werden.

Zum Verständnis des Gedanken-Modells dient Abb. 160. Die Schleife 1 ist mit den Lamellen a und c des Stromwenders verbunden, die Schleife 2 mit b und d. Die beiden Schleifen sind allerdings (noch) nicht in Reihe geschaltet. Die Drehung der Leiterschleifen führt zu einem Wechsel der Stromführung in den Schleifen 1 und 2. Leider bekommen wir keine Addition der Drehmomente, sondern bezogen auf die Kurven in Abb. 161 wird das Moment durch Umschaltung der Stromführung auf die jeweils nächste Leiterschleife umgeschaltet. Es trägt jeweils nur eine der Schleifen zur Momentenbildung bei. Die Momentensprünge beanspruchen die angetriebenen Komponenten im zeitlichen Wechsel. Diese Methode ist daher nicht besonders gut geeignet.

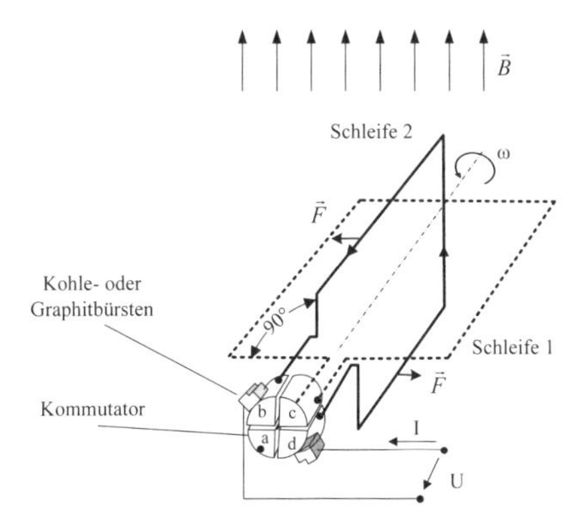

Abb. 160: Stromwender mit 4 Segmenten oder Lamellen, Leiterschleifen sind nicht verbunden

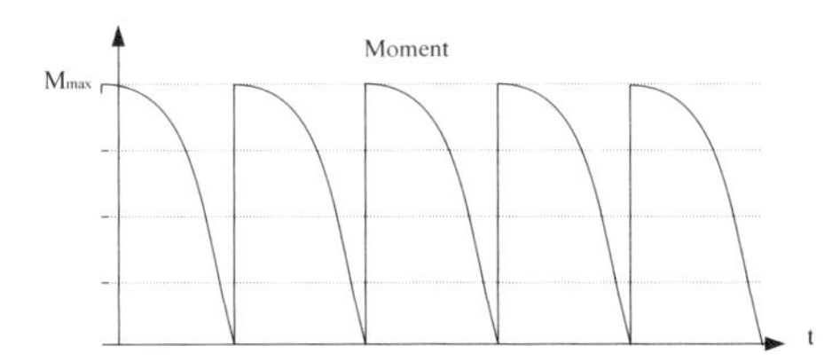

Abb. 161: Momentumschaltung durch zwei nicht verschaltete Leiterschleifen

Da das Ergebnis noch nicht zufriedenstellend ist, werden wir im nächsten Abschnitt eine Verschaltung mehrerer Leiterschleifen kennenlernen, die eine bessere Ausnutzung bringt.

Zuvor wollen wir den behandelten Stoff anhand eines Beispiels vertiefen:

Beispielaufgabe:
Durch eine drehbar gelagerte Rechteckspule (ohne Eisenkern) mit N = 16 Windungen eines Motorankers, einem mittleren Windungsradius R = 20 cm und einer wirksamen Länge des Einzelleiters l = 30 cm, führt ein Magnetfeld mit der maximalen Flussdichte B = 1 Vs/.

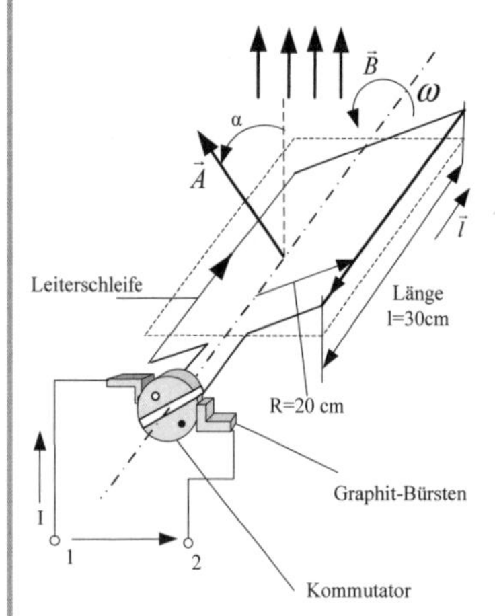

Abb. 162: Aufgabe

a) Wie groß ist die Kraft, die auf die Leiter der Leiterschleife senkrecht zu den magnetischen Feldlinien in Drehrichtung wirkt, wenn diese von einem Strom von I = 10 A durchflossen wird?

b) Nach welchem funktionalen Zusammenhang ändert sich das Drehmoment mit dem Winkel α?

c) Wie groß ist das entstehende, gesamte Drehmoment auf die Spule, wenn der Winkel $\alpha = 30°$ beträgt? (I = 10A)

Lösung:
zu a)

$$F = I \cdot B \cdot l = 10\,\text{A} \cdot 1\frac{\text{Vs}}{\text{m}^2} \cdot 0{,}3\,\text{m} = 3\,\text{N}$$

zu b)

$$A = 2 \cdot R \cdot l = 2 \cdot 0{,}2\text{m} \cdot 0{,}3\text{m} = 0{,}12\,\text{m}^2$$

$$M = N \cdot I \cdot A \cdot B \cdot \left|\sin\sphericalangle\left(\vec{A},\vec{B}\right)\right| = 16 \cdot 10A \cdot 0{,}12\text{m} \cdot 1\frac{\text{Vs}}{\text{m}^2} \cdot |\sin\alpha| = 19{,}2\,\text{Nm} \cdot |\sin\alpha|$$

zu c)

$$M = 19{,}2\text{Nm} \cdot \sin 30° = 9{,}6\,\text{Nm}$$

Zusammenfassung
Im einfachsten, theoretischen Fall wird der Läufer einer Gleichstrommaschine aus einer Leiterschleife gebildet, deren Anschlüsse mit je einer Halbschale des Kommutators oder Stromwenders verbunden sind. Die Leiterschleife wird über Schleifkontakte, die auf dem Kommutator schleifen mit Gleichstrom versorgt. Das entstehende Drehmoment aufgrund des elektrodynamischen Kraftgesetzes bewirkt eine Drehung der Schleife bis zu einem stabilen Gleichgewichtszustand. In diesem Zustand sorgt der mechanische Kommutator dafür, dass die Halbschalen des Kommutators mit der umgekehrten Polarität an die Gleichspannungsquelle angeschlossen werden. Es entsteht der Zustand eines labilen Gleichgewichts. Aufgrund der Trägheit dreht sich die Leiterschleife weiter und ein erneutes Antriebsmoment entsteht. Das Antriebsmoment ist wellig und kann durch eine zweite Leiterschleife, die mit einem zusätzlichen Kommutator verbunden wird, verbessert werden. Dabei entstehen allerdings hohe Verluste.

Kontrollfragen

65. Erklären Sie den Unterschied zwischen einem stabilen und einem labilen Gleichgewichtszustand einer Leiterschleife.
66. Wie müssen der Flächenvektor $\vec{A}$ und der Vektor der magnetischen Flussdichte $\vec{B}$ zueinander stehen, damit das Drehmoment maximal wird?
67. Welche Aufgabe haben die Polschuhe einer elektrischen Maschine?
68. Markieren Sie in dem folgenden Bild:
    - den Flächenvektor $\vec{A}$,
    - den entstehenden Kraftvektor $\vec{F}$,
    - die an den Leitern angreifenden Kraftvektoren $\vec{F_t}$
    - den Vektor der magnetischen Flussdichte $\vec{B}$,
    - den Kommutator,
    - die Grafitbürsten,
    - den Längenvektor $\vec{l}$

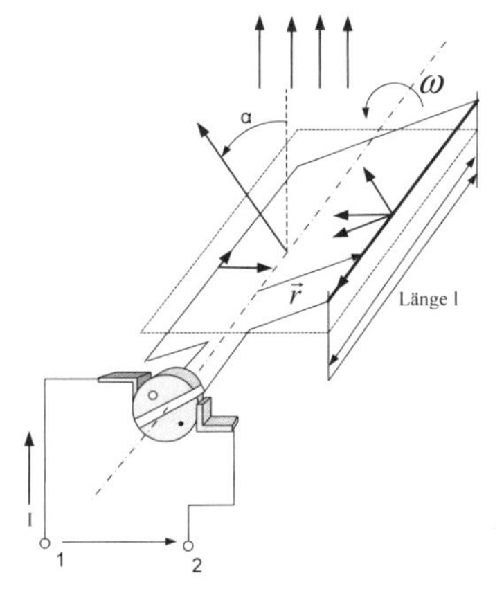

Abb. 163: Aufgabe: Ergänzung der Bezeichnungen

10.5 Anker mit Schleifenwicklung

Die Leiterschleifen am Anker elektrischer Gleichstrommaschinen werden meist als *Schleifenwicklung* oder als *Wellenwicklung* verbunden. Die Schleifenwicklung soll für einen einfachen Anker mit vier Leiterschleifen vorgestellt werden. Die Wellenwicklung wird in Abschnitt 10.10 am Scheibenläufermotor erläutert.

10.5.1 Reihenschaltung von vier Leiterschleifen

Wir ordnen zuerst zwei Schleifen senkrecht zueinander an und gehen von einem Stromwender mit vier Lamellen aus. Wie Abb. 164 zeigt, werden die Anschlüsse der Schleife 1 an die Lamellen a und b des Stromwenders angeschlossen. Die Schleife 2 beginnt bei Lamelle b und verläuft bis zur Lamelle c. Wir haben also eine Reihenschaltung der Schleifen 1 und 2 hergestellt. Wir ergänzen im nächsten Schritt, der in Abb. 165 gezeigt ist, eine dritte Leiterschleife, in dem wir diese an das Segment c und d anschließen. Dadurch entsteht eine Reihenschaltung von drei Leiterschleifen. In dieser Art wird zuletzt die vierte Schleife an die Lamellen d und a angeschlossen. Dadurch sind alle vier Schleifen in Reihe geschaltet und miteinander verbunden worden.

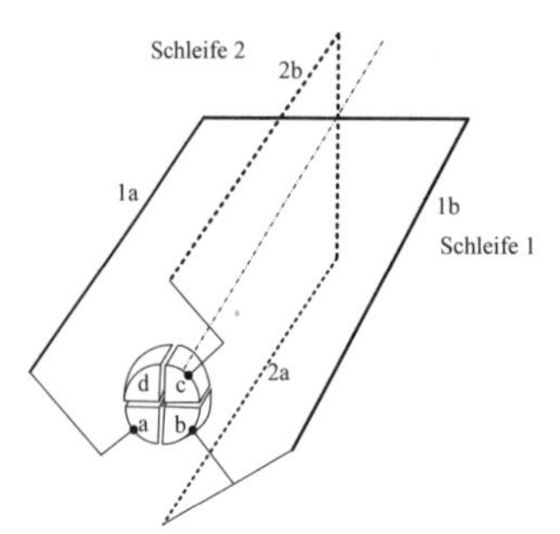

Abb. 164: Schleifenwicklung mit zwei Schleifen

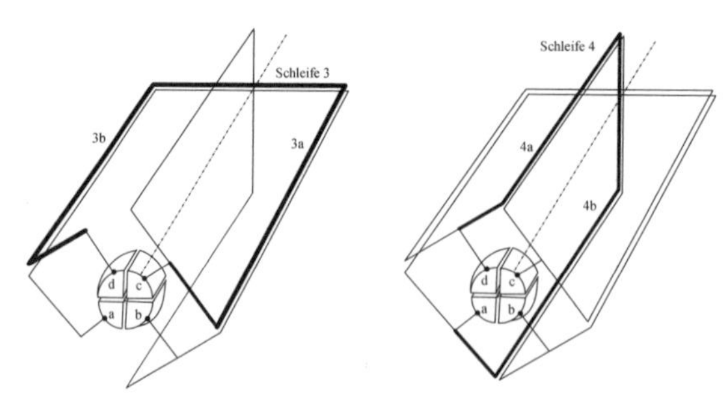

Abb. 165: Ergänzung einer dritten (links) und einer vierten Schleife (rechts)

Schleifenwicklung
Die Schleifenwicklung besteht aus mehreren, in Reihe geschalteten Leiterschleifen, die auch zu Spulen gewickelt sein können.

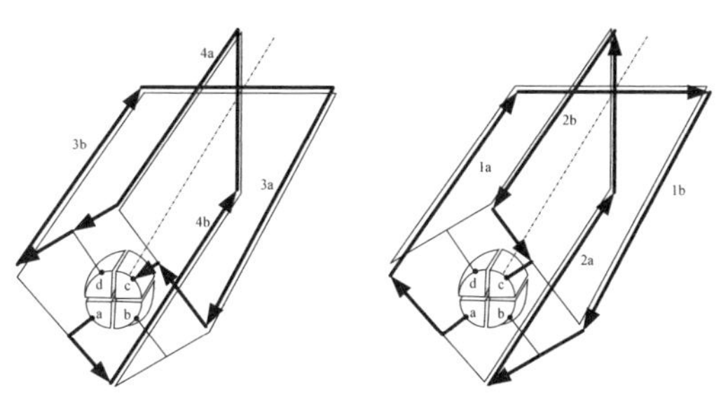

Abb. 166: Ausbildung von zwei parallelen Stromkreisen, links: Stromkreis über die Leiter 4b, 4a, 3b, 3a, rechts: 1a, 1b, 2a, 2b

Wenn wir nun einen Strom z. B. bei Lamelle a zuführen und bei Lamelle c abführen, bilden sich zwei parallele Stromkreise, deren Strompfade in der linken und rechten Darstellung in Abb. 166 verdeutlicht wurden. Wir wollen nun herausarbeiten, wie die Kräfte wirken und die Stromwendung funktioniert.

Die Schleifenwicklung für einen Anker mit 4 Windungen zu einem bestimmten Zeitpunkt $t = t_1$ zeigt Abb. 167. Zu diesem Zeitpunkt sei die Stromwendung gerade abgeschlossen. Der Strom wird über die Kommutatorlamelle a zugeführt und verteilt sich auf zwei Strompfade. Der erste Strompfad verläuft über die Leiter 4a, 4b, 3a und 3b bis zur Lamelle c. Von dort erfolgt der Rückfluss zum Minus-Pol der Spannungsquelle. Der zweite Pfad verläuft über 1a, 1b, 2a und 2b zur Lamelle c. Auf die Leiter 1a, 3a, 1b und 3b wirken Kräfte, die Antriebsmomente bewirken.

Wir erkennen, dass mehrere Leiterschleifen an der Momentenbildung beteiligt sind. Trotzdem benötigen wir nur einen Kommutator. Wir erreichen dadurch den gewünschten, ausgeglichenen Momentenverlauf, der sich weiter verbessern lässt, wenn noch mehr Leiterschleifen am Anker montiert werden.

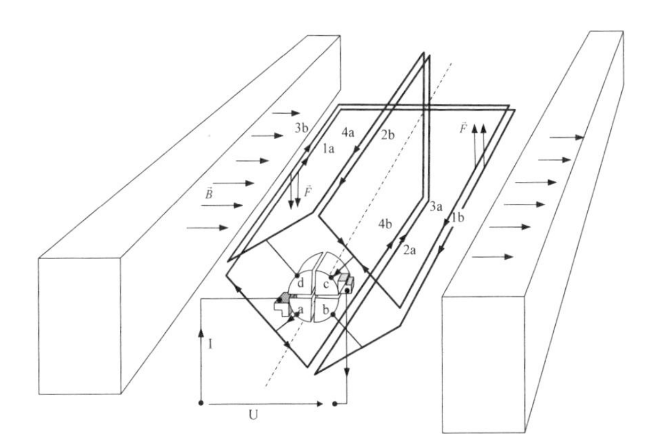

Abb. 167: Anker mit Schleifenwicklung zum Zeitpunkt $t = t_1$

10.5.2 Stromwendung bei der Schleifenwicklung

Wir betrachten nun einen etwas früheren Zeitpunkt, zu dem gerade die Stromwendung stattfindet. Zu diesem Zeitpunkt berühren die Bürsten die Lamellen a und d bzw. b und c. Dadurch werden die Schleifen 2 und 4 kurzgeschlossen. In Abb. 168 ist die kurzgeschlossene

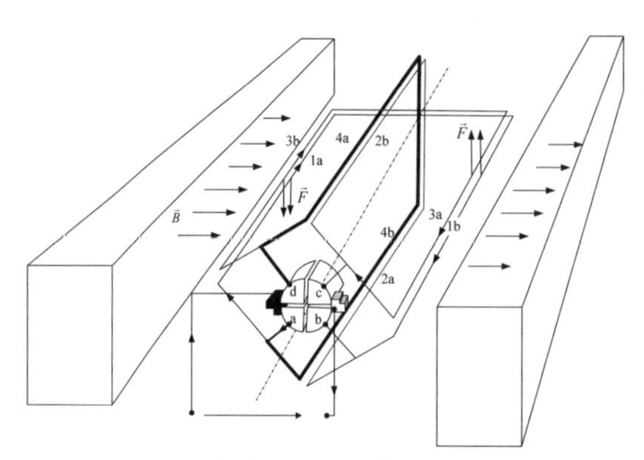

Abb. 168: Stromwendung, die Schleifen 4 (und 2) werden kurzgeschlossen

Leiterschleife 4 fett gezeichnet. Damit kein Strom durch die kurzgeschlossenen Schleifen fließt, ist es wichtig, dass in den Schleifen zu diesem Zeitpunkt keine Spannungen induziert werden, denn durch Spannungsinduktion würden sich Kurzschlussströme bilden.

Diese kurzgeschlossenen Schleifen müssen also unbedingt außerhalb des Magnetfeldes liegen! Aufgrund des Ankerquerfeldes liegt aber in diesem Bereich das Magnetfeld mit der magnetischen Flussdichte $\vec{B}_A$ vor! (Siehe Abschnitt 10.7). Da der Kurzschlussstrom über die Bürsten zu einer starken thermischen Belastung der Isolation der Kommutatorlamellen und erhöhtem Verschleiß führen würde, werden Kompensationsmaßnahmen eingeführt.

Die in realen Gleichstrommaschinen eingesetzten Wicklungen sind als *Trommelwicklung* ausgeführt, da die Wicklung wie um eine Trommel gelegt ist. In die Trommel sind Nuten ausgespart, in die die Spulen gelegt werden. Die Anfänge und Enden der Spulen werden mit den Lamellen des Kommutators verbunden. Die Verbindung erfolgt so, dass das Ende einer Schleife (Spule) mit dem Anfang der folgenden Spule verbunden wird. In den Hin- und Rückleitern fließt der Strom in unterschiedlicher Richtung. Daher müssen sie im Bereich unterschiedlicher Magnetpole liegen. In den Nuten liegen häufig Hin- und Rückleiter zweier verschiedener Spulen untereinander angeordnet. Man spricht dann von einer *Zweischichtwicklung*. Die Abb. 169 zeigt die Ausführung einer Zweischichtwicklung. Die gezeichnete Leiterschleife besteht aus W Windungen.

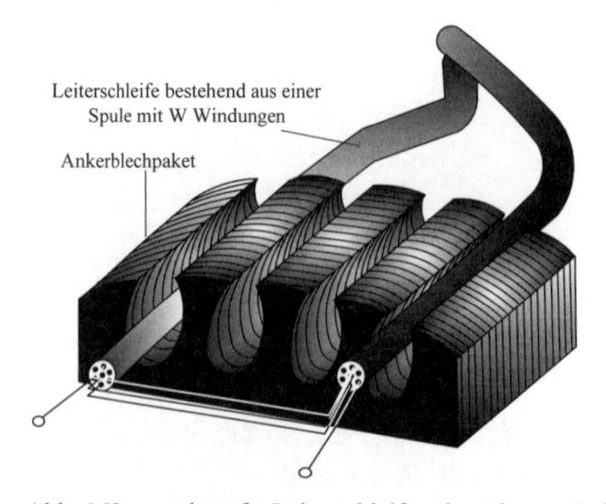

Abb. 169: gekröpfte Leiterschleife mit mehreren Leitern (Windungszahl W) im Eisenblechpaket

10.5.3 Einfluss der Polpaarzahl

Die Gleichstrommaschinen können mehrere Polpaare p am Stator besitzen. Wir setzen *eine Schleifenwicklung* voraus, in diesen Fällen können sich in den Ankerschleifen mehr als 2 parallele Strompfade ausbilden. Nennen wir die Anzahl der parallelen Strompfade a gilt:

$$2 \cdot a = 2 \cdot p \qquad 10.5$$

Dann benötigt man a Bürsten, um den Strom auf die Leiterschleifen zu übertragen bzw. abzuführen. Zur Veranschaulichung dient die Abb. 170.

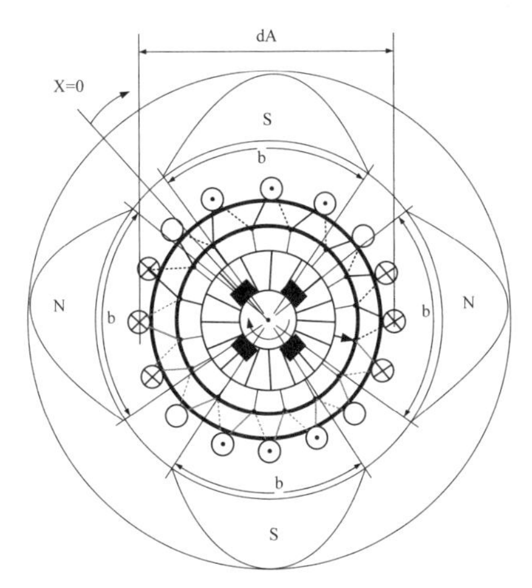

Abb. 170: Gleichstrommaschine mit 4 Polen, Polpaarzahl p = 2

Wir wollen die geometrische Anordnung der Maschine in Abb. 170 genauer betrachten. Nur die Leiter des Ankers, die in dem Bereich der magnetischen Pole liegen, werden zur Momentenbildung bzw. Spannungsinduktion genutzt. In den kommutierenden Leitern fließen keine Ströme.

Der Anker besteht aus K Spulen, die jeweils eine Windungszahl W besitzen (Abb. 169). Insgesamt besitzt der Anker die Leiterzahl Z_A.

$$Z_A = 2 \cdot K \cdot W \qquad 10.6$$

Bei der Schleifenwicklung entstehen 2p parallele Strompfade. An der Spannungsbildung sind nur die zwischen zwei benachbarten Grafitbürsten vorhandenen Leiterschleifen beteiligt. Diese Schleifenanzahl nennen wir N. Die an der Spannungsbildung aufgrund der wirkenden, mittleren Flussdichte beteiligte Leiterzahl Z für die Schleifenwicklung beträgt demnach:

$$Z = \frac{2 \cdot K \cdot W}{2 \cdot p} \qquad 10.7$$

Für die Schleifenzahl N gilt, N = Z/2. Diese Rechnung vernachlässigt die Tatsache, dass sich nicht alle Leiter im Magnetfeld befinden. In der Praxis wird ein Anteil der Leiter an der Stromwendung beteiligt sein. Diese Leiter liegen nicht im Magnetfeld! Daher kann man nur einen Teil der Leiter nutzen. Über den Polbedeckungsfaktor α wird der nutzbare Anteil der Leiter erfasst. Die Polteilung τ ist der Bereich des Umfangs des Statorkreises am Luftspalt, der zu einem Polbereich gehört. Bei vier Magnetpolen entspricht die Polteilung einem Viertel des Umfangs. Wir sehen in Abb. 170, dass durch den Polschuh nur der Bereich b pro Pol Magnetfeldlinien enthält. Daher gilt für α:

$$\alpha = \frac{b}{\tau_p} \qquad 10.8$$

Beispielaufgabe:
Ein Anker einer Gleichstrommaschine habe eine Schleifenwicklung mit 12 Leiterschleifen. Der Durchmesser beträgt $d_A = 0{,}3$ m. Es wirkt radial eine mittlere, magnetische Flussdichte von $B = 0{,}8$ T. Die Windungszahl pro Spule beträgt 10. Die Polpaarzahl beträgt $p = 2$. Es soll idealisiert mit $\alpha=1$ gerechnet werden.
Berechnen Sie die Zahl Z der Leiter, die an der Spannungsbildung beteiligt sind.

Lösung:
Die Gesamtleiterzahl beträgt $Z_A = 240$. Die gesamte Spulenanzahl beträgt $K = 12$.
Die Leiterzahl des Ankers, die an der Spannungsbildung beteiligt sind, sei Z:

$$Z = \frac{2 \cdot K \cdot W}{2p} = \frac{240}{4} = 60$$

Zusammenfassung
Der Anker einer Gleichstrommaschine wird häufig als Zweischichtwicklung ausgelegt, bei der 2 Leiter untereinander in einer Nut des Blechpaketes liegen. Die Ausführung der Verbindung der Leiterschleifen erfolgt als Schleifenwicklung oder als Wellenwicklung. Die Schleifenwicklung bewirkt zwei parallele Strompfade und führt zu einem ausgeglichenen, konstanten Momentenverlauf über der Zeit. Die an der Stromwendung beteiligten Schleifen werden kurzgeschlossen und dürfen nicht im magnetischen Feld liegen, da sonst Kurzschlussströme entstehen, die zu einer Erwärmung der Maschine führen. Dadurch verschleißen die Kohlebürsten, die am Stromwender schleifen.

Kontrollfragen

69. Warum darf während der Kommutierungszeit bei einer Gleichstrommaschine keine Spannung in den kommutierten Leitern induziert werden? Welche der Antworten a-c ist richtig?
    a) Die Stromwendung wird wegen der Induktivität verzögert durchgeführt.
    b) Die kommutierende Leiterschleife ist kurzgeschlossen und die induzierte Spannung würde einen hohen Strom bewirken.
    c) die Leiterschleife wird über die Spannungsquelle kurzgeschlossen.

10.6 Spannungsinduktion bei elektrischen Maschinen

Die zur Moment-Bildung zur Verfügung stehende Spannung wird im Motorbetrieb um die induzierte Spannung verringert. Im Generatorbetrieb wird die Leiterschleife angetrieben und die Spannung kann von Verbrauchern elektrischer Energie genutzt werden. In diesem Fall entstehen durch den fließenden Strom Widerstandsmomente, die vom Antrieb überwunden werden müssen. Wir wollen die Spannung berechnen, die in einer elektrischen Maschine entsteht, wenn sich die stromführenden Leiter im magnetischen Feld drehen. Zuerst gehen wir von nur einer Leiterschleife aus, dann erweitern wir die Überlegungen auf einen Rotor mit vielen Leitern.

10.6.1 Spannungsinduktion einer Leiterschleife

Die Drehung einer stromführenden Leiterschleife im magnetischen Feld führt zu induzierten Spannungen. Diese sind der äußeren, angelegten Spannung entgegengerichtet. Wir wollen die Berechnungsgleichung der induzierten Spannung angeben. Dabei gehen wir vereinfacht von der in Abb. 171 beschriebenen Anordnung aus. Eine Leiterschleife dreht sich in einem konstanten, magnetischen Feld mit der Winkelgeschwindigkeit ω. Das magnetische Feld ist in der Abbildung durch den Vektor der magnetischen Flussdichte $\vec{B}$ gekennzeichnet.

Dreht sich die Leiterschleife, ändert sich die Lage des Flächenvektors im Raum. Für die Spannungsinduktion in der Leiterschleife ist die Fläche wichtig, durch die die Feldlinien hindurchtreten. Betrachten wir nur die Komponente des Flächenvektors, die in Richtung von $\vec{B}$ wirkt, so ist das gerade der Anteil des Flächenvektors, der relevant ist für die Erzeugung einer elektrischen Spannung. Es handelt sich um die Projektion des Flächenvektors auf die Richtung der Feldlinien, also auf $\vec{B}$. Die Projektion der Fläche wird aber gerade durch das Skalarprodukt $\vec{B} \cdot \vec{A}$, dem magnetischen Fluss, ausgedrückt!

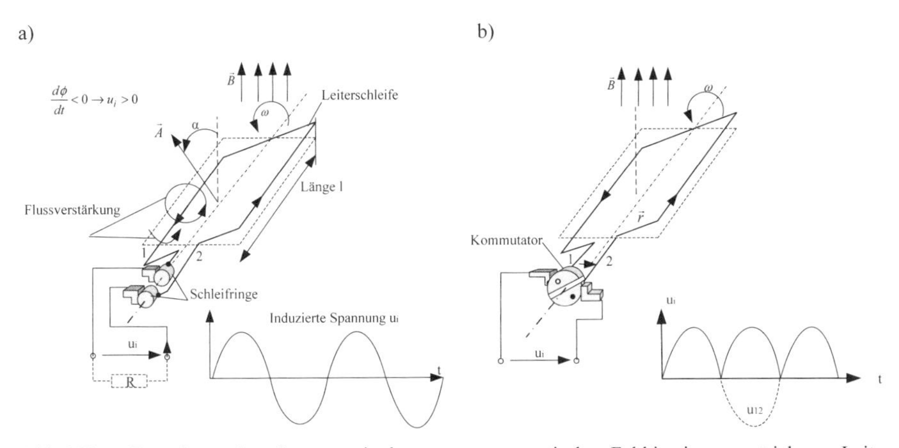

Abb. 171: Entstehung einer Spannung im homogenen magnetischen Feld in einer angetriebenen Leiterschleife, a) Wechselspannung, b) pulsierende Gleichspannung

$$\Phi = \vec{B} \cdot \vec{A} = B \cdot A \cdot \cos\alpha \qquad 10.9$$

Betrachtet man die sich drehende Schleife, so ändert sich die Anzahl der Feldlinien, die durch die Schleife hindurchgehen mit der Zeit, also ändert sich der magnetische Fluss.

Die Leiterschleife ist an den Enden mit zwei Schleifringen verbunden. Die bei der Drehung der Leiterschleife durch *Bewegungsinduktion* entstehende Spannung kann so über Grafit- oder Kohlebürsten abgegriffen und gemessen werden. Wir gehen davon aus, dass sich die

Schleife mit einer konstanten Winkelgeschwindigkeit ω dreht. Dann ändert sich der überstrichene Winkel proportional mit der Zeit t:

$$\alpha = \omega \cdot t \tag{10.10}$$

Den Ausdruck für den mit der Zeit proportional veränderlichen Winkel setzen wir in die Gleichung 10.9 ein und erhalten für den magnetischen Fluss den Ausdruck:

$$\Phi = \vec{B} \cdot \vec{A} = B \cdot A \cdot \cos\omega t - \widehat{\Phi} \cdot \cos\omega t$$

Das von dem Engländer Michael Faraday 1831 entdeckte Induktionsgesetz ermöglicht es, die in der Leiterschleife induzierte Spannung $u_i(t)$ über die zeitliche Änderung des magnetischen Flusses zu berechnen und man bekommt den folgenden Ausdruck:

$$u_{\mathrm{i}}(t) = -\frac{\mathrm{d}\Phi}{\mathrm{d}t} = \widehat{\Phi} \cdot \omega \cdot \sin(\omega \cdot t) = \hat{U} \cdot \sin(\omega \cdot t)$$
$$\hat{U} = \widehat{\Phi} \cdot \omega = \mathrm{B} \cdot A \cdot \omega \tag{10.11}$$

Die Amplitude $\hat{U}$ der induzierten Spannung u_i hängt von der magnetischen Flussdichte B , der Fläche der Leiterschleife und der Winkelgeschwindigkeit ω ab.

Die induzierten Ströme, die fließen würden, wenn an den Klemmen ein Verbraucher (Widerstand R in Abb. 171) angeschlossen wäre, würden nach der *Lenzschen Regel* so fließen, dass sie gegen ihre Ursache, die Veränderung des magnetischen Flusses, gerichtet sind. In der gezeichneten Situation führt jede weitere Drehung der Leiterschleife entgegen dem Uhrzeigersinn zu einer Verringerung des magnetischen Flusses durch die Leiterschleife. Dies versuchen die Ströme zu kompensieren, indem sie das Feld verstärken. Daraus ergibt sich die eingezeichnete Stromrichtung.

$$\frac{d\phi}{dt} < 0 \rightarrow u_i > 0 . \tag{10.12}$$

Die induzierte Spannung erreicht ihr Maximum, wenn die Flußänderung maximal wird, also bei einem Winkel von $\alpha = 90°$. In diesem Fall beträgt der Magnetfluss gerade 0 Vs. Im folgenden Bild wurden der Magnetfluss $\phi(t)$ und die induzierte Spannung $u_i(t)$ berechnet und aufgezeichnet. Die Frequenz der Leiterschleifendrehung beträgt bei der Darstellung f = 50 1/s.

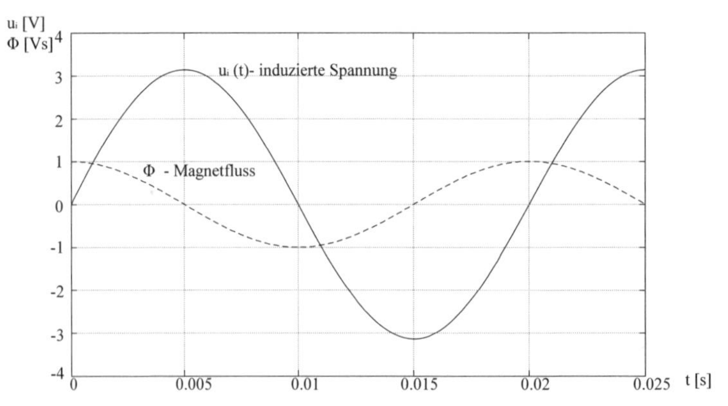

Abb. 172: Magnetischer Fluss durch die Leiterschleife und induzierte Wechselspannung (Berechnung und grafische Darstellung mit WINFACT)

Die Verwendung des Kommutators führt zu einer pulsierenden Gleichspannung, da ja die Umpolung am Kommutator die Spannungs-Bezugsrichtung ändert. Diesen Spannungsverlauf können wir in Abb. 171 b erkennen.

10.6.2 Spannungsinduktion bei mehreren am Umfang des Ankers verteilten Leitern

Die sinusförmige Spannung entsteht, weil sich der Winkel zwischen $\vec{B}$ und $\vec{A}$ ständig ändert. Man erreicht zu jedem Zeitpunkt die maximale Flussänderung, wenn $\vec{B}$ auf $\vec{A}$ senkrecht steht. Die um den Rotor ragenden Polschuhe erzeugen eine radiale Magnetflussführung. Die induzierte Spannung wird dadurch konstant. Steht die Leiterschleife horizontal, erfolgt die Umpolung der Anschlüsse durch den Kommutator. Zu diesen Zeiten wird keine Spannung induziert. Die Abb. 173 zeigt die Leiterschleife, den Kommutator und die Kohlebürsten. Außerdem ist der blockförmige Spannungsverlauf dargestellt. Wir wollen die Höhe der Spannung für einen Rotor mit mehreren Leiterschleifen berechnen.

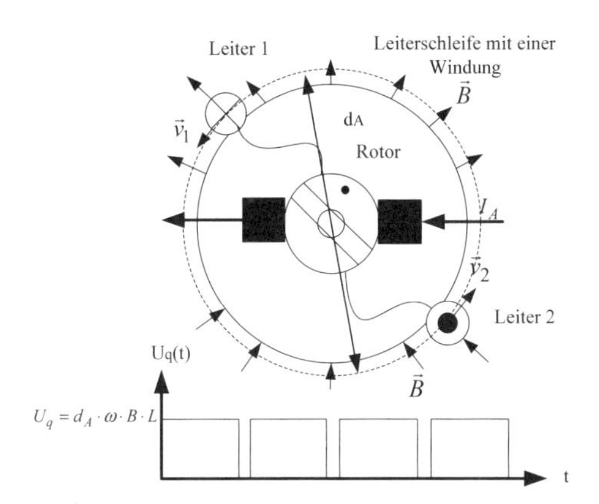

Abb. 173: Bewegungsinduktion in einer Leiterschleife

Das Induktionsgesetz bezieht sich bei der Bewegungsinduktion auf die Flussänderung in einer Leiterschleife, die durch die Bewegung der Leiterschleife entsteht. Halten wir gedanklich einen der Leiter in Abb. 173, z. B. den Leiter 2 fest und nur der andere Leiter 1 dreht, dann ergibt sich die folgende induzierte Spannung:

$$U_{i1}(t) = -\frac{\mathrm{d}\Phi}{\mathrm{d}t} = -\frac{\mathrm{d}\Phi}{\mathrm{dx}} \cdot \frac{dx}{dt} = -B \cdot l \cdot \frac{dx}{dt} = -B \cdot l \cdot v_1 \qquad 10.13$$

Der Ausdruck $\frac{dx}{dt}$ entspricht der Geschwindigkeit v_1 des Leiters am Umfang, die über die Winkelgeschwindigkeit und den Durchmesser des Läufers berechenbar ist. Wir setzen die Drehzahl n in die Formel ein!

$$\omega = 2 \cdot \pi \cdot f = 2 \cdot \pi \cdot n$$

$$v_1 = \omega \cdot r = \omega \cdot \frac{d_A}{2} = 2 \cdot \pi \cdot n \cdot \frac{d_A}{2} \qquad 10.14$$

Da sich beide Leiter einer Spulenwindung gegenläufig bewegen, ist die für die Flussänderung maßgebliche Relativgeschwindigkeit zwischen dem Magnetfluss und den beiden Leitern einer Spulenwindung doppelt so groß! Die Geschwindigkeit der Leiter sei $v = v_1 = v_2$.

Damit erhalten wir zur Berechnung der induzierten Spannung pro Leiterschleife bei konstanter Drehzahl n den folgenden Ausdruck:

$$U_{i12} = -2 \cdot B \cdot l \cdot v = -2 \cdot B \cdot l \cdot 2 \cdot \pi \cdot n \cdot \frac{d_A}{2} = -2 \cdot B \cdot l \cdot \pi \cdot n \cdot d_A$$

Pro Leiter entsteht eine Spannung von,

$$U_{i1} = -B \cdot l \cdot \pi \cdot n \cdot d_A \qquad 10.15$$

Mit der bereits berechneten Leiterzahl Z (10.7) bzw. der wirksamen Windungszahl N erhalten wir für die induzierte Gesamtspannung:

$$U_i = -Z \cdot B \cdot l \cdot \pi \cdot n \cdot d_A$$
$$U_i = -2 \cdot N \cdot B \cdot l \cdot \pi \cdot n \cdot d_A \qquad 10.16$$

Mithilfe der Formel 4.12 können wir die Formel 10.16 vereinfachen und erhalten:

$$U_i = -2 \cdot N \cdot B \cdot l \cdot \pi \cdot d_A \cdot n = -2 \cdot N \cdot 2 \cdot p \cdot \phi \cdot n$$

Die induzierte Spannung der Gleichstrommaschine hängt ab vom Produkt des Magnetflusses und der Drehzahl.

$$U_i = -c \cdot \phi \cdot n \qquad 10.17$$

$$c = 4 \cdot N \cdot p \qquad 10.18$$

Die sogenannte *Spannungskonstante c* wird in Datenblättern elektrischer Gleichstrommaschinen angegeben. Der Ausdruck 10.18 gilt für die Schleifenwicklung. Die induzierte Gegenspannung eines Gleichstrommotors steigt mit dem Magnetfluss und mit der Drehzahl. Die Polpaarzahl und die wirksame Windungszahl N sind für einen speziellen Anker fest vorgegeben.

Die induzierte Spannung U_i wirkt ihrer Ursache entgegen. Man kann sie im Verbraucherpfeilsystem als Quellenspannung U_q angeben, die der äußeren Spannung U entgegengerichtet ist. Bezogen auf Gleichung 10.17 gilt also:

$$U_q = -U_i = c \cdot \phi \cdot n \qquad 10.19$$

Beispielaufgabe:
Ein Anker einer Gleichstrommaschine mit der Bemessungsdrehzahl n = 1500 1/min habe eine Schleifenwicklung mit 12 Leiterschleifen. Der Durchmesser der Wicklungsspulen beträgt im Mittel $d_A = 0{,}3$ m. Die Länge der im Magnetfeld liegenden Leiter beträgt 250 mm. Es wirkt radial eine mittlere, magnetische Flussdichte von B = 0,8 T im Polbereich. Die Windungszahl beträgt 10. Die Polpaarzahl beträgt p = 2. Es gilt: $\alpha = 0{,}7$.

Berechnen Sie den magnetischen Fluss, die induzierte Spannung pro Leiter, die Gesamtspannung, die Spannungskonstante c und das Produkt $c \cdot \phi$.

Lösung:
Die Gesamtzahl aller Leiter ist: $Z_A = 2 \cdot K \cdot W = 2 \cdot 10 \cdot 12 = 240$. Bei der Schleifenwicklung gilt:

$$\tau_P = \frac{\pi \cdot d_A}{4} = \frac{\pi \cdot 0,3\text{m}}{4} = 0,24 \text{ m}$$

Die maximal mögliche Anzahl Leiter, die an der Spannungsbildung beteiligt sind, beträgt:

$$Z = \frac{240}{2 \cdot p} = 60$$

Für die Anzahl der beteiligten Leiterschleifen gilt N = Z/2 = 30.
Für den Polschuh Bereich b gilt:

$$b = \alpha \cdot \tau_P = 0,7 \cdot 0,24 = 0,165$$

Daraus folgt die tatsächliche Anzahl der beteiligten Leiter Z_t:

$$Z_t = \alpha \cdot Z = 42$$

Der Magnetfluss, der vom Stator durch den Polschuhbereich über den Luftspalt in den Rotor verläuft, berechnet sich mit x = b:

$$\phi = B \cdot L \cdot b = 0,8 \frac{\text{Vs}}{\text{m}^2} \cdot 0,25\text{m} \cdot 0,165\text{m} = 0,033 \text{ Vs}$$

Die pro Leiter induzierte Spannung beträgt:

$$U_{i1} = -B \cdot L \cdot \pi \cdot n \cdot d_A = -0,8 \frac{\text{Vs}}{\text{m}^2} \cdot 0,25\text{m} \cdot \pi \cdot 1500 \frac{1}{\text{min}} \cdot \frac{1\text{min}}{60\text{s}} \cdot 0,3\text{m} = -4,71 \text{ V}$$

Mit der Anzahl der beteiligten Leiter ergibt sich die gesamte induzierte Spannung:

$$U_i = Z_t \cdot U_{i1} = -42 \cdot 4,71\text{V} = -197,92 \text{ V}$$

Die Spannungskonstante ermitteln wir über die Formel 10.17: $c = 4 \cdot N \cdot p = 240$

Die Berechnung des Produktes $c \cdot \phi$ ergibt:

$$c \cdot \phi = 240 \cdot 0,033\text{Vs} = 7,92 \text{ Vs}$$

10.7 Ankerquerfeld

Die Kommutierung des Stroms auf die verschiedenen Spulen des Rotors erfolgt bei der Gleichstrommaschine über Kohle- oder Grafitbürsten. Während in einer Leiterschleife der Strom abfließen muss, erfolgt in der nächsten Schleife der Stromaufbau. In dem Bereich des Stators, in dem die Kommutierung stattfindet, darf kein magnetisches Feld vorhanden sein, da die Leiterschleifen, die kommutieren, kurzgeschlossen sind. Unzulässige Ströme über die Kohlebürsten wären die Folge. Wir betrachten Abb. 174, um das magnetische Feld zu erkennen, das sich aufgrund der stromführenden Leiter des Ankers einstellt.

Ankerquerfeld
Das durch die Ströme in den Ankerspulen aufgebaute, magnetische Feld mit der magnetischen Flussdichte $\vec{B}_A$ wird *Ankerquerfeld* genannt.

Das für die Spannungsinduktion und Momentenbildung wirksame Feld entsteht aus der Überlagerung des Erregerfeldes mit der Flussdichte $\vec{B}_E$ und dem Ankerquerfeld mit der Flussdichte $\vec{B}_A$.

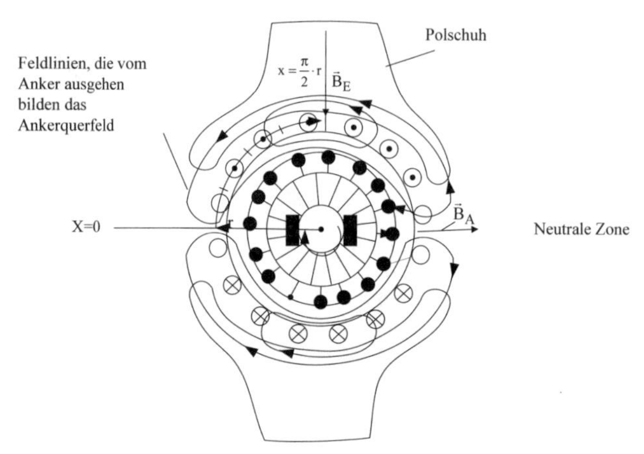

Abb. 174: Ankerquerfeld

Man versucht diese Nachteile des Ankerquerfeldes bei Maschinen ab ca. 1 kW Leistung durch zusätzliche Wicklungen, die vom Ankerstrom durchflossen werden, zu kompensieren. Die eine Maßnahme besteht darin, im Bereich der Bürsten ein Gegenfeld aufzubauen, um die Induktion B_A aufzuheben. Dazu werden sogenannte *Wendepole* in diesem Bereich montiert.

Wendepolwicklung
Die Wendepolwicklung soll das magnetische Feld der Ankerströme im Bereich der neutralen Zone kompensieren.

Zusätzlich werden bei größeren Maschinen im Bereich der Polschuhe des Erregerfeldes Wicklungen untergebracht. Diese Wicklung wird als *Kompensationswicklung* bezeichnet. Während die Wendepole nur im Bereich der Bürsten das Ankerfeld kompensieren, verlaufen die Felder der Kompensationswicklung in den Polbereichen.

Die Feldverstärkung bzw. Schwächung aufgrund des Ankerquerfeldes im Bereich der Polschuhe kann aus einer abgewickelten Darstellung der Maschine entlang des Umfangs erkannt werden. Diese Darstellung ist in Abb. 175 skizziert. Die Spulen des Erregerfeldes sind nur durch eine Windung eingezeichnet. Die Stromrichtung wird durch das Kreuz x oder durch einen Punkt festgelegt. Der Schnitt der abgewickelt gezeichneten Ankerwicklung zeigt die stromdurchflossenen Leiter ebenfalls durch das Kreuz x oder den Punkt markiert.

Der Fluss aufgrund des Erregerfeldes überlagert sich mit dem Fluss, der durch den Strom durch die Ankerwicklung resultiert. An den Stellen, an denen die Feldlinien des Erregerfeldes und die Feldlinien des Ankerleiters gleich orientiert sind, ergibt sich die Feldverstärkung! Die Bereiche, in denen die Feldlinien entgegengesetzt verlaufen, bewirken eine Feld-Schwächung. Insgesamt ergeben sich eine Feldschwächung und eine Momentenreduzierung, da der Fluss bereits im Bereich der Sättigung des Eisens verläuft und nicht weiter gesteigert werden kann.

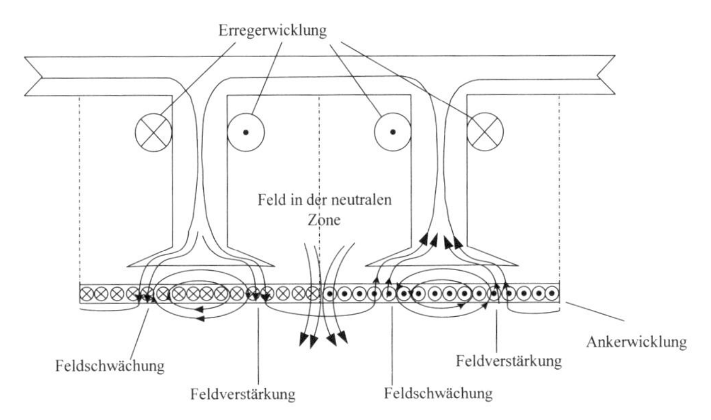

Abb. 175: Feldbeeinflussung durch den Anker

Die Kompensationswicklung muss in spezielle Nuten der Hauptpole eingelegt werden. Sie wird nur bei Maschinen höherer Leistung >200 kW genutzt. Die Kompensationswicklung wird in den jeweiligen Polbereichen in die Nuten der Polschuhe eingelegt. Die Kompensationswicklung und die Wendepolwicklung sind in der folgenden, abgewickelten Darstellung eingezeichnet. Wir erkennen, dass der dargestellte Fluss der Kompensationswicklung den Fluss der Ankerwicklung im Bereich der Hauptpole kompensiert. Auch im Bereich der Wendepole führt die Stromführung durch die Wicklungen zu einer Kompensation des Ankerquerfeldes.

Kompensationswicklung
Die Kompensationswicklung liegt im Bereich der Polschuhe des Erregerfeldes und soll das Ankerfeld in diesem Bereich kompensieren.

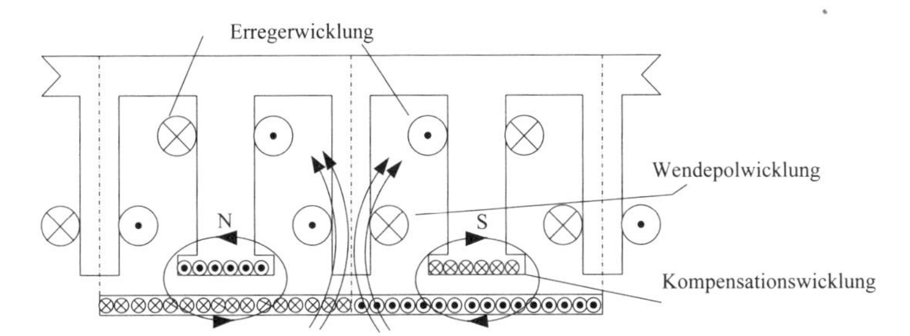

Abb. 176: Abwicklung mit Kompensationswicklung und Wendepolwicklung

Zusammenfassung
Aufgrund der stromdurchflossenen Leiter des Ankers in Verbindung mit der ständigen Kommutierung entsteht ein Ankerquerfeld in der neutralen Zone. In diesem Bereich liegen die Leiter, bei denen über den Kommutator die Stromrichtung wechselt. Dabei werden die Leiter kurzgeschlossen. Durch die Spannungsinduktion besteht eine Kurzschlussgefahr, die zu Kurzschlussströmen führen kann, die den Anker belasten. Außerdem wird das Erreger-Magnetfeld durch das Ankerquerfeld geschwächt und das nutzbare Moment reduziert. Man versucht, das Ankerquerfeld durch die Wendepol- und Kompensationswicklung zu reduzie-

ren. Die Kompensationswicklung wird nur bei Maschinen mit einer hohen Leistung >200 kW verwendet. Diese Wicklungen werden im Bereich der Bürsten bzw. in den Nuten der Polschuhe der Erregerwicklung untergebracht und werden vom Ankerstrom durchflossen.

Kontrollfragen

70. Warum wird das Drehmoment durch das Ankerquerfeld reduziert?
71. Nennen Sie die wesentlichen Nachteile der mechanischen Kommutierung.
72. Verhindert die Kompensationswicklung die Induktion von Spannungen in den kommutierenden Leiterschleifen?

10.8 Schaltungen der Erregerfeldspannung

Bei der Gleichstrommaschine gibt es verschiedene Schaltungsvarianten der Schaltungen zum Aufbau des Erregerfeldes. Man kann sowohl die Spule zum Aufbau des Erregerfeldes als auch den Stromfluss durch den Anker über getrennte Versorgungseinheiten mit elektrischer Energie versorgen. Die Drehzahlsteuerung dieser Maschine ist besonders flexibel, da sowohl der magnetische Fluss durch die Polschuhe des Stators, als auch der Strom durch die Ankerspulen stufenlos verstellbar sind. Man spricht dann von einer *fremderregten* Gleichstrommaschine.

Fremderregte Gleichstrommaschine
Die fremderregte Gleichstrommaschine besitzt zwei getrennte Stromkreise für die Anker und die Statorspulen.

Das Ersatz-Schaltbild der fremderregten Gleichstrommaschine ist in Abb. 177 rechts dargestellt. Das Ersatz-Schaltbild zeigt ein spezielles Symbol für den Anker mit den anliegenden Kohlebürsten sowie den Widerstand R_A. In diesem Widerstand berücksichtigen wir alle Spannungsverluste im Ankerkreis. Dazu gehört der Spulenwiderstand der Ankerspulen, aber auch der Übergangswiderstand des Stroms am Kommutator. Das gezeichnete Schaltbild enthält aus Gründen der Übersichtlichkeit keine Anfahrwiderstände, Sicherungen oder Motorschutzschalter, die zu der Ausrüstung einer realen Gleichstrommaschine dazugehören! Wir erkennen die mit DC gekennzeichneten Gleichspannungsversorgungen mit der Gleichspannung U_E für den Erregerkreis und U_A für den Ankerkreis. Auch der Stromkreis mit der Erregerfeld-Spule besitzt in der Praxis einen Widerstand, den wir im Ersatzschaltbild mit R_E bezeichnen.

Die Gleichstrommaschine induziert aufgrund der Bewegung von Leitern im magnetischen Feld eine Gleich-Spannung, die im Schaltbild mit U_q bezeichnet ist. Im Motorbetrieb gilt in Abb. 177 die durchgezogene Pfeilrichtung für den Strom durch den Ankerkreis I_A. Liegt der Generatorbetrieb vor, dann fließt (bezogen auf das Verbraucherpfeilsystem) ein negativer Strom und die Stromrichtung kehrt sich um. Die Richtung der induzierten Spannung bleibt gleich.

Der Erregerkreis dient dazu, das konstante, magnetische Feld aufzubauen. Man verwendet z. B. zwei Spulen, die mit dem Strom I_E versorgt werden und in Reihe geschaltet sind. Die Anschlussbezeichnungen für den Ankerkreis lauten A1 und A2, die Spulen zum Aufbau des Erregerfeldes werden an den Anschlüssen F1 und F2 an eine Versorgungsspannung angeschlossen.

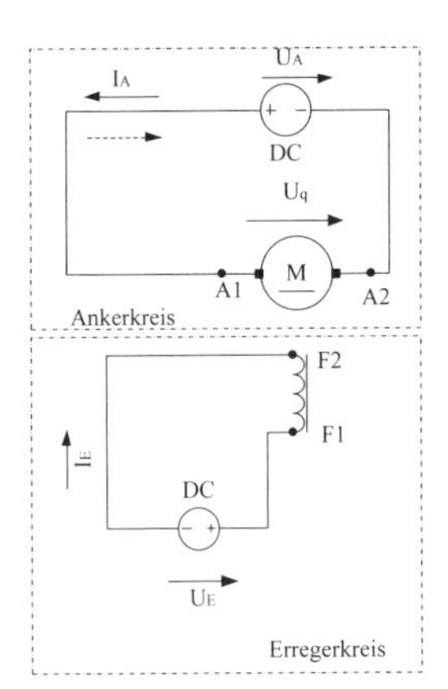

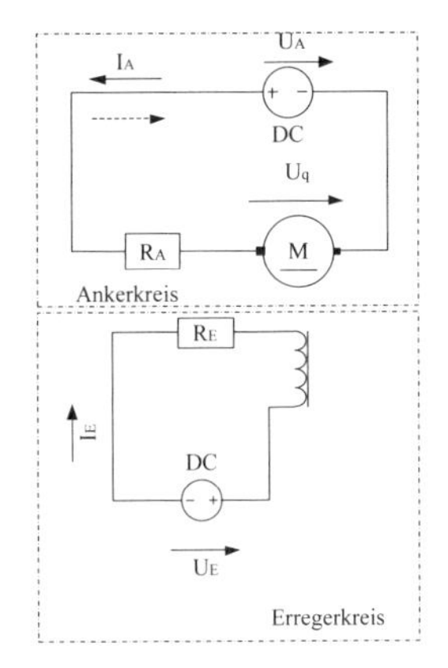

Abb. 177: Fremderregte Gleichstrommaschine, links: Anschlussbezeichnungen, rechts Ersatzschaltbild mit Widerständen

Die Parallelschaltung der Stromkreise des Ankers und des Erregerfeldes führt zu der sogenannten Nebenschluss-Gleichstrommaschine. Die Nebenschluss-Maschine reagiert wie die fremderregte Gleichstrommaschine bei einer Belastungserhöhung mit einer höheren Stromaufnahme und einem Drehzahlabfall, der allerdings gering sein kann. Man spricht dann von einer harten Belastungskennlinie.

Die gute Regelbarkeit und die harte Drehzahl-Drehmoment-Kennlinie der Gleichstrommaschine mit Nebenschluss-Wicklung sind Vorteile der Gleichstrommaschine.

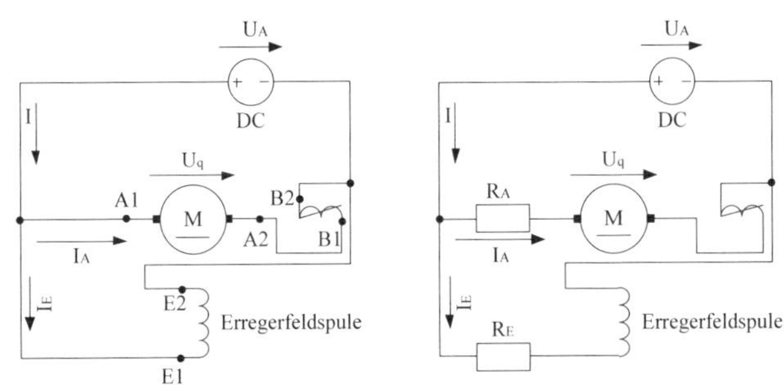

Abb. 178: Nebenschluss-Schaltung, links: Anschlussbezeichnungen, rechts: Ersatzschaltbild

Die Nebenschlussschaltung ist in der Abb. 178 dargestellt. Wir sehen, dass der Strom I aufgeteilt wird in den Strom zum Aufbau des Erregerfeldes I_E und den Ankerstrom I_A. Die Spulen zum Aufbau des magnetischen Feldes liegen parallel zum Ankerkreis und haben die Anschlussbezeichnungen E1 und E2.

Eine weitere Wicklung mit den Anschlüsse B1 und B2 ist in der folgenden Abbildung eingezeichnet. Es handelt sich um die *Wendepol-Wicklung*. Auch in den Varianten der Nebenschluss-Maschine und der fremderregten Maschine können Wendepolwicklungen eingesetzt werden.

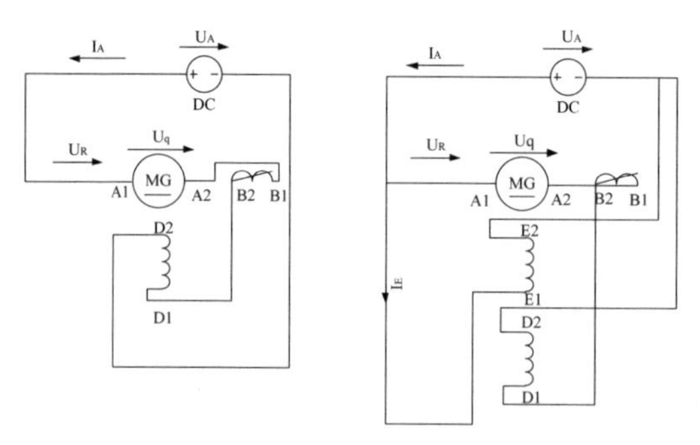

Abb. 179: Schaltungen einer Gleichstrommaschine, Links: Reihenschluss-Schaltung, rechts: Doppelschluss- Maschine

Eine weitere Schaltungsart für die Erregerwicklung ist die *Reihen- oder Hauptschlusswicklung*. Sie zeichnet sich dadurch aus, dass der Magnetfluss vom Ankerstrom und damit von der Belastung abhängt. Dazu ist die Erregerfeldwicklung in Reihe zum Ankerkreis geschaltet. Wir sehen diese Schaltung in Abb. 179 links. Die Widerstände R_A und R_E wurden nicht eingetragen. Der Vorteil dieser Schaltung ist, dass ein höheres Drehmoment aus dem Stillstand erzeugt werden kann. Diesen Vorteil kann man in Fahrantrieben, wie bei Elektrofahrzeugen ausnutzen, da im Stillstand ein hohes Anfahrmoment günstig ist. Die Reihenschlussmaschine wird auch an einphasigen Wechselstromnetzen häufig in Waschmaschinenantrieben oder in Hausbohrmaschinen eingesetzt. Dabei entstehen durch die Verwendung von Wechselströmen zwar pulsierende Momente, die aber nur in eine Richtung wirken. Der Grund dafür ist, dass ja sowohl das Erregerfeld als auch die Stromrichtung im Anker gleichzeitig wechseln.

Aufgrund des Wechselflusses muss zur Magnetflussführung auch im Stator ein Blechpaket aus dünnen, gegeneinander isolierten Blechen verwendet werden, da sonst die Wirbelstromverluste ansteigen. Ein Beispiel für den Stator einer Reihenschlussmaschine, die in einer Waschmaschine eingebaut war, zeigt Abb. 149.

Die **Reihenschlussmaschine** besitzt einen gemeinsamen Strompfad für den Ankerstrom und den Erregerspulenstrom.

Die Kombination der Reihenschluss- und der Nebenschlussmaschine wird als Doppelschluss-Maschine bezeichnet. Ein Teil der Wicklung zum Aufbau des Erregerfeldes ist in Reihe mit dem Ankerkreis und ein weiterer Teil parallel zum Ankerkreis verschaltet. Die Vorteile beider Schaltungsvarianten können damit zusammengeführt werden.

Abb. 180 stellt eine Gleichstrommaschine mit einer abgegebenen Bemessungsleistung von ca. 0,3 kW dar. Zur Veranschaulichung wurde der Bereich des Stromwenders und der Schleifkontakte durchsichtig gestaltet.

Bezeichnungen der Stromanschlüsse in Schaltplänen:

Ankerwicklung:	A1–A2
Wendepolwicklung:	B1–B2
Kompensationswicklung:	C1–C2
Erregerwicklung:	F1–F2
Nebenschluss Wicklung:	E1–E2
Reihenschluss Wicklung:	D1–D2

Es handelt sich um eine Labormaschine, daher sind verschiedene Verschaltungsmöglichkeiten an das Anschlussfeld geführt. Wir sehen weiter eine Anschlussbuchse für die Schutzerde und zwei Anschlussbuchsen mit einem Temperaturschalter. Falls die Temperatur im Inneren der Maschine zu hoch wird, wird der Stromkreis über einen Thermoschalter unterbrochen!

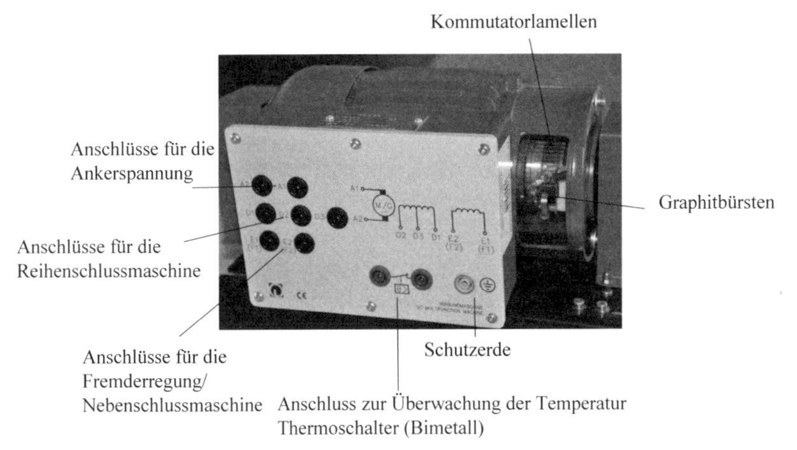

Abb. 180: Gleichstrommaschine mit Kommutator und Schleifkontakten. Am Anschlusskasten sind die Buchsen zum Anschluss der Stromversorgung für den Anker und das Erregerfeld zu erkennen (Quelle: eigenes Foto)

10.9 Gleichungen zur Berechnung wichtiger Größen der Gleichstrommaschine

Die Energiewandlung bei der Gleichstrommaschine ist mit elektrischen, magnetischen und mechanischen Verlusten verbunden. Die für die Auslegung der Maschine erforderlichen Größen sind die mechanischen Größen Drehmoment und Drehzahl sowie die elektrischen Größen Strom, induzierte Spannung oder Quellenspannung und der magnetische Fluss.

Die beschreibenden Gleichungen der Gleichstrommaschine können am Ersatzschaltbild für den Ankerkreis erklärt werden. Das in Abb. 177 rechts dargestellte Ersatzschaltbild der fremderregten Gleichstrommaschine enthält die Versorgungsspannung des Ankers U_A und den Ersatzwiderstand R_A, der sämtliche Teilwiderstände beinhalten soll. Die durch Spannungsinduktion der drehenden Gleichstrommaschine entstehende Spannung U_q stellt einen Spannungsabfall dar.

10.9.1 Das innere Moment

Es ist wichtig zu wissen, welches Drehmoment eine elektrische Maschine entwickeln kann. Man unterscheidet das innere Moment der Maschine vom Moment, das für den Antrieb einer Last zur Verfügung steht. Das innere Moment muss auch die innere Reibung der Maschine in den Wälzlagern überwinden und daher ist das äußere Moment entsprechend kleiner.

Gemäß der Ersatzschaltung in Abb. 177 können wir die Spannungsbilanz für den Anker-Stromkreis aufstellen und erhalten für den Motorbetrieb:

$$U_A = U_q + I_A \cdot R_A \qquad 10.20$$

Multiplizieren wir beide Seiten der Gleichung mit dem Ankerstrom I_A, erhalten wir die Leistungsbilanz:

$$U_A \cdot I_A = U_q \cdot I_A + R_A \cdot I_A^2$$

Die elektrische, aufgenommene Leistung des Ankerstromkreises hängt vom Ankerstrom und der Spannung ab und ist leicht berechenbar:

$$P = U_A \cdot I_A \qquad 10.21$$

Die innere Leistung P_i der Maschine bestimmt die Umwandlung der elektrischen Leistung in die mechanische Leistung im Motorbetrieb und wird aus dem Produkt der induzierten Spannung und dem Ankerstrom errechnet:

$$P_i = U_q \cdot I_A \qquad 10.22$$

Die gesamten Stromwärmeverluste entstehen an den elektrischen Widerständen im Ankerstromkreis und im Erregerstromkreis. Für den Ankerstromkreis berechnet sich diese Verlustleistung gemäß:

$$P_V = R_A \cdot I_A^2 \qquad 10.23$$

Die Umwandlung der elektrischen Leistung in die mechanische Leistung erfolgt über die innere Leistung.

Innere Leistung P_i
Die innere Leistung einer elektrischen Maschine unterscheidet sich von der vom Netz bezogenen, elektrischen Leistung um die vorhandenen, elektrischen Verluste und beschreibt die maximal zur Überwindung aller mechanischen Widerstandsmomente (auch der inneren Widerstandsmomente) zur Verfügung stehende Antriebsleistung.

Die innere Leistung beinhaltet die Reibung durch die Lager und die Luftwiderstände im Lüfter an der Motorwelle. Das an der Welle zur Verfügung stehende Motormoment M und das innere Reibungsmoment bilden das innere Moment M_i:

$$M_i = M + M_R \qquad 10.24$$

Inneres Moment M_i
Das innere Moment der elektrischen Maschine wirkt über die elektrodynamischen Kräfte auf die Antriebswelle des Rotors.

Es folgt für das Moment M, das die Maschine an der Abtriebswelle zur Verfügung stellen kann:

$$M = M_i - M_R$$

Das Produkt aus der induzierten Quellenspannung und dem Ankerstrom bildet die innere mechanische Leistung. Diese Leistung wird in die mechanische Leistung gewandelt:

$$P_i = U_q \cdot I_A = M_i \cdot \omega$$

Wir setzen für die Winkelgeschwindigkeit die Motordrehzahl n über die folgende Beziehung ein:

$$\omega = 2 \cdot \pi \cdot n$$

Dabei gehen wir davon aus, dass die Drehzahl in der Einheit 1/s angegeben wird. Außerdem wird die Formel 10.17 für U_q eingesetzt und wir erhalten für das innere Moment der Gleichstrommaschine:

$$M_i = \frac{U_q \cdot I_A}{\omega} = \frac{c \cdot \phi \cdot n}{2 \cdot \pi \cdot n} \cdot I_A = \frac{c \cdot \phi}{2 \cdot \pi} \cdot I_A \qquad 10.25$$

Wir können aus dieser Formel schlussfolgern, dass das Moment proportional zum Strom verläuft. Außerdem beeinflusst der magnetische Fluss die Höhe des inneren Moments!

10.9.2 Drehzahl-Drehmoment-Beziehung

Wir haben bereits in der Abb. 22 eine Motorkennlinie gesehen, die die Veränderung des Drehmomentes mit der Drehzahl angibt. Diese Kennlinie ist für die elektrische Asynchronmaschine charakteristisch. Wir werden mithilfe der Gleichungen des letzten Abschnitts die Kennlinienform bei der Gleichstrommaschine bestimmen. Zuerst betrachten wir den Gleichstrom-Nebenschlussmotor und die fremderregte Maschine, deren Kennlinienformen sehr ähnlich verlaufen.

Dazu gehen wir von der Gleichung 10.20 aus und setzen für U_q den Formelausdruck 10.19 ein.

$$U_A = c \cdot \phi \cdot n + I_A \cdot R_A \qquad 10.26$$

Diese Gleichung lässt sich nach der Drehzahl umformen:

$$n = \frac{U_A - I_A \cdot R_A}{c \cdot \phi} \qquad 10.27$$

Umformen der Gleichung 10.25 nach dem Ankerstrom ergibt:

$$I_A = \frac{2 \cdot \pi}{c \cdot \phi} \cdot M_i \qquad 10.28$$

Einsetzen von 10.28 in 10.27 bringt uns schließlich das Ergebnis:

$$n = \frac{U_A - I_A \cdot R_A}{c \cdot \phi} = \frac{U_A}{c \cdot \phi} - \frac{2 \cdot \pi \cdot R_A}{(c \cdot \phi)^2} \cdot M_i \qquad 10.29$$

$$n = n_0 - \Delta n$$

Diese Gleichung beschreibt eine abfallende Gerade, die bei $M_i = 0$ durch den Punkt:

$$n_0 = \frac{U_A}{c \cdot \phi} \qquad 10.30$$

verläuft. Hierbei handelt es sich um die ideale Leerlaufdrehzahl n_0. Diese tritt auf, wenn kein Ankerstrom fließen würde. Aufgrund der immer vorhandenen, inneren Reibungsverluste wird immer ein (kleiner) Ankerstrom fließen, um das Reibungsmoment aufzubringen, daher handelt es sich um die ideale Leerlaufdrehzahl.

Ideale Leerlaufdrehzahl
Wird eine elektrische Maschine ohne Last betrieben und vernachlässigt man die für die Überwindung der Reibung in den Lagern erforderlichen Drehmomente, so stellt sich die ideale Leerlaufdrehzahl ein. Diese Drehzahl existiert nicht bei der Reihenschlussmaschine!

Ausgehend von der idealen Leerlaufdrehzahl finden wir Kennlinien mit dem Parameter Ankerspannung. Es handelt sich um abfallende Geraden. Die reale Leerlaufdrehzahl bei der Bemessungs-Ankerspannung U_{AN} ist in Abb. 181 mit n_{0R} bezeichnet. Zu dieser Drehzahl gehört der Reibungs-Momentwert M_R. Die abfallende Gerade lässt sich aus 10.29 berechnen, wenn man davon ausgeht, dass die Ankerspannung und der magnetische Fluss konstant bleiben, daher wurden die Werte $U_A = U_0$ und $\phi = \phi_0$ als konstant angenommen.

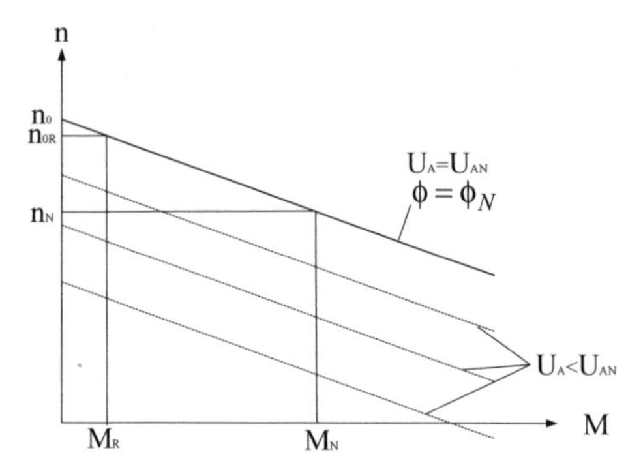

Abb. 181: Drehzahl-Drehmoment-Kennlinie der Gleichstrommaschine mit Fremderregung oder mit Nebenschlussverhalten

Der Drehzahlabfall ist umso stärker, je größer der Ankerkreiswiderstand R_A ist bzw. je kleiner der magnetische Fluss ϕ ist. Wenn die Maschine steht, also bei $n = 0$ ist, erreicht der Motor das Anlaufmoment. Dieses berechnet sich mit Formel 10.31 zu:

$$M_i = \frac{c \cdot \phi \cdot U_A}{2 \cdot \pi \cdot R_A} \qquad 10.31$$

Beispielaufgabe:
Eine Gleichstrommaschine mit Fremderregung besitze einen Spannungs-Proportionalwert von $c \cdot \phi = 0,2\ \text{Vs}$. Die Maschine wird mit 24 V Gleichspannung betrieben. Der Ankerkreiswiderstand betrage $R_A = 0,2\ \Omega$. Berechnen Sie das Anlaufmoment und den Anlaufstrom.

Lösung:

$$M_i = \frac{c \cdot \phi \cdot U_A}{2 \cdot \pi \cdot R_A} = \frac{0,2\text{Vs} \cdot 24\text{V}}{2 \cdot \pi \cdot 0,2 \frac{\text{V}}{\text{A}}} = 3,82\ \text{VAs} = 3,82\ \text{Nm}$$

Anlaufstrom:

$$I = \frac{U}{R} = \frac{24\text{V}}{0,2\Omega} = 120\ \text{A}$$

Zur Probe setzen wir das Ergebnis in Formel 10.28 ein und erhalten:

$$I_A = \frac{2 \cdot \pi}{c \cdot \phi} \cdot M_i = \frac{2 \cdot \pi}{0,2Vs} \cdot 3,82\ \text{Nm} = 120\ \text{A}$$

Zum Zeitpunkt des Maschinenanlaufs wird keine Spannung U_q induziert und der Strom nur durch den Ankerkreiswiderstand begrenzt. Daher kann der Anlaufstrom zu hoch werden und eine besondere Anlaufmaßnahme muss ergriffen werden. Man kann z. B. die Spannung langsam mit der Zeit erhöhen. Die Maschine läuft mit mäßiger Beschleunigung an und bewirkt die Gegenspannung, die den Strom begrenzt. Man kann Anfahrwiderstände in den Stromkreis schalten, die nach Hochlauf der Maschine wieder entfernt werden. Auch dadurch wird der Strom begrenzt. Allerdings fallen hohe Stromwärmeverluste an.

Die Beziehung 10.29 bietet die Möglichkeit, die Drehzahlsteuerung der Gleichstrommaschine zu analysieren. Mit der Erhöhung der Ankerspannung U_A ist auch eine höhere Drehzahl verbunden. Auf Dauer kann die Spannung nicht höher als die Bemessungsspannung U_{AN} eingestellt werden. Damit ist eine Begrenzung der Drehzahl gegeben. Allerdings kann durch eine Verringerung des Magnetflusses eine Drehzahlsteigerung erreicht werden. Man nennt diese Betriebsart den Feldschwächbetrieb.

Beispielaufgabe:
Gegeben ist ein fremderregter Gleichstrommotor mit den folgenden Motordaten:
$I_N = 48$ A, $U_N = 240$ V, $P_N = 10$ kW, $n_N = 1800\ \text{min}^{-1}$.
Für die Erregung gilt: $U_{eN} = 200$ V, $I_{eN} = 0,8$ A.

a) Berechnen Sie das Nennmoment, das Produkt $c \cdot \Phi$, die ideale Leerlaufdrehzahl n_0 in min^{-1} und den Wirkungsgrad η des Motors (ohne Berücksichtigung der Erregerstromleistung).
b) Welchen Betrag haben die induzierte Spannung U_{qN} im Nennbetriebspunkt des Motors und der Ankerkreiswiderstand R_A?
c) Bestimmen Sie die Gesamtverlustleistung P_V des Motors bei Nennbetrieb, sowie die Kupferverluste im Ankerkreis und die Kupferverluste im Erregerfeldkreis.
d) Wie groß ist die mechanische Verlustleistung, wenn außer den Kupfer- oder Stromwärmeverlusten keine weiteren Verluste anfallen?

Lösung:

zu a)

Das Nennmoment kann über die gegebene Leistung und die Drehzahl berechnet werden.

$$M_N = \frac{P_N}{\omega_N} = \frac{10000\,\text{W}}{\frac{2\cdot\pi\cdot n_N}{60}} = 53{,}05\ \text{Nm}$$

Zur weiteren Berechnung benötigen wir eine Maschinenkonstante, das Produkt $c\cdot\Phi$. Diese kann mit den Nenndaten bestimmt werden:

$$M = \frac{c\cdot\phi}{2\cdot\pi}\cdot I_A \Rightarrow$$

$$c\cdot\phi = \frac{2\cdot\pi\cdot M_N}{I_{A_N}} = \frac{2\cdot\pi\cdot 53{,}05\ \text{Nm}}{48\,\text{A}} = 6{,}94\,\text{Vs}$$

Die Berechnung der Leerlaufdrehzahl erfolgt über die induzierte Spannung, die im Leerlauf gleich der Betriebsspannung ist.

$$U_q = c\cdot\phi\cdot n_0 = U$$

$$\Rightarrow n_0 = \frac{U}{c\cdot\phi} = \frac{240\,\text{V}}{6{,}94\,\text{Vs}} = 34{,}6\,\frac{1}{\text{s}} = 2075\,\frac{1}{\text{min}}$$

Der Wirkungsgrad kann berechnet werden, wenn die aufgenommene Gesamtleistung bekannt ist.

$$\eta = \frac{P_{mech}}{P_{el}}$$

$$P_{el} = P_{el_A} + P_{el_E} = 220\,\text{V}\cdot 0{,}8\,\text{A} + 48\,\text{V}\cdot 240\,\text{A} = 11696\,\text{W}$$

$$\eta = \frac{10000}{11696} = 0{,}85$$

zu b)

Da die Maschinenkonstante bekannt ist, können damit die induzierte Spannung bei Nenndrehzahl und auch der ohmsche Widerstand im Ankerkreis berechnet werden.

$$U_{q_N} = c\cdot\phi\cdot n_N = 6{,}94\,\text{Vs}\cdot\frac{1800}{60}\frac{1}{\text{s}} = 208{,}2\,\text{V}$$

$$R_A = \frac{U - U_{q_N}}{I_{A_N}} = \frac{240\,\text{V} - 208{,}2\,\text{V}}{48\,\text{A}} = 0{,}66\,\Omega$$

zu c)

Die Kupferverluste ergeben sich aus den elektrischen Parametern und die gesamten Verluste aus dem Unterschied zwischen zugeführter und abgeführter Leistung.

$$P_{Cu_A} = {I_A}^2\cdot R_A = (48\,\text{A})^2\cdot 0{,}66\,\Omega = 1520\,\text{W}$$

$$P_{Cu_E} = U_{EN}\cdot I_{EN} = 200\,\text{V}\cdot 0{,}8\,\text{A} = 160\,\text{W}$$

$$P_{V_{el}} = 1520\,\text{W} + 160\,\text{W} = 1680\,\text{W}$$

$$P_{V_g} = 11696\,\text{W} - 10000\,\text{W} = 1696\,\text{W}$$

zu d)
Die mechanische Verlustleistung beträgt unter Vernachlässigung weiterer Verlustarten:

$$P_{V_{mech}} = 1696\,W - 1520\,W - 160W = 16\,W$$

Der Motor in diesem akademischen Beispiel weist eine geringe mechanische Verlustleistung auf.

Wir wollen die Drehzahl-Drehmomentkennlinien für den Beispielmotor mit dem Programm MATLAB aufzeichnen. Als Parameter wurde der magnetische Fluss reduziert. Die Spannung beträgt in allen drei Fällen 240 V. Man erkennt, dass die Drehzahl bei gleicher Last im Nennpunkt bei M_N = 53,05 Nm ansteigt.

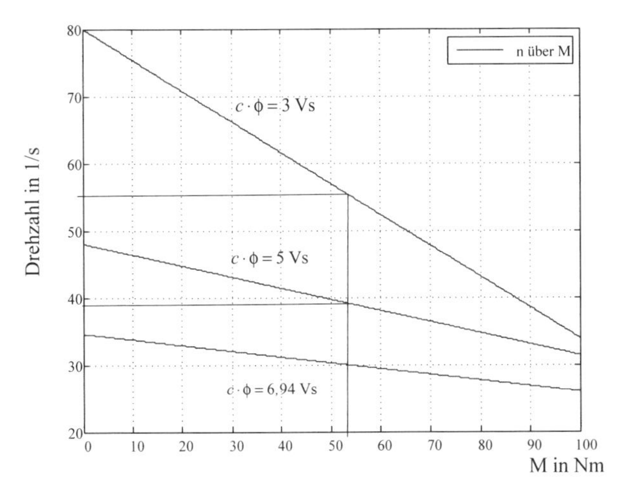

Abb. 182: Drehzahl-Drehmomentkennline des im letzten Beispiel berechneten Motors

10.9.3 Drehzahl-Drehmoment-Beziehung der Reihenschlussmaschine

Wir wollen die Reihenschlussmaschine gesondert betrachten. Für diese Schaltung gelten einige Besonderheiten, da der magnetische Fluss vom Ankerstrom abhängt und dadurch veränderlich wird. Auch die Drehzahl-Drehmoment-Kennlinie nimmt einen im Vergleich zur Nebenschlussmaschine anderen Verlauf an.

Nehmen wir an, dass sich der magnetische Fluss proportional zum Ankerstrom ändert, können wir mit dem Proportionalitätsfaktor c_{RM} schreiben:

$$\phi = c_{RM} \cdot I_A \qquad 10.32$$

Eingesetzt in Gleichung 10.28 erhalten wir:

$$I_A = \frac{2 \cdot \pi}{c \cdot \phi} \cdot M_i = \frac{2 \cdot \pi}{c \cdot c_{RM} \cdot I_A} \cdot M_i \rightarrow$$

$$I_A = \sqrt{\frac{2 \cdot \pi}{c \cdot c_{RM}} \cdot M_i} \qquad 10.33$$

Die Abhängigkeit des Stroms vom Drehmoment wird durch eine Wurzelkennlinie geprägt. Daher wird der Strom bei einem großen Lastmoment kleiner sein als bei einem linearen Zusammenhang, wie bei der Nebenschlussmaschine.

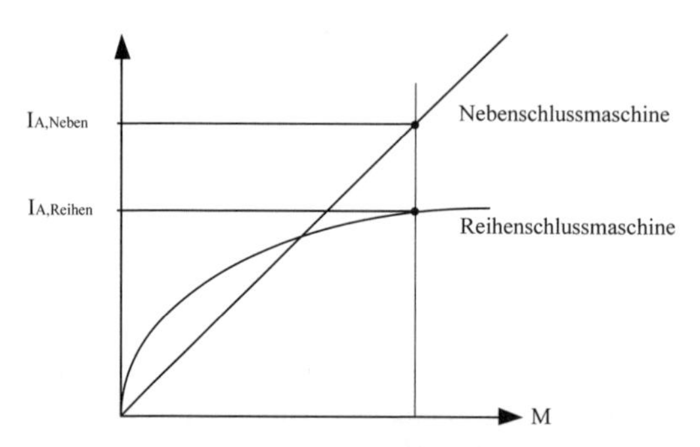

Abb. 183: Belastungskennlinien der Reihenschluss- und Nebenschlussmaschine im Vergleich

Diese Fähigkeit, bei kleineren Strömen im Vergleich zur Nebenschlussmaschine ein höheres Moment zu bilden, nutzt man aus, um höhere Lasten auch aus dem Stillstand zu bewegen. Auch die Drehzahl-Drehmomentabhängigkeit ist anders als bei der Nebenschlussmaschine. Wir wollen die beschreibende Gleichung herleiten. Dazu setzen wir die Gleichung 10.32 in 10.19 ein und erhalten:

$$U_q = c \cdot c_{RM} \cdot I_A \cdot n \qquad 10.34$$

Setzen wir den Ausdruck 10.33 für den Strom ein,

$$I_A = \sqrt{\frac{2 \cdot \pi}{c \cdot c_{RM}} \cdot M_i} \qquad 10.35$$

erhalten wir:

$$U_q = U_A - I_A \cdot R_A$$

$$n = \frac{U_A}{c \cdot c_{RM} \cdot I_A} - \frac{R_A}{c \cdot c_{RM}} \qquad 10.36$$

$$n = \frac{U_A}{c \cdot c_{RM} \cdot \sqrt{\frac{2 \cdot \pi}{c \cdot c_{RM}} \cdot M_i}} - \frac{R_A}{c \cdot c_{RM}}$$

Schließlich erhalten wir eine Beziehung, die die Drehzahl der Reihenschlussmaschine in Abhängigkeit des Lastmoments angibt:

$$n = \frac{U_A}{\sqrt{c \cdot c_{RM} \cdot 2 \cdot \pi \cdot M_i}} - \frac{R_A}{c \cdot c_{RM}} \qquad 10.37$$

Die Drehzahl-Drehmoment-Kennlinie der Reihenschluss-Maschinen entspricht einer Hyperbel.

Wir berechnen das Anlaufmoment $M_{i,A}$ bei der Drehzahl $n = 0$. Das Anlaufmoment gibt, an welches Drehmoment der Motor im Stillstand entwickeln kann.

$$n = \frac{U_A}{\sqrt{c \cdot c_{RM} \cdot 2 \cdot \pi \cdot M_i}} - \frac{R_A}{c \cdot c_{RM}} = 0 \Leftrightarrow$$

$$\frac{U_A}{\sqrt{c \cdot c_{RM} \cdot 2 \cdot \pi \cdot M_{i,A}}} = \frac{R_A}{c \cdot c_{RM}} \Leftrightarrow$$

$$M_{i,A} = \left(\frac{c \cdot c_{RM} \cdot U_A}{R_A} \right)^2 \cdot \frac{1}{c \cdot c_{RM} \cdot 2 \cdot \pi} \Leftrightarrow$$

$$M_{i,A} = \frac{c \cdot c_{RM}}{2 \cdot \pi \cdot R_A^2} \cdot U_A^2 \qquad 10.38$$

Das Anlaufmoment hängt quadratisch von der Ankerspannung ab. Die Reihenschlussmaschine darf nicht ohne Belastung betrieben werden, da die Drehzahl dann unzulässig hoch ansteigen würde. Denn setzen wir in 10.37 $M_i = 0$ Nm ein, wird die Drehzahl unendlich groß.

Beispielaufgabe:
Wir wollen in diesem Beispiel die Drehzahl-Drehmoment-Kennlinie über ein Programm berechnen und zeichnen. Die Gleichspannung betrage U = 100 V. Der Ankerkreiswiderstand habe den Wert $R_A = 0,7\ \Omega$ und beinhalte sämtliche Widerstände im Stromkreis der Reihenschlussmaschine.

Das Produkt der Proportionalitätsfaktoren beträgt: $c \cdot c_{RM} = 0,171 \frac{\text{Vs}}{\text{A}}$

Lösung:
Damit erhalten wir die folgende Berechnungsgleichung für die Drehzahl:

$$n = \frac{U_A}{\sqrt{c \cdot c_{RM} \cdot 2 \cdot \pi \cdot M_i}} - \frac{R_A}{c \cdot c_{RM}} = \frac{100\ \text{V}}{\sqrt{0,171 \frac{\text{Vs}}{\text{A}} \cdot 2 \cdot \pi \cdot M_i}} - \frac{0,7}{0,171} \frac{1}{s}$$

Ein kleines Programm, geschrieben in der mathematischen Software MATLAB- erlaubt die grafische Ausgabe der Kennlinie. Wir erkennen einen hohen Drehzahlanstieg bei niedrigen Drehzahlen. Theoretisch würde die Drehzahl ohne Belastung unendlich groß werden. Gemäß Gleichung 10.30 hängt die Leerlaufdrehzahl vom magnetischen Fluss ab. Bei der Reihenschlussmaschine verbleibt auch bei $I_A = 0$ ein Remanenzfluss ϕ_{Rem}, d. h., der Fluss wird nicht null und eine Begrenzung der Drehzahl erfolgt, diese ist aber für die Maschine zu hoch. Daher sollte eine Reihenschlussmaschine nicht ohne Last betrieben werden.
Das Anlaufmoment des Motors beträgt:

$$M_{i,A} = \frac{c \cdot c_{RM}}{2 \cdot \pi \cdot R_A^2} \cdot U_A^2 = \frac{0,171 \frac{\text{Vs}}{\text{A}}}{2 \cdot \pi \cdot 0,7^2 \left(\frac{\text{V}}{\text{A}} \right)^2} \cdot 100^2\ \text{V}^2 = 555,42\ \text{Nm}$$

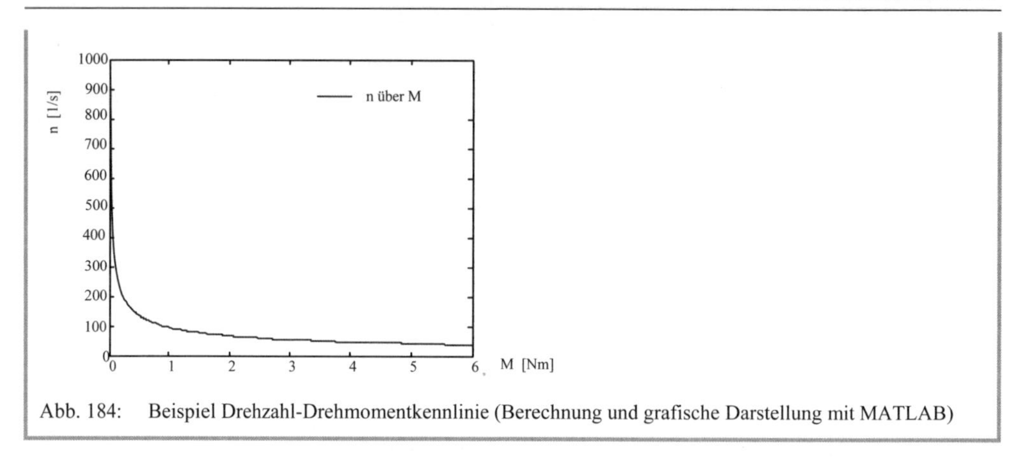

Abb. 184: Beispiel Drehzahl-Drehmomentkennlinie (Berechnung und grafische Darstellung mit MATLAB)

10.10 Der Scheibenläufermotor

Wir wollen das Kapitel mit einer speziellen Bauform der Gleichstrommaschine abschließen, die an das Barlowsche Rad erinnert. Der prinzipielle Aufbau eines Scheibenläufermotors geht aus Abb. 185 hervor. Man erkennt die äußeren, stationären Scheiben, auf die Magnete zum Aufbau des Magnetfeldes befestigt sind. Die innere, rotierende Scheibe trägt die Wicklung in Form einer aufgedruckten Leiterbahn. Der Rotor besteht aus Kunststoff oder Epoxidharz und ist daher besonders leicht.

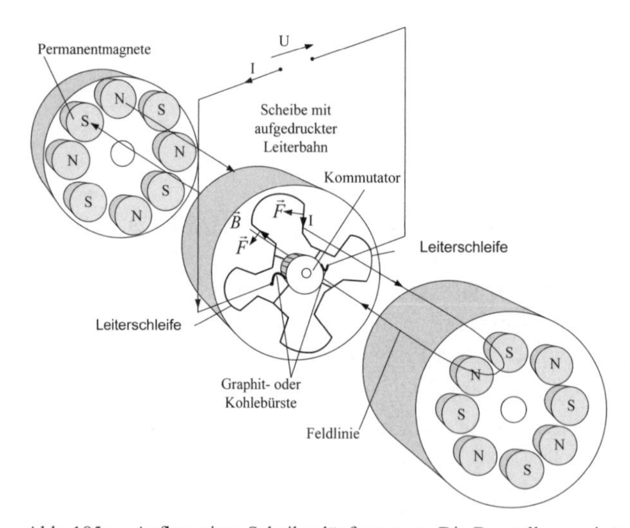

Abb. 185: Aufbau eines Scheibenläufermotors. Die Darstellung zeigt nur vier in Reihe geschaltete Schleifen

Die Leiterbahnen der Rotorscheibe bilden in Abb. 185 vier miteinander verbundener Leiterschleifen. In realen Maschinen sind mehrere, eng aneinander liegende Leiterschleifen auf dem Rotor angebracht.

Die Leiterbahnen auf der drehbaren Scheibe sind mit dem *Kommutator* oder Stromwender verbunden. Die Anfänge und Enden der Leiterschleifen sind an den Segmenten des Stromwenders befestigt.

Über den Kommutator wird der Strom auf die Leiterbahnen übertragen. Dieser fließt radial nach außen und in einem Bogen wieder zurück zum Kommutator und bildet eine Schleife. Im Magnetfeld wirken Kräfte auf die Leiter. Wir sehen, dass die Leiter mit radial nach „außen" fließenden Strömen unterschiedliche Magnetfeldrichtungen erfahren, als Leiter mit nach „innen" fließenden Strömen.

Die Stromrichtung muss sich ändern, wenn die Leiter in den Bereich der geänderten Magnetfeldrichtung gelangen. Denn nur in diesem Fall entsteht weiterhin die gleiche Kraftrichtung.

Aufgrund des Kommutators erfolgt die rechtzeitige Stromrichtungsumkehr in den Leitern. In der Abb. 186 ist eine Prinzipskizze zum Verständnis der Wirkungsweise abgebildet. Der Kommutator ist im Inneren der Anordnung dargestellt. Der Motor besitzt 13 Schleifen und der Kommutator besteht aus 13 Segmenten. Eine Schleife besitzt einen Hinleiter und einen Rückleiter. Hin- und Rückleiter liegen in unterschiedlichen Polbereichen. Am Kommutator schleifen 4 Kohlebürsten, je 2 gegenüberliegende Bürsten sind mit dem Pluspol bzw. Minuspol einer Spannungsquelle verbunden. Allerdings sind aus Gründen der Übersichtlichkeit nur die linken beiden Bürsten mit der Spannungsquelle verbunden dargestellt.

Wir verfolgen die bei der Lamelle 13, die direkt an der Bürste liegt, beginnende Schleife 1. Der Rückleiter der Leiterschleife 1 endet an der Lamelle 7 des Stromwenders und ist dort mit der Leiterschleife 2 verbunden. Diese Leiterschleife ist strichpunktiert gezeichnet. In einer Reihenschaltung werden die Leiterschleifen 1, 2, 3, 4, 5 und 6 vom Strom durchlaufen.

Weitere Schleifen wurden aus Gründen der Übersichtlichkeit nicht eingezeichnet. Man nennt diese Art der Wicklung eine *Wellenwicklung*.

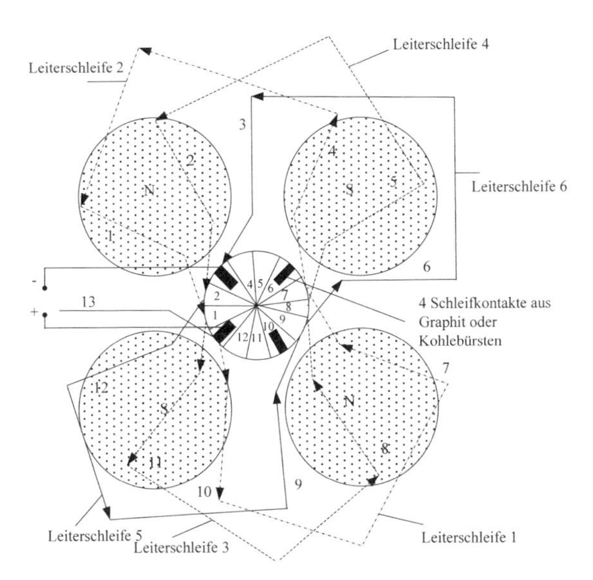

Abb. 186: Wellenwicklung (Ausschnitt) auf der Scheibe eines Scheibenläufermotors mit Kommutator und Schleifkontakten

Die komplette Wicklung ist in Abb. 187 in abgewickelter Form dargestellt. Der Rotor einschließlich des Kommutators wurde bei der Lamelle 2 gedanklich bis zur Mitte durchgeschnitten und auseinandergezogen, sodass die abgewickelte Ansicht entsteht. Natürlich dreht

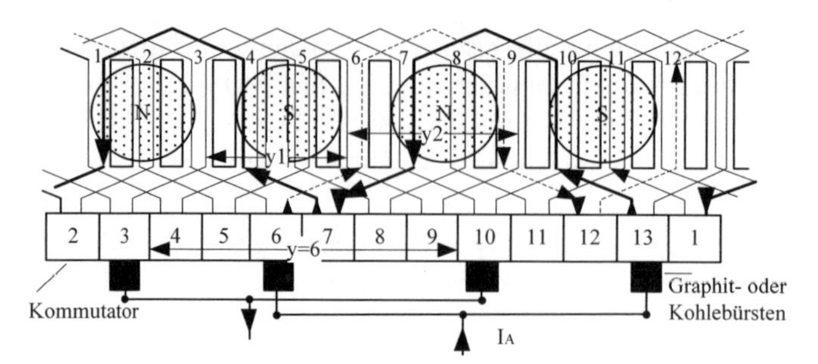

Abb. 187: Wellenwicklung einer Gleichstrommaschine

sich der Rotor, d. h. die dargestellten Zeichnungen der Abbildungen gelten nur für einen bestimmten Zeitpunkt! Wir erkennen, dass der Strom zu diesem Zeitpunkt in die Lamelle 13 (und in die Lamelle 6) fließt. Der Strompfad verläuft über die (fett) hervorgehobenen Leiter bis zur Lamelle 1. Dann werden die Leiter bei den Nummern 11, 8, 5 und 2 durchlaufen. Im folgenden wellenartigen Umlauf sind die Leiter 12, 9, 6 und 3 in Reihe verbunden. An der Lamelle 3 fließt der Strom über die Bürste ab.

Es werden also 6 Schleifen von dem Strompfad durchlaufen. Die anderen 6 Schleifen werden über den parallel verlaufenden Strompfad, der bei der Lamelle 6 beginnt und bei der Lamelle 10 endet, genutzt.

Die Scheibenläufermotoren zeichnen sich durch ein geringes Trägheitsmoment aus, da die Scheibe dünn ist und aus Kunststoff gefertigt wird. Die Leiter werden als Leiterbahnen aufgedruckt. Wir wollen die Messdaten eines Scheibenläufermotors genauer analysieren.

In Abb. 188 ist ein kommerzieller Scheibenläufermotor mit einer Abgabeleistung von 750 W dargestellt, der als Antrieb über eine elektrische Kupplung und ein Getriebe auf ein Rad eines Elektro-Leichtbau Fahrzeugs wirkt. Der Motor arbeitet bei einer Spannung von 12 V und kann mit Strömen bis ca. 80 A bei einer Nenndrehzahl von 3000 1/min belastet werden. Eine kurzzeitige Überlastung bis zu 115 A ist zulässig. Das Nennmoment beträgt 2,4 Nm. Der Motor hat laut Datenblatt einen Wirkungsgrad von über 80 % im Bereich zwischen 40 A und 80 A. Das Erregerfeld wird durch Permanentmagnete aufgebaut. Daher hat der Motor nur zwei Anschlussleitungen. In einem Versuchs-Elektrofahrzeug konnte der Motor erfolgreich getestet werden.

Abb. 188: Scheibenläufermotor (12V) mit elektrisch schaltbarer Kupplung und Getriebe

Der im Bild dargestellte Motor wurde in einem Prüfstand vermessen. Dabei wurde der Motor mit einem wechselnden Belastungs-Drehmoment belastet. Die sich einstellenden Drehzahlen und Ströme wurden aufgezeichnet und als Grafik dargestellt. Wir können im nächsten Bild die Messergebnisse für den Wirkungsgrad, den Ankerstrom und die Drehzahl aus den Kurven entnehmen. Ein eingezeichneter Arbeitspunkt liegt bei einer Last von 0,3 Nm. Der Laststrom beträgt ca. 18 A in diesem Arbeitspunkt. Wir erkennen, dass die dann vorliegende Drehzahl von ca. n = 3700 1/min nur wenig abfällt, wenn der Motor stärker belastet wird. Der Wirkungsgrad wurde aus dem Verhältnis der abgegebenen Leistung zu der aufgenommenen Leistung berechnet. Da die Spannung konstant 12 V beträgt, ist die aufgenommene Leistung P_1 des Motors aus dem Produkt des Anker-Stroms und der Spannung berechenbar. Die Leistung für den Aufbau des Erregerfeldes wird vom Permanentmagneten bezogen!

Leistung im Arbeitspunkt:

$$P_1 = U \cdot I_A = 12\ \text{V} \cdot 18\ \text{A} = 216\ \text{W}$$

Die abgegebene Leistung P_2 berechnet sich aus dem Produkt der Winkelgeschwindigkeit des Läufers und dem Drehmoment.

$$P_2 = M \cdot \omega$$

$$P_2 = 0{,}3\ \text{Nm} \cdot \frac{3700 \frac{1}{\text{min}} \cdot 2\pi}{60 \frac{\text{s}}{\text{min}}} = 116\ \text{W}$$

Der Wirkungsgrad im Arbeitspunkt beträgt:

$$\eta = \frac{P_2}{P_1} = \frac{116}{216} = 0{,}54$$

Aufgrund des schlechten Wirkungsgrads sollte der Motor nicht lange in diesem Arbeitspunkt betrieben werden! Wir erkennen, dass der angegebene Wirkungsgrad bei einem Lastmoment von ca. 0,9 Nm erreicht wird.

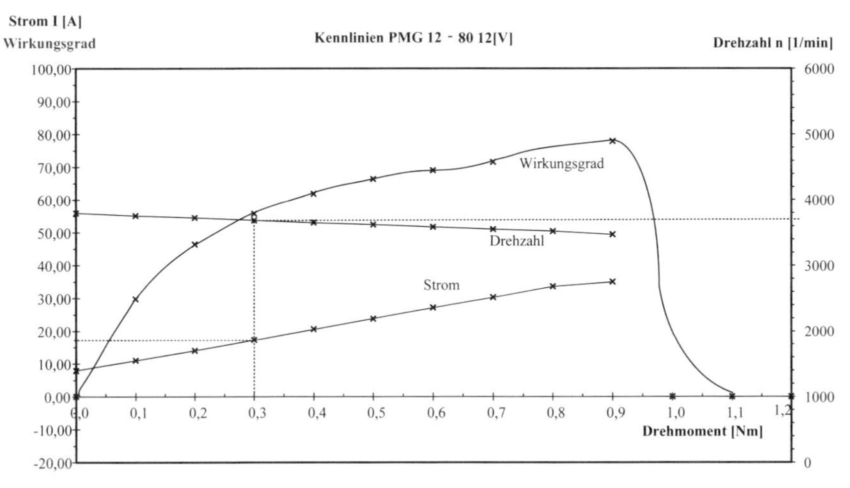

Abb. 189: Gemessene Kennlinien eines Scheibenläufermotors

Zusammenfassung
Die Gleichstrommaschine wird durch einfache Berechnungsgleichungen beschrieben. Man ordnet die Gleichstrommaschinen nach der Art der Verschaltung der Erregerwicklung und unterscheidet die fremderregte Maschine, die Nebenschluss- und die Reihenschlussmaschine. Als Kombination kommt die Doppelschlussmaschine vor. Die Nebenschlussmaschine reagiert auf eine Lasterhöhung mit einer vergrößerten Stromaufnahme. Daher muss die induzierte Spannung kleiner werden. Das erreicht die Maschinc dadurch, dass die Drehzahl abfällt. Die Gleichstrom-Nebenschlussmaschine zeichnet sich durch eine harte Kennlinie und gute Regelbarkeit aus. Die wesentlichen Leistungsverluste sind die Stromwärmeverluste, die mechanischen Reibungsverluste und die beim Aufbau des Erregerfeldes entstehenden Verluste. Die Reihenschlussmaschine erreicht ein höheres Anfahrmoment als die Nebenschlussmaschine. Zur Begrenzung des Anfahrstroms sind Maßnahmen zu ergreifen.

Kontrollfragen

73. Ein Reihenschluss-Gleichstrommotor soll ein Elektrowerkzeug antreiben. Die Nenndrehzahl betrage 12000 U/min. Die Versorgungsgleichspannung betrage 200 V. (R_A = 0,7 Ohm). Der Motor entwickelt im Nennpunkt eine Quellenspannung U_q = 190 V. Berechnen Sie den Motornennstrom I_A und das Nennmoment M_N.
    Berechnen Sie die aufgenommene, elektrische Leistung und den Wirkungsgrad.
74. Eine Gleichstrommaschine liegt an 100 V Gleichspannung. Für die Spannungskonstante gilt: $c \cdot \phi = 8\,\text{Vs}$. Berechnen Sie die Leerlaufdrehzahl.
75. Für eine fremderregte Gleichstrommaschine sind folgende Nenndaten bekannt: U_N = 440 V, I_N = 39 A, n_N = 1980 min^{-1}, Wirkungsgrad η = 0,92. Die Erregerverluste sind zu vernachlässigen.
    a) Berechnen Sie die mechanische, abgegebene Leistung im Nennpunkt.
    b) Berechnen Sie das Drehmoment der Maschine im Nennpunkt.
76. Berechnen Sie den Wirkungsgrad des Scheibenläufers mit den in Abb. 189 dargestellten Messkurven bei dem Lastmoment 0,9 Nm. Welche Drehzahl stellt sich ein?

11 Die elektrischen Drehfeldmaschinen

Die elektrischen Drehfeldmaschinen sind weit verbreitet, sie wandeln als Generator im Kraftwerk mechanische Energie in elektrische Energie um. Die Antriebe von Robotergelenken und Beinen werden meistens mit geregelten Synchronmotoren ausgestattet, die auch zur Gruppe der Drehfeldmaschinen gehören.

Drehfeldmaschinen arbeiten, im Gegensatz zu den Gleichstrommaschinen, mit Wechselstrom. Ihr Name bezieht sich auf drehende, magnetische Felder, die wir vereinfacht Drehfelder nennen. Man unterscheidet die Maschinen grob in zwei Gruppen und wählt als Unterscheidungskriterium die Drehzahl des Drehfeldes. Falls diese gleich der mechanischen Drehzahl der Maschine ist, bezeichnet man sie als Synchronmaschine. Sind mechanische Drehzahl und Drehfelddrehzahl unterschiedlich, spricht man von einer Asynchronmaschine.

Wichtige Arbeiten zur Entwicklung des zweiphasigen- und dreiphasigen Wechselstroms leisteten in den Jahren 1885–1888 zeitgleich Nicola Tesla, der Italiener Galileo Ferraris und Michael Dolivo-Dobrowolski, der die Asynchronmaschine mit Käfigläufer erfand. Nicola Tesla, aus dem früheren Kaiserreich Österreich-Ungarn stammend, meldete bis 1928 ca. 300 Patente an, die unter anderem den Aufbau eines Kommutators, die Ausbildung eines zweiphasigen- oder mehrphasigen Spannungssystems sowie darauf basierend mehrere Drehstrommaschinen beschrieben.

Die elektrischen Maschinen werden als Energiewandler bezeichnet, denn sie wandeln entweder mechanisch zugeführte Energie in elektrische Energie oder umgekehrt elektrische in mechanische Energie. Beispielsweise wird eine vom Wind angetriebene Windturbine dem Generator mechanische Energie zuführen, die im Generator in elektrische Energie umgeformt wird. Diese wird auf 110 kV oder 380 kV hoch transformiert und mittels Übertragungs- und Verteilnetzen zu den Verbrauchern geleitet. Die Verbraucher in Haushalt, Verkehr und Industrie bestimmen die benötigte Leistung und die Art der Belastung. Die geeignete Steuerung der Generatoren sorgt für ein stabiles Netz. Synchron- oder Asynchrongeneratoren für Windkraftanlagen werden heute mit Leistungen bis zu 5 MW gebaut. Moderne Windkraftanlagen verwenden oft Ringgeneratoren mit vielen konzentrierten Spulen, die am Umfang verteilt sind.

Wir werden in den nächsten Abschnitten die Grundlagen zur Entstehung von Wechselspannungen und Drehfeldern erlernen und dann wichtige Ersatzschaltbilder der Drehfeldmaschinen behandeln. Dazu benötigen wir mathematische Hilfsmittel. Die elektrischen Wechselgrößen können mithilfe der komplexen Wechselstromrechnung und dem Zeigermodell kompakt berechnet werden. Einige wichtige Grundlagen der Wechselstromtechnik werden in diesem Kapitel präsentiert, da wir uns später auf diese Grundlagen beziehen.

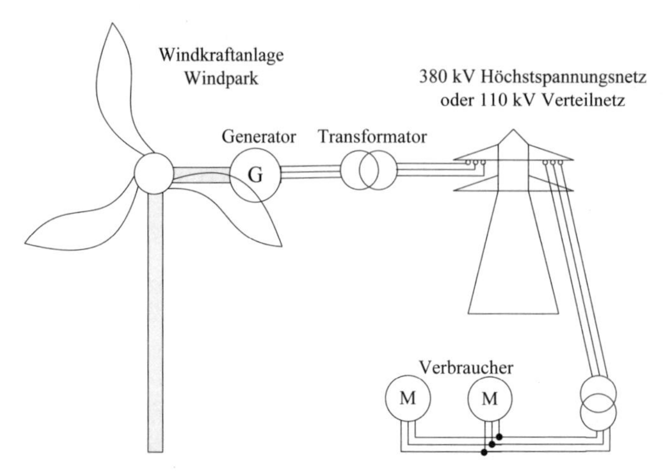

Abb. 190: Wandlung mechanischer Energie in elektrische Energie und Verteilung elektrischer Energie über Transformatoren

11.1 Veränderliche Magnetfelder und Wechselstrombeziehungen

Der Begriff Drehfeld beschreibt die Rotation eines magnetischen Felds um eine feste Achse. Wir gehen von der vereinfachten Annahme aus, dass im Inneren des Windrades ein Rotor angebracht ist, der einen Stabmagneten dreht, so wie in Abb. 191 a dargestellt. Der drehende Stabmagnet bewirkt ein zeitlich veränderliches, magnetisches Feld. Dieses Feld beschreiben wir durch die magnetische Flussdichte oder magnetische Induktion.

Drehfeld
Dreht sich das Magnetfeld eines Stabmagneten oder einer Zylinderspule um einen Mittelpunkt, entsteht eine orts- und zeitveränderliche magnetische Flussdichte. An einem Ort ändert sich die Flussdichte mit der Zeit und zu einem bestimmten Zeitpunkt ändert sich die Flussdichte mit dem Ort.

Bezogen auf die, in Abb. 191 a eingezeichnete y-Achse ändert sich die magnetische Flussdichte in seiner Stärke näherungsweise sinusförmig. Daher wird durch die Projektion des rotierenden Magnetfeldes auf die y-Achse ein sinusförmiger Verlauf des Betrags der Flussdichte in Abhängigkeit des Drehwinkels erzeugt.

Zeitveränderliches, magnetisches Feld
Ändert sich an einem bestimmten Ort die magnetische Flussdichte mit der Zeit, entsteht ein zeitveränderliches, magnetisches Feld.

Der Winkel α verändert sich proportional mit der Zeit t, mit der konstanten Winkelgeschwindigkeit ω als Proportionalitätsfaktor.

$$\alpha = \omega \cdot t \qquad 11.1$$

Wir können in der dargestellten y-Richtung die Veränderung der magnetischen Flussdichte durch folgende Gleichung beschreiben:

$$B(t) = \hat{B} \cdot \sin(\omega \cdot t) \qquad 11.2$$

Der Betrag des in Abb. 191a eingezeichneten Vektors $\vec{B}$ repräsentiert den Amplitudenwert der Sinuskurve.

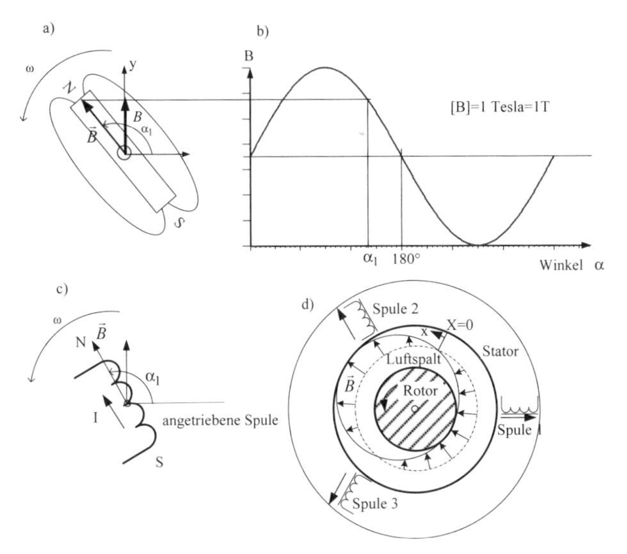

Abb. 191: Erzeugung eines Drehfeldes, a) durch einen angetriebenen Stabmagneten, b) zeitlicher Verlauf der magnetischen Flussdichte in y-Richtung, c) durch eine drehende Spule, d) durch drei stationär angeordnete Spulen, die mit phasenverschobenem Wechselstrom versorgt werden. Darstellung der magnetischen Flussdichte im Luftspalt zu einem Zeitpunkt t_1.

Natürlich kann man den einfachen Permanentmagneten auch durch eine stromdurchflossene Spule ersetzen, wenn es gelingt, z. B. über Schleifringe den Strom auf die Spule zu übertragen. Die Drehung der stromdurchflossenen Spule führt ebenfalls zu dem in Abb. 191b dargestellten zeitlichen Verlaufs der Flussdichte in Bezug auf die dargestellte y-Richtung.

Die Drehung des magnetischen Feldes kann auch durch eine statische Spulenanordnung, wie sie in Abb. 191d gezeigt ist, bewirkt werden. Diese Spulen werden am Umfang des Stators einer elektrischen Maschine angebracht und mit einem phasenverschobenen, sinusförmigen Wechselstrom versorgt. Dadurch entsteht ein drehendes Magnetfeld, das den Luftspalt und den drehenden Rotor durchsetzt. Die Entstehung des Drehfeldes durch die phasenverschobenen Spannungen in drei Spulen werden wir noch genauer kennenlernen.

Das Magnetfeld ist zu jedem Zeitpunkt am Umfang (näherungsweise) sinusförmig verteilt. Wir sehen in Abb. 191d einen Pfeil, der mit der Weg-Koordinate x gekennzeichnet ist und in Umfangsrichtung zeigt. Die Weg-Koordinate x wird entlang des Umfangs des strichpunktierten Kreises gemessen. Betrachten wir die Darstellung der kleinen Pfeile, deren Länge den Betrag der Flussdichte $\vec{B}$ entlang der Umfangskoordinate angibt, finden wir den sinusförmigen Verlauf wieder. B ändert sich entlang der Umfangskoordinate x, also gilt B = B(x). Bezogen auf den strichpunktierten Kreis treten die Pfeile bei x = 0 beginnend über den halben

Umfang aus dem Kreis aus und über den restlichen Umfang in den strichpunktierten Kreis ein. Dadurch wird das unterschiedliche Vorzeichen von B in diesen Bereichen verdeutlicht.

Ortsveränderliches, magnetisches Feld
Bei einem ortsveränderlichen, magnetischen Feld ändert sich die magnetische Flussdichte in Abhängigkeit einer Ortskoordinate.

11.1.1 Wechselstromwiderstand

Wechselstrome und Wechselspannungen werden in der Elektrotechnik häufig mithilfe der komplexen Zahlen beschrieben. Damit können die durch die Phasenverschiebung zwischen elektrischen Größen entstehenden Besonderheiten einfacher angegeben werden. Wir können eine harmonische Funktion, also z. B. $\hat{A} \cdot \sin(x)$ für jedes x über die Eulersche Formel,

$$\hat{A} \cdot e^{jx} = \hat{A} \cdot (\cos(x) + j \cdot \sin(x)) \qquad 11.3$$

durch den Real- oder Imaginärteil einer komplexen Größe darstellen.

$$\hat{A} \cdot \cos(x) = \hat{A} \cdot Re(\mathrm{e}^{jx})$$
$$\hat{A} \cdot \sin(x) = \hat{A} \cdot Im(\mathrm{e}^{jx})$$

Der Realteil entspricht der Kosinus-Funktion und der Imaginärteil der Sinusfunktion. Setzen wir für x den zeitabhängigen Winkel $\omega \cdot t + \varphi$ ein, wobei φ ein Null-Phasenwinkel sein soll, gilt:

$$\hat{A} \cdot e^{j(\omega t + \varphi)} = \hat{A} \cdot (\cos(\omega \cdot t + \varphi) + j \cdot \sin(\omega \cdot t + \varphi)) \qquad 11.4$$

Diese Funktion kann als ein *rotierender Zeiger* in der *komplexen Zahlenebene* aufgefasst werden, der sich mit der Zeit t und der Winkelgeschwindigkeit ω dreht. Für die cosinus- und sinusförmigen Anteile gilt wieder:

$$\begin{aligned} \hat{A} \cdot \cos(\omega \cdot t + \varphi) &= \hat{A} \cdot \mathrm{Re}(\mathrm{e}^{j(\omega t + \varphi)}) \\ \hat{A} \cdot \sin(\omega \cdot t + \varphi) &= \hat{A} \cdot \mathrm{Im}(\mathrm{e}^{j(\omega t + \varphi)}) \end{aligned} . \qquad 11.5$$

Also gilt für die sinusförmige Spannung mit dem Phasenwinkel φ_u und dem Effektivwert U:

$$u(\omega t + \varphi_u) = \hat{U} \cdot \sin(\omega t + \varphi_u) = \hat{U} \cdot \mathrm{Im}(\mathrm{e}^{j(\omega t + \varphi_u)})$$
$$\hat{U} = \sqrt{2} \cdot U$$

Man nennt die der Spannung u(t) zugeordnete, komplexe Funktion

$$\underline{u}(t) = \sqrt{2} \cdot U \cdot \mathrm{e}^{j(\omega t + \varphi_u)} \qquad 11.6$$

den *Spannungszeiger* $\underline{u}(t)$. Der Zeigergrößen werden mit einem Unterstrich gekennzeichnet.

Wir nehmen an, dass der Null-Phasenwinkel der Spannung null sein. Außerdem soll ein rotierender Stromzeiger eingeführt werden. Für das in Abb. 192 skizzierte Beispiel gilt für den Stromzeiger:

$$\underline{i}(t) = \hat{I} \cdot e^{j \cdot (\omega \cdot t - 90^\circ)}$$
$$\hat{I} = \sqrt{2} \cdot I$$

Der Null-Phasenwinkel beträgt $\varphi_i = -90^\circ$. In Abb. 192 wurden die Zeiger für den Strom und die Spannung für den Winkel α_1, der dem Zeitpunkt t_1 zugeordnet ist, dargestellt. Wir sehen, dass die Projektion des Spannungszeigers auf die imaginäre Achse dem sinusförmigen Verlauf der Spannung entspricht. Genau so können wir die Kosinus Funktion durch die Projektion des rotierenden Zeigers auf die reelle x-Achse konstruieren.

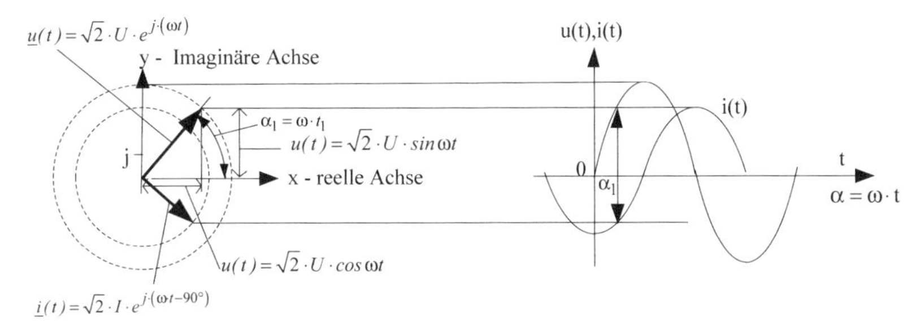

Abb. 192: Entstehung von sinusförmigen Größen durch Projektionen der rotierenden Zeiger

Für die erste Ableitung des Stromzeigers nach der Zeit findet man den folgenden Ausdruck:

$$\underline{i}(t) = \hat{I} \cdot e^{j(\omega t + \varphi_i)}$$
$$\frac{d\underline{i}}{dt} = \omega \cdot \hat{I} \cdot j \cdot e^{j(\omega t + \varphi_i)} \qquad 11.7$$

Für die Spannung und den Strom an einer Induktivität gilt bekanntlich der folgende Zusammenhang:

$$u = L \cdot \frac{di}{dt}$$

Mit Gleichung 11.7 wird daraus:

$$\underline{u}(t) = L \cdot \frac{d\underline{i}}{dt} = L \cdot \omega \cdot \hat{I} \cdot j \cdot e^{j(\omega t + \varphi_i)}$$

Die Multiplikation einer komplexen Zahl mit der imaginären Einheit j entspricht der Drehung des zugeordneten Zeigers um 90°. Der Spannungszeiger entsteht aus dem Stromzeiger, indem wir den Stromzeiger mit dem Faktor $L \cdot \omega$ multiplizieren und dann den Stromzeiger um 90° in positiver Richtung drehen.

Außer den rotierenden Zeigern werden stationäre Effektivwert-Zeiger eingeführt. Man ordnet den Wechselgrößen u(t) und i(t) die stationären Zeigergrößen $\underline{U}$ und $\underline{I}$ mit den Nullphasenwinkeln φ_u und φ_i zu:

$$\underline{U} = U \cdot e^{j\varphi_u} \quad , \quad \underline{I} = I \cdot e^{j\varphi_i} \qquad 11.8$$

Wir gehen vom Nullphasenwinkel $\varphi_i = 0°$ aus und erhalten für den Effektivwertzeiger der Spannung bei der Induktivität:

$$\underline{U} = j \cdot \omega \cdot L \cdot \underline{I} = j \cdot X_L \cdot \underline{I}$$

Für den in Abb. 192 skizzierten Verlauf von Strom und Spannung kann man vereinfacht die in Abb. 193 dargestellten, stationären Zeigerdiagramme zeichnen:

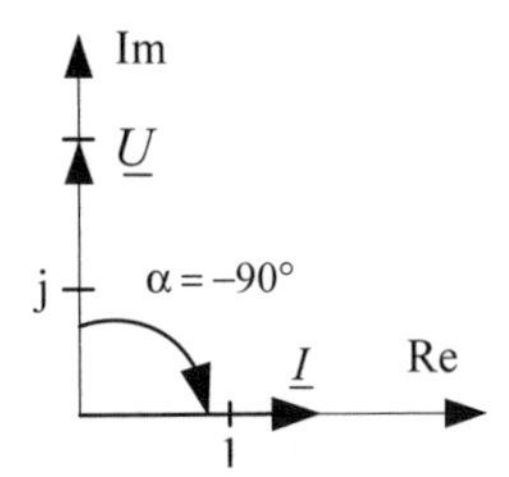

Abb. 193: Stationäre Zeiger

In Wechselstromkreisen verursachen die Induktivität und die Kapazität von der Frequenz der Wechselspannung abhängige Widerstände. Man nennt den elektrischen Widerstand bei Wechselstromkreisen *Impedanz oder komplexen Widerstand.* Die Impedanz berechnet man gemäß der folgenden Formel über das Verhältnis der Spannungs- und Stromzeiger:

$$\underline{Z} = \frac{\underline{u}(t)}{\underline{i}(t)} = \frac{\underline{U}}{\underline{I}} = \frac{U \cdot e^{j\varphi_u}}{I \cdot e^{j\varphi_i}} = \frac{\hat{U}}{\hat{I}} e^{j(\varphi_u - \varphi_i)} \qquad 11.9$$

Der Betrag Z wird Scheinwiderstand genannt.

Beispielaufgabe:
Gegeben ist die in Abb. 194 dargestellte Wechselstromschaltung mit einem Widerstand (Widerstand R) und einer Spule (Induktivität L). Die Spannung U und die Frequenz f sind ebenfalls gegeben. Gesucht sind das prinzipielle Zeigerdiagramm und der Scheinwiderstand der Schaltung.

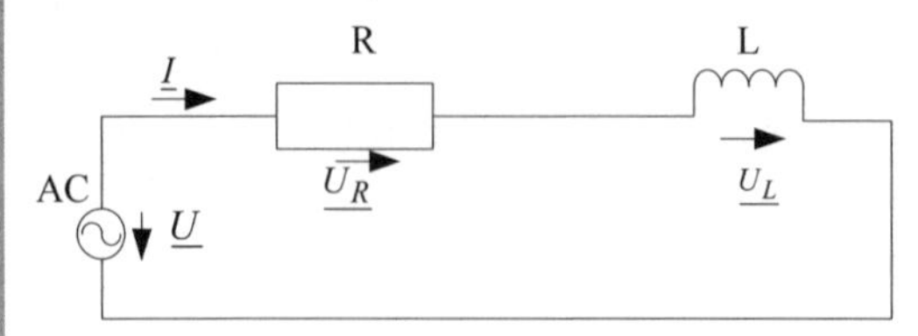

Abb. 194: Wechselstromkreis mit Induktivität und ohmschen Widerstand

Lösung:
Wir wollen das Zeigerbild zeichnen. Als Bezugszeiger wählen wir den Strom und berücksichtigen, dass am Widerstand R der Strom und die Spannung in Phase liegen. An der Induktivität liegt eine Phasenvoreilung des Spannungszeigers um 90° gegenüber dem Stromzeiger vor (Abb. 195). Da R und L gegeben sind und auch die Kreisfrequenz bekannt ist, können wir den Betrag der Spannung berechnen. Eine Berechnungsvorschrift für den Scheinwiderstand als Rechengröße wird über das Verhältnis Spannung zu Strom aufgestellt.

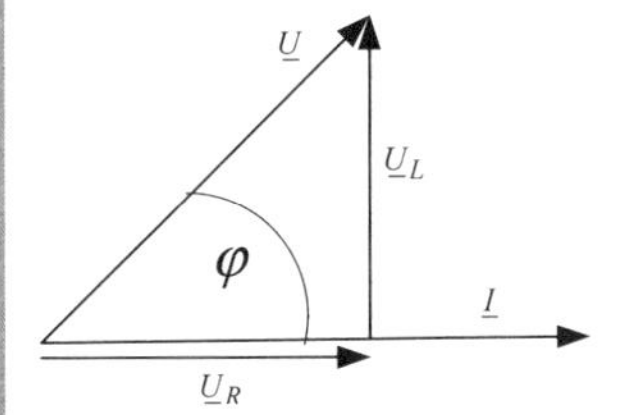

Abb. 195: Zeigerbild der Spannungen

Der komplexe Widerstand wird durch die folgende Formel beschrieben:

$$\underline{Z} = R + \mathrm{j} \cdot \omega \cdot L = \frac{\underline{U}}{\underline{I}}$$

Der Wirkwiderstand ist R und der Blindwiderstand $X_L = \omega \cdot L$.

Die Beträge (Effektivwerte) der Zeiger berechnen wir folgendermaßen:

$$U_\mathrm{R} = I \cdot R \text{ , } U_\mathrm{L} = I \cdot \omega \cdot L$$

$$U = \sqrt{U_\mathrm{R}{}^2 + U_\mathrm{L}{}^2}$$

$$U = I \cdot \sqrt{R^2 + (\omega \cdot L)^2} \rightarrow I = \frac{U}{\sqrt{R^2 + (\omega \cdot L)^2}}$$

Für den Scheinwiderstand und den Phasenwinkel gilt:

$$Z = \sqrt{R^2 + (\omega \cdot L)^2} \text{ , } \tan\varphi = \frac{U_\mathrm{L}}{U_\mathrm{R}} = \frac{\omega \cdot L}{R}$$

11.1.2 Wechselstromleistung

Eine wichtige Größe zur Beurteilung einer elektrischen Maschine ist die übertragene Leistung. Die elektrische Leistung kann bei Gleichstrom aus dem Produkt von Spannung und Strom berechnet werden. Damit wir die Wechselstromleistung berechnen können, müssen wir berücksichtigen, dass sowohl der Strom als auch die Spannung sinusförmige Wechselgrößen sind und in der Phase verschoben sein können. Gehen wir von einem Phasenverschiebungswinkel $\varphi = \varphi_u - \varphi_i$ zwischen Strom und Spannung aus, so erhalten wir zwei Leistungsanteile P_1 und P_2. Die genaue Herleitung der folgenden Ergebnisse kann z. B. in (Busch, 2006) nachgelesen werden.

$$u(t) = \hat{U} \cdot \sin(\omega t + \varphi_u), \; i(t) = \hat{I} \cdot \sin(\omega t + \varphi_i)$$

$$\Rightarrow p(t) = u(t) \cdot i(t) = P \cdot (1 - \cos 2\omega t) + Q \cdot \sin 2\omega t = P_1 + P_2 \qquad 11.10$$

$$\begin{aligned} P_1 &= P \cdot (1 - \cos 2\omega t) \\ P_2 &= Q \cdot \sin 2\omega t \end{aligned} \qquad 11.11$$

Die Leistung P_1 schwingt um den Mittelwert P:

$$P = U \cdot I \cdot \cos\varphi \qquad 11.12$$

Dieser Mittelwert P wird als *Wirkleistung* bezeichnet. Die Leistung P_2 schwingt mit der *Amplitude*,

$$Q = U \cdot I \cdot \sin\varphi \qquad 11.13$$

um den Mittelwert 0. Q wird als *Blindleistung* bezeichnet. Die Blindleistung wird in der Einheit [Q] = 1 var angegeben. Beide Leistungsgrößen schwingen mit der doppelten Frequenz. Die Scheinleistung S wird aus dem Produkt von U und I berechnet:

$$S = U \cdot I \qquad 11.14$$

Es ist wichtig zu wissen, dass die Stromleitungen auch den Blindstrom, der die Blindleistung bildet, übertragen müssen, der am Verbraucher jedoch keine nützliche Leistung in Form eines Motordrehmoments bewirkt. Daher erfolgt eine Kompensation der Blindleistungsanteile entweder direkt am Verbraucher oder durch eine geeignete Blindleistungskompensation z. B. über den Phasenschieber-Betrieb im Generator.

Man kann für elektrische Maschinen einen Leistungsfaktor λ angeben. Dieser berechnet sich aus dem Verhältnis zwischen Wirkleistung P und Scheinleistung:

$$\lambda = \frac{P}{S} \qquad 11.15$$

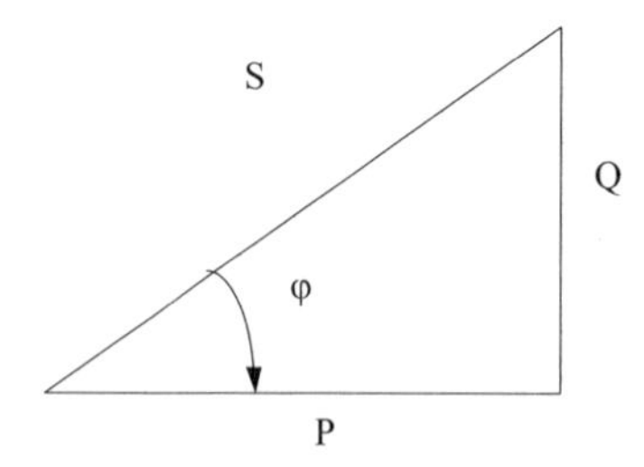

Abb. 196: Leistungsdreieck

Je höher der Leistungsfaktor ist, desto besser wird die Maschine augenutzt.

Beispielaufgabe:
In der folgenden Abbildung sind die schwingenden Leistungsanteile nach 11.11 dargestellt.

a) Geben Sie die Wirk- und die Blindleistung an.
b) Berechnen Sie den Phasenwinkel φ, wenn die folgenden Werte gegeben sind: U = 230 V, I = 1 A, f = 50 Hz.

Lösung:

zu a)

Wirk- und Blindleistung besitzen die Werte P = 216 W, Q = 78 var.

zu b)

$$P = 230\,\text{V} \cdot 1\,\text{A} \cdot \cos\varphi = 216\,\text{W}$$

$$Q = 230\,\text{V} \cdot 1\,\text{A} \cdot \sin\varphi = 78\,\text{var}$$

$$\varphi = \text{atan}\left(\frac{Q}{P}\right) = \text{atan}\left(\frac{78}{216}\right) = 19{,}85°$$

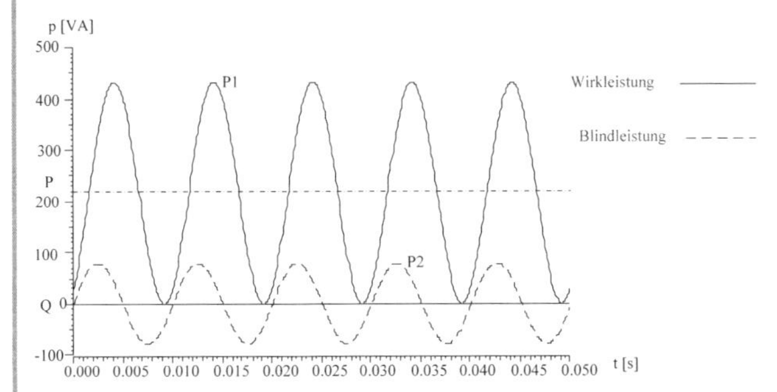

Abb. 197: Der Leistungsanteil P_1 schwingt um den Mittelwert P, der Leistungsanteil P_2 schwingt um den Mittelwert 0 mit der Amplitude Q (Berechnung und grafische Darstellung mit dem Programm WINFACT)

Man kann die Scheinleistung, die Wirkleistung und die Blindleistung auch mit Hilfe der Effektivwert-Zeiger von Spannung und Strom ausdrücken. Ohne die genaue Herleitung zu begründen, die z.B. in (Paul, Elektrotechnik 2, 1994) nachlesbar ist, wollen wir diese Möglichkeit angeben, da wir später davon Gebrauch machen werden.

$$S = \left|\underline{U} \cdot \underline{I}^*\right|$$

$$P = \text{Re}\left(\underline{U} \cdot \underline{I}^*\right) \qquad 11.16$$

$$Q = \text{Im}\left(\underline{U} \cdot \underline{I}^*\right)$$

In Formel 11.16 wird die konjugiert komplexe Größe $\underline{I}^*$ benutzt, die wie folgt definiert ist:

$$\underline{I}^* = I \cdot \text{e}^{-j \cdot \varphi_i} = \text{Re}(I) - j \cdot \text{Im}(I) \qquad 11.17$$

Für die Scheinleistung gilt dann:

$$S = \left|U \cdot \text{e}^{j \cdot \varphi_U} \cdot I \cdot \text{e}^{-j \cdot \varphi_i}\right| = \left|U \cdot I \cdot \text{e}^{j(\varphi_U - \varphi_i)}\right| = U \cdot I$$

Der Spannungs-Effektivwert-Zeiger $\underline{U}$ ist in 11.8 angegeben worden! Für einen ohmschen Widerstand gilt z. B.: $\underline{Z} = R$.

Damit folgt für die Leistung P:

$$P = \mathrm{Re}\left(\underline{U} \cdot \underline{I}^*\right) = \mathrm{Re}\left(R \cdot \underline{I} \cdot \underline{I}^*\right) = \mathrm{Re}\left(R \cdot I \cdot e^{\varphi_i} \cdot I \cdot e^{-\varphi_i}\right) = R \cdot I^2 \quad 11.18$$

Zusammenfassung
Wechselgrößen werden oft durch ihre Effektivwerte angegeben und mithilfe der komplexen Rechnung können wir den Effektivwerten Zeigergrößen zuordnen. Die Beschreibung von Spannung und Strom an einer Schaltung erfolgt über den Wechselstromwiderstand. Dem Realteil des komplexen Wechselstromwiderstands entspricht der Wirkwiderstand. Der Imaginärteil wird Blindwiderstand genannt. Die Wechselstromleistung enthält einen Leistunganteil der um den Wert 0 schwingt. Dessen Amplitude wird Blindleistung Q genannt. Der Wirkleistungsanteil hingegen schwingt um den Mittelwert P, die Wirkleistung.

Kontrollfragen

77. Berechnen Sie die Effektivwerte des Magnetflusses Φ und der Spannung U aus den in Abb. 172 gegebenen Zeitverläufen.
78. Berechnen sie aus den in Abb. 197 gegebenen Kurven die Kreisfrequenz ω.
79. Berechnen Sie die zu den Leistungskurven in Abb. 197 gehörende Scheinleistung.
80. Zeichnen Sie ein Zeigerdiagramm mit den Strom- und Spannungszeigern, wenn die zu Abb. 197 angegebenen Effektivwerte von Strom und Spannung und der Phasenwinkel gegeben sind.
81. Berechnen Sie den Scheinwiderstand Z, wenn eine Reihenschaltung von Induktivität und ohmschem Widerstand angenommen wird und sonst die zu Abb. 197 gegebenen Werte vorliegen.
82. Mit einem Oszilloskop wurden an einer unbekannten Wechselstromlast folgende Zeitverläufe gemessen:

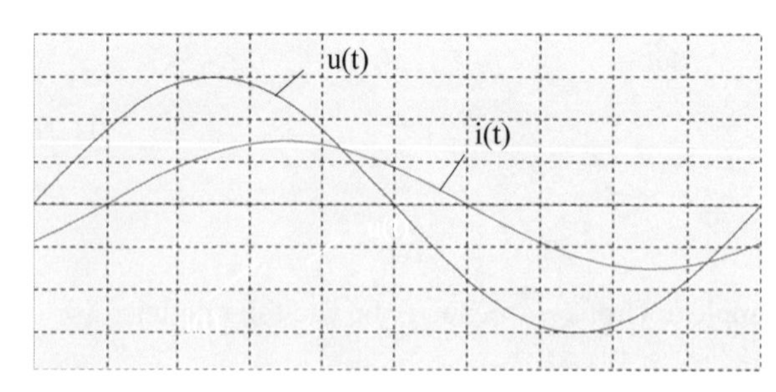

Spannung: 100 V /Teilung Zeit: 2 ms /Teilung

Strom: 2 A /Teilung

Abb. 198: Zeitverläufe von Strom und Spannung

a) Ist die Last induktiv oder kapazitiv?
b) Geben Sie die Phasenverschiebung φ, den Scheinwiderstand Z und die Wirkleistung P an.

11.2 Erzeugung von mehrphasigen Wechselspannungen über eine Außenpolmaschine

Die Abb. 171 stellte die Induktion einer Wechselspannung durch eine drehende Leiterschleife in einem magnetischen Feld dar. In der Technik werden mehrphasige Spannungssysteme genutzt. Die Erzeugung der zwei- und dreiphasigen Spannung ist Thema dieses Abschnitts.

11.2.1 Zweiphasenwechselspannung

Um zu zeigen, wie prinzipiell eine Zweiphasen-Wechselspannung erzeugt wird, gehen wir von zwei um 90° versetzt angeordneten Leiterschleifen aus (Abb. 199). In diesem Fall sind vier Schleifringe erforderlich und man bekommt zwei um 90° phasenverschobene Wechselspannungen. Nicola Tesla hat im Jahre 1888 das zweiphasige Spannungssystem erfunden. Er erfand auch Synchronmotoren, die mit dem Zweiphasensystem betrieben wurden. Heute jedoch sind Motoren, die mit einem Zweiphasenwechselstrom arbeiten, unüblich.

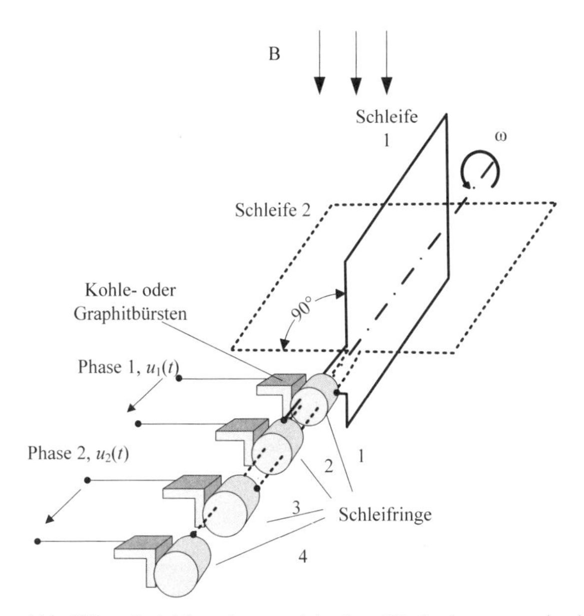

Abb. 199: Induktion einer zweiphasigen Wechselspannung durch zwei Leiterschleifen

Bei der dargestellten Anordnung drehen sich beide Spulen mit derselben Drehzahl und sind mechanisch miteinander verbunden. Die Anschlüsse der Leiterschleifen 1 und 2 sind mit den Schleifringen 1 und 2 bzw. 3 und 4 fest verbunden. Die durch Induktion in den beiden Leiterschleifen entstehenden Wechselspannungen u_1 und u_2 können wir somit durch die folgenden Sinusfunktionen beschreiben:

$$u_1(t) = \hat{U} \cdot \sin \omega t$$
$$u_2(t) = \hat{U} \cdot \sin(\omega t - 90°) \qquad 11.19$$

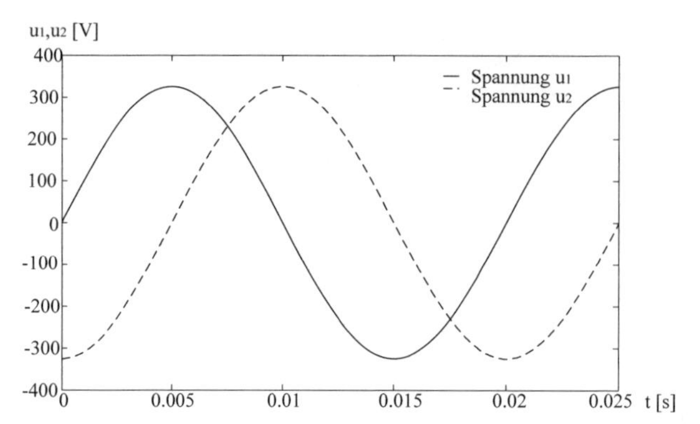

Abb. 200: Zweiphasensystem mit 2 Spannungen (Berechnung und grafische Darstellung mit MATLAB)

In Abb. 200 sind die Verläufe der beiden Spannungen bei der Kreisfrequenz ω=50 Hz dargestellt. An den Kohle- oder Grafitbürsten der Phasen 1 und 2 können wir diese Spannungen abgreifen.

Zweiphasenspannungssystem
Ein Zweiphasenspannungssystem besteht aus zwei sinusförmigen Wechselspannungsquellen gleicher Amplitude und Frequenz mit einer festen Phasenverschiebung zueinander, die in bestimmter Weise zusammengeschaltet sind.

Die Zusammenschaltung der Wechselspannungen kann z. B. dadurch erfolgen, dass die Anschlüsse 2 und 4 verbunden werden und ein gemeinsames Bezugspotential bilden.

11.2.2 Erzeugung einer Dreiphasen-Wechselspannung über einen Drehstrom-Außenpolgenerator

Wir wollen das Dreiphasen-Wechselspannungssystem erläutern, das heute sehr häufig genutzt wird. Dazu gehen wir von einer Spulenanordnung, die am Rotor der elektrischen Maschine Abb. 201 angebracht ist, aus. Jede Spule des Rotors besitzt N Windungen. Die Spulen des Rotors stehen jeweils in einem räumlichen Winkel von 120° zueinander und der Rotor befindet sich in einem Magnetfeld konstanter Flussdichte. An den Verbindungsstellen zweier Spulen werden Verbindungsleitungen an Schleifringe angeschlossen. Die Spule 1 ist mit den Schleifringen 1 und 2 verbunden. In Reihe zur Spule 1 ist die Spule 2 mit den Schleifringen 2 und 3 verbunden. Die Spule 3 liegt an den Schleifringen 3 und 1. Die Reihenschaltung der Spulen zeigt die Abb. 202. Die Schleifringe wurden gedanklich von der Welle entfernt und nebeneinander angeordnet. Ein technisch funktionsfähiges Muster eines Rotors mit drei Spulen aus einem Baukasten für elektrische Maschinen sehen Sie in Abb. 201 rechts.

Der Rotor wird von außen über einen Abtrieb gedreht. Drehen sich die Spulen im Magnetfeld, werden in ihnen Spannungen induziert, die über Grafitbürsten, die an den Schleifringen anliegen, gemessen werden können. Die zur Spannungsinduktion erforderliche Erregung durch ein magnetisches Feld liegt im äußeren Bereich der Maschine vor.

Beispielsweise liegt zwischen den Kohlebürsten 1 und 2 die induzierte Spannung $u_1(t)$ der Spule 1. Die induzierten Spannungen sind im Idealfall Wechselspannungen, deren Frequenz

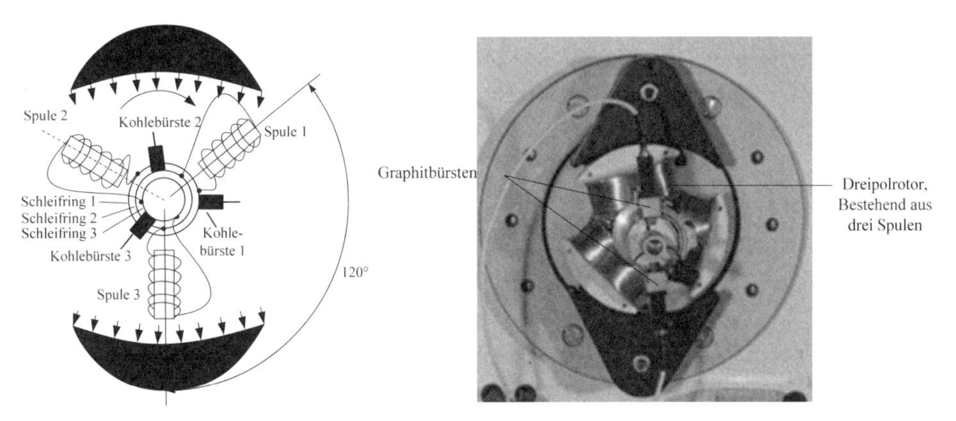

Abb. 201: Prinzip des Drehstrom-Außenpolgenerators mit innenliegenden Dreipolrotor, links Prinzip, rechts: Ausführung aus einem Baukasten für elektrische Maschinen

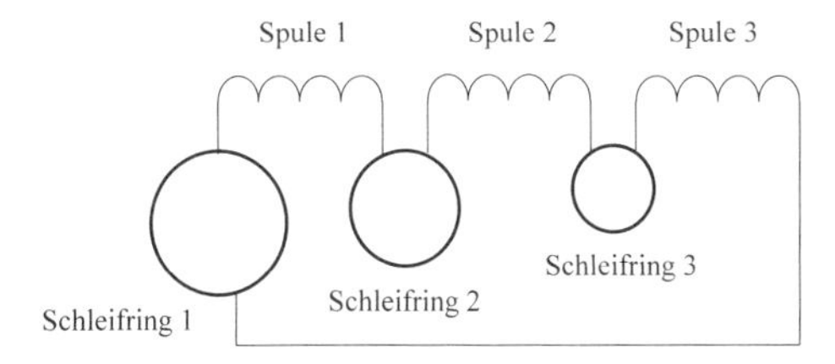

Abb. 202: Reihenschaltung der drei Rotorspulen (Dreieckschaltung)

der Frequenz des Rotors entspricht. Die Wechselspannungen besitzen einen elektrischen Phasenwinkel von 120° zueinander, der dem mechanischen Winkel zwischen den Spulen entspricht. Man bezeichnet einen Generator, der so aufgebaut ist, als *Drehstrom-Außenpolgenerator*.

Drehstrom-Außenpolmaschine

Drehen sich drei Spulen, die an einem Rotor angebracht und über Schleifringe verbunden sind, in einem konstanten magnetischen Feld, das durch die Statorspulen bewirkt wird, handelt es sich um eine Drehstrom-Außenpolmaschine.

Nun stellen wir uns vor, der Rotor wird über einen Antrieb kontinuierlich gedreht. Als Ergebnis können wir mit einem Oszilloskop zwischen jeweils zwei Schleifringen drei um 120° verschobene Wechselspannungen messen. Das Zeit-Liniendiagramm in Abb. 203 zeigt ein Beispieldiagramm dieser Spannungen. Aus der gemessenen Periodendauer können wir die Frequenz ermitteln, sie beträgt $f = 50$ Hz. Die Amplitude hat den Wert $\widehat{U} = 325$ V, somit beträgt der Effektivwert $U = 230$ V.

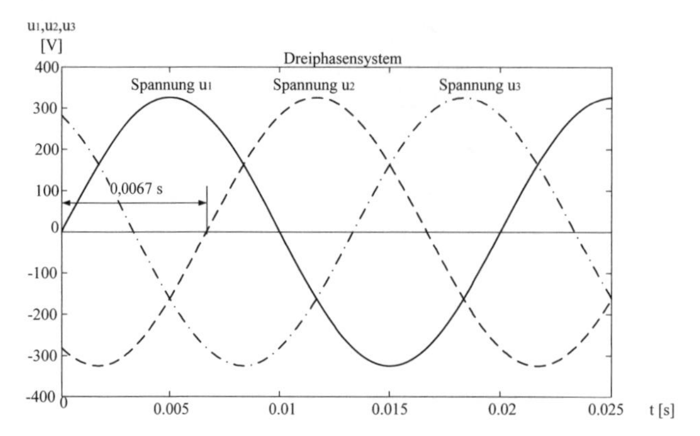

Abb. 203: Drei um 120° phasenverschobene Wechselspannungen, Berechnung und grafische Darstellung mit dem Programm MATLAB

Die Phasenverschiebung zwischen den Spannungen u_1 und u_2 beträgt $t = 0{,}0067s$. Da die Winkelgeschwindigkeit $\omega = 2 \cdot \pi \cdot f = 314 \frac{1}{s}$ beträgt, entspricht diese Zeit dem Winkel 120°, wie die folgende Rechnung verdeutlicht.

$$\alpha_1 = \omega \cdot t_1 = 314 \frac{1}{s} \cdot 0{,}0067 s = 2{,}0933 \text{ rad}$$

$$2{,}0933 \text{ rad} \mathrel{\hat{=}} 2{,}0933 \cdot \frac{180°}{\pi} = 120°$$

Dreiphasenwechselspannung

Ein Dreiphasenwechselspannungssystem besteht aus drei sinusförmigen Wechselspannungsquellen gleicher Amplitude und Frequenz mit einer festen Phasenverschiebung zueinander, die in bestimmter Weise zusammengeschaltet sind.

Wir beschreiben die drei Wechselspannungen durch die folgenden Gleichungen:

$$u_1(t) = \hat{U} \cdot \sin\omega t$$
$$u_2(t) = \hat{U} \cdot \sin(\omega t - 120°) \qquad 11.20$$
$$u_3(t) = \hat{U} \cdot \sin(\omega t - 240°)$$

Eine alterative Beschreibung kann man mithilfe der stationären Spannungszeiger $\underline{U}_1, \underline{U}_2, \underline{U}_3$ gewinnen:

$$\underline{U}_1 \leftrightarrow u_1(t) = \hat{U} \cdot \sin\omega t$$
$$\underline{U}_2 = \underline{U}_1 \cdot e^{j \cdot (-120°)} \leftrightarrow u_2(t) = \hat{U} \cdot \sin(\omega t - 120°)$$
$$\underline{U}_3 = \underline{U}_1 \cdot e^{j \cdot (-240°)} \leftrightarrow u_3(t) = \hat{U} \cdot \sin(\omega t - 240°) \qquad 11.21$$

Die Amplituden der Spannungen sind bei einem vollständig identischen Aufbau der Spulen gleich und können mithilfe der Windungszahl N über die folgende Formel berechnet werden:

$$\hat{U} = \hat{\Phi} \cdot \omega \cdot N \tag{11.22}$$

Die Winkelgeschwindigkeit ω und die Frequenz f der Wechselspannungen hängen über den Faktor 2π zusammen:

$$\omega = 2 \cdot \pi \cdot f$$

$$U = \frac{\hat{U}}{\sqrt{2}} = \frac{1}{\sqrt{2}} \cdot N \cdot \omega \cdot \hat{\Phi} \quad (\text{Effektivwert})$$

$$U = \frac{2\pi}{\sqrt{2}} \cdot N \cdot f \cdot \hat{\Phi} = 4{,}44 \cdot N \cdot f \cdot \hat{\Phi} \tag{11.23}$$

Gemäß Formel 11.23 kann der Effektivwert der induzierten Wechselspannungen sehr einfach ermittelt werden.

11.3 Stern- und Dreieckschaltung

Verschalten wir die drei Spulen am Rotor in Reihe, so, wie in Abb. 204 links abgebildet, entsteht eine Dreieckschaltung. Prinzipiell könnte man die Spulen des Generators auch so aufbauen, wie in der Schaltung rechts daneben: als Sternschaltung. In diesem Fall wird auch der Anschlusspunkt N mit einem Schleifring versehen und man kann nicht nur die Spannungen zwischen den Außenleitern 1, 2, 3 untereinander abgreifen, sondern auch die drei Spannungen zwischen den Außenleitern und N.

Dreieckschaltung
Werden drei Impedanzen (Spulen) mit jeweils zwei Anschlüssen so in Reihe geschaltet, dass sie einen geschlossenen Stromkreis ergeben und die Verbindungspunkte der Spulen als Anschlusspunkte nach außen geführt, handelt es sich um eine Dreieckschaltung.

Ein Vorteil der Sternschaltung ist, dass dem Verbraucher zwei unterschiedliche Spannungswerte zur Verfügung stehen: zum Beispiel die Leiterspannungen mit einem Effektivwert von 400 V und die Spannungen zwischen den Leitern und dem Sternpunkt N mit 230 V.

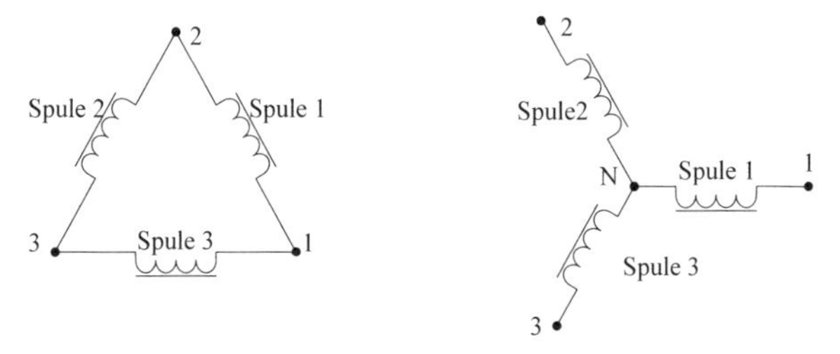

Abb. 204: Verschaltung dreier Spulen im Dreieck (links) und im Stern (rechts)

Sternschaltung
Werden drei Impedanzen parallel geschaltet und die Verbindungen an einer Anschlussseite gelöst, liegt eine Sternschaltung vor.

Zusammenfassung
Die Erweiterung des Konzeptes der drehenden Leiterschleife um eine um 90° versetzt zur ersten Leiterschleife am Rotor angebrachte zweite Leiterschleife, führt uns zum zweiphasigen Spannungssystem. Um eine dreiphasige Wechselspannung mit einem Außenpol-Drehstromgenerator zu erzeugen, verwendet man einen Rotor mit drei Spulen, die jeweils einen räumlichen Winkel von 120° zueinander bilden. Grundsätzlich können diese Spulen entweder in Stern- oder Dreieckschaltung aufgebaut werden. Die durch das *äußere* Magnetfeld und die Drehung in den Spulen induzierten Sinuswechselspannungen weisen ebenfalls einen Phasenwinkel von 120° zueinander auf. Dabei hängt die Amplitude der induzierten Wechselspannungen von der Windungszahl N, der Frequenz f und dem Amplitudenwert des magnetischen Flusses $\hat{\phi}$ ab.

11.4 Erzeugung einer dreiphasen Wechselspannung über einen Drehstrom-Innenpolgenerator

Man kann die Anordnung des stationären Magnetfeldes und des beweglichen Spulensystems auch umkehren. Die drei zur Induktion verwendeten Spulen werden nicht am Rotor, sondern am Stator angebracht. Das bisher stationäre, magnetische Feld wird durch einen drehbaren Magneten, der am Rotor angebracht ist, ersetzt. Wie wir bereits wissen, wird dadurch ein Drehfeld erzeugt. Abb. 205 zeigt die am Stator angeordneten drei Spulen und den sich im Inneren drehenden Magneten. Der magnetische Fluss in jeder Spule soll sich sinusförmig verändern. Dadurch werden in den stationär angeordneten Spulen drei Wechselspannungen induziert.

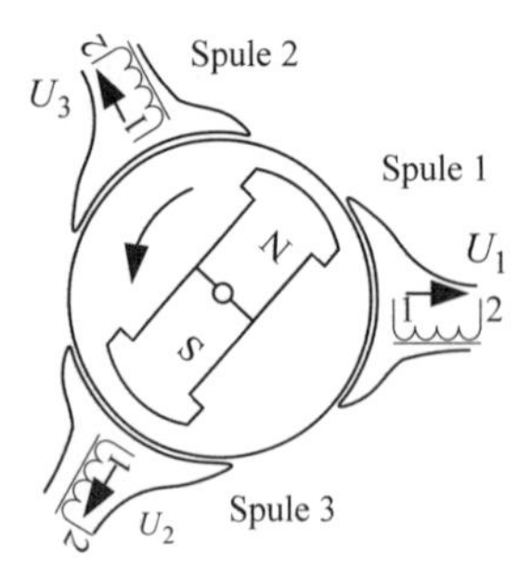

Abb. 205: Prinzip des Innenpol-Drehstromgenerators

Wiederum kann man die drei Spulen entweder in Stern- oder in Dreieckschaltung anordnen und so ein Drehstrom-Vierleitersystem oder ein Dreileitersystem zur Spannungsversorgung aufbauen.

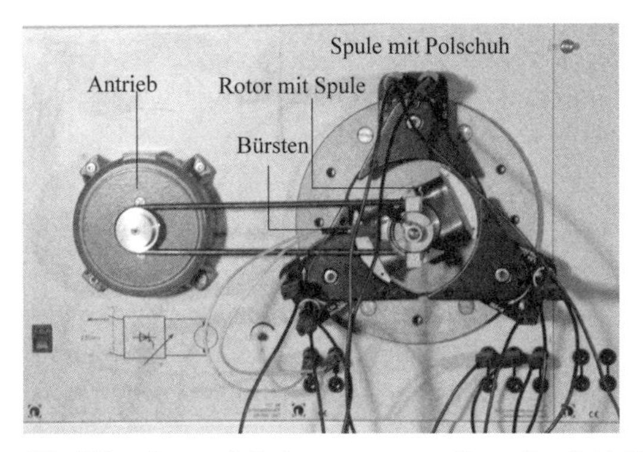

Abb. 206: Innenpol-Drehstromgenerator: Rotor über Schleifringe mit Gleichstrom versorgt (Quelle: eigenes Foto)

Man bezeichnet diese Maschine als *Innenpolmaschine*, da das Magnetfeld im Inneren der Maschine rotiert. Die in Abb. 206 dargestellte Maschine, die mit dem bereits erwähnten Baukasten für elektrische Maschinen aufgebaut wurde, besitzt einen Rotor, der über Schleifringe und schleifende Grafitbürsten von außen mit Gleichstrom versorgt wird. Der Permanentmagnet-Rotor, der in Abb. 205 verwendet wurde, wird also bei dieser Erregungsform durch einen Elektromagneten mit Doppel-T-Anker ersetzt. Bei hohen Drehzahlen ist diese Bauform mit ausgeprägten Polen ungünstig, da die Fliehkräfte groß werden und das Material stark belasten.

Drehstrom-Innenpolmaschine
Bei einer Drehstrom-Innenpolmaschine enthält der Rotor eine oder mehrere Erregerspulen und die durch Induktion erzeugten Spannungen können an stationären Spulen abgegriffen werden.

Wir indizieren die elektrischen Größen U und I sowie deren Frequenz in den Statorspulen mit 1. Zur Unterscheidung werden Ströme und Spannungen in den Rotorspulen mit dem Index 2 versehen.

Bei der in Abb. 207 dargestellten Maschine ist die Polpaarzahl $p = 2$, denn am Rotor sind 2 Nord- und 2 Südpole untergebracht. Die bei der Drehung des Rotors mit der Frequenz f_2 erzeugte Spannungsfrequenz der Statorspulen f_1 hängt bei einer gegebenen Drehzahl von der Polpaarzahl ab. Soll die Frequenz der Spannung f_1 bei der Polpaarzahl $p = 2$ gleich bleiben, dann muss die Drehzahl der Maschine halbiert werden. Nach einer Rotordrehung von 180° wird bereits eine volle 360° umfassende Spannungsperiode in den beiden Spulen induziert. Bei einem vierpoligen Rotor reduziert sich der Abstand zwischen den Wicklungen am Umfang von 120° auf 60° (siehe Abb. 207). Man erkennt außerdem, dass die beiden zusammengehörigen Spulen parallel geschaltet sind. Natürlich müssten für eine dreiphasige Spannung noch zwei weitere Spulenpaare entlang des Statorumfangs angebracht werden. Die Abb. 207 stellt rechts die zu den anderen Strängen gehörenden Spulen B1, B2, C1 und C2 dar.

Man passt die Polpaarzahl in Generatoren an die Drehzahl der mechanischen Antriebsquelle des Generators an, um die gewünschte Netzfrequenz zu erzielen. So besitzen beispielsweise Wasserkraftanlagen mit Synchrongeneratoren Rotoren mit einer hohen Polpaarzahl, da die Anströmgeschwindigkeit des Wassers vergleichsweise gering ist.

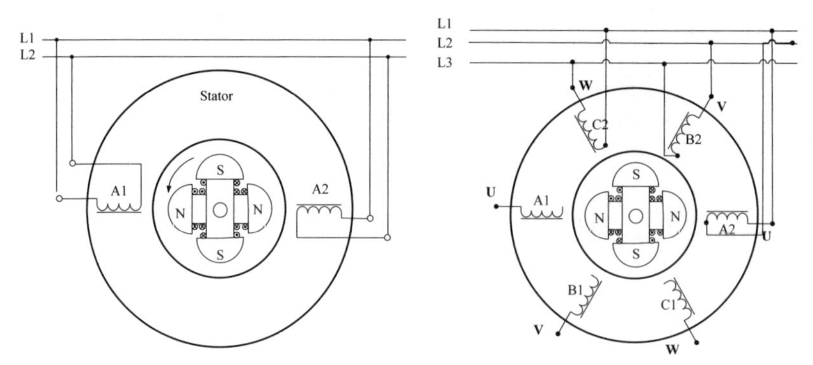

Abb. 207: Rotor mit 4 Polen, links: einphasige Darstellung, rechts Spannungserzeugung in drei Phasen (Verschaltung der Spulen A1, B1 und C1 wurde nicht gezeichnet)

Es gilt der folgende Zusammenhang zwischen der Drehzahl n des Rotors des Generators und der Frequenz f_1 der erzeugten elektrischen Spannung:

$$n = \frac{f_1}{p} \quad \left[\frac{1}{min}\right] \qquad 11.24$$

Das bedeutet, dass man eine Frequenz der induzierten Spannungen von f = 50 Hz erhält, wenn der Rotor mit einer Drehzahl von n = 3000 1/min angetrieben wird und die Polpaarzahl p = 1 beträgt. Bei der Polpaarzahl p = 2 muss der Rotor nur eine Drehzahl von n = 1500 1/min besitzen. Er erzeugt aber wieder ein Spannungssystem der Frequenz 50 Hz.

Zusammenfassung

Wir unterscheiden bei den elektrischen Drehfeldmaschinen die Innenpol- und die Außenpolausführung. Um eine dreiphasige Wechselspannung mit einem Innenpol-Drehstromgenerator zu erzeugen, werden drei Spulen fest am Stator eingebaut. Im Inneren der Maschine befindet sich das rotierende Magnetfeld. Der Rotor kann nicht nur ein Polpaar, sondern mehrere Polpaare enthalten, wodurch die für eine konstante Frequenz der Wechselspannung benötigte, mechanische Drehzahl verringert wird. Bei doppelter Polpaarzahl wird die gleiche Frequenz im Drehstrom schon bei halber Drehzahl erreicht.

11.5 Drehfelder

In den bisherigen Ausführungen haben wir gelernt, wie man ein Wechselspannungssystem mit mehreren Phasen erzeugen kann. Bei dem Innenpolgenerator entsteht ein Drehfeld durch einen rotierenden Elektro- oder Permanentmagneten mit einem oder mehreren Polpaaren. Eine Besonderheit der elektrischen Maschinen ist, dass sie als Motor oder Generator eingesetzt werden können. Falls die Maschine als Motor laufen soll, folgt sie einem Drehfeld synchron oder asynchron. Wir werden auf die genaue Wirkungsweise im nächsten Kapitel eingehen. Es stellt sich die Frage, wie man ein Drehfeld erzeugen kann, ohne dass sich ein Magnetsystem als Rotor dreht. Schließen wir sinusförmige Spannungen an die Statorspulen einer Innenpolmaschine an, entstehen zeitveränderliche Magnetfelder in den Spulen. Die Überlagerung der Magnetfelder führt zu räumlichen Drehfeldern, wenn die sinusförmigen Spannungen eine Phasenverschiebung besitzen.

11.5.1 Zweiphasensystem

Zuerst untersuchen wir das Zweiphasensystem nach Abb. 208. Die Versorgungsspannungen der beiden Phasen sind um 90° in der Phase verschoben. Der Verlauf der Spannungen entspricht prinzipiell den Zeitliniendiagrammen in Abb. 200.

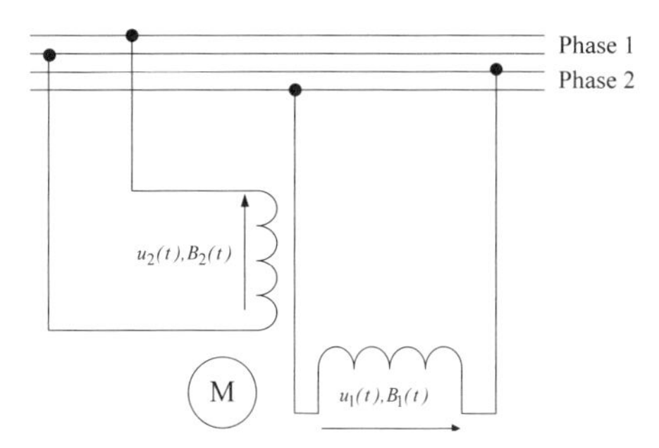

Abb. 208: Anordnung der Spulen im Zweiphasensystem

$$u_1(t) = \hat{U} \cdot \sin\omega t$$
$$u_2(t) = \hat{U} \cdot \sin(\omega t - 90°) \qquad 11.25$$

Das Induktionsgesetz gemäß Gleichung 10.11 führt über eine Integrationsrechnung zu der Gleichung des magnetischen Flusses 11.26 (Widerstände der Spulen wurden vernachlässigt):

$$\phi_1(t) = \phi_{10} + \int u_1(t)dt = \phi_{10} - \frac{\hat{U}}{\omega} \cdot \cos\omega t$$
$$\phi_2(t) = \phi_{20} + \int u_2(t)dt = \phi_{20} - \frac{\hat{U}}{\omega} \cdot \cos(\omega t - 90°) \qquad 11.26$$

Bekanntlich sind der magnetische Fluss und die magnetische Induktion über die Fläche verknüpft. Wir gehen von einer bekannten Fläche der Spulen aus und betrachten die magnetische Induktion.

Die Induktionsverläufe $B_1(t)$ und $B_2(t)$ in den beiden Spulen können der Abb. 209 entnommen werden. Der um –90° phasenverschobene und negative, kosinusförmige Verlauf der Induktion der Spule 2 ist im rechten Diagramm skizziert. Die Spule steht allerdings senkrecht! Der Verlauf der Induktion der horizontal angeordneten Spule 1 ist im oberen, gekippten Zeit-Linien-Diagramm zu sehen. Nun sehen wir, dass ein komplexes α, $j\beta$ Koordinatensystem im Bild eingezeichnet ist. Durch die Projektion der Werte der magnetischen Flussdichte $B_1(t)$ und $B_2(t)$ zu fortlaufenden Zeiten auf die reelle und die imaginäre Achse, können wir einen rotierenden Raumzeiger der Induktion konstruieren.

Wir bezeichnen diesen Zeiger als *Raumzeiger der Flussdichte* $\underline{B}(t)$.

Zum Zeitpunkt $t = 0$ wird das resultierende Feld nur von $B_1(t)$ bestimmt, weil $B_2(t)$ null ist. Für $t_1 > 0$ dreht sich der Raumzeiger links herum. In der Abbildung ist dargestellt, wie der Raumzeiger für einen Winkel von α_1 konstruiert wird. Man erkennt, dass sich der Zeiger auf einer Kreisbahn bewegt, wenn auch für weitere Zeitpunkte die Lage des Zeigers ermittelt wird. Durch die Anordnung der Spulen in Verbindung mit der Phasenverschiebung entsteht also ein drehender Induktionszeiger, der ein magnetisches Drehfeld repräsentiert.

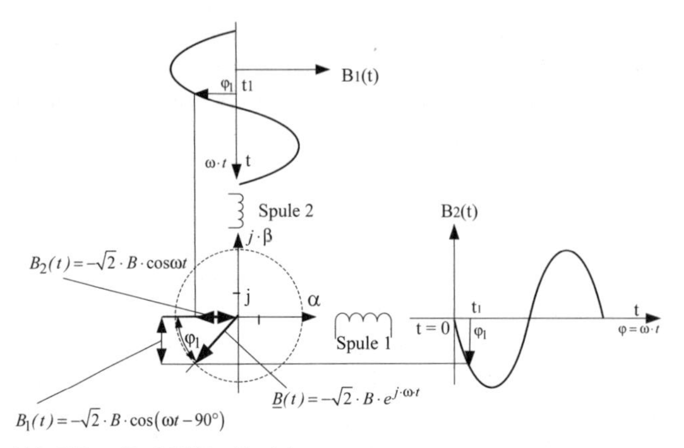

Abb. 209: Drehfeld im Zweiphasensystem

Wir können die zeichnerische Konstruktion des resultierenden Raumzeigers der magnetischen Flussdichte mit einfachen Formeln erklären:

$$\underline{B} = -\sqrt{2} \cdot B \cdot e^{j\omega t} = -\sqrt{2} \cdot B \cdot (\cos(\omega t) + j \cdot \sin(\omega t)) \qquad 11.27$$

Kreisförmiges Drehfeld
Ein auf einer Kreisbahn drehender Zeiger der magnetischen Flussdichte entsteht, wenn in zwei zueinander senkrecht stehenden Spulen zwei sinusförmige Wechselspannungen gleicher Amplitude mit einem Phasenunterschied von –90° angelegt werden.

Falls die beiden Spannungen eine von –90° unterschiedliche Phasenverschiebung besitzen oder sich die Amplituden der beiden Spannungen unterscheiden, bildet das Magnetfeld keine Kreisform mehr. Abb. 210 zeigt, wie bei einer Phasenverschiebung von –45° ein elliptischer Verlauf des Magnetfeldes entsteht. Der Wirkungsgrad einer damit betriebenen Maschine ist schlechter und außerdem entsteht eine unterschiedliche mechanische Belastung bei der Rotation, die zu erhöhtem Verschleiß führt.

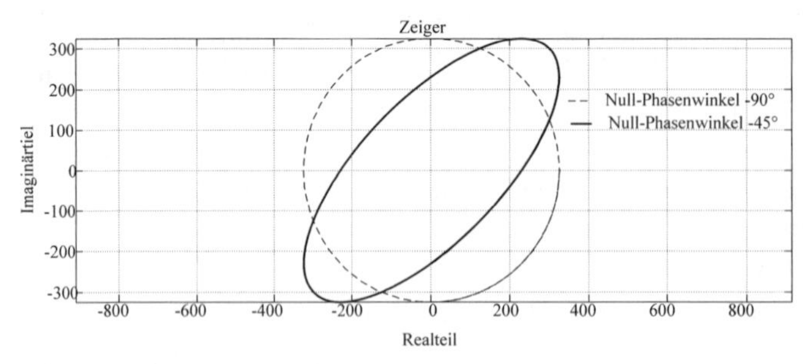

Abb. 210: Elliptisches Drehfeld bei einer Phasenverschiebung von –45° und gleicher Amplitude der Spannungen (Berechnung und grafische Darstellung mit MATLAB)

Es stellt sich die Frage, ob es gelingt, auch mit nur einer einzigen Wechselspannung ein Drehfeld zu erzeugen. Ohne weitere Maßnahmen ist das nicht möglich. Jede sinusförmige Wechselgröße lässt sich zwar mathematisch in zwei Zeiger zerlegen, diese laufen aber gegensinnig und ihre Wirkungen heben sich also auf. Man kann allerdings mithilfe eines Kondensators oder einer zusätzlichen Spule eine zweite Spannung abzweigen, die in der Phase verschoben ist, und so eine Drehung des Magnetfeldes erzeugen. Es entstehen dadurch *Einphasen-Wechselstrommaschinen*, deren technische Ausführungen z. B. der *Spaltpolmotor* und der *Kondensatormotor* sind.

Kondensatormotor

In Abb. 211 ist die Schaltung eines Kondensatormotors dargestellt. Man erreicht die notwendige Phasenverschiebung durch den Kondensator, bei dem der Strom der Spannung um 90° vorauseilt. Die Reihenschaltung des Kondensators mit der Spule 1 führt zu einer in der Phase unterschiedlichen Spannung $u_1(t)$ gegenüber $u_2(t)$. Da die Bedingungen im Betrieb oft nicht ideal sind, entsteht ein elliptisches Drehfeld. Der Wirkungsgrad einer Einphasen-Wechselstrommaschine ist in der Regel schlechter als bei den Dreiphasen-Wechselstrommaschinen.

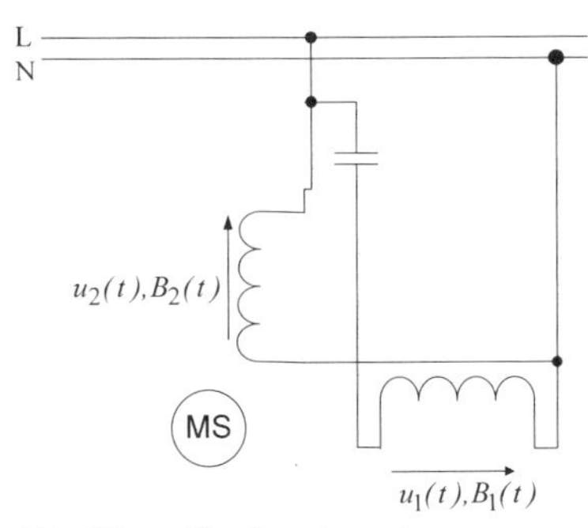

Abb. 211: Kondensatormotor

Spaltpolmotor

Eine weitere Bauform des Einphasen-Wechselstrommotors stellt der in Abb. 212 dargestellte Spaltpolmotor dar. Der Motor enthält im Stator nur eine Spule, die mit Wechselstrom versorgt wird. Zum Hauptfluss versetzt sind zwei kurzgeschlossene Leiterschleifen angebracht. Aufgrund des magnetischen Wechselflusses wird in diesen Leiterschleifen jeweils eine Spannung induziert, die zu Strömen führt. Die Spannungen bewirken eigene, magnetische Felder, die sich dem Hauptfeld überlagern und gegenüber diesem in der Phase verschoben

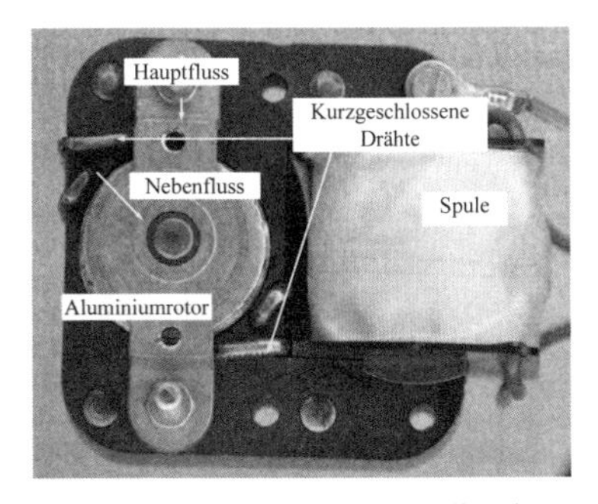

Abb. 212: Spaltpolmotor (Quelle: eigenes Foto)

sind. Die magnetische Induktions-Komponente dieses Nebenflusses in horizontaler Richtung, zusammen mit der in vertikaler Richtung vorhandenen Hauptfluss-Induktion, führen zu einem elliptischen Drehfeld. Der Rotor des Spaltpolmotors ist ein sogenannter Kurzschlussläufer, der in diesem Fall aus einem Aluminium-Zylinder besteht. Durch Induktionsvorgänge im Rotor entstehen Ströme, die zu Drehmomenten führen.

11.5.2 Raumzeiger im Dreiphasensystem

Wie lässt sich die Methode, das Drehfeld der Induktion nach Abb. 209 zu konstruieren, auf ein Dreiphasensystem erweitern? Das Ziel der folgenden Überlegungen ist es, den Raumzeiger des resultierenden, magnetischen Flusses (beziehungsweise der Induktion) aus den einzelnen, magnetischen Flüssen in drei Spulen, wie sie in Abb. 206 zu sehen sind, zu berechnen. Die drei Spulen sind am Umfang des Stators im Winkel von 120° zueinander angebracht, wie auch in Abb. 213 zu erkennen ist. Der Magnetfluss und die induzierte Spannung hängen bekanntlich über das Induktionsgesetz zusammen und wir können durch die Integration der Gleichung 10.11 den Magnet-Fluss in Abhängigkeit der Spannung darstellen. Die Gleichungen 11.28 stellen das Ergebnis der Integration dar, die Anfangswerte der Magnet-Flüsse sind durch $\phi_{10}, \phi_{20}, \phi_{30}$ berücksichtigt.

$$\begin{aligned} \phi_1(t) &= \phi_{10} + \int u_1(t)dt = \phi_{10} - \frac{\hat{U}}{\omega} \cdot \cos\omega t \\ \phi_2(t) &= \phi_{20} + \int u_2(t)dt = \phi_{20} - \frac{\hat{U}}{\omega} \cdot \cos(\omega t - 120°) \\ \phi_3(t) &= \phi_{30} + \int u_3(t)dt = \phi_{30} - \frac{\hat{U}}{\omega} \cdot \cos(\omega t - 240°) \end{aligned} \tag{11.28}$$

Raumzeiger des Magnetflusses

Wir wollen zuerst festhalten, dass Raumzeiger von den elektrischen Zeigergrößen zu unterscheiden sind. Man kann die Überlagerung der elektrischen und magnetischen Größen von drei, räumlich am Umfang einer elektrischen Maschine verteilt angebrachten Spulen, mit Raumzeigern vorteilhaft beschreiben.

Da sich die drei Magnetfelder überlagern, ergibt sich an jeder Stelle im Luftspalt der Maschine ein resultierender Betrag der magnetischen Flussdichte, der sich zeitlich ändert. Zur Beschreibung der Raumzeiger wird die komplexe Zahlenebene genutzt. Wir zeichnen ein Koordinatensystem mit einer reellen Achse α und einer komplexen Achse β (Abb. 214), wobei die Spulenachse a in Richtung der reellen Achse zeigt. Ein Zeiger der Länge 1, der die Spulenrichtung der Spule 2 beschreiben soll und im Ursprung beginnt besitzt, wird *Drehoperator* genannt und wie folgt mithilfe der komplexen Rechnung beschrieben:

$$\underline{a} = e^{j\frac{2\cdot\pi}{3}} = -\frac{1}{2} + \mathrm{j}\frac{\sqrt{3}}{2}, \tag{11.29}$$

Die um 240° gedrehte Richtung der Spule 3 wird durch den Zeiger,

$$\underline{a}^2 = e^{j\cdot\frac{4\cdot\pi}{3}} = -\frac{1}{2} - \mathrm{j}\frac{\sqrt{3}}{2}$$

beschrieben. Dabei machen wir von der Umrechnung des Gradmaßes in das Bogenmaß eines Winkels gebrauch. Die multiplikative Verknüpfung der drei sinusförmigen Spannungen mit den definierten Richtungen, beschreibt die Lage des Raumzeiger in der komplexen Ebene nach der folgenden Beziehung:

$$\underline{\Phi}(t)=\frac{2}{3}\cdot\left(\Phi_1(t)+\underline{a}\cdot\Phi_2(t)+\underline{a}^2\cdot\Phi_3(t)\right) \qquad 11.30$$

Der Faktor 2/3 normiert die Länge des Raumzeigers auf den Amplitudenwert der Wechselgröße. Die nicht normierte Länge muss daher mit dem Faktor 3/2 multipliziert werden.

Man kann nun zu verschiedenen Zeitpunkten den resultierenden Fluss-Raumzeiger berechnen. Als Beispiel werden die Zeitpunkte so gewählt, dass die Winkel gerade 0°, 30° und 60° betragen.

$$\omega t = 0°$$

$$\Phi_1(t_0)=-\frac{\hat{U}}{\omega}\cos\omega t=-\frac{\hat{U}}{\omega}$$

$$\Phi_2(t_0)=-\frac{\hat{U}}{\omega}\cos(-120°)=0,5\frac{\hat{U}}{\omega}$$

$$\Phi_3(t_0)=-\frac{\hat{U}}{\omega}\cos(-240°)=0,5\frac{\hat{U}}{\omega} \qquad 11.31$$

$$\omega t = 30°$$

$$\Phi_1(t_1)=-\frac{\hat{U}}{\omega}\cos 30°=-\frac{\hat{U}}{\omega}\cdot 0,866$$

$$\Phi_2(t_1)=-\frac{\hat{U}}{\omega}\cos(-90°)=0 \qquad 11.32$$

$$\Phi_3(t_1)=-\frac{\hat{U}}{\omega}\cos(-210°)=0,866\frac{\hat{U}}{\omega}$$

$$\omega t = 60°$$

$$\Phi_1(t_2)=-\frac{\hat{U}}{\omega}\cos 60°=-\frac{\hat{U}}{\omega}\cdot 0,5$$

$$\Phi_2(t_2)=-\frac{\hat{U}}{\omega}\cos(-60°)=-\frac{\hat{U}}{\omega}\cdot 0,5$$

$$\Phi_3(t_2)=-\frac{\hat{U}}{\omega}\cos(-180°)=\frac{\hat{U}}{\omega} \qquad 11.33$$

Die Flüsse in den Spulen werden räumlich überlagert. Dazu nutzen wir die Formel 11.30 und erhalten Ausdrücke für den Raumzeiger, die einen Realteil und einen Imaginärteil im Koordinatensystem α und j β besitzen. Der Betrag des nicht normierten Fluss-Raumzeigers kann einfach berechnet werden:

$$|\underline{\Phi}|=\frac{3}{2}\frac{\hat{U}}{\omega}$$

Die Real- und Imaginärteile des magnetischen Flusses zu den Winkelwerten werden in die Gleichung 11.30 eingesetzt:

$$\underline{\Phi}(t_0)=\frac{2}{3}\cdot\left(-\frac{\hat{U}}{\omega}+\underline{a}\cdot 0{,}5\frac{\hat{U}}{\omega}+\underline{a}^2\cdot 0{,}5\frac{\hat{U}}{\omega}\right)=-\frac{\hat{U}}{\omega}$$

$$\underline{\Phi}(t_1)=\frac{2}{3}\cdot\left(-\frac{\hat{U}}{\omega}0{,}866+0+\underline{a}^2\cdot 0{,}866\frac{\hat{U}}{\omega}\right)=$$

$$\underline{\Phi}(t_1)=\frac{2}{3}\cdot\left(-\frac{\hat{U}}{\omega}0{,}866+\left(-\frac{1}{2}-\mathrm{j}\frac{\sqrt{3}}{2}\right)\cdot 0{,}866\frac{\hat{U}}{\omega}\right)=\frac{2}{3}\frac{\hat{U}}{\omega}(-1{,}299-\mathrm{j}0{,}75)$$

$$\underline{\Phi}(t_2)=\frac{2}{3}\cdot\left(-0{,}5\frac{\hat{U}}{\omega}-\underline{a}\cdot 0{,}5\frac{\hat{U}}{\omega}+\underline{a}^2\cdot\frac{\hat{U}}{\omega}\right)=$$

$$\underline{\Phi}(t_2)\frac{2}{3}\cdot\left(-0{,}5\frac{\hat{U}}{\omega}-\left(-\frac{1}{2}+\mathrm{j}\frac{\sqrt{3}}{2}\right)\cdot 0{,}5\frac{\hat{U}}{\omega}+\left(-\frac{1}{2}-\mathrm{j}\frac{\sqrt{3}}{2}\right)\cdot\frac{\hat{U}}{\omega}\right)=\frac{2}{3}\frac{\hat{U}}{\omega}(-0{,}75-\mathrm{j}1{,}299)$$

Zu den gewählten Zeitpunkten zeichnen wir die Lage des Raumzeigers in das Koordinatensystem mit den Achsen α und $\mathrm{j}\omega$ in Abb. 213 ein. Das Ergebnis der Berechnungen zeigt, dass sich der Raumzeiger des Magnetflusses mit der Amplitude $\hat{U}/\omega$ dreht. Bei einer Berechnung über eine volle Periode zu unendlich vielen Zeitpunkten sähe man, dass tatsächlich ein kreisförmiger Verlauf des Raumzeigers des Magnetflusses entsteht. Es entsteht ein Drehfeld, das dem Drehstrom seinen Namen gibt.

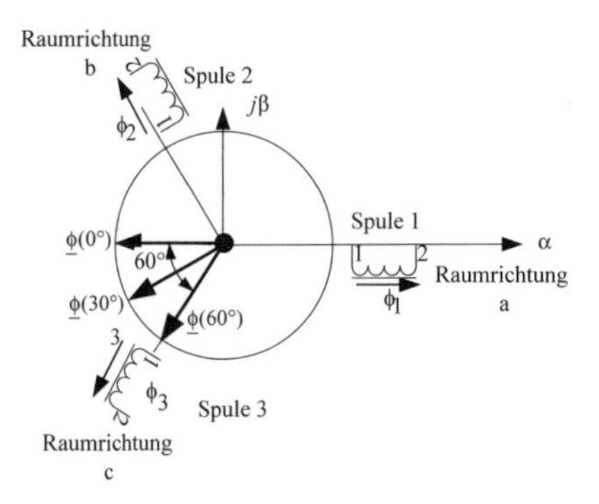

Abb. 213: Drehung des Raumzeigers des Magnetflusses

Raumzeiger der Spannung

Auch der elektrischen Spannung können wir durch die Einführung der Raumzeiger eine Richtung im Raum zuordnen, wenn wir die Spulenspannung zu verschiedenen Zeitpunkten auf die gleiche Art ermitteln.

$$\underline{u}=\frac{2}{3}\left(u_1(t)+\underline{\mathrm{a}}\cdot u_2(t)+\underline{\mathrm{a}}^2\cdot u_3(t)\right)$$

Für die Spannungen gilt:

$$u_1(t) = \hat{U} \cdot \sin\omega t$$
$$u_2(t) = \hat{U} \cdot \sin(\omega t - 120°)$$
$$u_3(t) = \hat{U} \cdot \sin(\omega t - 240°)$$

Wir können die momentane Lage des Raumzeigers der Spannung konstruieren, wenn wir einen bestimmten Zeitpunkt betrachten. Im Folgenden sei $\omega t = 0°$, also t = 0 s, dann gilt:

$$u_1(0) = \hat{U} \cdot \sin(0) = 0$$
$$u_2(0) = \hat{U} \cdot \sin(-120°) = -0{,}866$$
$$u_3(0) = \hat{U} \cdot \sin(-240°) = 0{,}866$$

$$\underline{u} = \frac{2}{3}\hat{U}\left(0 + \left(-\frac{1}{2} + \mathrm{j}\frac{\sqrt{3}}{2}\right)\cdot(-)0{,}866 + \left(-\frac{1}{2} - \mathrm{j}\frac{\sqrt{3}}{2}\right)\cdot 0{,}866\right) = -\mathrm{j}\frac{2}{3}\sqrt{3}\cdot 0{,}866 \cdot \hat{U} = -\mathrm{j}\hat{U}$$

Der Spannungsraumzeiger zeigt in diesem Fall in die negative, imaginäre Achse, wie Abb. 214 zeigt. Die Spitze des Raumzeigers der Spannung u beschreibt bei den gegebenen Funktionen einen Kreis, der mit der Zeit t und der Winkelgeschwindigkeit ω im Gegenuhrzeigersinn durchlaufen wird. Raumzeiger kann man allen zeitlich veränderlichen elektrischen Größen zuordnen.

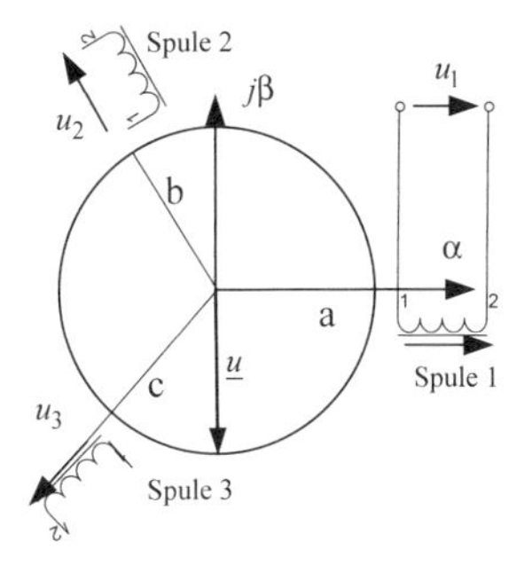

Abb. 214: Spannungs-Raumzeiger

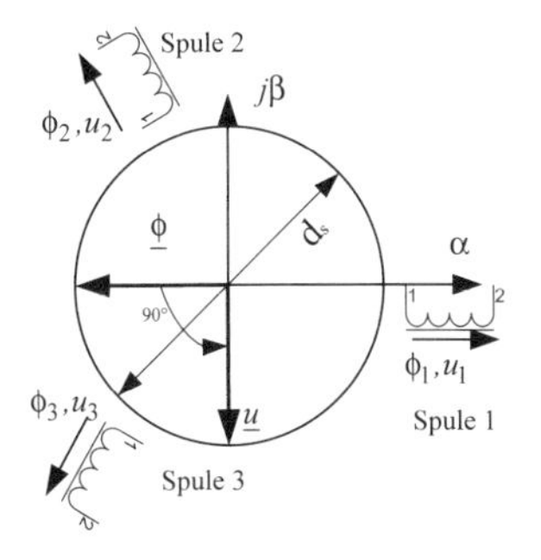

Abb. 215: Der Klemmenspannungszeiger eilt dem Flusszeiger voraus.

Wir haben die Raumzeiger der Spannung und des Magnet-Flusses zu drei Zeitpunkten berechnet. Tragen wir z. B. die beiden Zeiger zum Zeitpunkt t = 0 s in die Zahlenebene ein, stellen wir fest, dass der Raumzeiger des Magnetflusses dem Raumzeiger der Spannung um 90° nachläuft.

Die sich einstellende Drehzahl des Drehfeldes bezeichnen wir als *synchrone Drehzahl* n_s, die von der Polpaarzahl p abhängt.

Synchrone Drehzahl
Der Raumzeiger des Magnetflusses dreht sich mit der Synchrondrehzahl n_S.

11.5.3 Drehfeld bei mehreren Spulen pro Wicklungsstrang

Das erzeugte Drehfeld stellen wir durch den Raumzeiger des Magnetflusses dar. Man könnte auch sagen, der Magnetfluss besitzt ein Polpaar, nämlich einen Nord- und einen Südpol. Es lassen sich magnetische Drehfelder mit mehreren Polpaaren erzeugen. Dafür benötigt man mehrere Spulen, die am Umfang des Stators verteilt sind. Man kann z. B. pro Wicklungsstrang 2 Spulen verwenden, die parallel geschaltet sind. (Abb. 216) Die zwei Spulen eines Strangs werden, wie in Abb. 218 gezeigt, am Umfang um 180° versetzt angeordnet. Wir nennen die drei Wicklungsstränge A, B und C. Jeder Wicklungsstrang besteht aus den Spulen A1, A2 bzw. B1, B2 bzw. C1, C2.

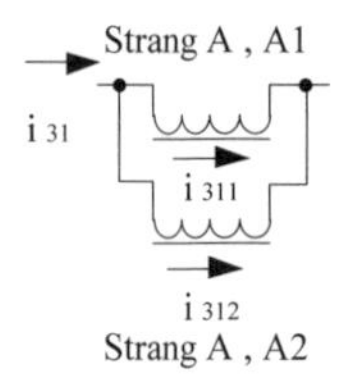

Abb. 216: Zwei parallel geschaltete Spulen eines Stranges

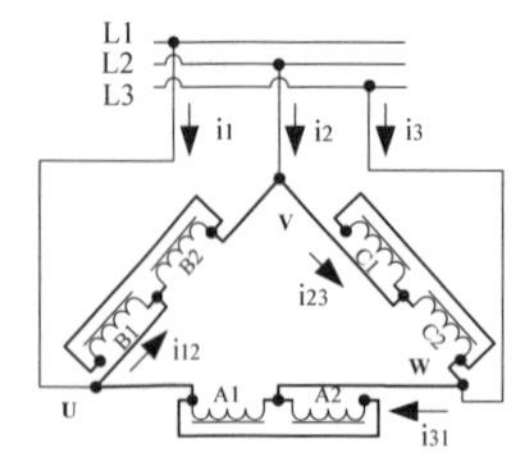

Abb. 217: Drei Wicklungsstränge mit je zwei parallel geschalteten Spulen

Die Anschlüsse U, V und W werden gemäß Abb. 217 an ein Drehstromsystem mit den Leitern L1, L2 und L3 angeschlossen. Dadurch liegen an zwei gegenüberliegenden Spulen jeweils gleiche Spannungen. Die Verschaltung der sechs Spulen am Umfang des Stators geht aus Abb. 218 hervor. Die Ströme durch die Wicklungen wurden ebenfalls aufgezeichnet und drei Zeitpunkte t_1, t_2 und t_3, denen bestimmte elektrische Winkel entsprechen, markiert. Wir gehen von identischen Anordnungen und Ausführungen der Wicklungen und Spulen aus, in diesem Fall sind die Ströme in den parallel-geschalteten Spulen gleich groß. Die Ströme in

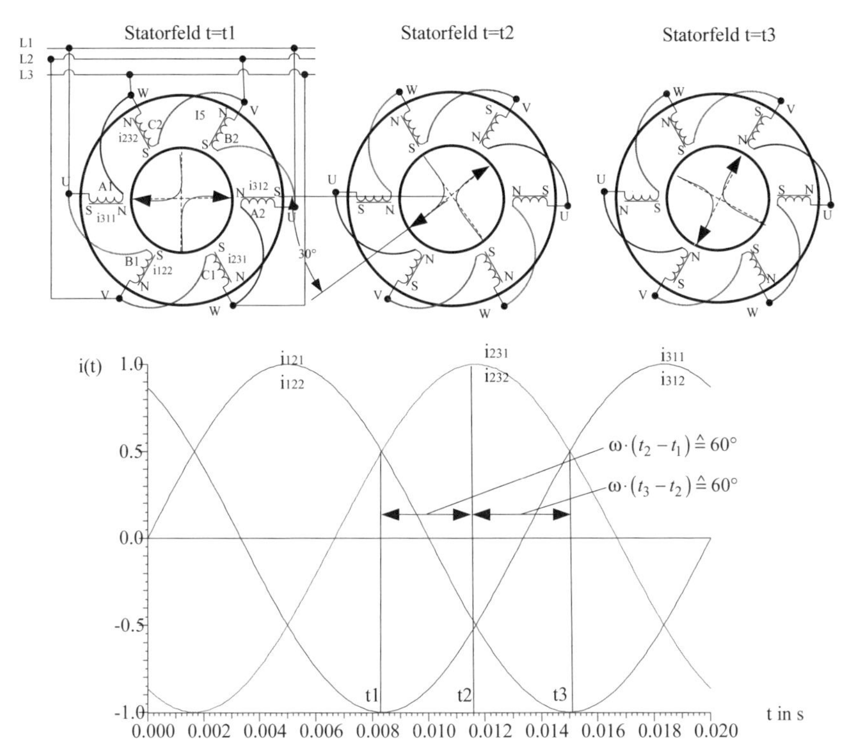

Abb. 218: Drehung eines Feldes mit 4 Polen, oben: Magnetfeldentstehung zu drei Zeitpunkten, unten Zeitverlauf der Ströme in den Wicklungssträngen (Berechnung und grafische Darstellung mit dem Programm WINFACT)

den parallelen Zweigen werden mit i_{121} bzw. i_{122}, i_{311}, i_{312} sowie i_{231} und i_{232} bezeichnet und sind in der Abb. 218 eingetragen.

Zur qualitativen Konstruktion der Lage des Magnetfeldes im Inneren der Maschine, muss die Richtung des Stroms durch die Spulen beachtet werden, da der magnetische Fluss die gleiche Phasenlage besitzt, wie der Strom. Zu allen drei Zeitpunkten t_1 , t_2 und t_3 ist der Strom durch die Spulen mit den Anschlüssen C1 und C2 positiv. Der Strom i_{12} ist nur zum Zeitpunkt t_1 positiv. Der Strom i_{31} ist nur zum Zeitpunkt t_3 positiv. Durch die Vorzeichenumkehr drehen sich die Richtungen der Magnetfelder der betreffenden Spulen um.

Betrachten wir den Zeitpunkt $t = t_1$, so erkennen wir, dass an den inneren Bereichen der Spulen zwei Nordpole und vier Südpole entstanden sind. Je zwei Südpole bewirken, da sie nebeneinanderliegen, einen resultierenden Pol. Der ungefähre Verlauf der magnetischen Feldlinien ist im Inneren der Anordnung eingezeichnet.

Man kann die Lage des magnetischen Felds für die drei Zeitpunkte konstruieren. Der Raumzeiger dreht in dem Zeitintervall t_3–t_1 um 60°. In der gleichen Zeit ändern sich die Winkel in den sinusförmigen Stromverläufen um 120°. Der elektrische Winkel ist doppelt so groß wie der mechanische Drehwinkel.

Elektrischer Winkel – mechanischer Winkel

Es gibt also einen Unterschied zwischen dem elektrischen Winkel, der die Wechselgröße in Abhängigkeit der Zeit bei einer konstanten Winkelgeschwindigkeit beschreibt und dem mechanischen Winkel, der entsteht, wenn ein Rotor sich aufgrund eines Drehfeldes dreht.

Allgemein gilt zwischen dem elektrischen Winkel λ_{el} und dem räumlichen mechanischen Winkel λ_{mech} der folgende Zusammenhang:

$$\lambda_{\mathrm{el}} = p \cdot \gamma_{\mathrm{mech}} \qquad 11.34$$

Die Polpaarzahl führt bei gleichen, mechanischen Winkeln zu dem p-fach größeren, elektrischen Winkel. Für die synchrone Drehzahl des Drehfeldes gilt dementsprechend:

$$n_s = \frac{f}{p} \qquad 11.35$$

Je mehr Polpaare also das Drehfeld erzeugt, umso geringer ist die synchrone Drehzahl n_S. Das Magnetfeld dreht sich bei $p = 2$ nur halb so schnell, bei gleichbleibender Frequenz f_1. Der elektrische Winkel ändert sich mit der Zeit in Abhängigkeit der Kreisfrequenz bzw. der Periodendauer der Wechselspannung.

Elektrischer Winkel
Der Wert einer Wechselgröße mit sinusförmigem Verlauf kann in Abhängigkeit des Drehwinkels angegeben werden. Dieser Winkel wird als elektrischer Winkel bezeichnet.

Mechanischer Winkel
Die Drehung des resultierenden Magnetfeldes einer Spulenanordnung am Stator einer elektrischen Maschine wird über den mechanischen Winkel gemessen. Dieser Winkel ändert sich mit der synchronen Drehzahl.

Zusammenfassung
Ein zweiphasiges oder ein dreiphasiges Spannungssystem besteht aus zwei oder drei Wechselspannungen mit unterschiedlichen Nullphasenwinkeln und kann über einen Innenpol- oder Außenpol-Drehstromgenerator erzeugt werden. Diese bestehen aus einem Magnetsystem und einem Spulensystem. Das Magnetsystem kann ein oder mehrere Polpaare besitzen und elektrisch durch einen Gleichstrom versorgt werden oder aus Permanent-Magneten bestehen. Der veränderliche Magnetfluss in den Spulen wird durch einen Antrieb bewirkt, der entweder bei der Innenpolmaschine das Magnetsystem dreht oder bei der Außenpolmaschine das Spulensystem dreht. Die Anzahl der verwendeten magnetischen Polpaare bestimmt die Frequenz der induzierten Drehspannung. Zur kompakten mathematischen Darstellung kann ein Raumzeiger des Magnetflusses oder der magnetischen Induktion verwendet werden. Auch Spannungen und Ströme können durch Raumzeiger abgebildet werden. Schließt man ein dreiphasiges Spannungssystem an ein Spulensystem mit drei um 120° am Umfang verteilten Spulen an, entsteht ein Drehfeld konstanten Betrags, das durch den Magnetfluss-Raumzeiger beschrieben werden kann. Die Verwendung mehrerer Spulen in einem Strang, der an eine Phase angeschlossen ist, führt zu einer Veränderung der Drehzahl des Drehfeldes.

Kontrollfragen

83. Erklären Sie die Entstehung eines Drehfeldes in einem Zweiphasen-Spannungssystem.
84. Erklären Sie den Unterschied zwischen einer Innenpolmaschine und einer Außenpolmaschine.
85. Welche Frequenz hat das Drehstromsystem nach Abb. 218?
86. Berechnen Sie die Drehzahl des Drehfeldes der Maschine nach Abb. 218.
87. Berechnen Sie die Polteilung bei einem Rotor einer elektrischen Maschine mit 8 Polpaaren, wenn der Rotor einen Umfang von $U = 1$ m umfasst.
88. Die Amplitude der Drehspannung, die ein Innenpol-Drehstromgenerator mit der Polpaarzahl $p = 4$ erzeugt, soll halbiert werden. Welche Möglichkeiten gibt es prinzipiell?

12 Die Asynchronmaschine

Die Drehstromasynchronmaschine wird aufgrund der vielfältigen Einsatzmöglichkeiten in Industrie, Haushalt und Verkehr sehr häufig verwendet. In der Ausführung mit Käfigläufer ist sie sicherlich der am meisten verbreitete Antrieb überhaupt. Die pro Einheit ausgeführte Leistung reicht bei den meisten Anwendungen in serienmäßigen Ausführungen von 0,75 KW bis zu 75 kW, für spezielle Zwecke stehen wesentlich höhere Leistungen zur Verfügung. In Verbindung mit einer Frequenzsteuerung oder -regelung kann der Motor als drehzahlveränderlicher Antrieb vielfältige Aufgaben ausführen. Die wesentlichen Vorzüge der Asynchronmaschine sind der sehr einfache Aufbau, ihre Robustheit und der geringe Wartungsaufwand: Die einzigen Verschleißteile sind bei einer Käfigläufermaschine die Lager. Der in St. Petersburg geborene Michael Dolivo-Dobrowolski gilt als Erfinder der Asynchronmaschine, die er 1888 für die Firma AEG (allgemeine Elektrizitätsgesellschaft) in Berlin als Alternative zur Gleichstrommaschine entwickelte.

12.1 Kraftentstehung

Wir haben Möglichkeiten zur Erzeugung des Drehfeldes im letzten Abschnitt besprochen. Zum einen wurde das Drehfeld durch drehbare Spulen oder Permanentmagnete erzeugt. Durch Induktionsvorgänge können Wechselspannungen in Innenpol- oder Außenpolgeneratoren entstehen. Ein zwei- oder dreiphasiges Spannungssystem erzeugt über um 120° versetzt angeordnete Spulen, am Stator ebenfalls ein magnetisches Drehfeld. Wenn dieses Drehfeld in kurzgeschlossenen, drehbaren Spulen Spannungen induziert, dann entstehen in den Leiterschleifen Kurzschlussströme. Die Abb. 219 zeigt die Skizze zweier geschlossener Leiterschleifen, die im Winkel von 90° zueinander fest verbunden sind. Die Schleifenanordnung werde durch eine Bremse festgehalten. Die Lage des Drehfeldes ist zu den Zeitpunkten t_1 und t_2 dargestellt.

Zu den Zeitpunkten t_1 bzw. t_2 entstehen die maximalen Änderungen des magnetischen Flusses in den Leiterschleifen 1 bzw. 2. Daher ist auch die wirkende Kraft auf die Schleifen maximal, denn durch die maximal induzierte Spannung entsteht ja ein maximaler Strom. Lösen wir die Bremse, werden über die Kräfte auf die Schleifen Antriebsmomente ausgeübt und die Schleifen beginnen zu drehen. Die Induktion der Spannungen kann nur stattfinden, wenn das Drehfeld mit einer zu den Leiterschleifen unterschiedlichen Drehzahl dreht. Denn nur in diesem Fall ändert sich der magnetische Fluss durch die Leiterschleifen.

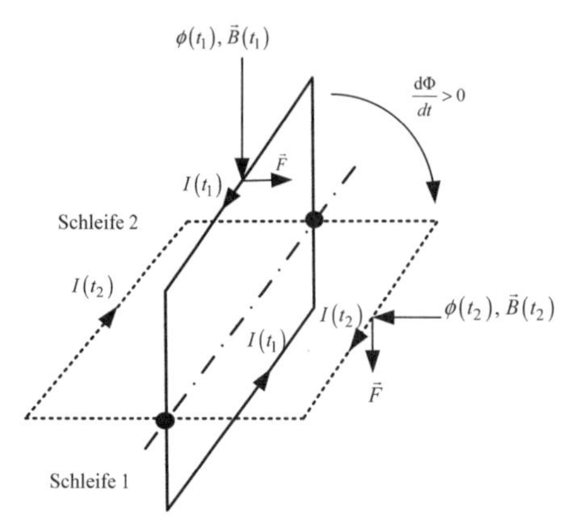

Abb. 219: Kräfte auf kurzgeschlossene Leiterschleifen bei drehenden Magnetfeldern

12.2 Stator

Die Asynchronmaschine gibt es in verschiedenen Ausführungen. Man unterscheidet die Bauform mit *Kurzschlussläufer* und mit *Schleifringläufer*. Der Stator ist bei beiden Ausführungen prinzipiell gleich aufgebaut. Er besteht aus geschichteten Blechen mit einer zentrischen Bohrung. Im inneren Bereich sind die Nuten für die Wicklungsstränge eingefräst. Ein Ausführungsbeispiel eines Stators zeigt die Abb. 220. Der Stator besitzt eine dreisträngige Wicklung, mit deren Hilfe ein drehendes Magnetfeld erzeugt werden soll. Jeder Strang ist aus einer oder mehreren Spulen aufgebaut, die in Reihe oder parallel geschaltet sind.

Abb. 220: Blechpaket des Stators einer Drehstrommaschine (Quelle: eigenes Foto)

Im folgenden Bild in Abb. 221 sehen wir eine geöffnete Asynchronmaschine, aus der der Rotor entnommen wurde. Der Rotor ist in Abb. 223 abgebildet. Man erkennt die nach oben herausragenden Wickelköpfe. Die Wicklung ist am Umfang verteilt in den Nuten des Stators untergebracht. Man nennt diese Wicklungsform eine verteilte Wicklung.

Verteilte Wicklung
Die Wicklungsstränge der verteilten Wicklung sind am Umfang verteilt in den Nuten des Stators untergebracht.

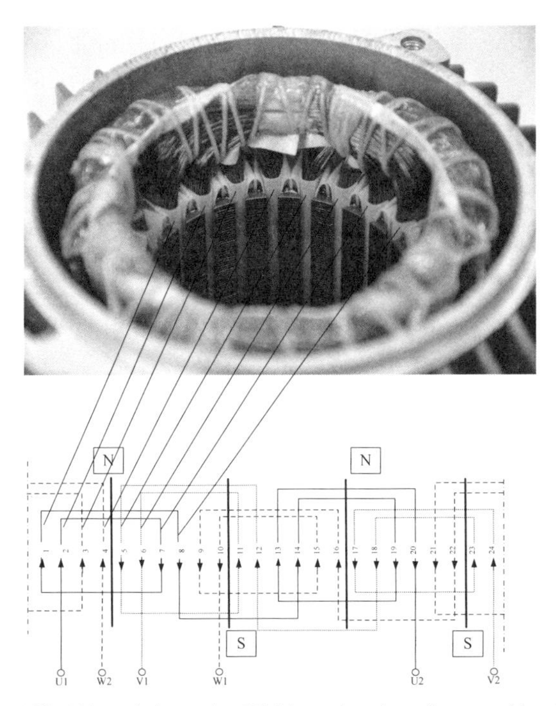

Abb. 221: dreisträngige Wicklung einer Asynchronmaschine (Quelle: eigenes Foto)

Die Abwicklung der Spulen des Stators zeigt die untere Skizze in Abb. 221. In jeder Nut am Statorumfang sind die gebündelten Hin- bzw. Rückleiter einer Spule eingelegt. Jeder Wicklungsstrang enthält zwei Spulen, die in Reihe geschaltet sind. Die drei Wicklungsstränge werden in Stern- oder Dreieckschaltung verbunden. Die eingetragene Stromrichtung in den Leitern gilt nur für einen „eingefrorenen" Zeitpunkt!

Wir wollen die zugehörigen Nutennummern zu einer Spule eines Strangs benennen: Die am Anschluss V1 verbundene Spule liegt in den Nuten mit den Nummern 7, 8, 9, 16, 17, 18. Diese ist in Reihe geschaltet zur Spule in den Nuten 25, 26, 27, 34, 35, 36. Zu dem betrachteten Zeitpunkt entstehen vier resultierende, magnetische Pole entlang des Statorumfangs im Luftspalt.

Magnetpolbereich einer Dreiphasenwicklung
Wechselt bei einer Dreiphasenwicklung die Stromrichtung der Leiter, die in benachbarten Nuten des Stators untergebracht sind, kann man dem Zwischenraum einen Magnetpol zuordnen.

12.3 Asynchronmaschine mit Käfigläufer/Kurzschlussläufer

Die Käfigläufermaschine besteht aus dem Stator mit der dreisträngigen Wicklung und einem Rotor. Die Rotoren der Käfigläufermaschinen enthalten einen Käfig, der aus Läuferstäben besteht, die an ihren Enden mit Kurzschlussringen verbunden sind. Zusätzlich kann die Rotorwelle noch ein Lüfterrad zur Wärmeabfuhr besitzen.

Wenn wir die kurzgeschlossenen Leiterschleifen, die in Abb. 219 dargestellt sind, mit Kurzschlussringen verbinden, entsteht die in Abb. 222 skizzierte Anordnung. Man verwendet nun noch viele weitere Leiterschleifen, verbindet sie mit den Kurzschlussringen und bekommt einen Käfig, wie in Abb. 223 links zu erkennen ist.

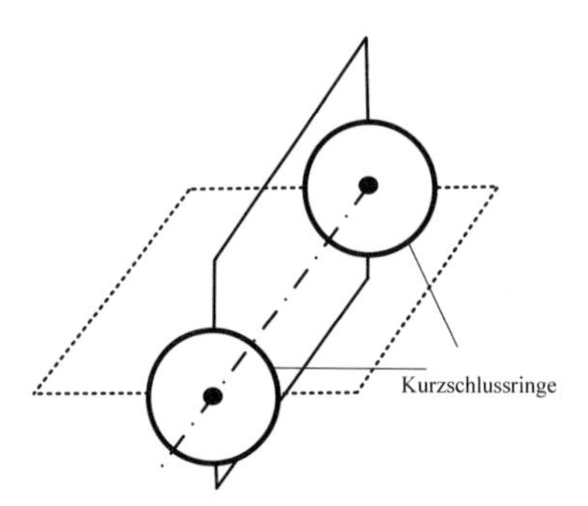

Abb. 222: Verbindung der Leiterschleifen über Kurzschlussringe

In Abb. 223 rechts ist der Käfigläufer-Rotor zu sehen, der zur Maschine gehört, deren Stator in Abb. 221 dargestellt ist. Der Käfig ist in ein Läuferblechpaket eingearbeitet. Die schräge Anordnung der Stäbe im Rotor unterdrückt die nicht zu vermeidenden, sogenannten Oberfeldmomente, da in der Praxis das entlang des Umfangs sinusförmige Grund-Drehfeld durch sogenannte Oberfelder überlagert wird. Aus Energiespar-Gründen kann der Rotor mit Kupferleitern bestückt sein. Dadurch steigt der Wirkungsgrad an.

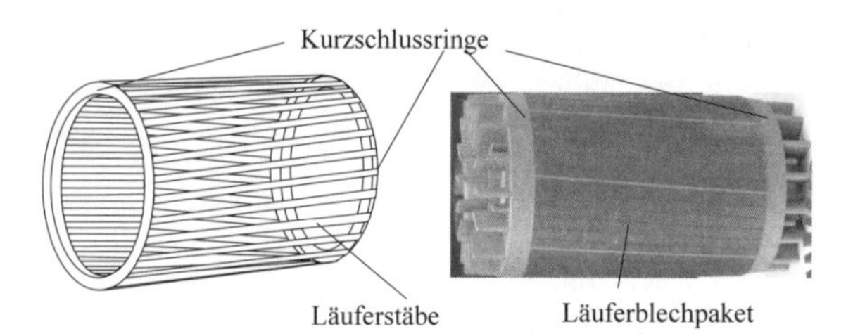

Abb. 223: Käfigläufer der Asynchronmaschine, links: Skizze, rechts: Beispiel einer Ausführung aus Aluminium (Quelle rechts: eigenes Foto)

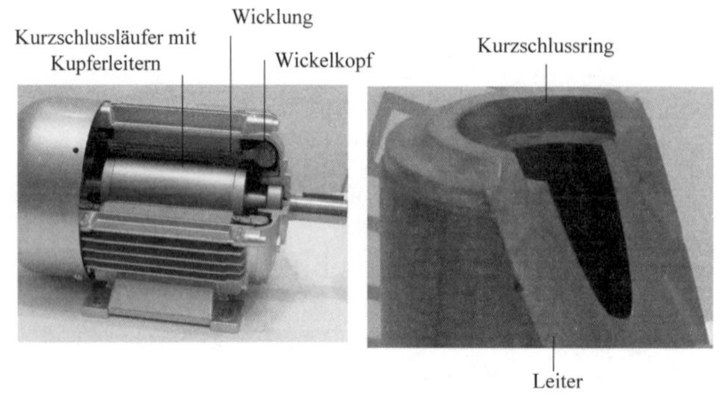

Abb. 224: Asynchronmaschine mit Kurzschlussläufer, links: Gesamtaufbau, rechts: Details der Leiter und der Kurzschlussringe aus Kupfer (Quelle: eigene Fotos)

Der Anschlusskasten der Asynchronmaschine mit Käfigläufer kann bis zu 6 Anschlüsse besitzen. Die beiden Enden der drei Stator-Wicklungsstränge, die mit U1, U2, V1, V2 und W1, W2 gekennzeichnet sind, können an die Anschlussbuchsen des Klemmenkastens geführt werden, wie in Abb. 225 zu erkennen ist. In diesem Fall sind außerdem die Anschlüsse des Thermoschalters vorhanden, der auf eine Überhitzung der Maschine reagiert und über die Motorsteuerung eine Abschaltung bewirkt. Schließlich ist die Buchse zur Verbindung mit der Schutzerdung zu erkennen (in gelbgrüner Farbe).

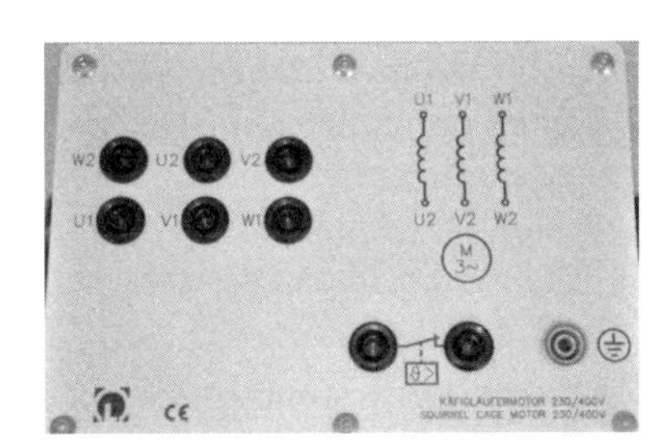

Abb. 225: Anschlusskasten der Asynchronmaschine mit Käfigläufer (Quelle: eigenes Foto)

Die *Drehrichtung* einer elektrischen Maschine wird ermittelt, indem man auf die abtreibende Welle schaut. In Abb. 225 ist links die Wellenkupplung zu sehen. Schaut man von links auf die Wellenkupplung und dreht sich die Welle im Uhrzeigersinn, so liegt *Rechtsdrehsinn* vor.

Rechtsdrehsinn einer elektrischen Maschine
Schaut man auf die sich drehende Abtriebswelle und dreht diese Welle im Uhrzeigersinn, liegt Rechtsdrehsinn vor.

Die Stäbe eines Läuferkäfigs können verschiedene Formen haben, wie in Abb. 226 zu sehen ist. Je nach Bauart entwickelt die Maschine dann ein unterschiedliches Anlaufmoment aus dem Stillstand.

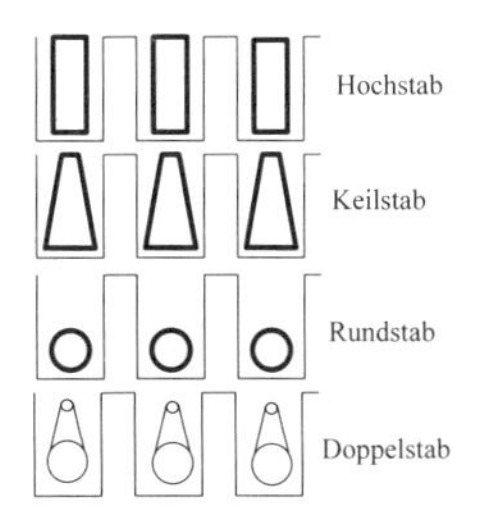

Abb. 226: Mögliche Querschnitte der Stäbe eines Käfigläufers

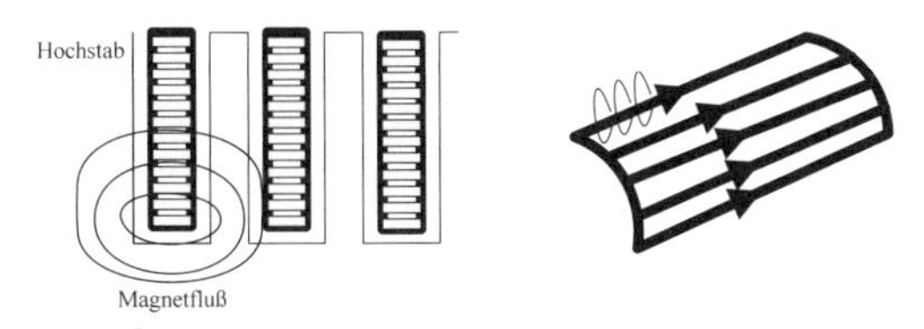

Abb. 227: Stromdurchflossene Läuferstäbe und Magnetfluss

Dazu betrachten wir den genauen Stromverlauf durch die Stäbe des Käfigs. Die in Abb. 227 links dargestellten Stäbe haben einen rechteckigen Querschnitt. Dieser ist in einzelne Teilsegmente zerlegt. Fließt der Wechselstrom durch die Stäbe, wird der Strom durch die Selbstinduktion gedrosselt. Die Feldlinien in den unteren Segmenten liegen im magnetisch leitenden Material, während Teile der Feldlinien der oberen (= äußeren) Segmente durch den Luftspalt hindurch müssen. Die Segmente des Leiterstabs im unteren Abschnitt sind von wesentlich mehr Feldlinien umschlossen als die oberen Segmente.

Der Stromfluss wird dort behindert und der Strom an den oberen Abschnitt verdrängt. Man spricht auch von einem Stromverdrängungsläufer. Der Querschnitt des Doppelstabläufers ist im äußeren Stab kleiner als im inneren Bereich. Daher ist der ohmsche Widerstand dort größer. In Relation zum, im Anlauf hohen induktiven Blindwiderstand, bedeutet das einen günstigeren Leistungsfaktor. Das Anlaufdrehmoment erhöht sich, da der Phasenunterschied zwischen dem Strom und der Spannung durch diese Maßnahme während des Anlaufs verringert wird.

Die Stärke der Drosselung des Stroms aufgrund des induktiven Blindwiderstands hängt von der Frequenz des Stroms ab. In Abb. 228 ist der Effekt an zwei beispielhaften Stabformen dargestellt. Das Anlaufmoment des Doppelstabläufers ist wesentlich höher!

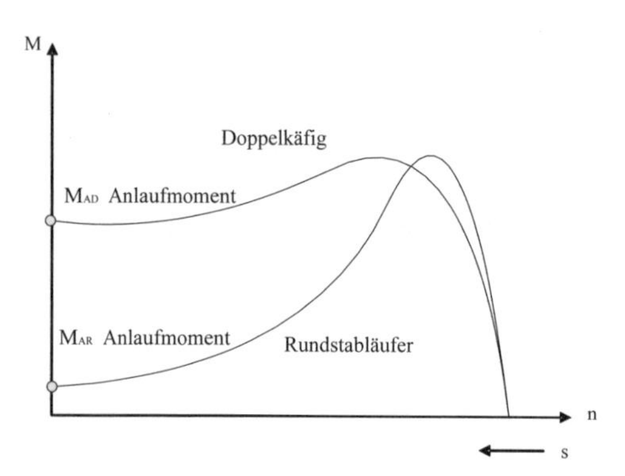

Abb. 228: Belastungskennlinie einer Asynchron-Käfigläufermaschine, Einfluss der Stabformen

Wir erinnern uns daran, dass wir diese Kennlinie bereits in Abb. 22 diskutiert haben. Die Beschreibung des Anlauf-Drehmomentes wurde bereits an dieser Stelle gegeben!

12.4 Asynchronmaschine mit Schleifringläufer

Eine zweite Bauform der Asynchronmaschinen stellen die Schleifringläufermaschinen dar. Die Statorwicklungen sind, wie bei dem Käfigläufer, als dreisträngige Wicklung aufgebaut. In dieser Bauart besitzt der Rotor Nuten, in denen sich ebenfalls eine dreisträngige Wicklung befindet. Die Spulenenden sind stets zu einer Sternschaltung miteinander verbunden und die Anschlussenden werden mit Schleifringen verbunden. Die Schleifringe dienen der Stromübertragung nach außen. Über Kohlebürsten erfolgt die Verbindung zum Klemmenkasten im Gehäuse.

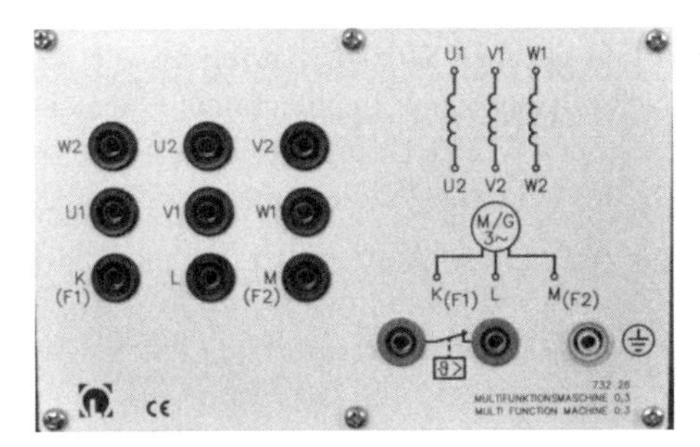

Abb. 229: Asynchronmaschine mit Schleifringläufer, links: Widerstandsschaltung zum Zuschalten auf den Läuferstromkreis, rechts: Anschlusskasten (Quelle: eigenes Foto)

Neben den sechs Anschlussbuchsen der Statorwicklung enthält der Anschlusskasten der Schleifringläufermaschine zusätzlich die Klemmen K, L und M. Diese Enden der Rotorwicklung sind mit je einem Schleifring verbunden. Zur Verdeutlichung ist in Abb. 229 der Anschlusskasten einer Maschine abgebildet. In der Praxis werden Widerstände an die Anschlussleitungen verschaltet und die drei Stromzweige dann verbunden, so wie in Abb. 230 dargestellt.

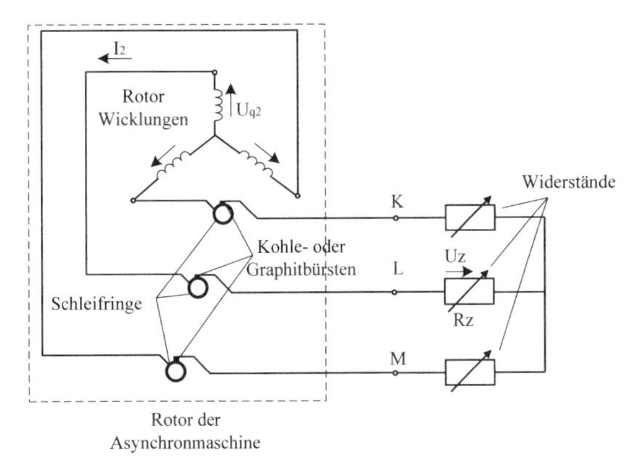

Abb. 230: Asynchronmaschine mit Schleifringläufer: Der Läufer enthält eine dreisträngige Wicklung in Sternschaltung. Die Enden der Spulen werden mit Schleifringen verbunden, auf denen Kohlebürsten schleifen.

Der Grund für diese Bauform des Läufers ist die Möglichkeit der Drehmomentbeeinflussung über den Läuferstrom. Die Verstellbarkeit der Widerstände führt zu unterschiedlichen Strömen, die wiederum unterschiedliche Drehmomente bewirken. Der Nachteil der Verwendung von Widerständen im Läuferkreis ist, dass die Spannungsabfälle an den von außen beschalteten Widerständen zur Erwärmung und damit zu Verlusten führen.

12.5 Anschluss der Asynchronmaschine an das Drehstromnetz

Wir wollen die Asynchronmaschine an ein Niederspannungs-Drehstromnetz (230/400V) anschließen. Das Netz stellt die Außenleiter L1, L2 und L3 und den Neutralleiter N zur Verfügung. Der Effektivwert der Spannung zwischen zwei Außenleitern beträgt $U = 400$ V und zwischen einem Außenleiter und dem Neutralleiter 230 V. Die Anschlüsse der drei Statorspulen der Asynchronmaschine werden mit U1, U2 (Spule1), V1, V2 (Spule 2) und W1, W2 (Spule 3) bezeichnet. Die Klemmen im Anschlusskasten sind oft so angeordnet, wie in Abb. 231 zu sehen ist. Dadurch kann eine Stern- oder Dreieckschaltung durch die Verbindung der Klemmen mit horizontalen oder vertikalen Kurzschlussbrücken aufgebaut werden. Bei einem symmetrischen Aufbau der Wicklungen und einer symmetrischen Belastung der Stränge kann auf den Anschluss des Neutralleiters verzichtet werden.

Wir können leicht nachweisen, dass die an den Wicklungen anliegenden Spannungen bei Dreieckschaltung 400 V und bei Sternschaltung 230 V betragen.

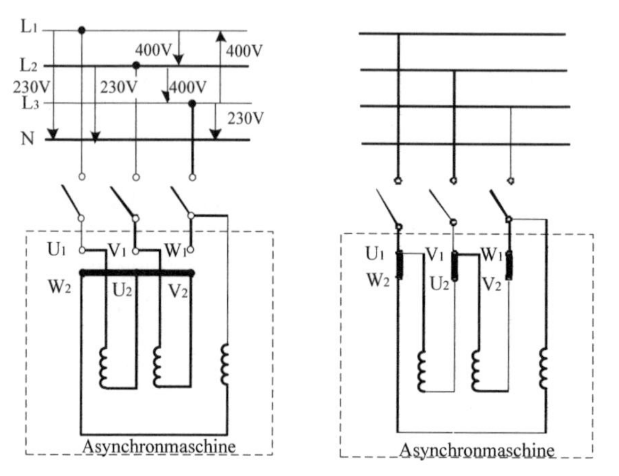

Abb. 231: Anschluss der Asynchronmaschine mit Käfigläufer, links: Verschaltung im Stern, rechts: Verschaltung im Dreieck

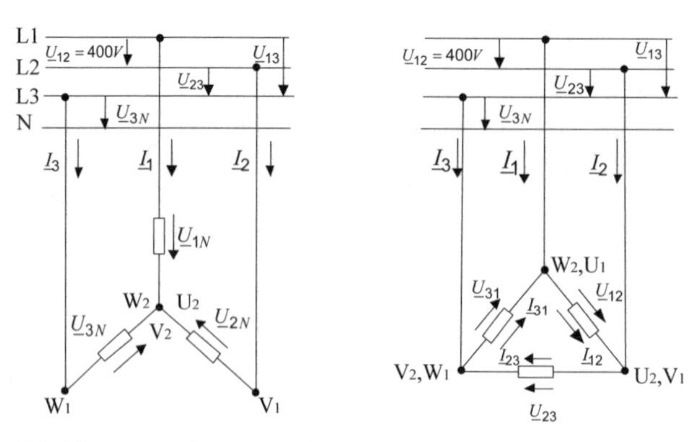

Abb. 232: Anschluss an ein 400 V/230V Drehstromnetz, Ströme und Spannungen bei Sternschaltung und bei Dreieckschaltung

Man unterscheidet die Stranggrößen von den Außenleitergrößen. Die Netzströme sind die Außenleiterströme $\underline{I}_1$, $\underline{I}_2$, $\underline{I}_3$; die Außenleiterspannungen werden mit $\underline{U}_{12}$, $\underline{U}_{23}$, $\underline{U}_{13}$ bezeichnet. Die Beträge der Stranggrößen nennen wir U_s und I_s. Die Stranggrößen beziehen sich auf die Spannungen an den Wicklungssträngen bzw. auf die Ströme, die durch die Wicklungsstränge der elektrischen Maschinen fließen. Bei Sternschaltung sollte in einer Maschine, die in jedem Strang gleich aufgebaut ist, die Summe der Ströme null ergeben:

$$\underline{I}_1 + \underline{I}_2 + \underline{I}_3 = 0$$
$$I_1 = I_2 = I_3 = I \qquad 12.1$$

Die Strangströme sind bei Sternschaltung vom Betrag gleich dem Netz-Strom I.

Strangströme
Die elektrischen Ströme durch die Wicklungsstränge der Drehstromwicklung einer elektrischen Maschine bezeichnet man als Strangströme.

(Außen)-Leiterströme
Die Ströme, die in den zum Versorgungsnetz verlaufenden Leitungen einer elektrischen Drehstrommaschine fließen, werden Leiterströme oder Außenleiterströme genannt.

Bei Sternschaltung liegen die Strangspannungen zwischen den Außenleitern und dem Neutralleiter N an. Wir nennen sie daher $\underline{U}_{1N}$, $\underline{U}_{2N}$, $\underline{U}_{3N}$. Den Zusammenhang zwischen den Strangspannungen und den Außenleiterspannungen bei der Sternschaltung können wir uns anhand der Abb. 233 klar machen. Die Abbildung stellt einen Ausschnitt des Zeigerbildes der Spannungen bei der Sternschaltung dar. Zur Vereinfachung ist nur die Spannungsbilanz der zwischen den Außenleitern L1 und L2 anliegenden Spannung U_{12} und den an den Strängen 1 und 2 anliegenden Spannungen U_{1N} und U_{2N} berücksichtigt worden.

Betrachten wir eines der beiden, durch die gestrichelte Linie gebildeten, rechtwinkligen Dreiecke, können wir die folgende Beziehung herleiten.

$$U_{12} = 2 \cdot U_{1N} \cdot \cos 30° = 2 \cdot U_{1N} \cdot \frac{\sqrt{3}}{2}$$
$$U_{12} = U_{1N} \cdot \sqrt{3} \qquad 12.2$$
$$U_{12} = U_{23} = U_{31} = U$$
$$U_{1N} = U_{2N} = U_{3N} = U_S$$

Allgemein gilt für die Außenleiterspannung bei Sternschaltung:

$$U = U_S \cdot \sqrt{3} \qquad 12.3$$

Bei der Dreieckschaltung ist die Spannungssumme gleich null:

$$\underline{U}_{12} + \underline{U}_{23} + \underline{U}_{31} = 0$$
$$U_{12} = U_{23} = U_{31} = U \qquad 12.4$$

Die jeweiligen, bei Dreieckschaltung durch den Strang fließenden Ströme, sind die Strangströme I_{12}, I_{23}, I_{31}. Der Strangstrom ist bei Dreieckschaltung ungleich dem Strom durch die

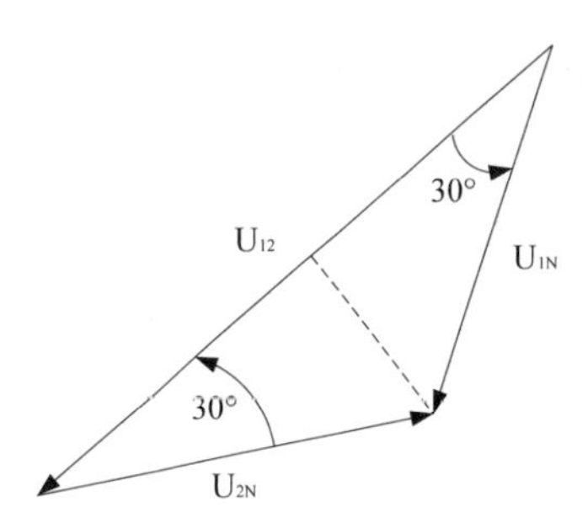

Abb. 233: Spannungen bei Sternschaltung

Außenleiter, denn es erfolgt ja eine Stromverzweigung an den Anschlusspunkten zu den Außenleitern. Man kann mithilfe der Stromzeiger, ähnlich wie für die Spannungen bei der Sternschaltung gezeigt wurde, den folgenden Zusammenhang zwischen den Außenleiterstrom und dem Strangstrom I_S aufstellen:

$$I_{12} = I_{23} = I_{31} = I_S$$

$$I = I_S \cdot \sqrt{3} \qquad 12.5$$

Natürlich wird bei Stromzufuhr zum Motor in einer bestimmten Zeit Energie umgesetzt, d. h, der Maschine wird Leistung zugeführt. Die umgesetzte Leistung pro Strang sei gleich, da die Stränge vollständig gleich aufgebaut sind. Der Maschine wird eine Scheinleistung S zugeführt. Die Wirkleistung kann zur Wandlung in mechanische Leistung genutzt werden. Die Phasenverschiebung zwischen Strom und Spannung bestimmt den Wirkstrom und den nutzbaren Wirkleistungsanteil. Mit den Leistungen P_S am Strang gilt für die Wirkleistung P, welche die Maschine bei Stern- oder Dreieckschaltung aus dem Netz bezieht, für einen Strang:

$$P_S = U_S \cdot I_S \cdot \cos\varphi$$

Und für die drei gleichen Stränge gilt:

$$P = 3 \cdot P_S = 3 \cdot U_S \cdot I_S \cdot \cos\varphi = \sqrt{3} \cdot U \cdot I \cdot \cos\varphi \qquad 12.6$$

Gemäß der Verwendung des Verbraucherpfeilsystems sind Spannung und Strom beim Motorbetrieb der elektrischen Maschine positiv.

Jeder Strang der Maschine besitzt einen Wechselstromwiderstand Z. Dieser setzt sich aus dem induktiven und dem ohmschen Anteil zusammen. Dann folgt für die elektrischen Größen Strangspannung, Strangstrom, Außenleiterstrom und Leistung die folgende Tabelle 1.

Die Verhältnisse bei Stern und Dreieckschaltung sind für den Anschluss der Maschine an das Netz wichtig. Wir bezeichnen die Leistung bei Dreieckschaltung mit P_Δ und bei Sternschaltung mit P_{Stern}. Dann können wir den folgenden Zusammenhang aus der Tabelle entnehmen:

$$P_\Delta = 3 \cdot P_{Stern} \qquad 12.7$$

Tabelle 1: Strangspannung, Strangstrom, Außenleiterstrom und Wirkleistung für Stern, Δ und Stern : Δ

	Stern	**Δ**	**Stern : Δ**
Strangspannung U_S	$\frac{U}{\sqrt{3}}$	U	$1 : \sqrt{3}$
Strangstrom I_S	$\frac{U}{\sqrt{3} \cdot Z}$	$\frac{U}{Z}$	$1 : \sqrt{3}$
Außenleiterstrom I	$\frac{U}{\sqrt{3} \cdot Z}$	$\frac{\sqrt{3} \cdot U}{Z}$	$1 : 3$
Wirkleistung P	$\frac{U^2}{Z} \cdot \cos\varphi = I^2 \cdot Z \cdot \cos\varphi$	$\frac{3 \cdot U^2}{Z} \cdot \cos\varphi$	$1 : 3$

Ausgehend von der Berechnungsgleichung des Drehmoments einer Maschine in Abhängigkeit der Leistung bei konstanter Winkelgeschwindigkeit, gilt für das Drehmoment M bei Dreieckschaltung:

$$M = \frac{P}{\omega}$$

$$M_\Delta = 3 \cdot M_{\text{Stern}} \qquad 12.8$$

Beispielaufgabe:

Die Pumpe in einem Wasserwerk erfordert ein Antriebsdrehmoment von 460 Nm (Nennpunkt). Als Antrieb ist ein Drehstromasynchronmotor installiert, von dem folgende Daten vorliegen: Spannung 400 V, Frequenz $f = 50$ Hz, Polpaarzahl $p = 2$. Im Nennpunkt bei einem Drehmoment von 460 Nm gelten folgende Werte:
Leistungsfaktor $\cos\varphi = 0{,}84$, Wirkungsgrad $\eta = 0{,}88$, n = 1455 1/min.

a) Welche mechanische Leistung gibt der Motor dann ab?
b) Welche elektrische Wirkleistung nimmt der Motor im Nennpunkt auf?
c) Welche Scheinleistung nimmt der Motor im Nennpunkt auf?
d) Welcher Strom fließt in den Anschlussleitungen beim Nennmoment?

Lösung:

zu a)

$$P_2 = M \cdot \omega = 460\,\text{Nm} \cdot \frac{2\pi \cdot n}{60} = 460\,\text{Nm} \cdot \frac{2\pi \cdot 1455}{60}\frac{1}{\text{s}} = 70\,088\,\text{W}$$

zu b)

$$\eta = \frac{P_2}{P_1} \quad \Rightarrow \quad P_1 = \frac{P_2}{\eta} = \frac{70\,088}{0{,}88} = 79\,646\,\text{W}$$

zu c)

Scheinleistung

$$S_1 = \sqrt{3} \cdot U_1 \cdot I_1$$

Leistungsfaktor:

$$\cos\varphi = \frac{P_1}{S_1}$$

$$S_1 = \frac{P_1}{\cos\varphi} = \frac{79\,646\,\text{VA}}{0{,}84} = 94\,817\,\text{VA}$$

zu d)

$$S_1 = \sqrt{3} \cdot U_1 \cdot I_1$$

$$I_1 = \frac{S_1}{\sqrt{3} \cdot U_1} = \frac{94\,817}{\sqrt{3} \cdot 400\,\text{V}} = 136{,}86\,\text{A}$$

Zusammenfassung

Die Asynchronmaschine besitzt drei Wicklungsstränge mit mindestens je einer Spule, die am Umfang des Stators in gleichen Abständen angeordnet sind. Sie kann einen Schleifringläufer oder einen Käfigläufer als Rotor enthalten. Als Schleifringläufer bietet sie die Möglichkeit, an den Klemmen K, L und M externe Widerstände in den Läuferkreis zu schalten. Die Asynchronmaschine kann in Stern- oder Dreieckschaltung an ein Drehstromnetz angeschlossen werden. Die Wirkleistungen und Momente sind bei Dreieckschaltung dreimal so groß wie bei Sternschaltung.

Kontrollfragen

89. Die Drehzahl einer Asynchronmaschine beträgt im Nennpunkt 1410 1/min bei Sternschaltung. Die Abgabeleistung beträgt 220 W. Berechnen Sie das Drehmoment bei Dreieckschaltung.
90. Eine Asynchronmaschine wird in Dreieckschaltung an das Drehstromnetz angeschlossen. Der Außenleiterstrom beträgt 1,5 A. Welcher Strom fließt durch die Wicklungen?
91. Wie viele Anschlüsse hat eine Kurzschlussläufermaschine?
92. Von einem Drehstrommotor, der an ein 400 V/230 V Netz in Dreieckschaltung anzuschließen ist, sind für Dreieckschaltung folgende Daten bekannt:
    Abgegebene Leistung 11 kW, Drehzahl 1455 1/min, Leistungsfaktor $\cos\varphi = 0{,}85$, Wirkungsgrad $\eta = 81{,}5\ \%$.
    Berechnen Sie:
    a) Außenleiterstrom und Strangstrom bei Nennbetrieb,
    b) die bei Nennbetrieb benötigte Blind- und Scheinleistung,
    c) den Leistungsverlust und das Drehmoment des Motors.

12.6 Wirkungsweise der Asynchronmaschine

Der Name der Asynchronmaschine folgt aus der Tatsache, dass sich der Rotor relativ zum Drehfeld unterschiedlich schnell, also *asynchron* dreht. Der Rotor kann langsamer oder schneller als das Drehfeld sein. Im ersten Fall befindet sich die Maschine im Motorbetrieb, im zweiten Fall im Generatorbetrieb. Die Asynchronmaschine benötigt keine zusätzliche Einrichtung zum Aufbau des für die Momenten-Entstehung notwendigen, magnetischen Feldes. Sie bezieht eine Blindleistung aus dem Spannungsnetz, um die erforderlichen Ströme im Läufer durch Induktion aufzubauen.

12.6.1 Momentbildung

Die Voraussetzung zur Entwicklung eines Drehmomentes bei der Asynchronmaschine mit *Schleifringläufer* ist, dass die Anschlüsse K, L, M des Läufers über Widerstände zu einem geschlossenen Stromkreis verbunden werden. Aufgrund der Bauart wird diese Voraussetzung bei der Käfigläufermaschine immer erfüllt. Die Maschine wird an ein Drehstromnetz angeschlossen und es bildet sich ein Drehfeld aus, das die Läuferspulen durchsetzt. Das Drehfeld hat die Drehzahl n_s. Dadurch, dass sich der magnetische Fluss, relativ zu den Spulen, mit der Zeit ändert, wird eine Läuferspannung U_{q2} (gilt für *eine* Spule!) n den Spulen oder Leiterstäben des Rotors induziert. Zum Zeitpunkt des Anschlusses der stillstehenden Maschine, dann, wenn die Maschine noch steht, entsteht eine *Läuferstillstandsspannung*, die wir mit U_{q20} bezeichnen. Bei einer Drehung des Rotors mit der Drehzahl n entsteht eine reduzierte Läuferspannung. Man sieht in der Abb. 234, dass die induzierte Läuferspannung verschwinden würde, wenn der Läufer mit der Drehzahl n genauso schnell dreht wie das Drehfeld.

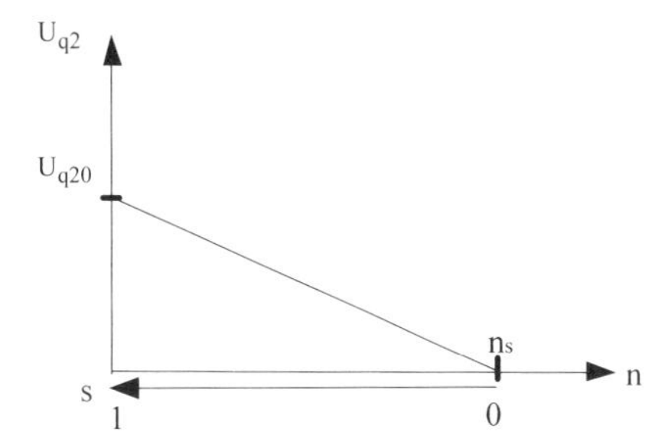

Abb. 234: Induzierte Spannungen in einem Läuferstrang, mit Schlupf s

In den Läuferspulen, die ja kurzgeschlossen sind, fließt ein Strom. Auf die Leiter der Spulen, beziehungsweise auf die Stäbe beim Käfigläufer, wirken Kräfte:

In Abb. 235 sieht man für einen „eingefrorenen" Zeitpunkt die Stromrichtungen in den Rotor und Statorleitern. Der Vektor der magnetischen Flussdichte des Drehfeldes $\vec{B}$ durchsetzt die Leiter des Rotors. Dieser Vektor deutet das entlang des Umfangs des Stators sinusförmige, also ortsveränderliche Magnetfeld an. Aufgrund der Drehung des Vektors entsteht eine Veränderung des magnetischen Flusses mit der Zeit und es entstehen Induktionsspannungen und Ströme in den *kurzgeschlossenen* Leitern des Rotors. Die Ströme, in Verbindung mit dem Flussdichte-Vektor $\vec{B}$, bewirken die Entstehung der Kräfte auf die Leiter. Auch der Rotor bildet aufgrund der fließenden Ströme ein magnetisches Feld, das wir durch den Vektor der Flussdichte des Läufers $\vec{B}_L$ oder den entstehenden Magnetfluss ϕ_L beschreiben. Der Vektor $\vec{B}$ steht senkrecht zu $\vec{B}_L$. Die wirksame, magnetische Flussdichte im Luftspalt entsteht durch die Überlagerung des Stator- und Rotorfeldes!

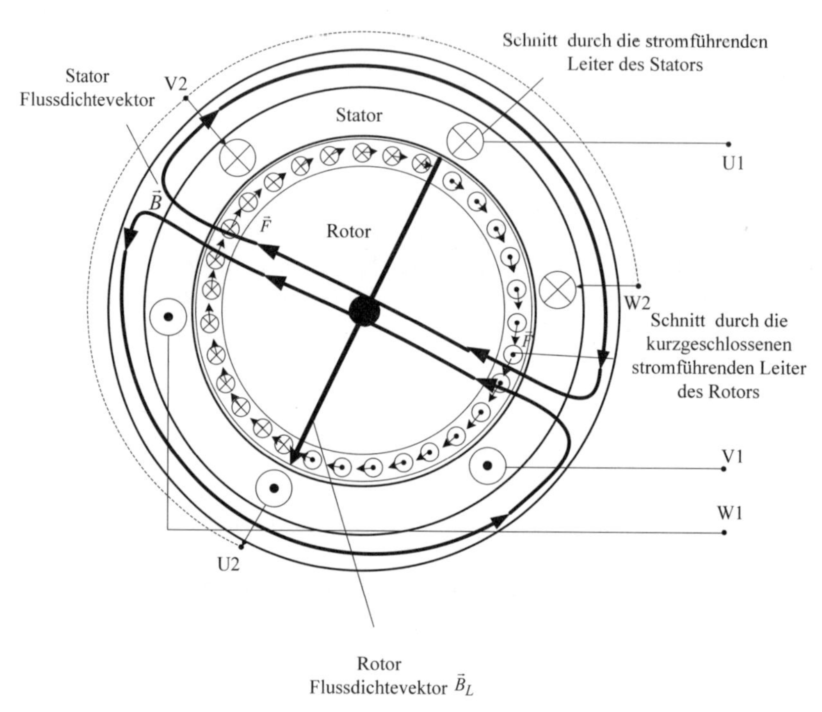

Abb. 235: Spannungsinduktion im Rotor und Ausbildung des Magnetflusses im Läufer

Aufgrund der wirkenden Drehmomente, die die Kräfte in Verbindung mit dem Radius des Rotors bilden, läuft der Motor in Drehfeldrichtung!

12.6.2 Anlauf

Zum Zeitpunkt des Anlaufs der Maschine ergibt sich ein hoher induktiver Blindwiderstand im Läufer. Die Frequenz der Läuferströme ist im Anlauf, wegen der geringen Drehzahl des Rotors maximal. Damit ist der induktive Blindwiderstand des Läufers ebenfalls maximal. Beim Hochlauf der Maschine sinken die Frequenz der Läuferströme und der Blindwiderstand.

Die vom Blindwiderstand abhängende Phasenverschiebung zwischen Spannung und Strom im Läufer sorgt im Anlauf für eine ungünstige Lage der Magnetfelder im Läufer. Abb. 236 zeigt die Drehfeld-Flussdichtevektoren des Rotors $\vec{B}_L$ und des Stators $\vec{B}$ im Anlauf. Die induzierte Spannung in der Rotorwicklung und der fließende Strom sind nicht mehr phasengleich. Bei einer Phasenverschiebung entstehen Kräfte, wie sie beispielhaft im Bild dargestellt sind. Die wirksame Kraftkomponente in tangentialer Richtung wird kleiner.

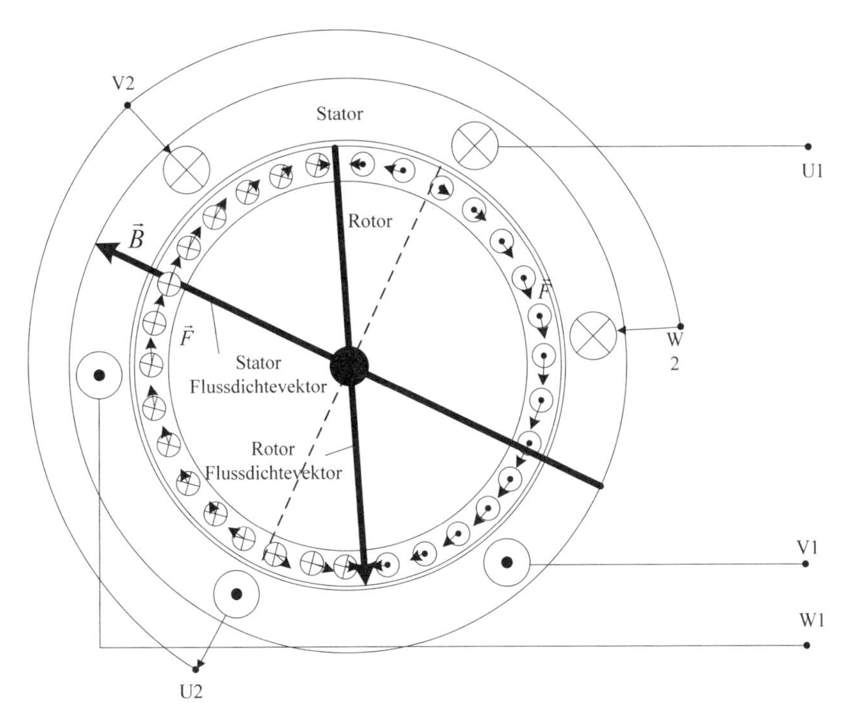

Abb. 236: Ungünstige Lage der Zeiger des Magnetflusses vom Drehfeld und vom Läufer

Im Anlauf steigt die Drehzahl n an und die relative Drehzahl zwischen dem Drehfeld und dem Rotor $\Delta n = n_s - n$ wird kleiner. Die Relativbewegung zwischen dem Ständerdrehfeld und dem Läuferfeld beträgt:

$$n_2 = \Delta n = n_s - n \qquad 12.9$$

Den Drehzahlunterschied zwischen Drehfeld-Drehzahl und Läuferdrehzahl wird mit n_2 bezeichnet und Schlupfdrehzahl genannt.

Schlupfdrehzahl n_2
Die Differenz zwischen der Synchrondrehzahl und der Drehzahl des Läufers wird Schlupfdrehzahl genannt.

Der Schlupfdrehzahl n_2 entspricht die Schlupffrequenz f_2. Mit dieser Frequenz ändern sich die Ströme und Spannungen in den Läuferstromkreisen! Die Differenz zwischen der Synchrondrehzahl n_s und der Rotordrehzahl n, bezogen auf die Synchrondrehzahl n_s,wird als *Schlupf s* bezeichnet:

$$s = \frac{n_2}{n_s} = \frac{\Delta n}{n_s} = \frac{n_s - n}{n_s} \qquad 12.10$$

Der Schlupf hat im Stillstand den Wert $s = 1$, da ja $n = 0$ ist! Dreht sich der Rotor mit der Drehzahl des Drehfeldes $n = n_s$, so ist der Wert des Schlupfes $s = 0$. Der Fall, bei dem der Rotor sich schneller als das Drehfeld des Stators dreht, bedeutet Generatorbetrieb.

Beispielaufgabe:
Es liegt ein Drehstrom-Asynchronmotor mit folgenden Daten vor:
Spannung 400 V, Frequenz $f = 50$ Hz, Polpaarzahl $p = 2$. Im Nennpunkt bei einem Drehmoment von 460 Nm gelten folgende Werte:
Leistungsfaktor cos φ = 0,84, Wirkungsgrad η = 0,88, Schlupf $s = 0{,}03$.
Welche Drehzahl stellt sich im Nennbetrieb ein?

Lösung:

$$s = \frac{n_S - n}{n_S}$$

$$n = n_S(1-s)$$

$$p = 2$$

$$n_S = \frac{f}{p} = \frac{50}{2}\frac{1}{s} = 25\frac{1}{s} \mathrel{\hat{=}} 1500\frac{1}{\min}$$

$$n = 1500\frac{1}{\min}(1-0{,}03) = 1500\frac{1}{\min}\cdot 0{,}97 = 1455\frac{1}{\min}$$

Die Schlupfdrehzahl und der Schlupf s sind im Generatorbetrieb negativ und man sagt, der Rotor läuft *übersynchron*. Arbeitet die Maschine als Generator, so muss sie mit Blindleistung versorgt werden, damit das magnetische Drehfeld erzeugt werden kann.

Generatorbetrieb der Asynchronmaschine
Im Generatorbetrieb läuft der Rotor schneller als das Drehfeld. Aufgrund der Richtungsänderung des drehenden Drehfeldes, ändert sich die Stromrichtung und die Maschine gibt elektrische Leistung über die Statorwicklungsstränge ab.

Dreht der Rotor entgegen dem Drehfeld, befindet sich die Maschine im Bremsbetrieb, in diesem Fall sind die Drehrichtungen unterschiedlich. In die Formel zur Berechnung des Schlupfes müssen die beiden Drehzahlen n und n_s addiert werden.

Bremsbetrieb der Asynchronmaschine
Ist die Drehrichtung des Rotor entgegengesetzt zum Drehfeld, liegt der Bremsbetrieb vor.

Die Drehzahl n_2 kann in Abhängigkeit des Schlupfes dargestellt werden:

$$n_2 = s \cdot \frac{f_1}{p} \qquad 12.11$$

Im Stillstand, bei s = 1, ist die Frequenz der Läufergrößen gleich der Frequenz des Drehfeldes. Also gilt bei s = 1 bei gegebener Polpaarzahl p und der Netzfrequenz f_1

$$n_2(1) = \frac{f_1}{p}$$

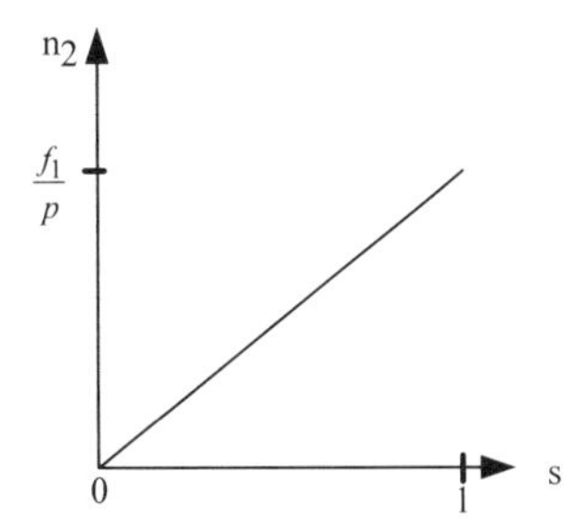

Abb. 237: Die Frequenz f_2 der Läuferströme sinkt mit steigender Drehzahl der Maschine.

Die Darstellung der Drehzahl n in Abhängigkeit des Schlupfes ergibt:

$$n = (1-s) \cdot \frac{f_1}{p} \qquad 12.12$$

Der Motor kann durch Induktion Ströme und damit Momente nur dann entwickeln, wenn eine relative Drehzahl zwischen dem Läufer und dem Drehfeld besteht. Die durch Reibung in den Lagern des Rotors vorhandene Widerstandskraft kann also nur überwunden werden, wenn Spannungen induziert werden. Also *muss* der Motor asynchron laufen, selbst im Leerlauf.

12.7 Spannungsinduktion bei offenen Läuferstromkreisen-Vergleich mit dem Transformator

Die Asynchronmaschine verhält sich im Stillstand ähnlich wie ein Transformator. In der folgenden Abb. 238 betrachten wir den Schleifringläufer einer Asynchronmaschine. Die Rotorspulen sind *nicht* kurzgeschlossen. Der Läufer möge zunächst stillstehen. Die Wicklungen des Stators der Maschine werden an ein Drehstromnetz angeschlossen und es bildet sich ein Drehfeld aus.

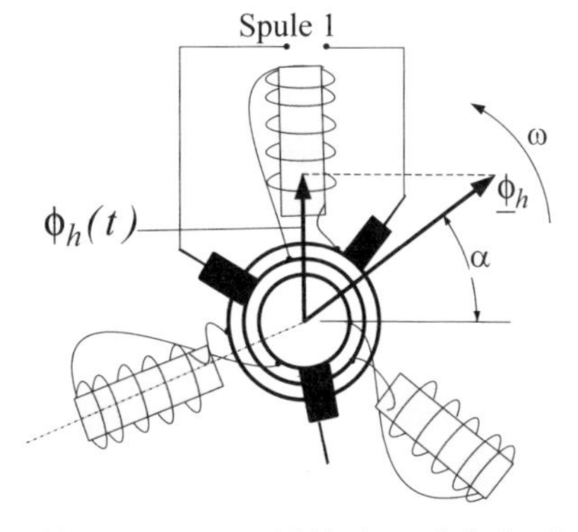

Abb. 238: Der Drehfeldvektor ϕ induziert Spannungen im Rotor.

Die magnetische Flussdichte und der Magnetfluss in der Spule 1 verändern sich sinusförmig und folgen den Gesetzen:

$$B(t) = \hat{B} \cdot \sin \omega t \qquad 12.13$$

$$\phi_h(t) = \hat{\phi}_h \cdot \sin \omega t \qquad 12.14$$

Bewegt sich nun das Drehfeld „über" die ruhende Läuferwicklung hinweg, werden Spannungen in den Spulen des Läufers induziert. Bringt man den Läufer in eine andere Stellung, so ändert sich daran prinzipiell nichts!

Die im Läufer induzierte Spannung im Stillstand, die Läuferstillstandspannung U_{q20}, berechnet man nach dem Induktionsgesetz. Die Art der Wicklung im Stator verursacht mehr oder weniger große Abweichungen der induzierten Spannung von den theoretisch möglichen Werten. Diese werden durch *Wicklungsfaktoren* k_{w1} auf der Statorseite und k_{w2} auf der Läuferseite erfasst.

$$\left|u_{q_{20}}(t)\right| = k_{w2} \cdot N_2 \cdot \frac{d\phi_h}{dt} = k_{w2} \cdot N_2 \cdot \omega \cdot \hat{\phi}_h \cdot \cos\omega t$$

Amplitude: $\hat{U}_{q_{20}} = k_{w2} \cdot N \cdot \omega \cdot \hat{\phi}_h$

Kreisfrequenz: $\omega = 2\pi f_1$

$$\text{Effektivwert: } U_{q_{20}} = \frac{\hat{U}_{q20}}{\sqrt{2}} = k_{w2} \cdot \frac{1}{\sqrt{2}} \cdot N_2 \cdot \omega \cdot \hat{\phi}_h = \frac{2\pi}{\sqrt{2}} \cdot N_2 \cdot f_1 \cdot \hat{\phi}_h \cdot k_{w2} = 4{,}44 \cdot N_2 \cdot f_1 \cdot \hat{\phi}_h \cdot k_{w2} \qquad 12.15$$

Läuferstillstandsspannung
Die im Läufer einer Asynchronmaschine bei der Drehzahl null gebildete Spannung in einem Strang, wird als Läuferstillstandsspannung bezeichnet.

Das Drehfeld induziert auch in den Ständerwicklungen Selbstinduktionsspannungen. Für diese gilt:

$$U_{q_1} = 4{,}44 \cdot N_1 \cdot f_1 \cdot \hat{\phi}_h \cdot k_{w1} \qquad 12.16$$

Für das Verhältnis der induzierten Spannungen bei Stillstand des Rotors gilt bei $k_{w1} = k_{w2}$:

$$\frac{U_{q_{20}}}{U_{q_1}} \approx \frac{N_2 \cdot k_{w2}}{N_1 \cdot k_{w1}} = \frac{1}{ü} \qquad 12.17$$

$$U_{q_{20}} = U_{q_1} \cdot \frac{1}{ü}$$

Der Wert *ü* wird *Übersetzungsverhältnis* genannt.

Übersetzungsverhältnis einer galvanisch getrennten Spulenanordnung
Der Quotient der Primärspannung durch die Leerlaufspannung zweier galvanisch getrennter Spulen, durch die ein magnetischer Fluss verläuft, wird Übersetzungsverhältnis genannt.

Beispielaufgabe
Ein Drehstrommotor wird am 50-Hz-Netz betrieben. Im Ständer hat jeder Strang 36 Windungen. Der Läufer besitzt drei Spulen mit je 24 Windungen. Der Wicklungsfaktor der Stator- und der Läuferwicklung beträgt 0,7. Die Widerstände der Statorspulen können vernachlässigt werden.
Welchen Wert hat die Amplitude des magnetischen Flusses, wenn der Strang an einer Spannung von 230 V liegt? Berechnen Sie außerdem die Läuferstillstandsspannung.

Lösung:

$$U_{q_1} = 4{,}44 \cdot N_1 \cdot f_1 \cdot \hat{\phi}_h \cdot k_{w1}$$

$$\hat{\phi}_h = \frac{U_{q_1}}{4{,}44 \cdot N_1 \cdot f_1 \cdot k_{w1}} = \frac{230\,\text{Vs}}{4{,}44 \cdot 36 \cdot 50 \cdot 0{,}7} = 0{,}041\,\text{Vs}$$

$$\ddot{u} = \frac{N_1}{N_2} = \frac{36}{24} = 1{,}5$$

$$U_{q_{20}} = U_{q_1} \cdot \frac{1}{\ddot{u}} = \frac{230\,\text{V}}{1{,}5} = 153{,}3\,\text{V}$$

Zusammenfassung
Die Asynchronmaschine dreht als Motor langsamer und als Generator schneller als das Drehfeld. Die Drehzahl des Drehfelds wird synchrone Drehzahl genannt. Es bildet sich ein Schlupf s, der den relativen Drehzahlunterschied zwischen Drehfelddrehzahl und Drehzahl des Rotors angibt. Im Läufer fließen Ströme und es entstehen Wechselspannungen der Frequenz f_2. Die im Stillstand induzierte Läuferspannung wird Läuferstillstandsspannung U_{q20} genannt. Sie hängt vom Übersetzungsverhältnis der Windungszahlen der Spulen im Stator und Rotor und der durch Selbstinduktion entstehenden Statorspannung U_{q1} ab. Die induzierte Quellenspannung U_{q1} der Maschine hängt von der Frequenz der Statorströme f_1, der Windungszahl N_1 und dem magnetischen Fluss ab.

Kontrollfragen

93. Ein vierpoliger Ständer liegt am 50-Hz-Netz. Berechnen Sie den Schlupf s, wenn der Läufer,
    a) mit der Drehzahl n = 1000 1/min mit dem Ständerdrehfeld und
    b) mit n = 500 1/min entgegen dem Ständerdrehfeld dreht.
94. Ein achtpoliger Drehstromständer liegt am 50-Hz-Netz. Die Läuferstillstandsspannung beträgt U_{q20} = 1000 V. Berechnen Sie die Läuferspannung und deren Frequenz bei einer Läuferdrehzahl von,

a) $n = 700\ \text{min}^{-1}$ in Drehfeldrichtung,
b) $n = 250\ \text{min}^{-1}$ entgegen dem Drehfeld

95. Ein Kurzschlussläufermotor wird am 50-Hz-Netz betrieben. Im Ständer hat jeder Strang 48 Windungen bei einem Wicklungsfaktor von 0,8. Wie groß ist die Amplitude des magnetischen Flusses, wenn der Strang an einer Spannung von 230 V angeschlossen wird?

12.8 Ersatzschaltbild der Asynchronmaschine

Wir wollen nun das Ersatzschaltbild der Asynchronmaschine entwickeln. Dabei gehen wir von einem einsträngigen Ersatzsystem aus, das auf der Statorseite durch einen Wicklungsstrang und auf der Rotorseite durch ebenfalls einen Wicklungsstrang repräsentiert wird. Aufgrund der getrennten Betrachtung der Stromkreise entsteht auch ein galvanisch entkoppeltes Ersatzschaltbild. Die Berechnung soll das Ziel haben, die Ströme in den beiden Stromkreisen des Läufers und des Stators mithilfe einer galvanisch gekoppelten Stromkreis-Beschreibung zu ermöglichen.

Galvanische Kopplung zweier Stromkreise
Zwei Stromkreise sind galvanisch gekoppelt, wenn ihre Ströme über einen gemeinsamen Wechselstromwiderstand fließen.

12.8.1 Getrennte Betrachtung von Stator und Rotor

Der Stromkreis eines Stranges der Asynchronmaschine auf der Läuferseite ist im Betrieb immer geschlossen. Im Stator erzeugt die Netzspannung U_1 einen Netzstrom I_1, der zusammen mit dem Strom I_2 das Drehfeld in der Wicklung erzeugt. Im Ersatzschaltbild erfassen wir die Streuverluste im Statorstrang durch den induktiven Blindwiderstand $X_{\sigma 1}$. Auf der Rotorseite wird in jedem Strang die Spannung U_{q2} induziert, die als Quellenspannung den Strom I_2 zur Folge hat!

In Abschnitt 11.1.1 haben wir die Impedanz eines Stromkreises bestimmt, die durch eine Spule und einen Widerstand gegeben ist. In diesem Zusammenhang haben wir die zeitabhängigen Größen durch ihre Zeiger ersetzt. In der Abb. 239 wurde diese Substitution ebenfalls durchgeführt.

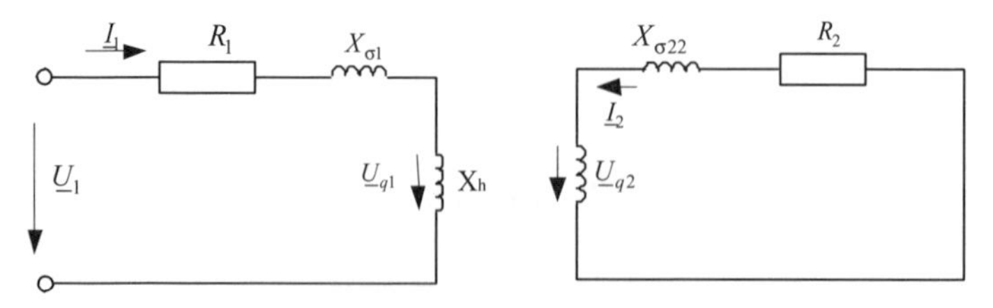

Abb. 239: Ersatzschaltbild eines Stranges der Asynchronmaschine

Die induzierte Spannung U_{q2} auf der Läuferseite ändert sich bei der Drehung des Läufers mit dem Schlupf.

$$\underline{U}_{q_2} = s \cdot \underline{U}_{q_{20}} \qquad 12.18$$

Jeder Rotorwicklungsstrang besitzt ebenfalls je einen ohmschen Widerstand und einen Blindwiderstand aufgrund des eigenen Streufeldes. Der im Stillstand vorliegende Blindwiderstand des Läuferstranges sei $X_{\sigma 2}$. Er hängt von der (konstanten) Frequenz der Netzspannung ab!

$$X_{\sigma 2} = 2 \cdot \pi \cdot f_1 \cdot L_{\sigma 2} \qquad 12.19$$

Dreht sich die Maschine, ändert sich der Blindwiderstand eines Läuferstranges:

$$X_{\sigma 22} = 2 \cdot \pi \cdot f_2 \cdot L_{\sigma 2} = 2 \cdot \pi \cdot s \cdot f_1 \cdot L_{\sigma 2}$$

Für den Blindwiderstand können wir daher schreiben:

$$X_{\sigma 22} = s \cdot X_{\sigma 2}$$

Die der Schaltung entsprechenden Spannungsbilanzen führen demnach zu den folgenden Spannungs-Gleichungen für den Stator- und den Rotorstromkreis:

$$\underline{U}_1 = R_1 \cdot \underline{I}_1 + \mathrm{j} \cdot X_{\sigma 1} \cdot \underline{I}_1 + \underline{U}_{q1} \qquad 12.20$$

$$0 = R_2 \cdot \underline{I}_2 + s \cdot \mathrm{j} \cdot X_{\sigma 2} \cdot \underline{I}_2 + \underline{U}_{q2} \qquad 12.21$$

12.8.2 Umrechnung der Läufergrößen auf den Stator

Die galvanische Trennung der Stromkreise in den Statorsträngen und den Läuferleitern erschwert die Berechnung der Ströme und Momente der Maschine. Daher versucht man, durch ein Umrechnungsverfahren eine galvanische Kopplung der Stromkreise zu erreichen. Man rechnet die Läufergrößen Strom, Widerstand und Blindwiderstand auf den Statorstromkreis um. Eine wichtige Größe zur Umrechnung ist das Übersetzungsverhältnis der Windungszahlen N_1 zu N_2, also der Windungszahl eines Statorstrangs zu der Windungszahl eines Läuferstrangs. Gemäß Formel 12.17 gilt bei gleichen Wicklungsfaktoren $k_{w1} = k_{w2}$:

$$\ddot{u} = \frac{N_1}{N_2} = \frac{\underline{U}_{q_1}}{\underline{U}_{q_{20}}} \qquad 12.22$$

Wir multiplizieren die Gleichung 12.21 mit ü und erhalten:

$$0 = \ddot{u} \cdot R_2 \cdot \underline{I}_2 + \ddot{u} \cdot s \cdot \mathrm{j} \cdot X_{\sigma 2} \cdot \underline{I}_2 + \ddot{u} \cdot \underline{U}_{q2} \qquad 12.23$$

Die auf den Statorkreis umgerechneten Läufergrößen werden alle mit einem Hochkomma zur Unterscheidung versehen.

$$\underline{U}'_{q_2} = \ddot{u} \cdot \underline{U}_{q_2} \quad \text{(Umrechnung der induzierten Spannung auf den Statorkreis)} \qquad 12.24$$

Aus 12.22 erhalten wir einen Ausdruck für den Zusammenhang zwischen U_{q1} und U_{q20}.

$$\underline{U}_{q_{20}} = \frac{\underline{U}_{q_1}}{ü} \tag{12.25}$$

Wir setzen 12.25 in 12.18 und das Ergebnis in 12.24 ein und erhalten schließlich:

$$\underline{U}'_{q_2} = ü \cdot \underline{U}_{q2} = ü \cdot s \cdot \underline{U}_{q_{20}} = ü \cdot s \cdot \frac{1}{ü}\underline{U}_{q1} = s \cdot \underline{U}_{q1} \tag{12.26}$$

Damit haben wir eine Verbindung der Gleichungen 12.20 und 12.21, denn wir können $\underline{U}'_{q_2}$ als Funktion von $\underline{U}_{q_1}$ ausdrücken. Wir wollen einen Strom I'_2 einführen, der umgerechnet auf die Statorseite die gleiche Durchflutung auf der Läuferseite hervorruft wie I_2. Man nennt den Strom I'_2, den in die Statorwicklung übersetzten Läuferstrom. Die Durchflutung pro Strang sei gleich und wir erhalten gemäß den folgenden Gleichungen einen Ausdruck für I'_2 als Funktion von I_2.

$$\theta_2 = \theta'_2$$

$$3 \cdot N_1 \cdot I'_2 = 3 \cdot N_2 \cdot I_2$$

$$I_2 = \frac{N_1}{N_2} \cdot I'_2 = ü \cdot I'_2 \tag{12.27}$$

Damit entsteht aus der Gleichung12.23:

$$0 = ü^2 \cdot R_2 \cdot \underline{I}'_2 + ü^2 \cdot s \cdot j \cdot X_{\sigma 2} \cdot \underline{I}'_2 + s \cdot \underline{U}_{q1} \tag{12.28}$$

Der Widerstand R_2 und der Blindwiderstand $X_{\sigma 2}$ beziehen sich auf den Rotorstrang, auch diese Werte sollen auf den Statorstrang bezogen werden.

12.8.3 Ersatzschaltbild mit galvanischer Kopplung

Die entstehenden Verluste durch Stromwärme und die Streublindleistungen in dem auf den Statorkreis bezogenen Stromkreis müssen mit den realen Verhältnissen übereinstimmen. Daher gilt für die Verlustleistungen P_{V2} und Q_2 in einem Strang unter Anwendung von Formel 11.18:

$$P_{Cu,2} = I_2^2 \cdot R_2 = I'^2_2 \cdot R'_2 = \left(\frac{I_2}{ü}\right)^2 \cdot R'_2$$

$$\Rightarrow R'_2 = R_2 \cdot ü^2 \tag{12.29}$$

Entsprechend gilt:

$$X'_{\sigma_2} = X_{\sigma_2} \cdot ü^2 \tag{12.30}$$

Damit folgt die folgende Spannungsgleichung für den Läuferstrang:

$$0 = R_2' \cdot \underline{I}_2' + s \cdot \mathrm{j} \cdot X_{\sigma 2}' \cdot \underline{I}_2' + s \cdot \underline{U}_{\mathrm{q}1} \qquad 12.31$$

Wir dividieren 12.31 durch s und erhalten:

$$0 = \frac{R_2'}{s} \cdot \underline{I}_2' + \mathrm{j} \cdot X'_{\sigma 2} \cdot \underline{I}_2' + \underline{U}_{\mathrm{q}1} \qquad 12.32$$

Für die beiden Gleichungen 12.20 und 12.32 können wir ein gemeinsames Ersatzschaltbild, wie es in Abb. 240 dargestellt ist, aufstellen:

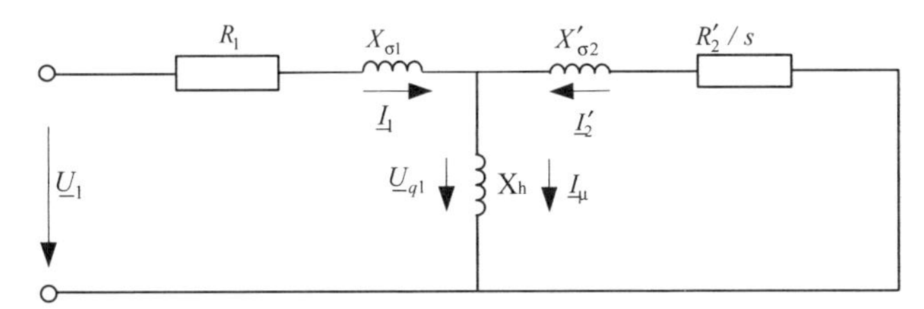

Abb. 240: Ersatzschaltbild mit galvanischer Kopplung

Ohne weitere Begründung können wir dem Ersatzschaltbild entnehmen, dass der für die Magnetisierung erforderliche Strom $\underline{I}_\mu$ aus den beiden Strömen $\underline{I}_1$ und $\underline{I}_2'$ gebildet werden kann:

$$\underline{I}_\mu = \underline{I}_1 + \underline{I}_2' \qquad 12.33$$

Damit folgt für $\underline{U}_{\mathrm{q}1}$:

$$\underline{U}_{\mathrm{q}1} = j \cdot X_h \cdot \underline{I}_\mu \qquad 12.34$$

Das Ersatzschaltbild enthält einen Widerstand, der vom Schlupf s abhängt: R'_2 / s. Da im Läuferkreis die Umsetzung der elektrischen Energie in die mechanische Energie bei unterschiedlichen Drehzahlen des Rotors stattfindet, muss dieser Zusammenhang auch im Ersatzschaltbild erkennbar sein.

Mit Hilfe der folgenden Ergänzung erhalten wir für den schlupfabhängigen Widerstand zwei Anteile:

$$\frac{R_2'}{s} = \frac{R_2'}{s} - R_2' + R_2' = R_2' + R_2' \frac{1-s}{s} \qquad 12.35$$

Wir folgern, dass der konstante Widerstandsanteil R_2' zu den Stromwärmeverlusten im Rotorstrang führt, während der Anteil $R_2'\ (1 - s)/s$ für die Umsetzung der mechanischen Energie verantwortlich ist. Diese Aufteilung des Widerstands machen wir im Ersatzschaltbild kenntlich und kommen zu Abb. 241.

Mechanische Leistung der Asynchronmaschine
Die an der Welle abgegebene mechanische Leistung der Asynchronmaschine entspricht der am schlupfabhängigen Widerstand $R_2'\ (1 - s)/s$ umgesetzten elektrischen Leistung.

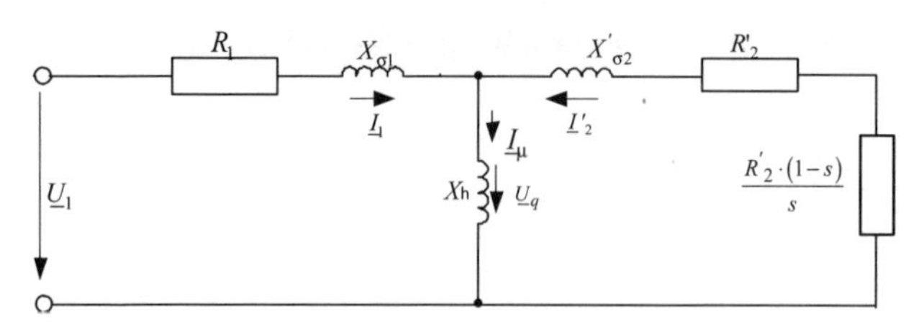

Abb. 241: Aufteilung des Widerstands auf der Läuferseite

Beispielaufgabe:
Ein Drehstrommotor hat einen Ständer mit drei Spulen von je 24 Windungen. Der Läufer hat drei Spulen mit je 12 Windungen. Die Wicklungsfaktoren betragen für die Spulen des Stators und Läufers jeweils 0,866. Der Widerstand einer Läuferspule beträgt $R_2 = 0{,}1\ \Omega$. Berechnen Sie das Übersetzungsverhältnis und den auf den Statorkreis übersetzten Spulenwiderstand des Läuferkreises.

Lösung:

$$\ddot{u} = \frac{N_1}{N_2} = 2$$

$$R_2' = \ddot{u}^2 \cdot R_2 = 4 \cdot 0{,}1 = 0{,}4\,\Omega$$

12.9 Berechnung der Stator- und der Läuferströme

Die beiden Gleichungen 12.20 und 12.32 erlauben nach einigen Umformungen eine Berechnung der Stator- und Läuferströme in allgemeiner Form. Wir formen 12.20 nach $\underline{U}_{q1}$ um und erhalten:

$$\underline{U}_1 - \left(R_1 + \mathrm{j} \cdot X_{\sigma 1}\right) \cdot \underline{I}_1 = \underline{U}_{q1} \qquad 12.36$$

Aus 12.32 folgt

$$-\left(\frac{R_2'}{s} + \mathrm{j} \cdot X'_{\sigma 2}\right) \cdot \underline{I}_2' = \underline{U}_{q1} \qquad 12.37$$

Wir vernachlässigen den Spannungsabfall $R_1 \cdot \underline{I}_1$ in 12.36 und formen 12.33 um:

$$\underline{I}_1 = \underline{I}_\mu - \underline{I}_2' \qquad 12.38$$

12.38 eingesetzt in 12.36 ergibt:

$$\underline{U}_1 - \left(\mathrm{j} \cdot X_{\sigma 1}\right) \cdot \left(\underline{I}_\mu - \underline{I}_2'\right) = \underline{U}_{q1} \qquad 12.39$$

Der Spannungsabfall $X_{\sigma 1} \cdot \underline{I}_{\mu}$ in 12.39 wird ebenfalls vernachlässigt und wir setzen 12.39 und 12.37 gleich. Daraus folgt schließlich für U_1:

$$\underline{U}_1 = -\left(\frac{R_2'}{s} + \mathrm{j} \cdot X'_{\sigma 2}\right) \cdot \underline{I}_2' - \mathrm{j} \cdot X_{\sigma 1} \cdot \underline{I}_2' \qquad 12.40$$

Zur Vereinfachung führen wir die folgende Abkürzung ein:

$$X_\sigma = X'_{\sigma 2} + X_{\sigma 1}$$

Damit folgt aus 12.40 :

$$\underline{U}_1 = -\left(\frac{R_2'}{s} + \mathrm{j} \cdot X_\sigma\right) \cdot \underline{I}_2' \qquad 12.41$$

Mithilfe der Formeln 12.34 und 12.41 kann das *vereinfachte* Ersatzschaltbild aufgestellt werden (Abb. 242).

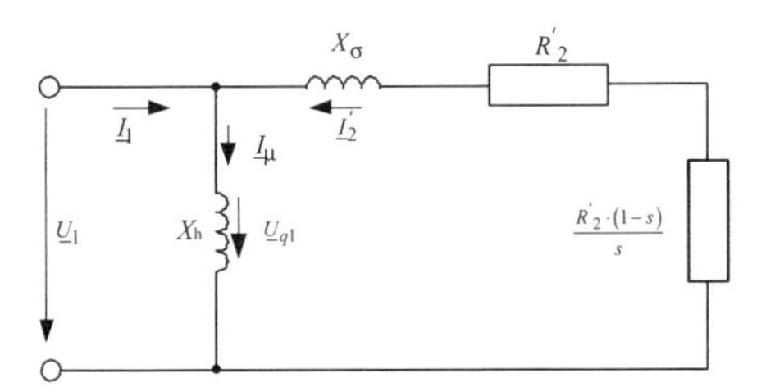

Abb. 242: Vereinfachtes Ersatzschaltbild

Wir sehen, dass der Magnetisierungsstrom von der Belastung unabhängig ist und die induzierte Spannung gleich der Klemmenspannung ist. Diese Vereinfachungen führen zu Abweichungen des beschriebenen Verhaltens gegenüber einer realen Maschine! Wir erhalten einen Ausdruck zur Berechnung des Rotorstroms:

$$\underline{I}_2' = -\frac{\underline{U}_1}{\left(\frac{R_2'}{s} + \mathrm{j} \cdot X_\sigma\right)} \qquad 12.42$$

Auch der Betrag des Läuferstroms kann einfach berechnet werden:

$$I_2' = \frac{U_1}{\sqrt{\left(\frac{R_2'}{s}\right)^2 + X_\sigma^2}} \qquad 12.43$$

Uns interessieren die Phasenlage des Stroms zur Spannung und dessen Betrag! Daher bestimmen wir den Real- und Imaginärteil von 12.42. Zur Vereinfachung legen wir die Ständer-Spannung in die reelle Achse eines komplexen Koordinatensystems:

$$\underline{I}_2' = -\frac{U_1}{\left(\frac{R_2'}{s} + j\cdot X_\sigma\right)\cdot}\cdot\frac{\left(\frac{R_2'}{s} - j\cdot X_\sigma\right)}{\left(\frac{R_2'}{s} - j\cdot X_\sigma\right)} = \frac{U_1\cdot\left(-\frac{R_2'}{s} + j\cdot X_\sigma\right)}{\left(\left(\frac{R_2'}{s}\right)^2 + X_\sigma^2\right)} \qquad 12.44$$

Wir können die folgenden Ausdrücke für den Real- und den Imaginärteil angeben:

$$\underline{I}_2' = \frac{U_1\cdot\left(-s\cdot R_2' + j\cdot X_\sigma\cdot s^2\right)}{R_2'^2 + s^2\cdot X_\sigma^2}$$

$$\mathrm{Re}\{\underline{I}_2'\} = \frac{-s\cdot R_2'\cdot U_1}{R_2'^2 + s^2\cdot X_\sigma^2} \qquad 12.45$$

$$\mathrm{Im}\{\underline{I}_2'\} = \frac{X_\sigma\cdot s^2\cdot U_1}{R_2'^2 + s^2\cdot X_\sigma^2} = \frac{X_\sigma\cdot U_1}{\left(\frac{R_2'}{s^2}\right)^2 + X_\sigma^2}$$

Zur Beurteilung der Phasenlagen von Strom und Spannung in Abhängigkeit des Schlupfes ist es sinnvoll, Grenzfälle für den Schlupf zu untersuchen. Aus der Phasenfolge folgt der Leistungsfaktor der Maschine!

Man findet für den Strom bei Leerlauf, also bei $s = 0$:

$$\underline{I}_2' = 0$$

Im idealen Leerlauf werden keine Spannungen induziert. Wir nehmen den Fall an, dass der Schlupf s unendlich groß wäre. Dann gilt:

$$\mathrm{Re}\{\underline{I}_2'\}\big|_\infty = \frac{-s\cdot R_2'\cdot U_1}{R_2'^2 + s^2\cdot X_\sigma^2} \to 0$$

$$\mathrm{Im}\{\underline{I}_2'\}\big|_\infty == \frac{-X_\sigma\cdot U_1}{\left(\frac{R_2'}{s^2}\right)^2 + X_\sigma^2} \to \frac{U_1}{X_\sigma} \to \underline{I}_{2\infty}' = j\cdot\frac{U_1}{X_\sigma} \qquad 12.46$$

Es entsteht ein Blindstrom $\underline{I}_{2\infty}'$. In ähnlicher Weise findet man für den Strom im Anlauf, bei s = 1:

$$\underline{I}_2'\big|_{s=1} = \underline{I}_{2\infty}'\cdot\left(-\frac{R_2'}{X_\sigma} + j\right), I_2'\big|_{s=1} = \sqrt{\left(\frac{R_2'}{X_\sigma}\right)^2 + 1} \approx \underline{I}_{2\infty}'$$

Der Anlaufstrom kann bei kleinem Streu-Blindwiderstand X_σ groß werden! Dazu nun ein Berechnungsbeispiel.

Beispielaufgabe:
Gegeben sind die folgenden Anschlussdaten einer elektrischen Drehstrommaschine:
$U_1 = 220\,\text{V},\ X_\sigma = 0{,}65\,\Omega,\ R_2' = 0{,}25\,\Omega$
Der Schlupfwert betrage s = 0,05. Berechnen Sie den Scheinwiderstand und den Strom I_2'

Lösung:

$$Z = \left(\sqrt{\left(\frac{0{,}25}{0{,}05}\right)^2 + 0{,}65^2}\right)\Omega = 5{,}04\,\Omega$$

$$I_2' = \frac{U_1}{Z} = \frac{220\text{V}}{5{,}04\Omega} = 43{,}63\text{ A}$$

Beispielaufgabe:
Ein Asynchronmotor hat eine Drehzahl von 950 min^{-1} und läuft am 50 Hz-Netz. Die Spannung U_1 betrage 220 V. Die Läuferwiderstände besitzen folgende Werte:

$X_\sigma = 0{,}55\,\Omega$

$R'_2 = 0{,}25\,\Omega$

Berechnen Sie den übersetzten Läuferstrom I'_2 und den Phasenwinkel φ.

Lösung:
Die Polpaarzahl beträgt $p = 3$, da $n_s = 1000\ \text{min}^{-1}$ die Synchrondrehzahl ist, die einen sinnvollen Schlupfwert (einige Prozent) ergibt.

$$s = \frac{50}{1000} = 0{,}05$$

$$\omega_1 = 2\pi \cdot 50\frac{1}{\text{s}} = 314\frac{1}{\text{s}}$$

$$\cos\varphi = \frac{0{,}25}{\sqrt{0{,}25^2 + 0{,}55^2}} = 0{,}41 \quad \Rightarrow \quad \varphi = 65°$$

$$I_2' = \frac{U_1}{\sqrt{\left(\frac{R_2'}{s}\right)^2 + (X_\sigma)^2}} = \frac{220\,\text{V}}{\sqrt{\left(\frac{0{,}25}{0{,}05}\right)^2 + (0{,}55)^2}} = 43{,}73\,\text{A}$$

Zusammenfassung
In der Elektrotechnik versucht man, die physikalischen Effekte durch ein aussagekräftiges Ersatzschaltbild darzustellen. Die galvanische Trennung der Stator- und Rotorstromkreise erschwert die übersichtliche Darstellung. Wir setzen ein symmetrisches Drehstromsystem mit symmetrischer Belastung voraus und betrachten stellvertretend je einen Wicklungsstrang des Stators und des Läufers. Wir berücksichtigen die Verluste im Statorkreis und im Läuferkreis. Wir rechnen die Läufergrößen auf den Statorstromkreis einer Spule um, indem

wir das Übersetzungsverhältnis der Spulenwindungen im Stator und Läufer berücksichtigen. Außerdem sollen die Verluste des umgerechneten Läuferstromkreises gleich den Verlusten im realen Läuferstromkreis sein. Damit wird es möglich, ein galvanisch gekoppeltes Ersatzsystem aufzustellen. Wir erhalten daraus Berechnungsformeln für die Ströme in den Stator- und Läufersträngen.

Kontrollfragen

96. Welche Verluste entstehen bei der Asynchronmaschine im idealen (= reibungsfreien) Leerlauf?
97. Welche Belastungsfälle (Kurzschluss, Leerlauf) der Asynchronmaschine entstehen, wenn $s = 0$ oder $s = 1$ wird? Welcher Betriebszustand der Maschine wird durch den Kurzschluss eingenommen?

12.10 Luftspaltleistung und Drehmoment

Eine wichtige Größe einer elektrischen Maschine ist die sogenannte Luftspaltleistung P_L. Diese gibt an, welche Wirkleistung die Maschine über den Luftspalt auf den Rotor übertragen kann. Da es die Aufgabe einer Maschine im Motorbetrieb ist, eine Last anzutreiben, muss die Luftspaltleistung auch einen Leistungsanteil für das aufzubringende Drehmoment der Maschine beinhalten. Das Drehmoment ist wiederum mit dem fließenden Strom verknüpft. Die Luftspaltleistung, das Drehmoment und die Ströme in den Wicklungssträngen von Stator und Läufer sind wichtige Größen. Wir wollen für diese Größen im folgenden Abschnitt Berechnungsgleichungen ermitteln.

12.10.1 Luftspaltleistung

Aus dem Ersatzschaltbild mit galvanischer Kopplung in Abb. 241 wird ersichtlich, dass im Läuferkreis ein Wirkleistungsanteil am Widerstand R_2'/s umgesetzt wird. Die über den Luftspalt übertragene Luftspaltleistung wird daher über die Gleichung,

$$P_L = 3 \cdot I_2'^2 \cdot \frac{R_2'}{s} \qquad 12.47$$

berechnet. Wir können diese Leistung bei einer dreisträngigen elektrischen Drehstrommaschine mithilfe der Aufspaltung des Widerstands R_2', die in Formel 12.35 zu erkennen ist, in zwei Teile trennen:

$$P_L = 3 \cdot I_2'^2 \cdot \frac{R_2'}{s} = 3 \cdot I_2'^2 \cdot R_2' + 3 \cdot I_2'^2 \cdot R_2' \cdot \frac{1-s}{s} \qquad 12.48$$

Luftspaltleistung
Die über den Luftspalt einer elektrischen Maschine vom Stator auf den Rotor übertragene Leistung bezeichnen wir als Luftspaltleistung P_L.

12.10.2 Drehmoment

Könnten alle Verluste der Asynchronmaschine vernachlässigt werden, wäre die übertragene Luftspaltleistung auch die innere Leistung der Maschine. Diese bestimmt das innere Drehmoment M_i, das um die zu überwindenden Reibungskräfte innerhalb der Maschine reduziert das nutzbare Wellenmoment beschreibt.

Um die mechanisch umsetzbare Leistung zu bestimmen, müssen wir vom Gesamtbetrag der Luftspaltleistung die Kupferverlustleistung $P_{2V} = 3 \cdot I_2'^2 \cdot R_2'$ abziehen. Der Verlustanteil durch Stromwärme ist zum Schlupf proportional und wird daher auch *Schlupfleistung* genannt:

$$P_{2V} = P_L \cdot s \qquad 12.49$$

Der zweite Teil in 12.48 repräsentiert die abgegebene mechanische Leistung P_2 einschließlich dem mechanischen Reibungsanteil.

Der im Läufer als mechanische Leistung übertragene Anteil P_2 beträgt dann:

$$P_2 = P_{mech} + P_R = 3 \cdot I_2'^2 \cdot \frac{1-s}{s} \cdot R_2' = M \cdot \omega + P_R = P_L \cdot (1-s) \qquad 12.50$$

Mit der Schlupfbeziehung 12.10 können wir die mechanische Leistung wie folgt angeben:

$$P_2 = M_i \cdot \omega_S \cdot (1-s) \qquad 12.51$$

Daraus lässt sich das innere Drehmoment bestimmen, das den Reibungsanteil enthält.

$$M_i = \frac{P_2}{2\pi \cdot n_s \cdot (1-s)} = \frac{3 \cdot I_2'^2 \cdot \frac{1-s}{s} \cdot R_2'}{2\pi \cdot n_s \cdot (1-s)} = \frac{3 \cdot I_2'^2 \cdot R_2'}{2\pi \cdot n_s \cdot s} \qquad 12.52$$

Die Gleichung 12.52 ist eine wichtige Berechnungsgrundlage, um das Verhalten der Maschine bei Belastung zu studieren. Wir werden später sehen, dass wir daraus eine Drehmoment-Drehzahl-Beziehung (beziehungsweise Drehmoment-Schlupf-Beziehung) entwickeln können, die es ja auch bei der Gleichstrommaschine gibt. Die wichtige Frage, wie sich die Maschine verhält, wenn sie belastet wird, kann damit beantwortet werden.

Zum Abschluss dieses Kapitels noch einmal ein Berechnungsbeispiel:

Beispielaufgabe:
Ein vierpoliger Asynchronmotor besitzt folgende Daten im Nennpunkt: $P_{2N} = 20$ kW, $U_N = 230$ V, $n_N = 1450$ 1/min. Weiterhin sind folgende Daten gegeben: $f_1 = 50$ Hz, $R_1 = 0{,}1\ \Omega$, $R_2' = 0{,}15\ \Omega$, $X_{\sigma 1} = 0{,}4\ \Omega$, $X_h = 0{,}12\ \Omega$.

a) Berechnen Sie das innere Moment bei der Nenndrehzahl.
b) Berechnen Sie die Luftspaltleistung.

Lösung
zu a)
Mit den Gleichungen 12.52 und 12.10 erhalten wir:

$$M_{iN} = \frac{20000 \cdot 60\ \text{Ws}}{2\pi \cdot 1450} = 131{,}7\ \text{Nm}$$

zu b)
Bei einer Drehzahl von 1450 1/min muss die Polpaarzahl 2 betragen, da der Schlupfwert im Nennbetrieb wegen der Verluste nur klein sein darf.

$p = 2$

$$s = \frac{1500 - 1450}{1500} = 0,033$$

$$P_{\mathrm{L}} = \frac{P_2}{(1-s)} = \frac{20000\,\mathrm{W}}{1-0,033} = 20690\,\mathrm{W}$$

Zusammenfassung
Die Asynchronmaschine kann nur einen Teil der zugeführten Leistung in nutzbare, mechanische Leistung umwandeln. Die Luftspaltleistung ist der gesamte, auf den Rotor übertragene Leistungsanteil. Die gesamte Rotorleistung wird am schlupfvariablen Widerstand R_2' im übersetzten Ersatzschaltbild umgesetzt. Zieht man den Anteil der Kupferverluste ab, erhält man den mechanisch umgesetzten Leistungsanteil einschließlich der Reibungsverluste. Das abgegebene Drehmoment hängt vom übersetzten Läuferstrom, der Drehfelddrehzahl, dem Schlupf und vom übersetzten Widerstand R_2' ab.

Kontrollfragen

98. Berechnen Sie die Stromwärmeverluste im Läuferstrang, wenn die Daten des letzten Berechnungsbeispiels (einschließlich der Lösung) gegeben sind.
99. Berechnen Sie zum Berechnungsbeispiel den auf den Statorstromkreis übersetzten Läuferstrom I_2' im Nennpunkt.

12.11 Kreisdiagramme und Ortskurven

Die Ermittlung der Ströme im Stator und Rotor kann auf grafische Art über die Ortskurve durchgeführt werden.

Ortskurve
Eine Ortskurve ist die Verbindungslinie der Endpunkte von Zeigern in der komplexen Zahlenebene, die sich bei Veränderung einer reellwertigen charakteristischen Größe ergeben.

Wir suchen hier die Ortskurve des Stroms, die sich ergibt, wenn man den Schlupf s verändert. Mithilfe der Ortskurventheorie kann man beweisen, dass sich für Schlupfwerte von $-\infty < s < +\infty$ ein Kreis für den Stromzeiger $\underline{I}_2$ ergibt. Mit einem kleinen Programm mit MATLAB lässt sich der Nachweis auch experimentell führen. Das Programm berechnet für Schlupfwerte $-50<s<50$ den Real- und den Imaginärteil des Stroms mithilfe der Formel 12.45. Diese Werte werden in ein Koordinatensystem eingetragen, das entlang der Ordinate den Wirkstrom- und entlang der nach links positiv eingetragenen Abszisse den Blindstromanteil enthält. Die Stromortskurve für den Rotorstrom ist mit der Kennlinie des Statorstroms wie folgt verknüpft:

$$\underline{I}_1 = \underline{I}_\mu - \underline{I}_2'$$

In der folgenden, mit dem Programm MATLAB erstellten Skizze, sind zwei Kreise die links den Rotorstrom und rechts den Statorstrom mit dem Parameter der Schlupfwerte darstellen abgebildet. Wir sehen, dass bereits für die Grenzen s = –50 und s = +50 die Kreise geschlossen erscheinen. Als Parameter wurden die folgenden Werte für die Strangspannung und den Widerstand R_2' bzw. den induktiven Blindwiderstand X_σ gewählt:

$$\underline{U}_1 = 230\text{ V}, R_2' = 0{,}15\ \Omega, X' = 0{,}65\ \Omega, I_\mu = -10\text{ A}$$

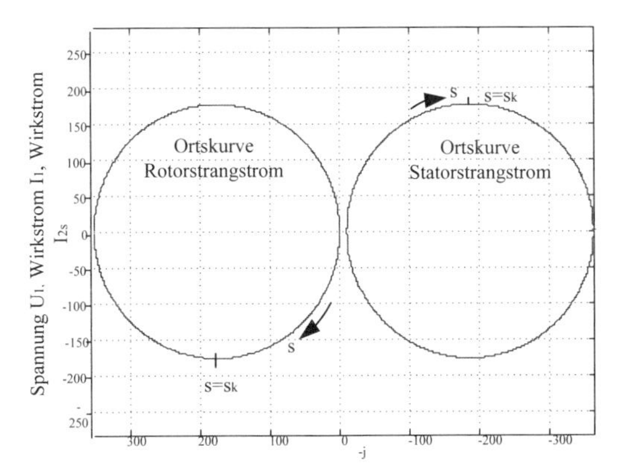

Abb. 243: Grafische Darstellung der Strom-Ortskurven (Berechnung und grafische Darstellung mit MATLAB)

12.11.1 Ortskurvenpunkte und Strecken

Die qualitativen Größen der Ortskurve gehen aus Abb. 244 hervor. Ein Punkt der Ortskurve ist mit P_N bezeichnet und stellt die Bemessungsgrößen dar. Zu diesem Punkt auf der Ortskurve gehört der Schlupfwert $s = s_N$.

Aus der Ortskurve kann man den Real- und Imaginärteil des Stroms in Abhängigkeit des Schlupfs ablesen. Der Realteil entspricht dem Wirkstrom und der Imaginärteil dem Blindstrom. Die positive Imaginärachse ist nach links gerichtet. Die angelegte Netzspannung $\underline{U}_1$ zeigt in die Richtung der positiven reellen Achse. Sie besitzt also nur einen Realteil. Die Realteile der Ströme $\underline{I}_1$ und $\underline{I}'_2$ sind vom Betrag her gleich. Die Imaginärteile unterscheiden sich ebenfalls im Vorzeichen und um den Betrag des Magnetisierungsstroms.

Der „normale" Motorbereich der Asynchronmaschine liegt zwischen $0 < s < 1$. Bei $s = 1$ steht der Motor, es handelt sich also um den Anlaufstrom oder auch den Kurzschlussstrom. Daher wird der entsprechende Punkt im Kreisdiagramm mit P_k gekennzeichnet.

Bei $s = 0$ (Punkt P_0) liegt Leerlauf vor und es fließt ein Leerlaufstrom $\underline{I}_\mu$. Im Idealfall dreht die Maschine so schnell wie das Drehfeld. Die zur Spannung phasengleiche Wirkkomponente des Stroms bedeutet eine Wirk-Leistungsaufnahme aus dem Netz.

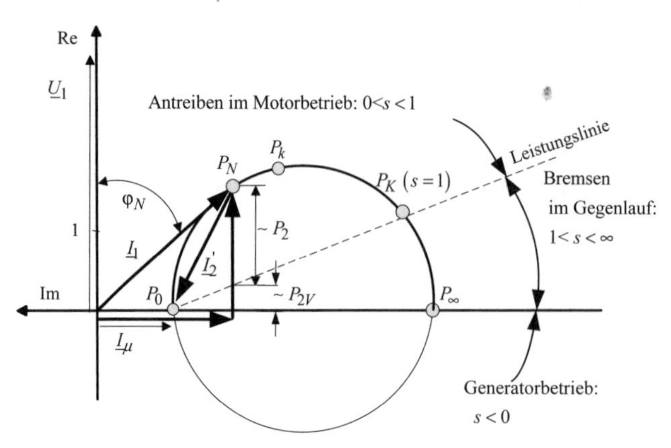

Abb. 244: Ortskurve des Stroms

Im Bereich zwischen $s = 1$ und $s = \infty$ läuft die Maschine mit negativer Drehzahl, also entgegen dem Drehfeld. Es handelt sich hierbei um den Bremsbetrieb.

Unterhalb der imaginären Achse liegt Generatorbetrieb vor. Bei negativem Schlupf wird die Maschine angetrieben.

Die Ortskurve bietet weiterhin die Möglichkeit, die Leistungsanteile von Stator und Läufer, sowie die Verlustleistungen für bestimmte Werte von s abzulesen. Da die Beträge der Wirkströme von I_2' und I_1 gleich sind, kann man aus der *Stator-Ortskurve* auch die abgegebene Leistung der Maschine ablesen.

Die Linie zwischen den Punkten P_0 und P_k wird *Leistungslinie* genannt. Da die Maschine bei $s = 1$ steht, kann sie keine mechanische Leistung abgeben. Das gilt auch für den Fall $s = 0$, da die Maschine im Leerlauf keine Wirkleistung abgibt. Bei einem bestimmten Schlupfwert s gilt: Man zeichnet eine Senkrechte zur imaginären Achse. Der Abschnitt dieser Linie, der oberhalb der Leistungslinie bis zum Kreis liegt, entspricht der abgegebenen Leistung P_2. Der Abschnitt der Linie unterhalb der Leistungskennlinie bis zur imaginären Achse entspricht den Stromwärmeverlusten des Läufers P_{2V}.

Die Luftspaltleistung P_L ist der Leistungswert, der über den Luftspalt zum Läufer übertragen wird. Die Luftspaltleistung entspricht der Summe aus der Leistung P_2 und der Läuferverlustleistung P_{2V}.

12.11.2 Beispiel einer Ortskurve des Statorstroms

Wir zeichnen die Ortskurve des Stroms I_1 gemäß Abb. 243 neu und markieren die entsprechenden Abschnitte der Leistungsanteile im Läufer für den markierten Punkt P:

Wenn man den Strommaßstab vorgibt, folgt daraus der Maßstab für die Wirkleistung.

Wir nennen den Strommaßstab m_I und geben ihn in der Einheit A/cm an. Der Leistungsmaßstab sei m_P. Die folgende Umrechnung ergibt den Leistungsmaßstab in der Einheit W/cm.

$$m_P = 3 \cdot U_1 \cdot m_I$$

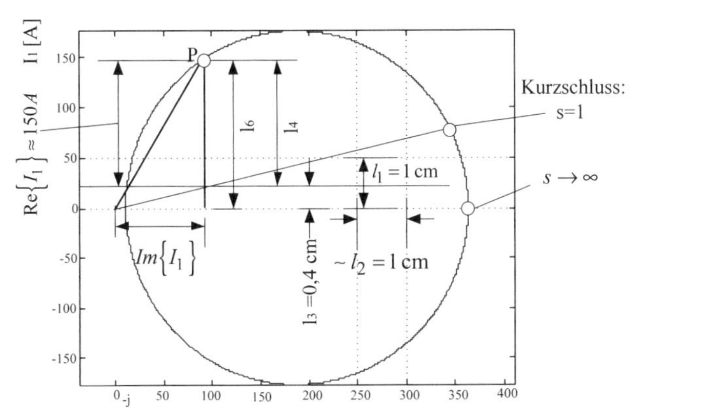

Abb. 245: Berechnung einer Ortskurve mit MATLAB (Berechnung und grafische Darstellung mit MATLAB)

Beispielaufgabe:
Ermitteln Sie den Strom- und den Leistungsmaßstab im Koordinatensystem in Abb. 245, wenn die Spannung $U_1 = 230\text{V}$ beträgt.

Lösung:
Wir gehen davon aus, dass der Abstand der vertikalen und horizontalen Linien in Abb. 245 $\Delta l = 1\text{ cm}$ sei. Dann folgt für den Strommaßstab m_I und den Leistungsmaßstab m_P:

$$m_I = 50\,\frac{\text{A}}{\text{cm}}.$$

$$m_P = 3 \cdot U_1 \cdot m_I = 3 \cdot 230\text{ V} \cdot 50\frac{\text{A}}{\text{cm}} = 34500\,\frac{\text{W}}{\text{cm}}$$

Beispielaufgabe:
Ermitteln Sie aus der Ortskurve in Abb. 245 die Leistungsanteile P_2 und P_{2V} und den Schlupf s im Punkt P. Benutzen Sie die angegebenen Längen.

Lösung:

$$P_2 = m_P \cdot (l_6 - l_3) = 34500\frac{\text{W}}{\text{cm}} \cdot (3\text{ cm} - 0{,}4\text{ cm}) = 89700\text{ W}$$

$$P_{2V} = m_P \cdot l_3 = 34500\frac{\text{W}}{\text{cm}} \cdot 0{,}4\text{ cm} = 13800\text{ W}$$

Mithilfe der Formel 12.49 finden wir für den Schlupf s im Punkt P:

$$s = \frac{P_{2V}}{P_L} = \frac{13800}{89700 + 13800} = 0{,}13$$

Wir wollen mithilfe der Berechnungsformeln 12.45 prüfen, ob die im letzten Berechnungsbeispiel ausgerechneten Leistungen, den in Abb. 245 im Punkt P ablesbaren Werten für den Wirk- und den Blindstrom von I_1, entsprechen. Wir setzen den Schlupfwert für den Punkt P und die weiteren, gegebenen Zahlen ein und erhalten für den Realteil und den Imaginärteil des Stroms I_2':

$$\underline{I}_2' = \frac{U_1 \cdot \left(-s \cdot R_2' + \mathrm{j} \cdot X_\sigma \cdot s^2\right)}{R_2'^2 + s^2 \cdot X_\sigma^2}$$

$$Re\{\underline{I}_2'\} = \frac{-s \cdot R_2' \cdot U_1}{R_2'^2 + s^2 \cdot X_\sigma^2} = \frac{-0{,}13 \cdot 0{,}15 \cdot 230}{0{,}15^2 + 0{,}13^2 \cdot 0{,}65^2} A = -151{,}31 \text{ A}$$

$$Im\{\underline{I}_2'\} = \frac{X_\sigma \cdot s^2 \cdot U_1}{(R'_2)^2 + s^2 \cdot X_\sigma^2} = U_1 \cdot \frac{X_\sigma}{\left(\frac{R_2'}{0{,}13}\right)^2 + X_\sigma^2} = 85{,}24 \text{ A}$$

Der Vergleich der Ergebnisse mit den zu Punkt P gehörenden Strömen $\mathrm{Re}\{\underline{I}_1\}$ und $\mathrm{Re}\{\underline{I}_2'\}$ zeigt, dass diese dem Betrag nach gleich sind. Für die Imaginärteile gilt:

$$\mathrm{Im}\{\underline{I}_1\} = I_\mu - \mathrm{Im}\{\underline{I}_2'\} = -10A - 85{,}24A = -95{,}24 \text{ A}$$

Auch hier kann man im Rahmen der Ablesegenauigkeit ein übereinstimmendes Ergebnis feststellen.

Zusammenfassung
Die Ortskurve ermöglicht eine kompakte Darstellung des Stroms in einem Ständerstrang in Abhängigkeit des Schlupfes. Sie ist kreisförmig und ermöglicht für einen gegebenen Schlupfwert die Ermittlung der Real- und Imaginärteile der Ströme sowie die Ermittlung der Verlustleistungen und der abgegebenen Leistung. Durch die Messung der Abstände des Kurvenpunktes zu der Leistungskennlinie und zur imaginären Achse, können wichtige Verluste erfasst werden.

12.12 Die Belastungskennlinie

Wir können die Funktion des Drehmoments in Abhängigkeit der Drehzahl oder in Abhängigkeit des Schlupfes aus den Formeln 12.42 und 12.52 bestimmen. Für den auf den Statorkreis übersetzten Läuferstrom gilt:

$$\underline{I}_2' = -\frac{U_1}{\left(\frac{R_2'}{s} + \mathrm{j} \cdot X_\sigma\right)} \qquad 12.53$$

Die Gleichung 12.53 wird eingesetzt in 12.52 und wir erhalten eine Beziehung für das innere Moment M_i:

$$M_\mathrm{i} = \frac{3 \cdot R_2'}{2\pi \cdot n_\mathrm{s} \cdot s} \cdot \frac{U_1^2}{\left(\frac{R_2'}{s}\right)^2 + (X_\sigma)^2} \qquad 12.54$$

Das innere Moment der Asynchronmaschine hängt also quadratisch von der Strangspannung ab. Wir wollen nun versuchen, die Formel zu vereinfachen, indem wir s auf kleine Schlupfwerte begrenzen. In Gleichung 12.54 überwiegt der Anteil mit $\left(\frac{R_2'}{s}\right)^2$.

Daher kann X_σ vernachlässigt werden und wir erhalten:

$$M_i = \frac{3 \cdot U_1^2 \cdot s}{2\pi \cdot n_s \cdot R_2'} \qquad 12.55$$

Das Moment hängt für kleine Schlupfwerte linear vom Schlupf ab. Die Maschine hat in diesem Betriebsbereich eine harte Kennlinie, wie die Gleichstrommaschine.

Als Beispiel betrachten wir eine Maschine mit den folgenden Werten:

$$U_1 = 220V,\ R_2' = 0{,}2\Omega,\ X_\sigma = 0{,}4\Omega,\ f_1 = 50\,\text{Hz} \qquad 12.56$$

In der folgenden Abbildung ist der Verlauf des Drehmoments in Abhängigkeit der Drehzahl, der durch die Formel 12.54 mathematisch gegeben ist, mit dem Programm MATLAB berechnet und grafisch dargestellt. Die Maschine hat die Polpaarzahl p = 2. Die Kennlinie zeigt einen auffälligen Verlauf. Sie hat im Bereich der Drehzahlen in der Nähe der Synchrondrehzahl ein fast lineares Verhalten. Bei weiterem Abfall der Drehzahl zeigt sich ein maximales Moment, das sogenannte *Kippmoment* M_K. Diese Maschine entwickelt ein Anlaufmoment von ca. 130 Nm.

Kippmoment
Besitzt eine elektrische Maschine eine Belastungskennlinie mit einem Maximummoment, so nennen wir dieses Moment Kippmoment. Wird die Maschine mit einem Widerstandsmoment belastet, das höher ist als das Kippmoment, kann die Maschine außer Tritt geraten und stehen bleiben.

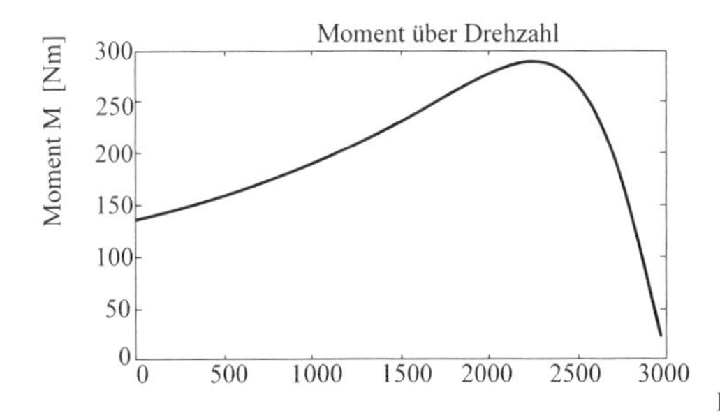

Abb. 246: Ergebnis einer Berechnung des Momentverlaufs (Berechnung und grafische Darstellung mit MATLAB)

12.13 Kloßsche Formel

In der Praxis hat sich eine vereinfachte Beziehung zur Berechnung des Drehmomentes in Abhängigkeit des Schlupfes bewährt, die als *Kloßsche Gleichung* bezeichnet wird. Durch elementare Umformungen von Gleichung 12.54 erhalten wir:

$$M_i = \frac{3 \cdot R_2'}{2\pi \cdot n_s \cdot X_\sigma \cdot R_2'} \frac{U_1^2}{\left(\frac{R_2'}{X_\sigma \cdot s} + s \cdot \frac{X_\sigma}{R_2'} \right)} \Leftrightarrow$$

$$M_i = \frac{3}{2\pi \cdot n_s \cdot X_\sigma} \frac{U_1^2}{\left(\frac{R_2'}{X_\sigma \cdot s} + s \cdot \frac{X_\sigma}{R_2'} \right)} \qquad 12.57$$

Diese Funktion hat im Bereich zwischen $s = 0$ und $s = 1$ einen Extremwert, der bei dem Schlupf,

$$s = s_K = \frac{R_2'}{X_\sigma} \qquad 12.58$$

liegt. Man nennt diesen Schlupfwert den *Kippschlupf* s_k. Der Kippschlupf hängt nicht von der Spannung ab. Durch Einsetzen des Kippschlupfes in 12.55 ergibt sich das *Kippmoment*, das quadratisch von der Spannung abhängt.

$$M_k = \frac{3 \cdot U_1^2}{2\pi \cdot n_s \cdot X_\sigma} \frac{1}{2} \qquad 12.59$$

Dieser Ausdruck kann in 12.57 eingesetzt werden und wir erhalten für das innere Moment M_i:

$$M_i = \frac{2 \cdot M_K}{\left(\frac{R_2'}{X_\sigma \cdot s} + s \cdot \frac{X_\sigma}{R_2'} \right)} = \frac{2 \cdot M_K}{\left(\frac{s_k}{s} + \frac{s}{s_k} \right)} \qquad 12.60$$

Die Gleichung 12.60 heißt *Kloßsche Gleichung* und gilt für Asynchronmaschinen mit Rundstabläufer und für Schleifringläufermaschinen.

Beispielaufgabe:
Ein Drehstromasynchron-Käfigläufer wird als Verstellantrieb eingesetzt. Es gilt die Kloßsche Formel. Das Lastmoment verläuft nach der Funktion:

$$M_L(n) = 12{,}1\,\text{Nm} + 52\,\text{Nm} \cdot \left(\frac{n}{n_s}\right)^2$$

Gegeben sind die Nenndaten: 400 V, 12,2 A, 50 Hz, cos φ = 0,85, Drehzahl im Nennbetrieb: 960 min^{-1}, $s_k = 0{,}2$, Dreieckschaltung

a) Ermitteln Sie die Polpaarzahl. Berechnen Sie das Nennmoment, die mechanische Nennleistung und den Schlupf im Nennpunkt.
b) Berechnen Sie das Kippmoment, die Kippdrehzahl und das Anfahrmoment.

Lösung:

zu a)

Der Motor hat im Bemessungspunkt eine Drehzahl von 960 min^{-1}. Da der Schlupf im Nennpunkt nur einige Prozent beträgt, muss $p = 3$ sein. Daraus folgt, dass die Synchrondrehzahl $n_s = 1000\ min^{-1}$ beträgt.

$$M_N = M_L(960) = 12{,}1\,Nm + 52\,Nm \cdot \left(\frac{960}{1000}\right)^2 = 60\ Nm$$

$$P_N = M_N \cdot \omega = 60\,Nm \cdot \frac{2\pi \cdot n}{60} = 60 \cdot \frac{2\pi \cdot 960}{60}\,W = 6032\,W$$

Der Schlupf beträgt im Nennpunkt:

$$s_N = \frac{1000 - 960}{1000} = 0{,}04$$

zu b)

Die Kippdrehzahl ergibt sich zu:

$$s_k = \frac{n_s - n_k}{n_s} = 0{,}2$$

$$n_k = n_s(1 - s_k) = 1000\frac{1}{min} \cdot 0{,}8 = 800\frac{1}{min}$$

Das Kippmoment kann über die Kloßsche Gleichung im Nennpunkt berechnet werden.

$$60\ Nm = \frac{2 \cdot M_K}{\left(\frac{s_k}{s_N} + \frac{s_N}{s_k}\right)} \rightarrow$$

$$M_K = \frac{60}{2}\,Nm \cdot \left(\frac{0{,}2}{s_N} + \frac{s_N}{s_k}\right) = 30\,Nm \cdot \left(\frac{0{,}2}{0{,}04} + \frac{0{,}04}{0{,}2}\right) = 156\,Nm$$

Im Anlauf gilt $n = 0$ und $s = 1$.

$$M_A = \frac{2 \cdot M_K}{\left(s_k + \frac{1}{s_k}\right)} = \frac{2 \cdot M_K}{\left(0{,}2 + \frac{1}{0{,}2}\right)} = 60\,Nm$$

Zusammenfassung

In diesem Abschnitt haben wir die wichtige Abhängigkeit des Drehmomentes von der Drehzahl, beziehungsweise vom Schlupf hergeleitet. Diese ist näherungsweise linear, wenn der Schlupf kleine Werte besitzt. Da die Maschine im Bereich des Nennbetriebs mit kleinen Schlupfwerten läuft, ist diese Näherung häufig ausreichend. Bei größeren Schlupfwerten werden die Abhängigkeiten komplizierter. Es tritt bei der Kippdrehzahl ein Kippmoment auf, das nicht überschritten werden darf, da die Maschine sonst stehen bleibt. Während der Kippschlupf nicht von der Betriebsspannung abhängt, ändert sich das Kippmoment quadratisch mit der Spannung. Das Anlaufmoment tritt bei $s = 1$ auf und ist häufig kleiner als das Kippmoment.

Kontrollfragen

100. Um welchen Faktor verändert sich das Kippmoment, wenn die Netzspannung halbiert wird?
101. Ein vierpoliger Asynchronmotor (p = 2, f = 50 Hz) hat einen Nennschlupf von s_N = 3,8 %. Wie groß ist seine Nenndrehzahl?
102. Ein Drehstromasynchronmotor hat folgende Daten auf dem Leistungsschild stehen:
 U = 400 V, I = 245 A, P = 140 kW, n = 2970 1/min, cos φ = 0,9.
 Berechnen Sie:
 a) das Nennmoment,
 b) die vom Motor aufgenommene Wirk-, Blind- und Scheinleistung,
 c) den Wirkungsgrad und
 d) den Nennschlupf.

12.14 Anfahren und Bremsen

Die Asynchronmaschine kann in der Regel nicht direkt an das Drehstromnetz angeschlossen werden, da der Einschaltstrom zu hoch ist. Der Strom zum Zeitpunkt des Anlaufs ist bis zu acht Mal größer als der Nennstrom. Falls die Asynchronmaschine mit einem Frequenzumrichter ausgestattet ist, kann der Hochlauf über den Umrichter erfolgen. Weiterhin bietet die Industrie Sanftanlauf-Geräte an. Es handelt sich dabei meist um Drehstromsteller, die die Motorspannung innerhalb einer Vorgabezeit gleichmäßig bis auf den Bemessungswert hochfahren.

12.14.1 Stern-Dreieck-Schaltung

Die Herabsetzung der Spannung am Stator kann durch Verschaltung der Statorspulen in Stern erreicht werden. Dazu stehen Stern-Dreieck-Umschalter zur Verfügung, die entweder nach Ablauf einer Vorgabezeit oder bei Erreichen einer bestimmten Drehzahl von Sternschaltung auf Dreieckschaltung umschalten. Im Anlauf liegt Sternschaltung vor und die Strangspannung beträgt nur das $1/\sqrt{3}$ fache der Außenleiterspannung. Das Anlaufmoment wird dadurch jedoch auf 1/3 des Anlaufmomentes bei Dreieckschaltung reduziert. Der Anlaufstrom sinkt auf 1/3 des Normalwertes.

In Abb. 247 sind die Belastungskennlinien in Stern- und Dreieckschaltung dargestellt. Außerdem ist die Lastkennlinie gestrichelt eingezeichnet. Bis zum Erreichen der Drehzahl n_b fährt der Antrieb in Sternschaltung (Kennlinie M_{Stern}), danach wird umgeschaltet auf Dreieckschaltung und die Kennlinie springt auf den Momentenwert, der bei n_b zur Dreieckschaltung gehört, $M_{b\Delta}$. Auf dieser Kennlinie bewegt sich der Antrieb weiter in den Schnittpunkt der Motorkennlinie mit der Lastkennlinie. In der Abbildung sind außerdem die Anlaufmomente bei Stern- und Dreieckschaltung M_{AStern} und $M_{A\Delta}$ dargestellt.

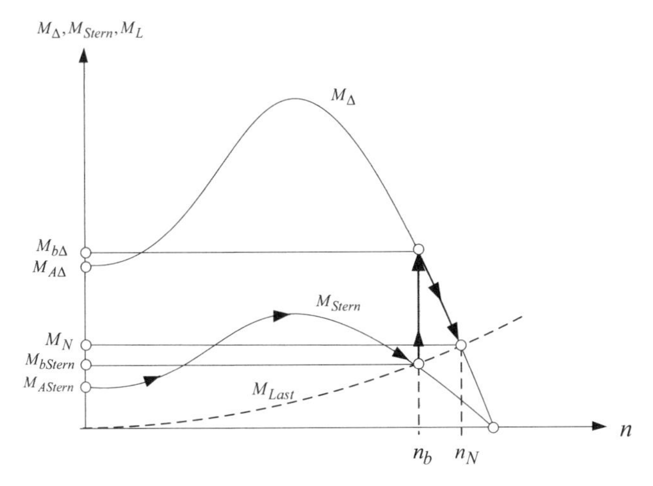

Abb. 247: Stern-Dreieck-Hochlauf

12.14.2 Anlauf mit Widerständen im Läuferkreis

Die Asynchronmaschine mit Schleifringläufer erlaubt die Zuschaltung von Widerständen in die drei Stromkreise der Läuferströme. Dadurch wird die Stromaufnahme im Anlauf kleiner und das Anlaufmoment steigt. Das Kippmoment bleibt dabei näherungsweise konstant.

Wir prüfen die Überlegungen an einem Beispiel mithilfe der Computer-Simulation. In die Berechnungsgleichungen für das innere Moment setzen wir doppelt so großen Widerstandswert ein und starten das MATLAB-Berechnungsprogramm für M in Abhängigkeit des Schlupfes für $s = 0$ bis $s = 1$ erneut. Tatsächlich sehen Sie den Erfolg dieser Maßnahme in Abb. 248, das Anlaufmoment steigt.

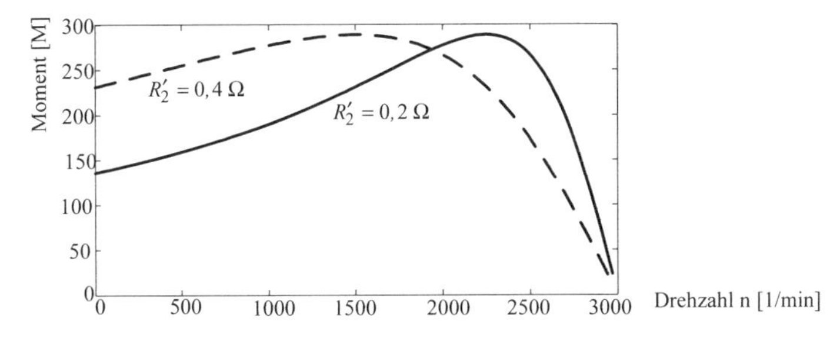

Abb. 248: Berechnete Verläufe des Moments mit verschiedenen Widerständen im Läuferkreis (Berechnung und grafische Darstellung mit MATLAB)

12.14.3 Bremsschaltungen der Asynchronmaschine

Wie bei jeder elektrischen Maschine versucht man, das Bremsen möglichst verlustfrei durchzuführen. Die beim Bremsen abzubauende, mechanische Energie soll als elektrische Energie zurückgewonnen werden. Die Asynchronmaschine arbeitet in diesem Betriebsfall als Generator. Bei der Verwendung von Frequenzumrichtern mit Wechselrichterschaltungen zum Netz wird die Bremsenergie ins Netz zurückgespeist.

Es gibt auch verlustbehaftete Methoden: das Gleichstrombremsen und das Gegenstrombremsen. Im ersten Fall versorgt man die Ständerwicklung mit einem Gleichstrom. Dadurch wird das Magnetfeld in einer Stellung eingefroren. Durch den drehenden Rotor werden Spannungen in den Wicklungen des Rotors oder in den Läuferstäben induziert, die Ströme bewirken, die Bremskräfte zur Folge haben.

Eine andere Möglichkeit besteht darin, zwei Anschlussleitungen der Asynchronmaschine zu vertauschen. Dadurch kehrt sich die Drehrichtung des Drehfeldes um und die Maschine bremst ab. Man muss sofort das bremsende Drehfeld abschalten, wenn die Maschine zum Stillstand gekommen ist.

12.15 Drehzahlsteuerung

In vielen Anwendungsfällen soll eine Asynchronmaschine mit unterschiedlichen Drehzahlen laufen. Die grundsätzlichen Möglichkeiten zur Beeinflussung der Drehzahl gehen aus der folgenden Formel hervor:

$$n = \frac{f_1}{p} \cdot (1 - s)$$

Die Drehzahl hängt von der Polpaarzahl p, der Frequenz des Statorstroms f_1 und vom Schlupf s ab. Es gibt demnach drei Möglichkeiten, die Drehzahl zu beeinflussen.

Bei der Asynchronmaschine mit Schleifringläufer kann man nicht nur das Anlaufverhalten, sondern auch die Drehzahl durch Widerstände im Läuferkreis verändern.

12.15.1 Änderung der Polpaarzahl

Die Polpaarzahl beeinflusst die Drehzahl in Stufen, bei fester Frequenz f_1. Mit polumschaltbaren Motoren kann man zumindest zwei verschiedene Drehzahlen einstellen. Die sogenannte *Dahlanderschaltung* funktioniert in dieser Weise. Dabei werden Wicklungsstränge mit 2 Spulen, je nach Stellung eines Schalters, unterschiedlich bestromt. Einmal werden die Stränge in Reihe und in der anderen Stellung des Schalters parallel geschaltet. In Abb. 249 wird das Prinzip vorgestellt. Es werden also sowohl bei $p = 1$ als auch bei $p = 2$ alle Wicklungen benutzt. In Abb. 249 links wird der Motor mit den Anschlüssen 1U, 1V und 1W an das Spannungsnetz angeschlossen. Die Reihenschaltung der Spulen und deren Anordnung am Statorumfang sorgen dafür, dass die Polpaarzahl p = 2 beträgt.

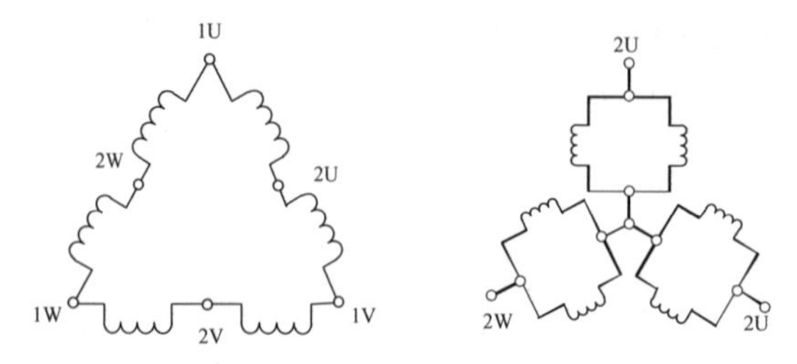

Abb. 249: Dahlanderschaltung im Dreieck (links) und Doppelstern (rechts)

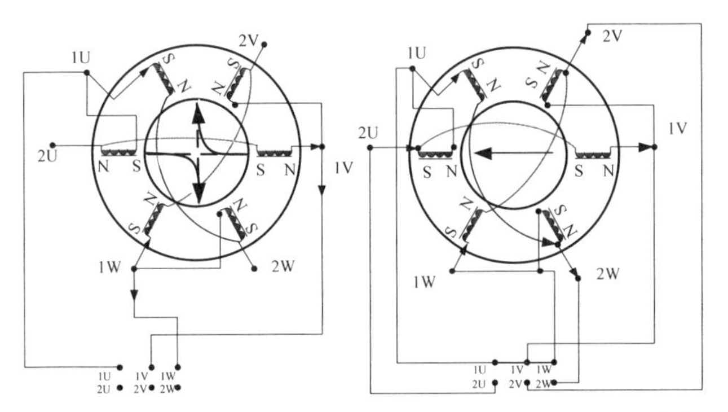

Abb. 250: Polumschaltbarer Motor, links: Anordnung der Spulen bei Dreieck, rechts: bei Doppelstern

Die Dreieckschaltung führt zu einem Magnetfeld mit zwei Polpaaren, $p = 2$. Es entsteht eine synchrone Drehzahl von $n_s = 1500\ \text{min}^{-1}$ (bei $f_1 = 50$ Hz). Die Doppelsternschaltung im rechten Bild führt zu einem Polpaar ($p = 1$) und bedingt eine Synchrondrehzahl von $n_s = 3000\ \text{min}^{-1}$. In diesem Fall müssen die Verbindungspunkte 1U,1V und 1W gebrückt und die Anschlüsse 2U, 2V und 2W an das Spannungsnetz angeschlossen werden.

12.15.2 Änderung des Schlupfes

Eine weitere Möglichkeit der Drehzahleinstellung besteht in der Änderung des Schlupfes durch Einschalten von Widerständen in den Läuferkreis. Diese Maßnahme kann nur bei den Schleifringläufermaschinen eingesetzt werden. Dadurch steigen die Stromwärmeverluste an. Abb. 251 zeigt zwei Drehmoment-Drehzahl-Kennlinien. Der Nennschlupf wird größer, wenn der Widerstand eingeschaltet wird und das Bemessungsmoment weiter anliegt. Es gilt, $n = n_s (1 - s)$. Wird der wirksame Vorwiderstand R_{2V} in den Strang eines Läuferstromkreises zugeschaltet, gilt das folgende Verhältnis für kleine Schlupfwerte:

$$\frac{R_2 + R_{2V}}{s_2} = \frac{R_2}{s_1}$$

$$s_2 = s_1 \left(1 + \frac{R_{2V}}{R_2}\right) \qquad 12.61$$

Eine weitere Möglichkeit den Schlupf zu beeinflussen besteht darin, die Klemmenspannung zu verändern. Dadurch wird jedoch das Kippmoment ebenfalls beeinflusst. Eine Verringerung der Spannung um den Faktor $1/\sqrt{3}$ führt zu einer Verringerung des Moments auf 1/3 des vorherigen Werts. Die bereits hergeleiteten Formeln 12.58 und 12.59 für das Kippmoment M_K und den Kippschlupf s_k verdeutlichen diesen Zusammenhang. Wird bei konstanter Drehzahl des Drehfeldes die Spannung reduziert, so bleibt der Kippschlupf konstant, aber das Kippmoment sinkt.

In Abb. 252 sind zwei Drehmoment-Drehzahl-Kennlinien für eine Asynchron-Maschine mit den Klemmenspannungen 230 V und 150 V aufgezeichnet. Die weiteren Simulationsdaten sind in Formel 12.56 angegeben. Man erkennt, dass das Kippmoment der Kurve mit der Spannung U = 150 V sinkt, aber die beim Kippschlupf vorhandene Kippdrehzahl erhalten bleibt.

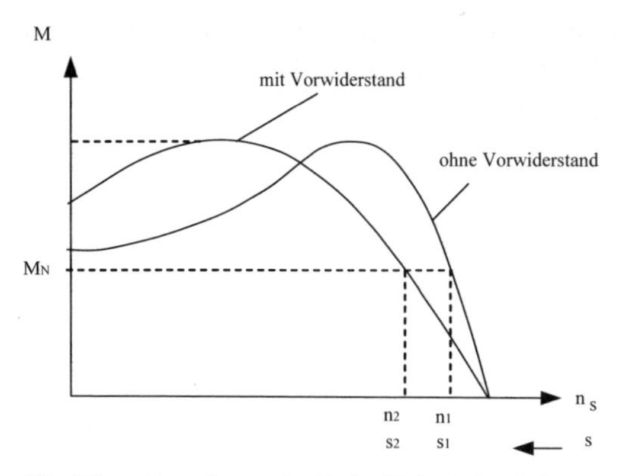

Abb. 251: Veränderung der Drehzahl durch Zuschalten von Widerständen im Läuferkreis der Schleifringläufermaschine

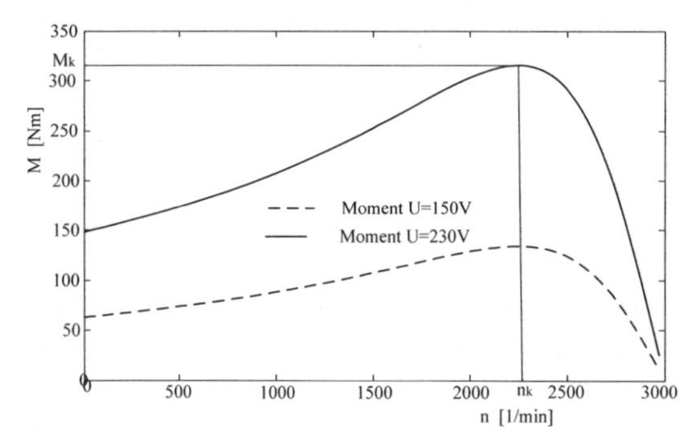

Abb. 252: Steuerung der Drehzahl durch Herabsetzen der Klemmenspannung (Berechnung und grafische Darstellung mit MATLAB)

12.16 Änderung der Frequenz der Drehspannung

Die Drehzahl der Asynchronmaschine kann stufenlos über die Frequenz der angelegten Drehspannung verändert werden. Diese Steuermethode ist eine weitverbreitete Art. Man verwendet dazu Frequenzumrichterschaltungen, die aus dem Wechselspannungsnetz versorgt werden. Die Schaltung erzeugt eine in der Frequenz variable Drehspannung. Allerdings muss berücksichtigt werden, dass bei Änderung der Frequenz der Drehspannungen auch die Magnetisierung verändert wird. Die Spannung ändert sich gemäß 11.23 mit der Frequenz und dem Magnetfluss. Gehen wir davon aus, dass die Spannung konstant ist, können wir aus der folgenden Gleichung ableiten, dass der Magnetfluss mit Erhöhung der Frequenz sinkt!

$$\hat{\phi}_h = \frac{U_1}{4,44 \cdot N_1 \cdot f_1} \tag{12.62}$$

Man kann zeigen, dass das innere Moment der Asynchronmaschine, ebenso wie bei der Gleichstrommaschine, proportional zum Magnetfluss und zum Strom verläuft:

$$M_i \sim \hat{\phi}_h \cdot I_1$$

Das führt dazu, dass die Maschine ein mit der Frequenz veränderliches Moment besitzen würde. Um diesen Effekt auszuschließen, wird mit der Frequenzänderung proportional die Spannung angepasst, sodass das Moment konstant bleibt.

Im Bereich $U < U_N$ gelten folgende Zusammenhänge:

$$\frac{U_1}{f_1} = \frac{U_N}{f_N}$$
$$\frac{f_1}{f_{1N}} = \frac{U_1}{U_{1N}} = \frac{n_s}{n_{sN}} \quad 12.63$$

Die Spannungsanpassung geschieht jedoch nur bis zum Bemessungswert der Spannung. Soll die Maschine noch schneller drehen, kann nur noch die Frequenz gesteigert werden (bei konstanter Spannung). Der erzeugte magnetische Fluss sinkt dann. Das Betriebsdiagramm der Asynchronmaschine in Abb. 253 stellt die Größen Kippmoment M_K, Spannung U_1 und Leistung P_1 in Abhängigkeit vom Frequenzverhältnis $\frac{f_1}{f_N}$ dar. Die Frequenz der Versorgungsspannung wird auf den Bemessungswert f_N bezogen. Man findet zwei Bereiche, den *Proportionalbereich* und den *Feldstellbereich*.

Bis zum Betriebspunkt $f_1 = f_N$ steigt die Leistung proportional zur Frequenz der Spannung an. Die Maschine kann ein konstantes Kippmoment aufbringen. Soll die Frequenz weiter erhöht werden, muss berücksichtigt werden, dass die Spannung ihren Maximalwert erreicht hat. Dadurch sinkt nach Formel 12.62 der magnetische Fluss und das durch die Maschine aufgebrachte Moment wird geringer. Die Maschine befindet sich nun im *Feldschwächbetrieb*, in dem die Leistung konstant ist.

Feldschwächbetrieb einer elektrischen Maschine
Der Drehzahlanstieg einer elektrischen Maschine bei konstanter Spannung und reduziertem, magnetischem Fluss wird als Feldschwächung bezeichnet.

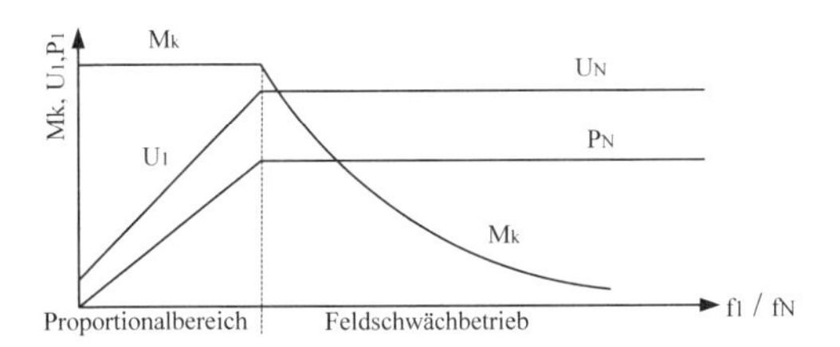

Abb. 253: Betriebsdiagramm der Asynchronmaschine

Abb. 254 zeigt mehrere Drehmoment-Drehzahl-Kennlinien, die bei veränderlicher Frequenz der Versorgungsspannung aufgenommen wurden. Die fett gezeichnete Kennlinie gilt für den Fall der Nennfrequenz f_{1N} mit der Nenn-Drehfelddrehzahl n_s. Der Arbeitspunkt A entsteht durch den Schnittpunkt dieser Kennlinie mit der eingezeichneten, horizontalen Last-Kennlinie. Man erkennt den Abfall des Kippmoments bei den Frequenzen f_{1c}, f_{1d} und f_{1e}.

Die Kurven mit den Frequenzen f_{1N}, f_{1a} und f_{1b} liegen parallel. Die Drehmoment-Drehzahl-Kennlinie wird durch die Drehzahlveränderung in den Stator-Spulenspannungen bei einer

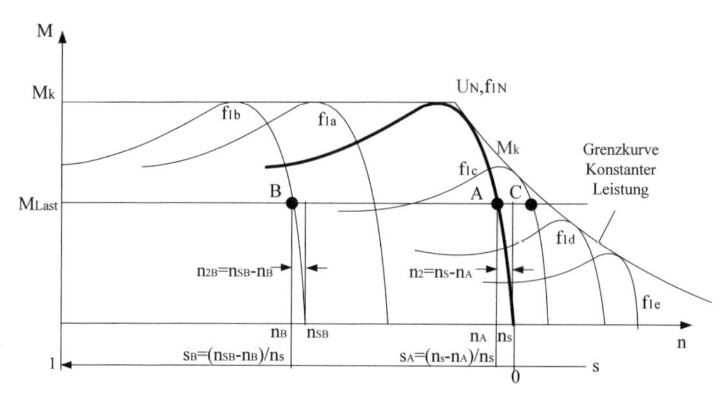

Abb. 254: Drehzahlkennlinien der Asynchronmaschine bei Veränderung der Frequenz

Drehzahlabsenkung parallel nach links verschoben. Bei diesen Frequenzen erfolgte die Anpassung der Spannung nach Gleichung 12.63. Durch Frequenzabsenkung und gleichzeitige Verstellung der Spannung entsteht der Arbeitspunkt B. Bei diesem Arbeitspunkt und der eingestellten Frequenz der Statorströme entsteht der Schlupf s_B.

Während die Schlupfdrehzahl $n_2 = n_s–n$ in beiden Arbeitspunkten ungefähr gleich groß ist, $n_{2A} = n_{2B}$, ändert sich natürlich der Schlupf s. Der Schlupf wird auf die *gleiche Synchrondrehzahl* im Nenn-Betriebsfall A bezogen. Die zu der Kurve B gehörende Synchrondrehzahl ist in der Abbildung als n_{SB} bezeichnet worden. Soll die Maschine schneller als mit der Nenndrehzahl laufen, muss beachtet werden, dass die Spannung nicht weiter erhöht werden darf. Denn bei Dauerbelastung würde die Maschine zu stark erwärmt werden. Aufgrund der konstanten Leistung sinkt das Kippmoment in Abhängigkeit der Frequenz und die Drehmoment-Drehzahl-Kurven werden gestaucht.

Die Kennlinie für die Frequenz der Statorgrößen f_{1C} schneidet die Lastkennlinie im Punkt C. Es stellt sich eine, gegenüber dem Arbeitspunkt A, erhöhte Drehzahl ein. Die Kurven mit den Frequenzen f_{1d} und f_{1e} schneiden die Lastkennlinie nicht. Das Kippmoment bei diesen Frequenzen ist so weit gesunken, dass es keinen Schnittpunkt mit der Lastkennlinie mehr gibt. Also können diese Frequenzen nicht mehr eingestellt werden.

Schließen wir das Thema der Drehzahlsteuerung mit einer Beispielaufgabe ab:

Beispielaufgabe:
Ein idealisiert angenommener Asynchronmotor für 400 V mit den Nenndaten 5 kW, 960 min^{-1}, 50 Hz, soll im Bereich 960 $\text{min}^{-1} < n <$ 1200 min^{-1} bei konstantem Lastmoment frequenzgesteuert werden.

a) Welche Schlupfdrehzahl liegt vor?
b) Bestimmen Sie den zugeordneten Frequenz- und Spannungsbereich.
c) Welche relative Feldschwächung würde sich bei der oberen Drehzahl ergeben, wenn die Spannung nicht über 400 V gesteigert werden darf?

Lösung:
zu a)

$$n_s = \frac{f_1}{p}$$

$$p = 3$$

$$n_s = 1000\,\text{min}^{-1}$$

$$n_2 = n_s - n = (1000 - 960)\,\text{min}^{-1} = 40\,\text{min}^{-1}$$

zu b) und c)
Bei der maximalen und minimalen Drehzahl liegt die gleiche Schlupfdrehzahl vor. Die Synchrondrehzahl bei n = 1200 min^{-1} beträgt dann:

$$n_{s1} = (1200 + 40)\frac{1}{\text{min}} = 1240\frac{1}{\text{min}}$$

$$f_1 = f_{1N} \cdot \frac{n_{s1}}{n_s} = 50 \cdot \frac{1240}{1000}\frac{1}{s} = 62\frac{1}{s}$$

$$U_1 = 400\,\text{V} \cdot \frac{1240}{1000} = 496\,\text{V}$$

$$\hat{\phi}_{hN} = \frac{U_1}{4{,}44 \cdot N_1 \cdot f_N} \qquad \hat{\phi}_{h1} = \frac{U_1}{4{,}44 \cdot N_1 \cdot f_1}$$

$$\frac{U_1}{4{,}44 \cdot N_1} = konst = \hat{\phi}_{h1} \cdot f_1 = \hat{\phi}_{hN} \cdot f_N$$

$$\phi_{h1} = \phi_{hN} \cdot \frac{f_N}{f_1} = \frac{50}{62} \cdot \phi_{hN} = 0{,}806\,\phi_{hN}$$

Bei der Drehzahl 1200 min^{-1} müsste die Spannung auf 496 V verstellt werden, um das Moment konstant zu halten. Wenn die Spannung gleich bliebe, wäre die Folge ein reduzierter, magnetischer Fluss. Damit sinkt das Kippmoment und es könnte der Fall eintreten, dass das Lastmoment größer ist als das Kippmoment.

Zusammenfassung
Die Drehzahl der Asynchronmaschine kann über die Frequenz des Drehstroms, die Polpaarzahl und den Schlupf beeinflusst werden. Die Drehzahlveränderung durch Frequenzumrichtergeräte ist am flexibelsten. Das Anfahren kann über eine Drehstromstellerschaltung oder ein Sanftanlauf-Gerät erfolgen. Dabei wird die Spannung über eine zeitliche Rampe hochgefahren. Die Schlupfveränderung durch Widerstände im Läuferkreis ist nur bei Schleifringläufermaschinen möglich und hat einen schlechteren Wirkungsgrad zur Folge.

Kontrollfragen

103. Ein idealisiert angenommener Asynchronmotor für 400 V mit den Nenndaten 5 kW, 1469 1/min, 50 Hz, soll im Bereich $n < 700$ 1/min bei konstantem Lastmoment frequenzgesteuert werden. Der Schlupf bleibt dabei konstant.
    a) Welche Schlupfdrehzahl liegt vor?
    b) Bestimmen Sie den zugeordneten Frequenz- und Spannungsbereich.

13 Die Synchronmaschine

Die Asynchronmaschine bezieht die Erregerblindleistung aus dem Versorgungsnetz. Damit sind Leistungsverluste verbunden, denn die Blindströme verursachen auch eine Erwärmung der Maschine. Bei Antrieben mit großer Leistung sinkt der Leistungsfaktor.

Wir wollen nun die Synchronmaschine betrachten, die wie alle elektrischen Maschinen als Generator oder Motor betrieben werden kann. Die Synchronmaschine arbeitet ebenso wie die Asynchronmaschine mit einem Drehfeld, das durch die Wechselströme in den Statorspulen zustande kommt. Der Rotor baut das Erregerfeld über eine eigene Gleichspannungsversorgung oder durch Permanentmagnete auf. Bei diesem Maschinentyp ist die Drehzahl des Rotors immer genauso hoch wie die Drehzahl des Drehfeldes. Große Bedeutung haben die Synchronmaschinen als Generatoren zur Erzeugung elektrischer Energie in Kraftwerken und als Synchron-Servomotoren. In Dampfkraftwerken werden häufig Maschinen mit 2 oder 4 Polen benutzt, die mit einer hohen Drehzahl laufen. Die Turbinen in Wasserkraftwerken drehen oft mit einer viel geringeren Drehzahl von beispielsweise 100 min^{-1}. Der auf der Turbinenwelle angebrachte Synchron-Innenpolgenerator besitzt dann 30 Polpaare, um im Drehstrom eine Frequenz von gerade 50 Hz zu erreichen. Das Foto in Abb. 255 stellt einen teilweise geöffneten Windgenerator dar. Man erkennt die innen am Rotor angebrachten, einzelnen Spulen mit den Polschuhen, die mit Gleichstrom versorgt werden. Im Stator sind die Wicklungsstränge untergebracht. Dieses Konzept benötigt kein Getriebe. Es erzeugt eine Wechselspannung, die in einem Spannungszwischenkreis gleichgerichtet wird. Über einen Umrichter wir die benötigte Frequenz und Größe der Wechselspannungen der drei Phasen erzeugt.

Der Synchrongenerator wird auch als Lichtmaschine im Kraftfahrzeug genutzt. Die Lichtmaschine ist in Abb. 1 dargestellt. Den ersten dreiphasigen Synchrongenerator entwickelte unter anderem C. S. Bradly im Jahr 1887.

Abb. 255: Polrad eines Windgenerators in Innenpol-Bauweise: Außen erkennt man die dreisträngige Wicklung, innen sind die einzelnen Pole des Polrads angebracht (Quelle: eigenes Foto)

13.1 Aufbau und Wirkungsweise

Der prinzipielle Aufbau eines Innenpol-Synchrongenerators geht aus der Abb. 205 hervor. Der Läufer besitzt konzentrierte Erregerfeld-Spulen, die im einfachsten Fall über Schleifringe mit Gleichstrom versorgt werden. In den Statorsträngen werden Spannungen induziert, wenn sich der Rotor dreht. Die Schenkelpolläufer besitzen einen großen Radius, da ja die Spulen in radialer Richtung gewickelt sind. Bei hohen Drehzahlen entstehen hohe Werkstoffbelastungen aufgrund der wirkenden Fliehkräfte.

Schenkelpolläufer
Sind im Rotor von elektrischen Maschinen einzelne, voneinander getrennte, konzentrierte Spulen angebracht, nennen wir den Läufer Schenkelpolläufer.

Der Ständer der Synchronmaschine kann, ähnlich wie bei der Asynchronmaschine, eine dreisträngige Wicklung, die in der Innenpol-Ausführung in den Nuten des Statorblechpaketes untergebracht ist, enthalten. Die Abb. 256 zeigt im Schnittbild eine Maschine mit einem Schenkelpolläufer. Die Wicklungsstränge liegen am Umfang verteilt in den Nuten des Stators.

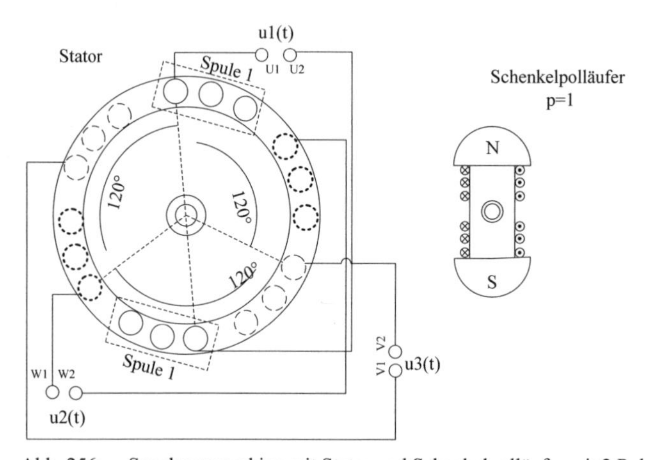

Abb. 256: Synchronmaschine mit Stator und Schenkelpolläufer mit 2 Polen

Bei langsam laufenden Generatoren benutzt man hohe Polpaarzahlen, um trotz der niedrigen Drehzahl die gewünschte Netzfrequenz (meist 50 Hz) der Wechselspannungen zu erreichen. Man nennt den Läufer dann auch *Polrad*. Schenkelpolläufer werden in senkrechter Bauform bei Wasserturbinen oder in horizontaler Anordnung bei Windturbinen zur Energiewandlung eingesetzt. Die Geschwindigkeit des Läufers wird durch das anströmende Medium (Wind oder Wasser) begrenzt. Bei Windkraftanlagen werden die Generatoren dieser Bauart auch *Ringgeneratoren* genannt.

Polrad
Ein Polrad einer Synchronmaschine besteht aus einem Rad, auf dessen Umfang nebeneinander magnetische Pole im Wechsel durch Permanentmagnete oder durch Magnetspulen angeordnet sind.

Durch die Drehung des stromführenden Polrades wird ein Drehfeld erzeugt. Der Magnetfluss in den Statorsträngen ändert sich mit der Zeit und es wird in den Strängen des Stators die sogenannte Polradspannung U_P induziert. Den Effektivwert der Polradspannung berechnet man mithilfe der bereits abgeleiteten Gleichung 11.23. Falls ein Strom durch die Statorstränge fließt, bildet dieser ebenfalls ein magnetisches Feld aus, das sich mit derselben Drehzahl dreht wie das Polrad.

Der Läufer der Synchronmaschine kann eine verteilte Wicklung anstelle der konzentrierten Pole, wie beim Schenkelpolläufer, enthalten. Dadurch wird der Radius kleiner und der Läufer kann schneller drehen. In schnell laufenden Dampfturbinen wird meist diese Bauform verwendet. Diese Läuferform wird *Vollpolläufer* genannt. Die Abb. 257 zeigt den Schnitt durch eine Synchronmaschine mit einem Vollpolläufer. Links ist der Stator mit einer dreisträngigen Wicklung skizziert, rechts der Vollpolläufer. Man erkennt die Nuten in die die Wicklung eingelegt wird.

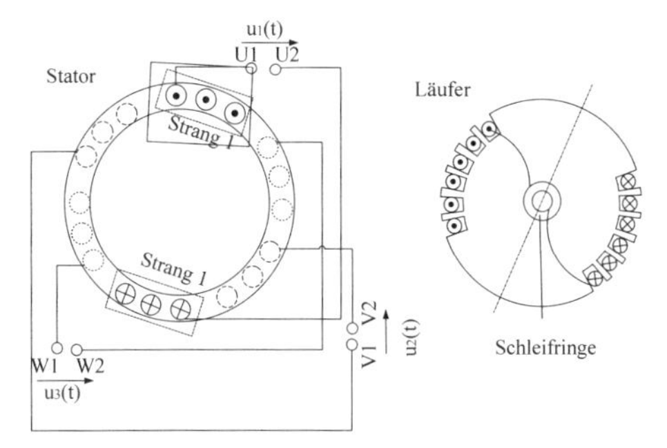

Abb. 257: Synchronmaschine, links: Stator, rechts: Vollpolläufer

Vollpolläufer
Ein Vollpolläufer wird bei schnell laufenden Synchronmaschinen eingesetzt. Er besteht aus einem zylindrischen Körper mit Nuten, in die Wicklungen eingelegt werden.

Die Erregerwicklung wird mit Gleichstrom gespeist, der entweder über Schleifringe auf die Läuferspulen übertragen wird, oder durch eine Erregermaschine mit Stromrichter auf dem Läufer erzeugt wird. Der Läuferstrom ist einstellbar, dadurch kann der Generator auf unterschiedliche Lasten am Netz eingestellt werden. Es handelt sich um eine sogenannte *Blindlaststeuerung*.

Die Synchronmaschine wird mit dem folgenden Schaltbild gezeichnet.

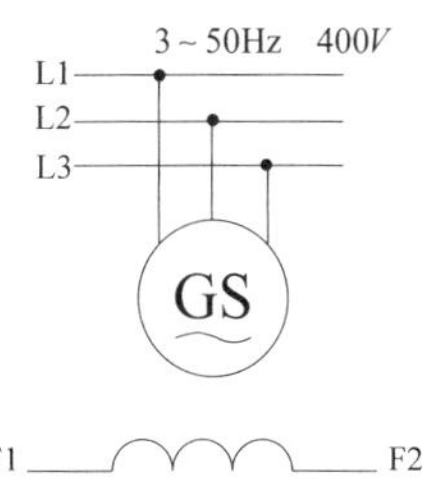

Abb. 258: Schaltbild des Synchrongenerators

In Abb. 259 ist der permanent erregte Rotor einer Synchronmaschine mit 36 Stator-Spulen abgebildet. Aufgrund der Verwendung von Permanentmagneten am Rotor entfällt die Energieversorgung der Rotorspulen. Wir nennen diese Art der Erregung der Statorspule eine Permanentmagneterregung.

Der in Abb. 259 dargestellte Synchron-Elektromotor wird für mobile Arbeitsmaschinen, wie Bagger oder Radlader verwendet. Der Motor liefert ein Drehmoment von ca. 80 Nm und eine Dauerleistung von ca. 20 KW bei einer Spannung von 400 V. Er wird aus einem Lithium-Ionen-Akkumulator versorgt. Dessen Gleichspannung wird über einen Wechselrichter in eine dreiphasige, gepulste Wechselspannung gewandelt, die den Motor mit den erforderlichen Strömen versorgt. Der Rotor in diesem Anschauungsmuster wird über die Bohrungen mit dem Antriebsrad der Arbeitsmaschine verbunden.

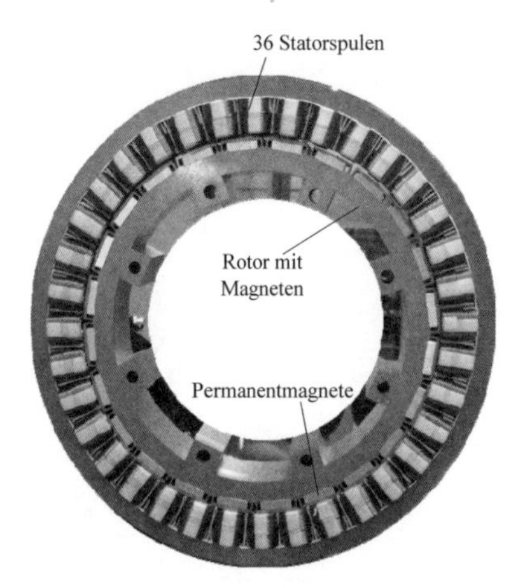

Abb. 259: Elektromotor für hybride Anwendungen Elektromotor/Verbrennungsmotor mit der Möglichkeit des Generatorbetriebs zur Batterieaufladung und Rückspeisung (Quelle: eigenes Foto)

13.2 Ersatzschaltbild der Synchronmaschine

Die Synchronmaschine wird durch das folgende Ersatzschaltbild ausreichend genau beschrieben. Wir erkennen in Abb. 260 links den Ständerstromkreis eines Wicklungsstranges. Das rechte Ersatzschaltbild stellt drei Stränge des Ständers dar, die in Sternschaltung verschaltet sind. Das Polrad induziert in den Wicklungssträngen jeweils die Polradspannung U_P. Der Blindwiderstand des Wicklungsstranges wird *synchrone Reaktanz* X_d genannt. Wir vernachlässigen im Folgenden die ohmschen Spannungsverluste eines Statorstrangs. Das Ersatzschaltbild wurde im Verbraucherpfeilsystem gezeichnet. Daher muss im Generatorbetrieb berücksichtigt werden, dass der Strom auch bei reinem Wirkstrom eine Phasenverschiebung von 180° aufweist. Die Klemmenspannung U_1 ist gleich der Summe aus dem Spannungsabfall an der synchronen Reaktanz und der Polradspannung.

$$\underline{U}_1 = \underline{U}_p + \underline{U}_d = \underline{U}_p + j\underline{I}_1 \cdot X_d \qquad 13.1$$

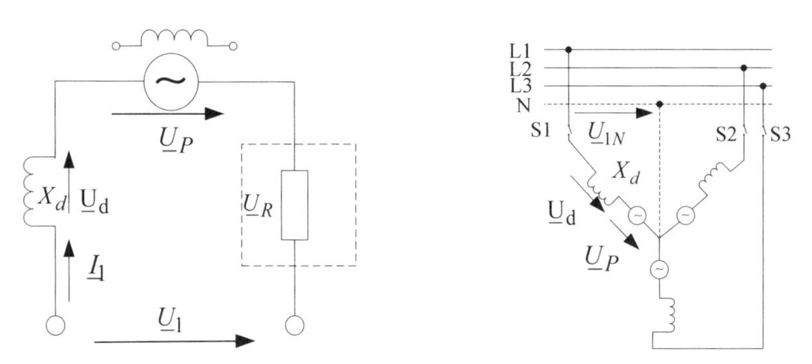

Abb. 260: Ersatzschaltbild der Synchronmaschine, links: für einen Wicklungsstrang, rechts: Anschluss am Netz

Zusammenfassung

Synchronmaschinen werden als Schenkelpolläufer oder als Vollpolläufer gebaut. Der Rotor erreicht die Drehzahl des Drehfeldes. Es gibt keinen Schlupf. Durch die Anzahl der Pole auf dem Rotor kann man die Maschine an die Drehzahl des mechanischen Antriebs anpassen, um eine Spannung mit bestimmter Frequenz zu erhalten. Läufer mit ausgeprägten Einzelpolen nennt man Polrad. Es gibt die Möglichkeit der elektrischen Erregung über einen Gleichstrom oder der Erregung über Permanentmagneten. Der Gleichstrom wird häufig über eine Erregermaschine erzeugt. Die vereinfachte Ersatzschaltung der Synchronmaschine besteht aus der Spannungserzeugung am Polrad und dem Spannungsabfall an der synchronen Reaktanz.

Kontrollfrage

104. Welche Läuferform verwendet man bei langsam laufenden, wassergetriebenen Synchrongeneratoren?

13.3 Kraftentstehung bei der Innenpol-Synchronmaschine

Die Kraftentstehung bei der Innenpol-Synchronmaschine können wir mithilfe der Abb. 261 erklären. Als Modellvorstellung nehmen wir eine Erregung über nur eine Leiterschleife im Inneren an. Die mit Gleichstrom versorgte Leiterschleife befindet sich in einem mit der Winkelgeschwindigkeit ω drehenden, magnetischen Feld, das durch den Raumzeiger der magnetischen Flussdichte repräsentiert wird. Auf die Leiterschleife wirkt die Kraft F. Die Leiterschleife dreht ebenso mit der Winkelgeschwindigkeit ω. Zum Zeitpunkt $t = t_3$ liegt die Leiterschleife horizontal, das Magnetfeld hat dieselbe Ausrichtung.

Der Vektor der Fläche der Leiterschleife steht senkrecht zum magnetischen Feld. Damit ist das entwickelte Moment maximal. Diesen Sachverhalt haben wir bereits bei der Gleichstrommaschine kennengelernt und mit der Formel 10.4 ausgedrückt. Bei der Gleichstrommaschine stehen die Vektoren der magnetischen Flussdichten des Ankerquerfeldes und des Erregerfeldes *immer* in einem rechten Winkel zueinander. Dieser Winkel wird durch die mechanische Kommutierung durch den Stromwender erreicht.

Allerdings ist dieser Winkel zwischen dem Flächenvektor der Leiterschleife und dem Flussdichte-Vektor bei der Synchronmaschine nicht bei allen Belastungen konstant. Gehen wir

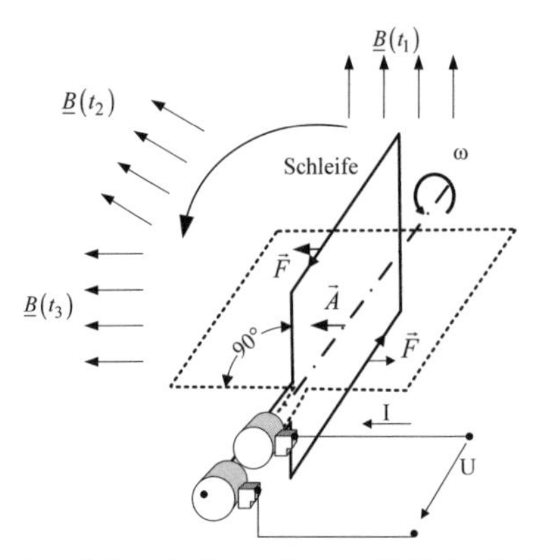

Abb. 261: Kräfte auf Leiterschleife in Abhängigkeit der Lage des magnetischen Feldes

davon aus, dass das Feld zum Zeitpunkt $t = t_1$ eingefroren wird. Dann wird sich die Leiterschleife aufgrund der Kraft in die punktiert gezeichnete Lage bewegen und dort verharren, bis sich das Feld weiterdreht. Dreht sich das Magnetfeld weiter, folgt die Leiterschleife dem Feld.

Falls keine äußere Kraft an der Leiterschleife angreift, ist der Winkel zwischen dem Flächenvektor und dem Flussdichte-Vektor null.

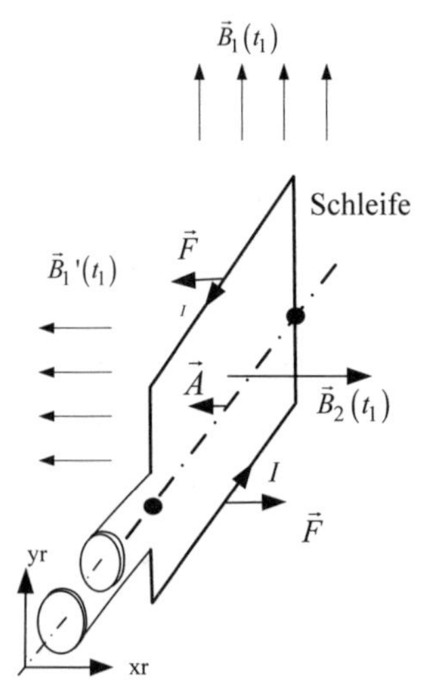

Abb. 262: Stellung Leiterschleife zum Statorfeld bei maximaler und minimaler Last

Anhand der Abb. 262 fassen wir diesen Sachverhalt zusammen. Wir gehen davon aus, dass sich die Leiterschleife zum Zeitpunkt $t = t_1$ in der eingezeichneten Lage befindet. Wird die Leiterschleife nicht belastet, steht das Magnetfeld zu dem gezeichneten Zeitpunkt $t = t_1$ nach links horizontal orientiert. Das Magnetfeld wird wieder durch den Vektor $\vec{B}_1'$ veranschaulicht. Bei einer *maximalen* Belastung ist der Vektor der Flussdichte senkrecht nach oben orientiert. Diese relative Lage zwischen Magnetfeld und Leiterschleife bleibt auch bei der Drehung mit Last erhalten.

Wir können der Leiterschleife einen Magnetfluss-Raumzeiger $\underline{\phi}_2$ zuordnen. Die Richtung dieses Flusszeigers wird durch die Richtung des Stroms bestimmt. In dem Fall der maximalen Last läuft das Drehfeld des Stators mit dem magnetischen Fluss $\underline{\phi}_1$ um einen konstanten Winkel von 90° gegenüber dem Drehfeld des Rotors voreilend.

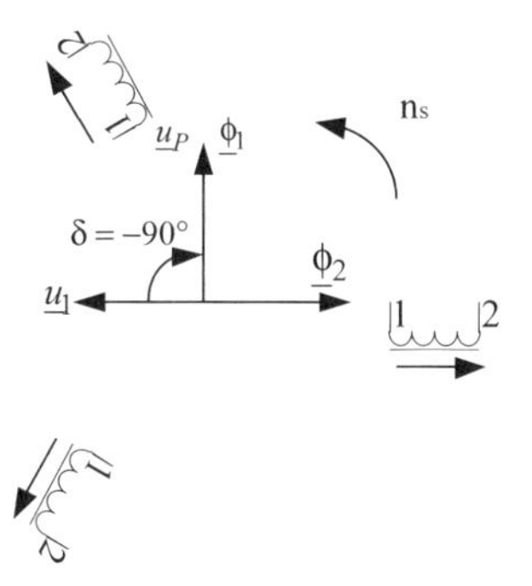

Abb. 263: Stellung der Raumzeiger der Spannungen des Stators und der Leiterschleife zum Zeitpunkt $t = t_1$

Wir haben in Abschnitt 11.5.2 die Raumzeiger des Magnetflusses und der Spannung kennengelernt. Der Raumzeiger der Spannung ist dem Raumzeiger des Magnetflusses um 90° vorauseilend. Diese Raumzeiger drehen mit der synchronen Drehzahl n_s. Genauso schnell dreht auch der Rotor der Synchronmaschine.

Das drehende Polrad führt zu der Spannung u_P, der Polradspannung. Die Polradspannung kann ebenfalls als Raumzeiger $\underline{u}_P$ dargestellt werden. In Abb. 263 beträgt der Winkel zwischen den Raumzeigern der Netzspannung und der Polradspannung −90°.

Polradwinkel
Der Winkel zwischen den Spannungs-Raumzeigern $\underline{u}_1$ und $\underline{u}_P$ wird als Polradwinkel δ bezeichnet und wird vom Spannungszeiger $\underline{u}_1$ ausgehend gezählt.

Man trägt den Polradwinkel auch an die Effektivwertzeiger der Spannungen u_1 und u_p an. Im folgenden Bild sind für einen Polradwinkel $-90° < \delta < 0°$ die beiden Effektivwertzeiger in ein Zeigerdiagramm eingetragen worden. Zusätzlich wurde ein komplexes Koordinatensystem so eingezeichnet, dass die reelle Achse in die Richtung der Spannung U_1 gerichtet ist.

Für die Spannung $\underline{U}_P$ kann man in dem komplexen Koordinatensystem auch den folgenden Ausdruck angeben:

$$\underline{U}_P = U_P \cdot (\cos\delta + j \cdot \sin\delta) \qquad 13.2$$

Die (konstante) Spannung $\underline{U}_1 = U_1$ kann in dem Koordinatensystem nur durch ihren Betrag angegeben werden! Die Analyse des Zeigerbildes ergibt, dass die Beträge der Spannungen U_P und U_1 gleich sind. Der Stromzeiger von I_1 steht senkrecht auf dem Zeiger der Spannung U_d. Er ist gegenüber der Spannung um 90° nacheilend. Der Strom I_1 ist null, wenn der Polradwinkel $\delta = 0$ ist. In diesem Fall ist kein Widerstandsmoment vorhanden.

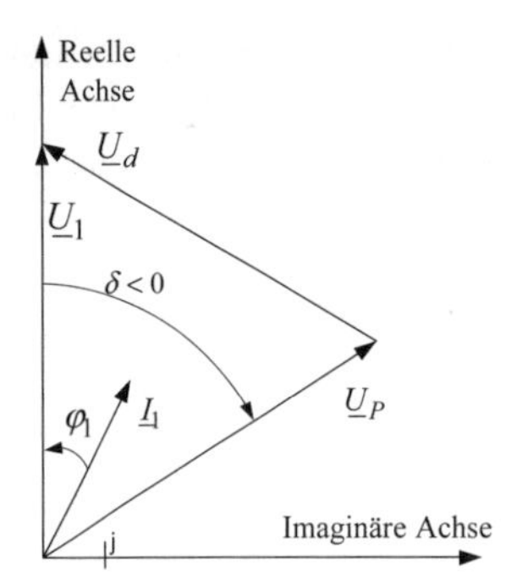

Abb. 264: Zeigerdiagramm Synchronmaschine im Motorbetrieb

13.3.1 Unter- oder Übererregung

Die Synchronmaschine lässt sich auch dadurch in ihrem Verhalten steuern, dass sie im Motor- oder Generatorbetrieb mit Unter- oder Übererregung betrieben wird. In diesen Betriebszuständen wird die Erregerwicklung mit einem Strom versorgt, der eine Spannung U_P bewirkt, deren Betrag größer ist als der Betrag der Netzspannung.

> **Übererregung**
> Die Synchronmaschine ist übererregt, wenn die Polradspannung betragsmäßig größer ist als die Versorgungsspannung.

Im Zeigerbild in Abb. 265 erkennt man, dass der Spannungszeiger $\underline{U}_P$ länger ist als der Zeiger $\underline{U}_1$.

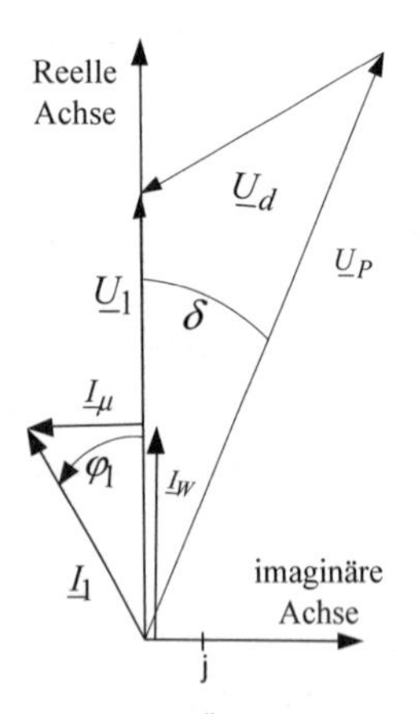

Abb. 265: Übererregung der Synchronmaschine im Motorbetrieb

Für den Stromzeiger von I_1 gilt:

$$\underline{U}_d = \underline{I}_1 \cdot j \cdot X_d$$

$$\underline{I}_1 = \frac{\underline{U}_1 - \underline{U}_P}{j \cdot X_d} = -j\frac{\underline{U}_1 - \underline{U}_P}{X_d} \qquad 13.3$$

Die Synchronmaschine ist übererregt und besitzt einen Blindstromanteil. Bezogen auf die Netzspannung verhält sich die Synchronmaschine durch die Übererregung wie ein kapazitiver Verbraucher. Durch diesen sogenannten Phasenschiebebetrieb kann das hauptsächlich induktiv belastete Netz hinsichtlich des Blindstroms kompensiert werden. Man bezeichnet diese Vorgehensweise als *Blindleistungssteuerung.*

13.3.2 Antriebsmoment der Vollpol-Synchronmaschine

Ein wichtiger Kennwert des Synchronmotors ist sein Bemessungs-Drehmoment. Wir wollen eine Berechnungsformel für das innere Moment der Vollpol-Synchronmaschine aufstellen und erinnern uns an die Luftspaltleistung, die vom Drehfeld auf den Rotor übertragen wird. Ohne die Berücksichtigung von Verlusten wird die Luftspaltleistung in die innere, mechanische Leistung gewandelt. Wir erhalten das innere Drehmoment:

$$M_i = \frac{P_L}{\omega_s} = \frac{P_L}{2\pi \cdot n_s} \qquad 13.4$$

Die Luftspaltleistung wird über das Produkt der elektrischen Versorgungsspannung U_1 und dem Strom I_1 pro Maschinenstrang bereitgestellt.

Mithilfe der Formel 11.16 kann man die Wirkleistung P berechnen:

$$P = 3 \cdot Re\left\{\underline{U}_1 \cdot \underline{I}_1^*\right\}$$

$$\underline{I}_1^* = j\frac{\underline{U}_1 - \underline{U}_P^*}{X_d}$$

Die konjugiert komplexe Polradspannung erhält man nach der Formel 13.5

$$\underline{U}_P = U_P \cdot (\cos\delta - j \cdot \sin\delta) \qquad 13.5$$

Wir wollen die Wirkleistung berechnen und setzen 13.5 in die Formel der Wirkleistung ein. Dabei berücksichtigen wir, dass U_1 entlang der reellen Achse aufgetragen wurde.

$$P = 3 \cdot Re\left\{\underline{U}_1 \cdot \underline{I}_1^*\right\} = 3 \cdot Re\left\{\underline{U}_1 \cdot j\frac{\underline{U}_1 - \underline{U}_P^*}{X_d}\right\}$$

Ab jetzt wird für $\underline{U}_1$ nur der Betrag U_1 eingesetzt !

$$P = 3 \cdot Re\left\{U_1 \cdot j \cdot \frac{U_1 - U_P \cdot (\cos\delta - j \cdot \sin\delta)}{X_d}\right\}$$

$$P = 3 \cdot Re\left\{\frac{U_1 \cdot j \cdot U_1 - U_1 \cdot j \cdot U_P \cdot (\cos\delta - j \cdot \sin\delta)}{X_d}\right\} \qquad 13.6$$

$$P = 3 \cdot Re\left\{\frac{U_1 \cdot j \cdot U_1 - U_1 \cdot j \cdot U_P \cdot \cos\delta - U_1 \cdot U_P \cdot \sin\delta}{X_d}\right\}$$

Schließlich erhalten wir den folgenden Ausdruck für die Wirkleistung der Synchronmaschine:

$$P = -3 \cdot \frac{U_1 \cdot U_P \cdot \sin\delta}{X_d} \qquad 13.7$$

Der letzte Formelausdruck entspricht bei Vernachlässigung der Verluste der Luftspaltleistung. Für das Drehmoment erhalten wir durch Einsetzen von Gleichung 13.7 den Ausdruck:

$$M_i = -\frac{3 \cdot U_1 \cdot U_\mathrm{p}}{2\pi \cdot n_\mathrm{s} \cdot X_\mathrm{d}} \cdot \sin\delta \qquad 13.8$$

Das Drehmoment steigt mit der Netzspannung und kleiner werdender Synchrondrehzahl. Die Abb. 266 stellt den Verlauf des Drehmomentes in Abhängigkeit des Polradwinkels dar.

In der Abbildung ist das Lastmoment M_{W1} dargestellt, das zu dem Polradwinkel δ_1 führt. Der Motor reagiert bei Belastungserhöhung durch ein Widerstandsmoment M_{W2} mit steigendem Polradwinkel δ_1.

Das Drehmoment ist umso größer, je größer der Polradwinkel wird. In der Mitte zwischen zwei Polen des Ständerdrehfeldes erfährt das Polrad die größte Kraft, da der in Drehrichtung voreilende Pol das Polrad zieht, der nacheilende Pol aber schiebt. Bei einem zweipoligen Motor ist dabei der Lastwinkel –90°. Bei Verringerung des Lastwinkels lässt die Kraft des voreilenden Poles auf das Polrad stark nach. Das größte Drehmoment wird also zwischen zwei Polen entwickelt, es wird synchrones Kippmoment M_K genannt. Belastet man nämlich den Synchronmotor noch stärker, so nimmt sein verfügbares Drehmoment wieder ab. Er fällt dann außer Tritt, seine Drehfrequenz kippt, und der Synchronmotor kommt zum Stillstand.

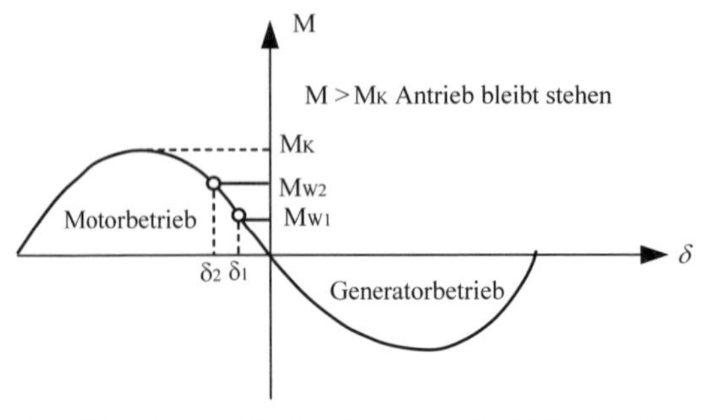

Abb. 266: Moment des Synchronmotors in Abhängigkeit des Polradwinkels

Anders als bei der Asynchronmaschine wirkt sich ein Rückgang der Netzspannung U_1 des Drehstromnetzes nur linear auf das Drehmoment aus, da das magnetische Gleichfeld im Läufer konstant bleibt.

Ändert sich beim belasteten Synchronmotor das Belastungsdrehmoment, so pendelt sich der Läufer auf den, der neuen Last entsprechenden, Lastwinkel ein. Bei stoßartiger Laständerung verhindert dabei eine zusätzliche Käfigwicklung ein zu starkes Pendeln des Läufers. Während der Pendelschwingungen treten in der Käfigwicklung Induktionsströme auf. Diese verursachen Drehmomente, welche den Pendelschwingungen entgegenwirken und den Läufer schnell auf den neuen Lastwinkel bringen. Die Käfigwicklung des Läufers wird daher auch als *Dämpferwicklung* bezeichnet.

Wir können auch eine Drehzahl-Drehmoment-Kennlinie aufstellen. Diese ist in Abb. 267 skizziert. Die Drehzahl bleibt trotz Belastungserhöhung durch das größere Widerstandsmoment konstant. Wird jedoch das Kippmoment überschritten, fällt der Motor außer Tritt und bleibt stehen.

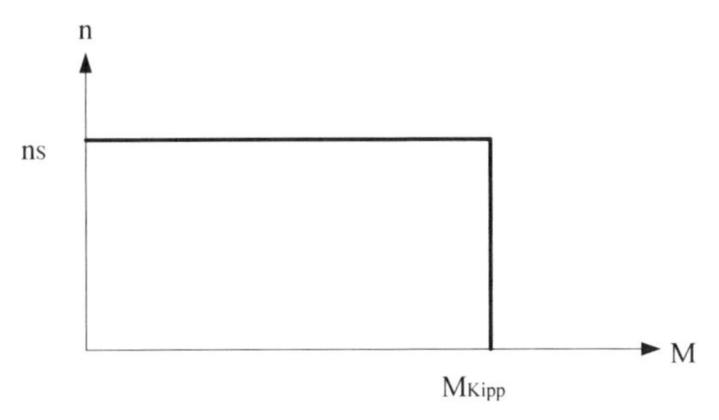

Abb. 267: Drehzahl-Drehmoment-Kennlinie im Motorbetrieb

Zusammenfassung
Die elektrischen Synchronmaschinen drehen sich so schnell wie das Drehfeld. Die Größe des Drehmoments wird durch den Polradwinkel bestimmt. Je nach Lastmoment stellt sich ein passender Polradwinkel ein. Bei einem Polradwinkel von –90° erreicht der zweipolige Synchronmotor das größte Drehmoment. Bei mehrpoligen Synchronmotoren wird dieser Winkel durch die Polpaarzahl bestimmt. Die Drehzahl-Drehmoment-Kennlinie der Synchronmaschine ist durch den horizontalen Verlauf der Drehzahl über dem veränderlichen Lastmoment gekennzeichnet. Erreicht das Lastmoment das Kippmoment, fällt der Motor außer Tritt und kann stehen bleiben.

13.4 Permanentmagneterregte Synchronmaschine

Die Erregung der Synchronmaschine kann auch mit Hilfe von Permanentmagneten erfolgen. Meist befinden sich die Magnete auf oder im Rotor. Die Versorgungsleistung der Erregerspulen entfällt damit.

Als Vorüberlegung wollen wir ein Gedanken-Experiment vornehmen. Wir betrachten einen im Magnetfeld befindlichen stromführenden Leiter, auf den eine Kraft wirkt. Diese Anord-

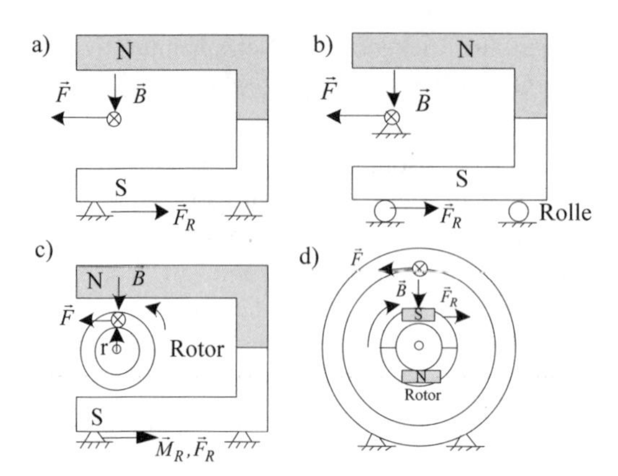

Abb. 268: Reaktionskräfte bei einer Synchronmaschine

nung zeigt die Abb. 268 a. Die Kraft wirkt auf den Leiter. In den Auflagern des Magneten entsteht die Reaktionskraft F_R. Würden wir den Magneten auf Rollen lagern und den Leiter festhalten, dann könnte die Reaktionskraft F_R den Magneten nach rechts bewegen und der Leiter bliebe feststehen. Diese Situation ist in Abb. 268 b dargestellt.

Ähnlich ist die Situation bei dem Rotor einer elektrischen Maschine, der in den unteren beiden Bildern gezeigt ist. In Abb. 268 c beschleunigt die angreifende Kraft den Rotor. Die Reaktionskraft im Lager der Rotorwelle nimmt die Kräfte (und Momente) auf. In Abb. 268 d ist der Magnet im Rotor untergebracht und der Leiter befindet sich am Stator und ist dort fest verankert. Auf den Leiter wirken wieder Kräfte, die Reaktionskräfte entstehen im Rotor und beschleunigen ihn.

13.4.1 Bauform

Der Stator einer permanent erregten Synchronmaschine kann eine verteilte Wicklung wie bei der Asynchronmaschine oder eine Zahnspulenwicklung enthalten. In Abb. 269 ist links die Zahnspulenwicklung eines Getriebemotors dargestellt. Die Spulen sind um die Zähne des Stators gewickelt. Die Magnete des Rotors sind mit wechselnder Polarität am Umfang verteilt nebeneinander angebracht.

Abb. 269: Synchron-Servomotor, links: Zahnspulenwicklungen, rechts: Rotor mit Permanentmagneten (Quelle: eigenes Foto)

Zahnspulenwicklung
Die Spulen einer Zahnspulenwicklung sind konzentriert um einzelne Zähne gewickelt.

Fließen Wechselströme durch die Spulen, entsteht ein Drehfeld. Die hohe Polpaarzahl bedingt eine wesentlich geringere Drehzahl des Motors, als die Synchrondrehzahl des Drehfeldes.

13.4.2 Momententstehung

Die Abb. 270 zeigt einen Synchronmotor mit nur zwei Spulen, die das Magnetfeld des Stators aufbauen. Das Magnetfeld sei zu einem bestimmten Zeitpunkt aufgenommen worden und „eingefroren". Im linken Bild ist der Rotor mit seinen beiden Magnetpolen genau im Magnetfeld orientiert und das entwickelte Moment ist null. Rechts ist der Rotor um –90° aus dem Magnetfeld herausgedreht worden und das Drehmoment ist maximal. Das Moment M versucht den Rotor wieder in die ursprüngliche, nach dem Statorfeld ausgerichtete Lage zu bringen. Wird das Moment durch eine konstante äußere Last verursacht, bleibt dieser Lastwinkel bestehen. Dreht man den Rotor noch weiter im Uhrzeigersinn und wird der Winkel kleiner als –90°, nimmt das Moment wieder ab. Stehen sich die Nord- bzw. Südpole direkt gegenüber, ist das Moment null, es handelt sich um einen labilen Gleichgewichtszustand, denn jede geringe Auslenkung erzeugt ein schnell ansteigendes, abstoßendes Moment.

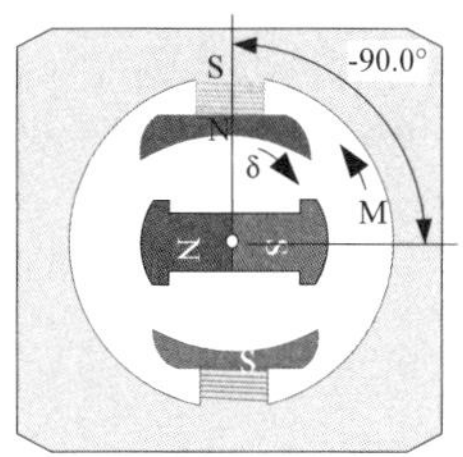

Abb. 270: Drehmoment auf den Rotor

Im Bereich zwischen 0° und –90° Auslenkung ändert sich das Drehmoment nach einer inversen Sinuskurve. Also gilt für das Moment:

$$M = -M_K \cdot sin(\delta) \qquad 13.9$$

Wenn die Last zu groß wird, fällt der Synchronmotor außer Tritt und bleibt stehen. Bei einem Synchronmotor mit p = 1 gilt für den Winkel δ:

$$\delta_{p=1} = -\arcsin\left(\frac{M}{M_{Kipp}}\right) \qquad 13.10$$

Bei einem Motor mit einer Polpaarzahl p größer als 1 wird der mechanische Winkel, der dem Polradwinkel entspricht, kleiner:

$$\delta_{mech} = \frac{\delta_{p=1}}{p} \qquad 13.11$$

Beispielaufgabe:
Ein Synchronmotor mit 50 Polen habe ein Kipp-Drehmoment von 150 Ncm. Der Motor wird mit dem Lastmoment von M = 120 Ncm belastet. Berechnen Sie den Polradwinkel.

Lösung
Wir berechnen δ für die Polpaarzahl 1 über die folgende Gleichung:

$$\delta_{p=1} = -\arcsin\left(\frac{120}{150}\right) = -53{,}13°$$

Bei der Polpaarzahl p = 50 wird dieser Winkel um den Faktor 50 kleiner:

$$\delta_{p=50} = -\frac{\arcsin\left(\frac{120}{150}\right)}{p} = -\frac{53{,}13°}{50} = -1{,}06°$$

Zusammenfassung
Um die Erregerleistung einer elektrischen Maschine einzusparen, kann die Maschine mit Hilfe von Permanentmagneten erregt werden. Diese können am Rotor angebracht werden. Bei einer Auslenkung des Rotors entstehen in Verbindung mit den stromführenden Statorwicklungen Drehmomente, die den Rotor antreiben. Es entwickelt sich, wie bei der elektrisch erregten Synchronmaschine, ein Lastwinkel zwischen Statorfeldrichtung und Rotorfeldrichtung. Das maximale Moment wird Kippmoment genannt. Das Lastmoment muss kleiner sein als das Kippmoment, damit der Motor nicht stehen bleibt. Bei Motoren mit einer Polpaarzahl größer als 1 wird der Lastwinkel kleiner.

14 Der Synchron-Servomotor

Das Wort Servo stammt aus der Werkzeugmaschinentechnik. Die Werkzeugmaschine hat neben der Werkzeugzustellachse auch Achsen zur Positionierung des Werkstücks. Diese Achsen werden als Hilfsachsen (lateinisch servus: Sklave) bezeichnet. Mit ihrer Hilfe wird das zu bearbeitende Werkstück exakt positioniert. Heute versteht man unter Servomotoren Antriebe, die mithilfe geeigneter Sensoren und Regelungen in der Lage sind, vorgegebene Positionen oder Winkel mit einer hohen Genauigkeit anzufahren. Früher wurden hauptsächlich stromrichtergeregelte Gleichstrommaschinen benutzt. Die Regelung der Achsen erfolgte analog und die Funktionen waren sehr eingeschränkt. Durch die Fortschritte der Mikrocontroller konnten digitale Regelungen aufgebaut werden, durch die die Funktionalität immer weiter erhöht wurde.

Die Synchron-Servomotoren sind auch die bei Roboterantrieben meist verwendeten Elektromotoren. Die Abb. 2 und die Abb. 4 stellen Robotersysteme dar, die mit diesen Motoren ausgerüstet sind.

14.1 Servotechnik

Insbesondere die Flexibilität in der modernen Fertigung erfordert eine schnelle und flexible Umrüstung, die mit der elektrischen Servotechnik besser realisiert werden kann als mit hydraulischen oder pneumatischen Systemen. Die elektrische Servotechnik unterteilt man in die

- synchrone und
- asynchrone

Servotechnik.

Synchron-Servomotoren sind vom Prinzip Synchronmotoren, die um Messsysteme für den Drehwinkel, den Strom und die Drehzahl, ergänzt werden. Damit wird der Aufbau von Regelkreisen ermöglicht, die den Servomotor zu vorgegebenen Positionen mit exakt eingestellter Geschwindigkeit fahren lassen.

Die Abb. 271 stellt die Komponenten eines Servosystems vor. Man benötigt, neben dem Motor, einen Ein- oder Mehrachsverstärker sowie die Steuerung. Zusätzlich werden Kabel, Bremswiderstände, Ausgangsdrosseln, Netzfilter und Netzdrosseln benötigt.

Die Abbildung zeigt den Anschluss zweier Synchron-Servomotoren und eines Synchron-Linearmotors an einen modular aufgebauten Servoverstärker. Man erkennt im Bild, dass die Motoren zwei Anschlusskabel besitzen. Das Erste ist das Stromversorgungskabel mit den Anschlüssen U, V und W. Bei dem zweiten Kabel handelt es sich um die Verbindungsleitung des Winkelmesssystems. Beide Kabel werden mit den Achsmodulen der Servoverstärker verbunden. In industriellen Servosystemen werden häufig absolute Messsysteme, wie z. B. *Resolver-Messsysteme,* benutzt. Die meisten industriellen Servoverstärker bieten auch die Möglichkeit, *inkrementelle Messsysteme* oder *Magnetfeldsensoren*, wie z. B. Hall Sensoren, einzusetzen. Diese Methode der Winkelmessung werden wir noch genauer behandeln. In den Achsmodulen erfolgen die Strom-, Drehzahl- und Winkel/Lageregelung. Die Achsmodule können entweder direkt oder über ein Mastermodul mit einer Steuerung oder einem PC verbunden werden.

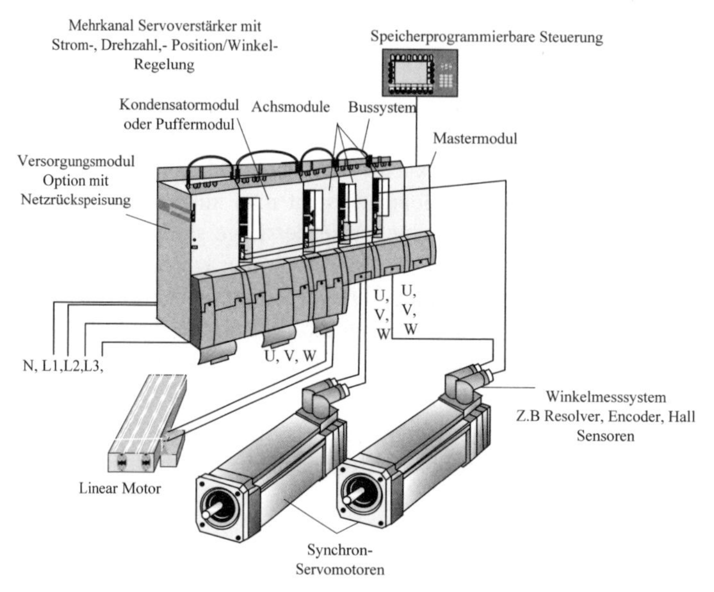

Abb. 271: Komponenten eines Servosystems

Der Servoverstärker kann, wie in der Abbildung dargestellt, modular aufgebaut sein und um weitere Achsmodule ergänzt werden. Ein Versorgungsmodul ist mit dem Spannungsnetz, z. B. 3 × 400V verbunden und bereitet im Versorgungsmodul eine Gleichspannung in einem Gleichspannungszwischenkreis auf. Die Gleichspannung wird z. B. durch eine *Gleichrichterschaltung* aus der Netzspannung umgewandelt.

Gleichrichterschaltungen

Wir wollen die wesentlichen Grundlagen einer einfachen Gleichrichterschaltung behandeln. Dazu nutzen wir die Schaltung, die in Abb. 272 dargestellt ist.

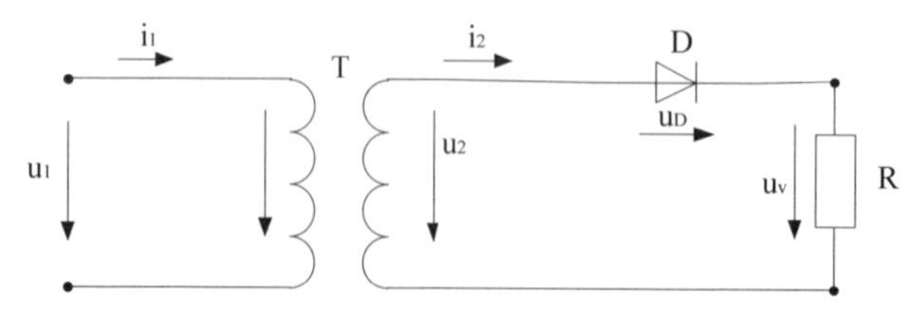

Abb. 272: Einphasengleichrichter, Belastung mit ohmschem Widerstand

Ausgehend von einem Transformator T wird eine Wechselspannung, die durch ihren Momentanwertverlauf u_2 angegeben wird, an eine Reihenschaltung einer Diode D und eines Widerstands R gelegt. Die idealisierte Diodenkennlinie ist in Abb. 273 rechts zu erkennen.

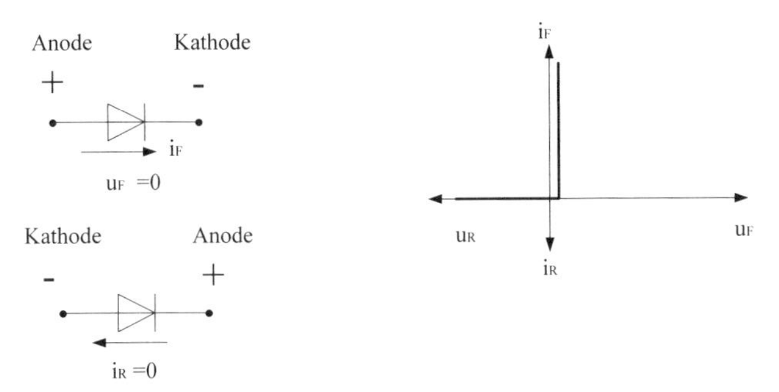

Abb. 273: Idealisierte Kennlinie einer Halbleiterdiode

Je nach Anschluss der Spannung ist der Spannungsabfall u_F an der Diode null und der Strom i_F fließt widerstandsfrei oder der Strom i_R ist null und die Spannung u_R entspricht der angelegten Spannung. Die realen Dioden besitzen einen Widerstand und Stromanstieg ist dadurch nicht unendlich. Gehen wir von der idealen Diodenkennlinie aus, entstehen in unserer Schaltung die folgenden Spannungen an den Bauteilen.

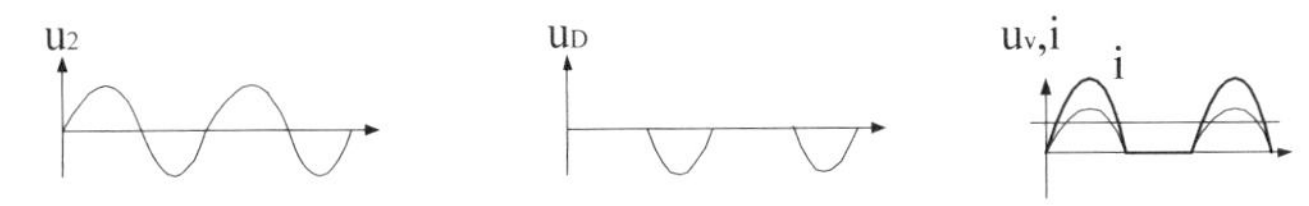

Abb. 274: Spannungen und Ströme an der Diode

In den negativen Halbwellen der Wechselspannung u_2 fließt kein Strom und die Wechselspannung liegt an der Diode an. In den positiven Halbwellen fließt ein Strom und die Spannung liegt am Widerstand an. Wir können also sagen, durch diese Schaltung entsteht eine pulsierende Gleichspannung.

Gleichrichter
Über eine Gleichrichterschaltung wird eine Wechselspannung in eine (pulsierende) Gleichspannung umgewandelt.

Die pulsierende Gleichspannung kann durch die Parallelschaltung eines Kondensators geglättet werden. Diese Schaltung zeigt die Abb. 275. Der Kondensator wird aufgeladen, falls die Spannung u_2 größer wird als u_c. Er gibt in den Zeiten, in denen die Wechselspannung negativ ist, den Strom an den Widerstand ab. Dadurch sinkt seine Spannung etwas ab. Insgesamt zeigt sich ein wesentlich glatterer Spannungsverlauf.

Die Schaltung ist immer noch sehr unvollkommen, denn die negativen Halbwellen werden nicht genutzt. Daher verwendet man eine sog. Gleichrichter Brückenschaltung, deren Schaltung in Abb. 276 zu sehen ist. Während der positiven Halbwelle der Spannung u_2 leiten die Dioden D1 und D3 den Strom, während der negativen Halbwelle die Dioden D2 und D4. Die Spannung wird dadurch bereits recht gut geglättet.

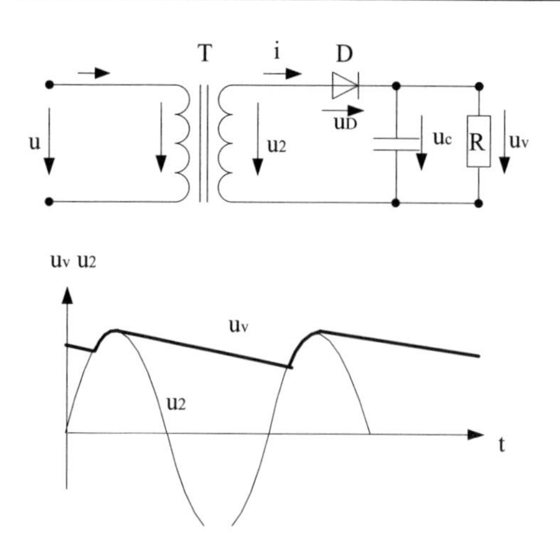

Abb. 275: Spannungsglättung durch einen Kondensator

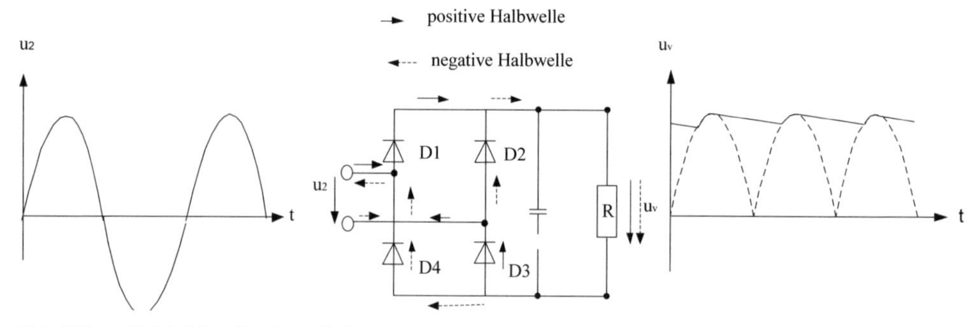

Abb. 276: Gleichrichter Brückenschaltung

In ähnlicher Weise funktioniert der Gleichrichter des Servoverstärkers. Allerdings werden, wie in Abb. 277 zu erkennen ist, 6 Dioden verwendet, denn der Gleichrichter hat die Aufgabe, eine dreiphasige Spannung gleichzurichten.

Der Mehrkanalservoverstärker, der in Abb. 271 dargestellt ist, besteht im Wesentlichen aus den folgenden Komponenten: dem Versorgungsmodul, dem Kondensatormodul und den Achsmodulen. Das Kondensatormodul puffert die eingespeiste und vom Versorgungsmodul gleichgerichtete Spannung. Die Achsmodule sind für die Regelung zuständig.

Die Abb. 277 zeigt eine Schaltung, die sowohl den Gleichrichter als auch den Gleichspannungszwischenkreis enthält. Die Ansteuerung des Motors erfolgt über einen *Wechselrichter* im Achsmodul eines Motors. Der Wechselrichter verbindet die Motoranschlüsse mit der Gleichspannung U_Z.

Mithilfe der Sinus-Dreieck-Pulsweitenmodulation lässt sich eine Sinus-Wechselspannung an die drei Motorphasen anlegen. Dadurch erhält man im Stator des Motors ein näherungsweise kreisförmiges Drehfeld aufgrund der sinusförmigen Verläufe der magnetischen Flussdichte und deren Überlagerung.

In einfacheren Motoren wird die gepulste Gleichspannung als Spannungsblock an die Spulen des Motors gelegt und man erhält einen näherungsweise konstanten Strom pro Strang.

Bei Bremsvorgängen wird die rückgeführte Energie in den Gleichspannungszwischenkreis rückgespeist. Falls der Kondensator voll aufgeladen ist, wird der Strom über den dargestellten Widerstand geführt. Dadurch wird die Energie in Wärme überführt. Das Bremsen wird über einen Mosfet eingeleitet.

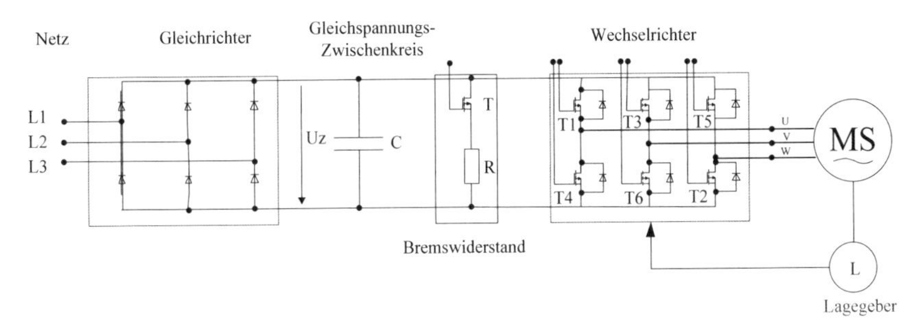

Abb. 277: BLDC Motor Servoverstärker, Wechselrichter mit MOSFET

Der synchrone Servomotor wird häufig als *AC Servomotor* oder auch als *bürstenloser Gleichstrommotor* bezeichnet. (Englisch. Brushless DC Motor oder BLDC Motor)

Die synchronen Servomotoren bestehen aus den folgenden Haupt-Bauteilen:

- Rotor mit Permanentmagneten
- Stator mit meist dreisträngiger Wicklung
- Winkelgeber im Stator

14.2 Eigenschaften des Synchron-Servomotors

Die grundlegende Idee, die den Synchronservomotor auszeichnet, liegt darin, das äußere Magnetfeld über die Wechselrichterschaltung so zu steuern, dass möglichst in allen Lastzuständen das maximale Drehmoment entsteht. Wir erinnern uns an daran, dass der Synchronmotor das maximale Motormoment bei einer Polpaarzahl $p = 1$ erreicht, wenn der Lastwinkel gerade $-90°$ beträgt.

Es ist anzustreben, bei der Drehung des Motors diesen Lastwinkel möglichst *immer* einzuhalten. Für die lastabhängige Steuerung des Statorfeldes über die Wechselrichterschaltung und den Mikrorechner ist es daher notwendig zu wissen, in welcher Lage sich der Rotor befindet. Der Synchron-Servomotor benötigt eine Messmöglichkeit zur Ermittlung der aktuellen Drehwinkellage des Rotors. Man verwendet bei höheren Genauigkeitsanforderungen möglichst absolut messende Messsysteme mit einer hohen Auflösung oder bei einfacheren Anwendungen Sensoren, die auf dem magnetischen Hall-Effekt basieren.

In Abhängigkeit der Rotordrehlage wird das Statormagnetfeld so eingestellt, dass ein maximales Drehmoment wirkt. Während der Synchronmotor bei Überlast außer Tritt fällt, da das Kippmoment überschritten wird, reagiert der Synchronservomotor mit Laststeuerung mit einem Drehzahlabfall. Damit sinkt die induzierte Gegenspannung des Motors und der Strom steigt an, sodass die Maschine ein höheres Moment aufbauen kann. Auf diese Art reagiert auch der Gleichstrom-Nebenschlussmotor, wenn die Last vergrößert wird. Daher besitzt der Motor eine enge Verwandtschaft zum Gleichstrommotor.

Der Synchron-Servomotor vereinigt die Vorteile der Gleichstrommaschine und vermeidet deren Nachteile. Die Nachteile des „normalen“ Gleichstrommotors sind:

- die mechanische Kommutierung der Ströme auf die Spulen des Ankers über Kohle- oder Grafitbürsten.
- die Wärmeentwicklung in den Ankerspulen erfordert eine geeignete Wärmeabfuhr. Es ist komplizierter, die Wärme aus dem Rotor abzuführen, als aus dem Stator.

In einem Belastungsversuch kann man das Drehzahl-Drehmoment-Verhalten des Synchronservomotors ermitteln. Der Motor entwickelt eine Drehzahl-Drehmoment-Kennlinie, die ähnlich aussieht, wie bei der Gleichstrom-Nebenschluss Maschine. Diese Kennlinie zeigt eine lineare Drehzahlabnahme bei erhöhter Belastung. In der Abb. 278 ist die prinzipielle Kennlinienform des Gleichstrom-Nebenschluss-Motors im ersten Quadranten der Drehzahl-Drehmomenten-Ebene als gestrichelte Gerade dargestellt.

Die weiteren Kennlinien in der Abbildung zeigen leicht gekrümmte Kurven, die die Kennlinienform des Synchron-Servomotors angeben sollen. Die Kennlinie, die mit der Spannung U_1 gekennzeichnet ist, ähnelt der gestrichelten Linie. Wir sehen, dass durch eine Spannungsabsenkung die Drehzahl des Motors variiert werden kann. Die Krümmung der Kennlinien kann dadurch entstehen, dass die Zwischenkreisspannung aufgrund der Belastung absinkt.

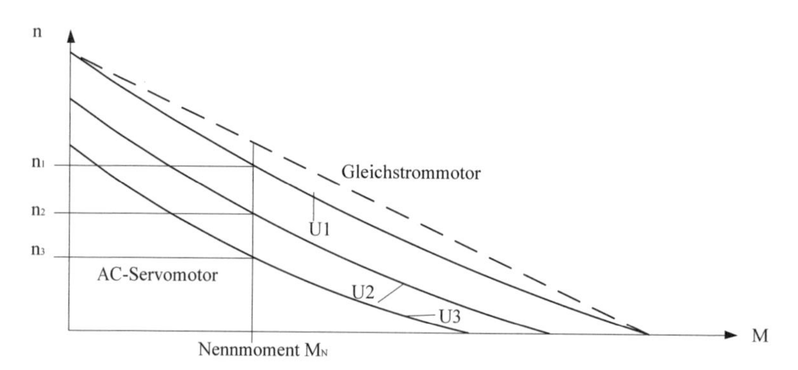

Abb. 278: Drehzahl-Drehmoment-Kennlinien der Gleichstrommaschine im Nebenschluss und des Synchron-Servomotors

Vier-Quadranten-Betrieb

Ein weiterer Vorteil ist, dass der Synchron-Servomotor in allen vier Quadranten des Drehzahl-Drehmoment-Kennfeldes betrieben werden kann und als Motor oder als Generator funktionsfähig ist.

Zusammenfassung

Die Synchron-Servomotoren sind ähnlich aufgebaut wie die über Permanentmagnete erregten Synchronmotoren. Sie werden bei Positionierantrieben eingesetzt und sind mit Winkel- oder Wegsensoren ausgestattet. Die Motoren werden über Servoverstärker angesteuert, die die Sensorsignale auswerten und geeignete Steuerspannungen auf die Statorwicklungen aufschalten. Die Servoverstärker beziehen die Energie aus einem Wechselspannungsnetz und erzeugen intern über eine Gleichrichterschaltung eine Zwischenkreis-Gleichspannung. Synchron-Servomotoren besitzen ähnliche Last-Kennlinien wie die

Gleichstrommaschine. Die Kommutierung des Stroms erfolgt jedoch nicht über einen mechanischen Kommutator, sondern wird elektronisch über den Wechselrichter in Verbindung mit den Sensoren bewirkt. Daher nennt man diese Maschinen auch bürstenlose Gleichstrommaschinen.

14.3 Drehfeldsteuerung über Hall-Sensoren

Wir wollen die Methode der Drehfeldsteuerung an einem dreisträngigen Synchronservomotor beschreiben. Der Motor besitzt pro Strang jeweils zwei in Reihe geschaltete Spulen. Diese sind am Statorumfang im Abstand von 180° angeordnet. Der Rotor nutzt Permanentmagnete, um zwei Pole aufzubauen.

Eine einfache Möglichkeit die Rotor-Winkellage zu ermitteln besteht darin, drei *Magnetfeldsensoren* zu verwenden. Einfache Magnetfeldsensoren geben ein binäres Signal ab, wenn sich ein magnetischer Pol in der Nähe des Sensors befindet. Die drei am Umfang des Stators um 120° versetzt angebrachten Sensoren sind im folgenden Bild zu erkennen. Das Bild zeigt die Hall-Sensoren mit den Kennzeichnungen H1, H2 und H3. Die Abb. 279 stellt für sechs verschiedene Lagen des Permanentmagnet-Rotors die aktivierten Sensorsignale dar. In der 1. Stellung des Rotors sind die Signale der Geber H3 und H2 aktiviert, da der magnetische Südpol beide Sensoren anspricht. In der nächsten Stellung wird nur H2 eingeschaltet, während in der dritten Stellung wieder zwei Sensoren aktiv sind, jetzt sind es die Sensoren H1 und H2.

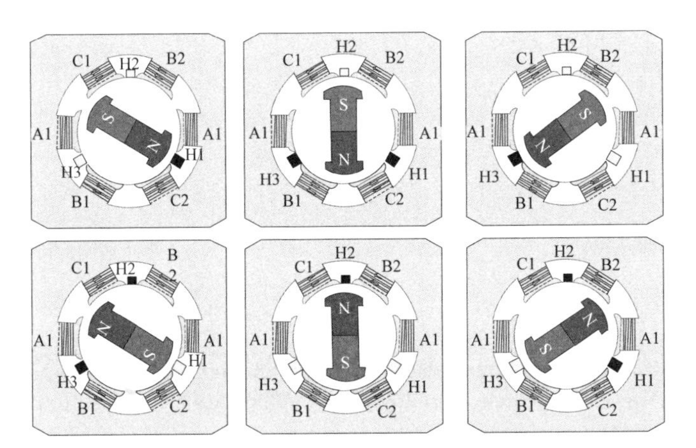

Abb. 279: Sensorsignale der Hall Sensoren in Abhängigkeit der Lage des Permanentmagnet Rotors

Der Rotor dreht sich dabei im Uhrzeigersinn. Diese Schaltfolge der Sensoren ist in der Abb. 280 als Zeit-Liniendiagramm dargestellt. Es gilt für die Drehung im Uhrzeigersinn das obere und für die Drehung entgegen dem Uhrzeigersinn das untere Diagramm.

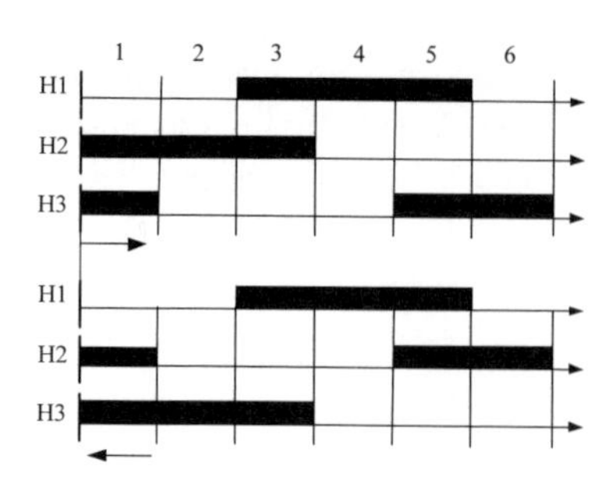

Abb. 280: Schaltfolge der Hall-Sensoren die Drehung im Uhrzeigersinn (oben) und entgegen dem Uhrzeigersinn (unten)

14.4 Blockkommutierung

Bei einem Rotor mit nur zwei Polen soll auch das Statorfeld nur zwei Pole besitzen. Wir wollen in diesem Abschnitt die Fragen beantworten, wie das Statormagnetfeld entsteht und wie seine Richtung eingestellt werden kann. Wir gehen davon aus, dass die Spulen in einer Sternschaltung angeordnet sind. Die Verschaltung zeigt die Abb. 281.

Die Spulen des Wicklungsstranges A sind mit A1 und A2 bezeichnet und wie auch die jeweils beiden Spulen der Stränge B, B1 und B2 bzw. C (C1 und C2) in Reihe geschaltet.

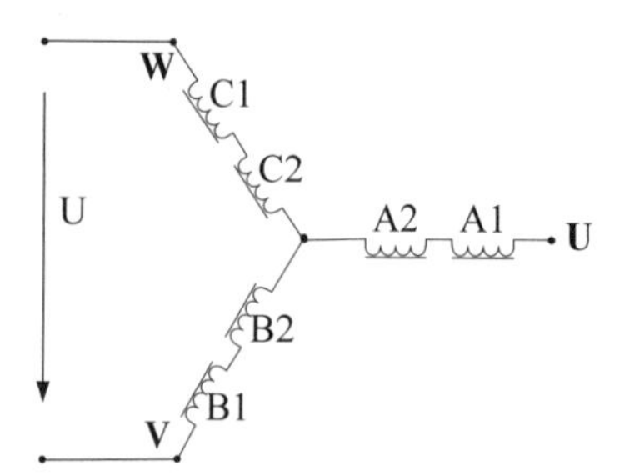

Abb. 281: Sternschaltung der Wicklungsstränge

Der Wechselrichter des Synchron-Servomotors ist in Abb. 281links dargestellt. Wir erkennen eine Ähnlichkeit zu der bereits im Abschnitt 8.2 besprochenen H-Brückenschaltung. Mit der H-Brücke können wir den Strom, durch richtiges Anlegen einer Spannungsphase an die Spule, in beiden Richtungen leiten. Eine grundlegend ähnliche Aufgabe kann der Wechselrichter bei einer dreiphasigen Spannungsversorgung übernehmen.

Wir legen an die Motorspulen im Wechsel blockförmige Spannungen an. Diese Art Stromumschaltung in den Spulen bezeichnen wir als Blockkommutierung:

Blockkommutierung
Die Versorgung der Spulen eines Motorstrangs mit zeitlich wechselnden Spannungsblöcken nennen wir Blockkommutierung.

Bei der Blockkommutierung werden zwei Anschlüsse des Motors, also U und V, oder V und W oder U und W, an den Gleichspannungszwischenkreis eines Servoverstärkers angeschlossen. Der Gleichspannungszwischenkreis wird in der Abbildung durch eine Gleichspannungsquelle ersetzt. Wir gehen von einem Beispiel aus und schließen V und W an die entsprechenden Anschlüsse des in Abb. 282 dargestellten Wechselrichters an. Die Transistoren T5 und T6 sind aktiviert und leiten den Strom. Der dritte Stator Wicklungsstrang wird in dieser Schaltung nicht verwendet.

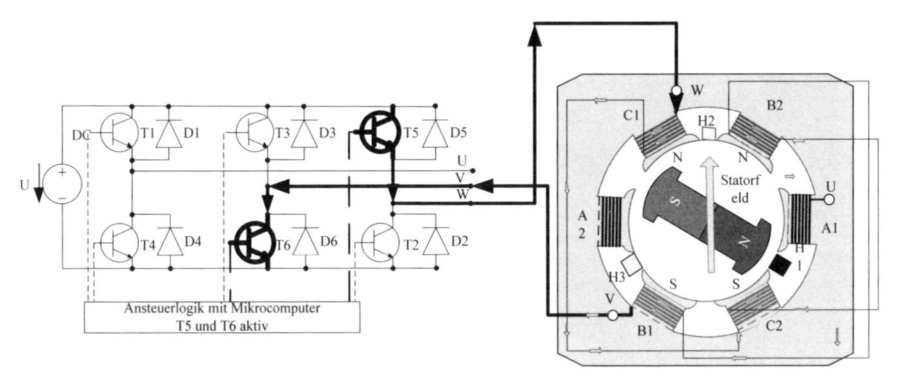

Abb. 282: Wechselrichter mit Synchron-Servomotor, Stellung 1 des Rotors

Dadurch fließt durch die Spulen C1 und C2 sowie B1 und B2 ein Strom, der ein magnetisches Feld im Stator aufbaut, dessen Magnetpole in der Abbildung im Motor eingetragen sind. Es ergibt sich ein resultierendes Magnetfeld, da jeweils 2 Nord- bzw. Südpole benachbart sind. Der im Inneren dargestellte Rotor würde ohne Belastung aus dieser Stellung seinen Südpol in Richtung des Nordpols des resultierenden Stator-Magnetfeldes drehen. Die weitere Drehung des Statorfeldes ist in Abb. 283 dargestellt. Die Abbildung zeigt sechs verschiedene Lagen des Stator-Magnetfeldes, die mit den Zahlen 1–6 gekennzeichnet sind. Die Darstellungen zeigen den Rotor in der Stellung, in der die Umschaltung des Statormagnetfelds erfolgt.

Man leitet den Strom bei der Rotorstellung 2 im Anschluss U ein. Daher wird der elektronische Schalter T1 aktiviert. Der Transistor T6 bleibt eingeschaltet, da der Strom weiterhin durch die Spulen B1 und B2 fließen soll. Das Magnetfeld dreht dadurch um 30° im Uhrzeigersinn. Im nächsten Schritt bleibt T1 aktiviert, aber T6 wird ausgeschaltet und T2 aktiviert. Jetzt ist weiterhin der Strang A gleich bestromt, hinzu kommt der Strang C. Die Polarität des Anschlusses des Strangs C hat gegenüber dem ersten betrachteten Fall gedreht. Im folgenden Schritt bleibt T2 aktiv hinzu kommt T3. Wieder dreht das Magnetfeld um 30°.

Man verändert in der, in Abb. 284 dargestellten Reihenfolge, die aktiven Transistoren:

T5/T6, T6/T1, T1/T2, T2/T3, T3/T4, T4/T5. Dadurch werden nacheinander die Stator-Magnetfelder 1, 2, 3, 4, 5 und 6 erzeugt.

Die Ansteuerlogik steuert die Drehung des Statormagnetfelds, indem die Lagesensoren ausgewertet werden und je zwei Transistoren aktiviert werden, die einen Vorlauf des Statormagnetfeldes bewirken. Das antreibende Moment sinkt, ausgehend von einem Maximalwert, direkt nach dem Umschaltvorgang durch die Annäherung des Rotors bis zum erneuten Umschalten.

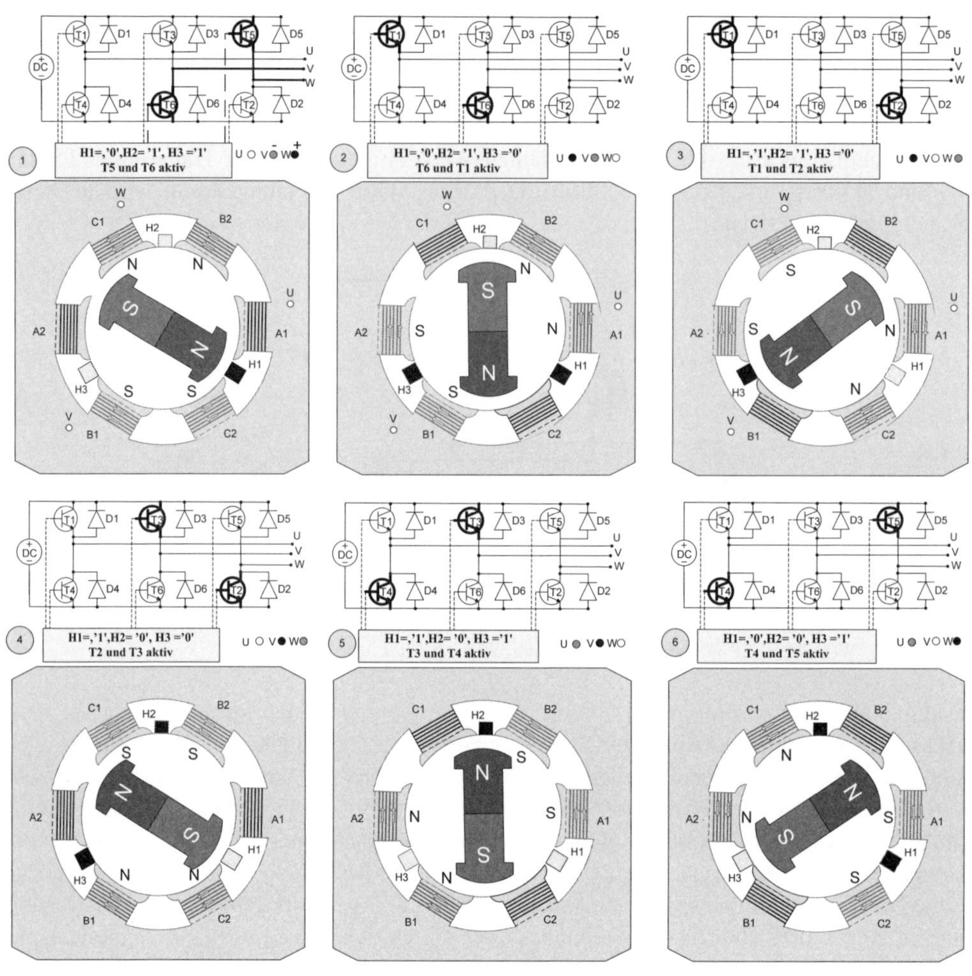

Abb. 283: Wechselrichtersteuerung des Synchron-Servomotors mit 2 Magnetpolen

Falls der Motor belastet wird, stellt sich eine, dem Lastmoment entsprechende, Drehzahl ein. Im Gegensatz zum Synchronmotor, dessen Drehfeld bei Belastung mit konstanter Drehzahl dreht, wird wie bei der Gleichstrommaschine der Strom mit der Last erhöht, da die Drehzahl sinkt.

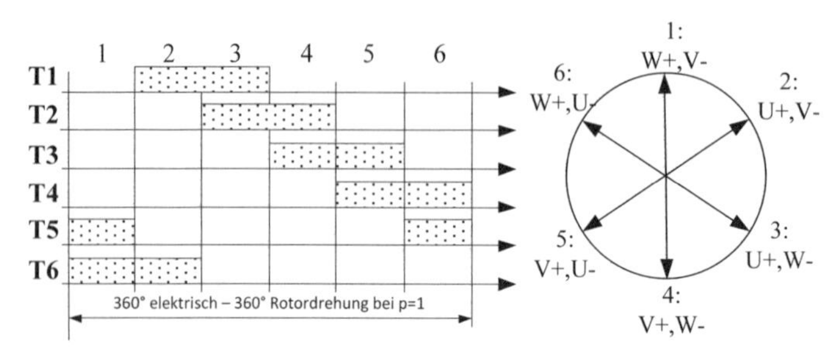

Abb. 284: Schaltfolge der Transistoren für eine Drehung im Uhrzeigersinn

Die Technik des Zu- und Abschaltens der Spannungsversorgung an die Motorwicklungen wird Blockstromtechnik genannt. Es ergibt sich im Idealfall ein blockförmiger Stromverlauf in den Spulen. Das damit verbundene Antriebsmoment ist in diesem Fall konstant. Allerdings entspricht der reale Stromverlauf nur bei geringen Drehzahlen dem theoretischen Verlauf.

Die Ströme in den Spulen werden, außer durch die angelegte Spannung, auch durch die induzierte Spannung aufgrund des sich drehenden Rotors beeinflusst. Das Ersatzschaltbild der Synchronmaschine Abb. 260 zeigt, dass die Polradspannung der angelegten Spannung des Wechselrichters entgegenwirkt. Die Höhe der Gegenspannung steigt bei höheren Drehzahlen aufgrund des Induktionsgesetzes. Man strebt einen rechteckigen Verlauf der Gegenspannung an, damit der Strom möglichst blockähnlich verläuft. Das nächste Bild zeigt die induzierte Spannung eines Versuchsmotors zwischen den Anschlüssen U und V der Statorspulen. Die Statorspulen waren dabei nicht am Wechselrichter angeschlossen!

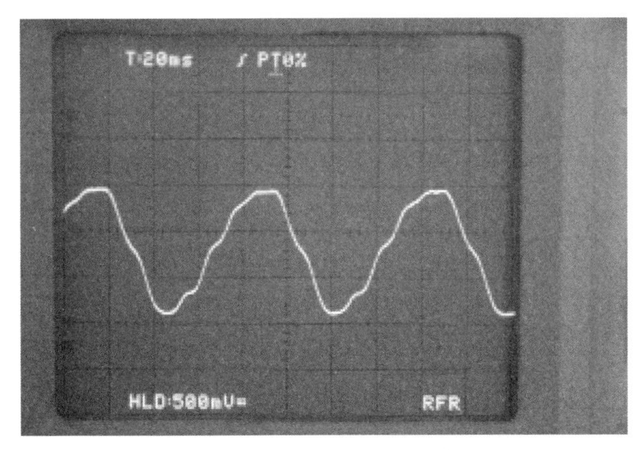

Abb. 285: Induzierte Spannung zwischen U und V

Die Leistungsdaten des verwendeten Motors sind: Nenndrehzahl: 6000 1/min, Nennspannung: 180 V bei Dreieckschaltung, Nennmoment: 0,65 Nm, Nennleistung 415 W, Magnetwerkstoff: Neodym-Eisen-Bor.

Bei dem Versuch wurde der Motor angetrieben und die Spannungen an den Statorspulen wurden gemessen. Der Motor arbeitet also als Generator. Insgesamt ergibt sich ein trapezförmiger Spannungsverlauf.

Natürlich wird der Motor normalerweise mit einer blockförmigen Spannung versorgt. Es bildet sich dann eine Differenzspannung zwischen der angelegten und der induzierten Spannung aus. Infolge der Trapezform der induzierten Spannung werden näherungsweise Spannungsblöcke auch bei höheren Drehzahlen entstehen.

Durch die Verzögerungswirkung in den Spulen entstehen in der Maschine allerdings nur bei sehr kleinen Drehzahlen blockförmige Ströme. Bei höheren Drehzahlen wird die Stromform stark verzerrt.

14.5 Sinuskommutierung

Zu Erzielung einer besseren Positioniergenauigkeit verwendet man genauere Messsysteme für die Rotorlageerkennung. Die Ansteuerung der Spulen des Stators wird dann ebenfalls aufwendiger, denn es müssen genau berechnete, sinusförmige Wechselspannungen für die drei Motorphasen mit dem Wechselrichter erzeugt werden. Wir wollen diesen Vorgang an einem Beispielmotor beschreiben.

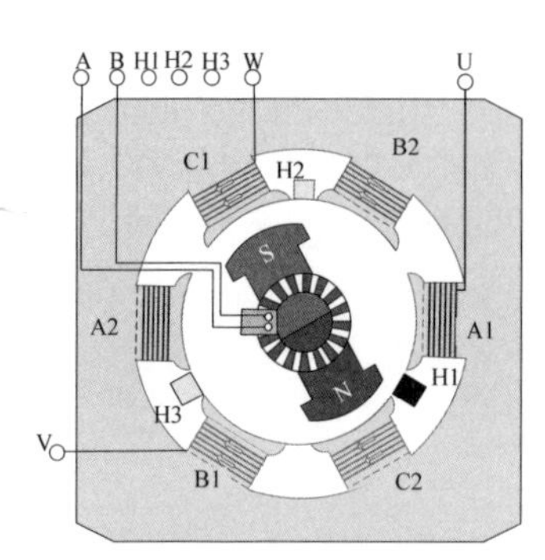

Abb. 286: Sinuskommutierung des Stroms

Die Abb. 286 stellt als ein Beispiel den bereits behandelten Synchron-Servomotor mit den integrierten Hall-Sensoren zur Messung der Rotorposition dar. Die Feinauflösung der Winkellage wird über eine Scheibe mit wechselnden, dunkeln und hellen Abschnitten realisiert. Es handelt sich um einen Inkrementalgeber (oder Encoder) zur Winkelmessung. Zwei optische Sensoren erfassen bei der Drehung des Rotors die hellen bzw. dunklen Streifen und leiten die Signale A und B zu einer Auswerteelektronik. Diese Schaltung zählt die Anzahl der Hell-Dunkelübergänge und kann damit den Winkel mit einer Genauigkeit, die von der Streifenzahl abhängt, messen. Wir nehmen an, dass die Streifenscheibe, die in der Zeichnung abgebildet ist, 36 schwarze und 36 weiße Abschnitte besitzt. Damit beträgt die Auflösung des Winkels 5°, denn es gibt 72 Hell-Dunkelübergänge.

Die absolute Raumwinkelmessung des Rotors mit drei Hall-Sensoren lässt sich mit der inkrementellen Messung des Gebers kombinieren. Das hat den Vorteil, dass auch nach dem Einschalten des Motors mit den Hall-Sensoren der Winkel absolut gemessen werden kann. Der Motor fährt dann, zuerst ohne den Inkrementalgeber auszuwerten, an, und wenn die nächste Signaländerung der Hall-Geber erfolgt, kann das Inkrementalgebersignal ausgewertet werden. Die absolute Winkellage ist zu diesem Zeitpunkt genau bekannt und die den Inkrementalgeber-Signalwechseln entsprechenden Winkeländerungen werden anschließend einfach aufaddiert oder abgezogen.

Die Winkellage des Statorfeldes wird mit einer Genauigkeit von 5° vorgegeben. Die Abb. 287 stellt drei quantisierte und normierte Stromverläufe der Statorstränge, sowie die resultierende Lage des Magnetflusses im Stator dar. Diese Darstellung ist uns aus Abschnitt 11.5.2 bereits bekannt. Die Ströme sind normiert auf die jeweils gleiche Amplitude. Man kann zu einem Winkel die Verteilung der Ströme auf die Stränge 1, 2 und 3 ablesen. Beispielsweise beträgt die Stromverteilung bei α=90°: $\frac{i_1}{\hat{i}} = 1, \frac{i_2}{\hat{i}} = -0.5, \frac{i_3}{\hat{i}} = -0,5$.

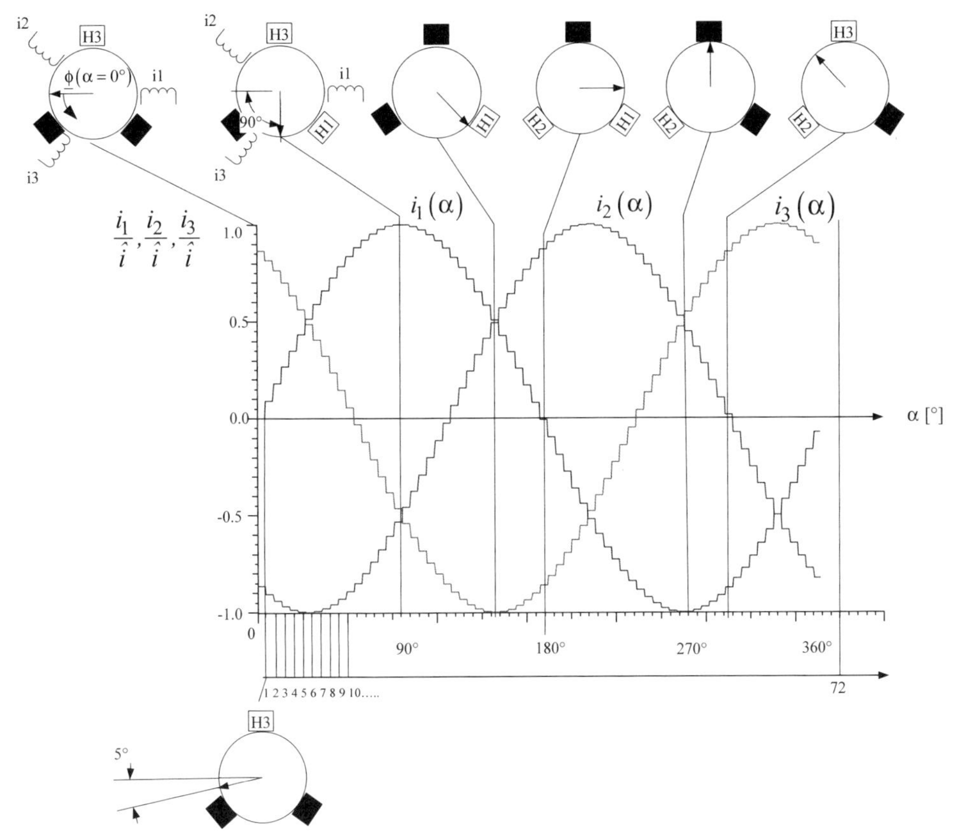

Abb. 287: Darstellung der drei Motor Strangströme und Zuordnung einer Dezimalzahl zu den möglichen Winkel-Messwerten

Falls der Messwert der Rotorlage den Wert 0° oder 180° anzeigt, sollten diese Stromwerte eingestellt werden. Dann wird das Motormoment maximal.

Die Einstellung dieser Stromwerte geschieht z. B. mithilfe der Methode der Raumzeigemodulation oder der beschriebenen Sinus-Dreieck-Pulsweitenmodulation. Die Methode der Raumzeigermodulation stellt den Spannungsraumzeiger durch Takten zweier elektronischer Schalter der Wechselrichterschaltung auf einen vorgegebenen Raumwinkel ein. Dadurch wird die Richtung des Raumzeigers des Magnetflusses im Stator gesteuert. Eine genauere Darstellung der Methode ist z.B. in (Michel, 2008) zu finden.

Die Abb. 288 stellt das Ansteuerungsschema des sinuskommutierten Synchron-Servomotors dar. Die Rotorstellung wird über den Encoder und die Hallsensoren ermittelt. Jeder Winkel entspricht einer Zahl zwischen 1 und 72. Dieser Zahl werden durch die Logik die passenden Modulationsfunktionen zugewiesen, sodass sich gemäß der Sternschaltung der gewünschte Magnetfluss-Raumzeiger einstellt.

Die Erzeugung der gewünschten Ströme erfolgt in der beschriebenen Art im Sinne einer Steuerung. Aus Gründen der Genauigkeit kann eine Stromregelung erforderlich werden. Im nächsten Bild ist das Prinzip dargestellt. Die für die Regelung erforderliche Strommessung wird über Messwandler in zwei Strangströmen durchgeführt. Der Strom im dritten Strang

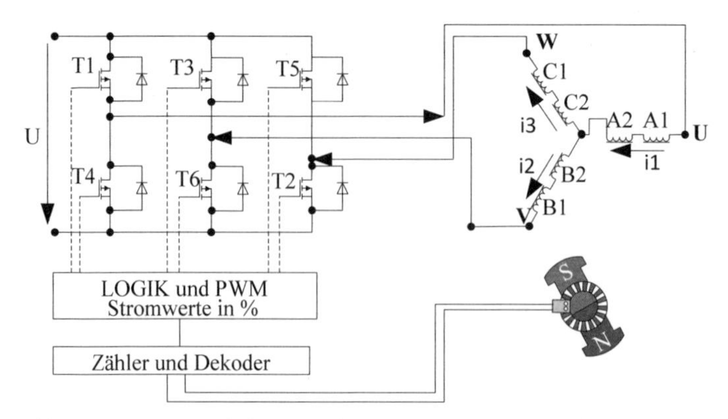

Abb. 288: Ansteuerschaltung zur elektronischen Sinuskommutierung

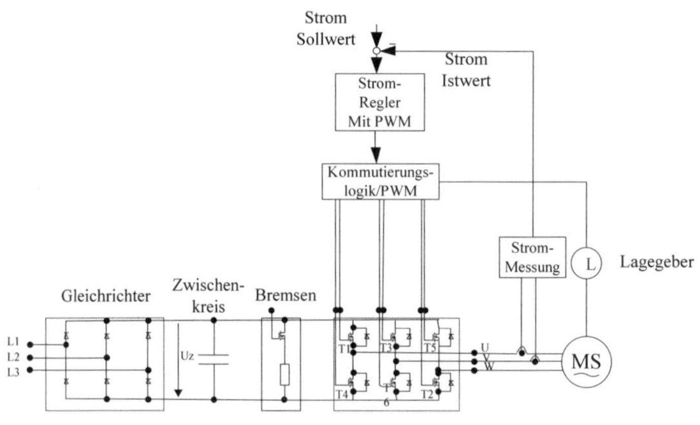

Abb. 289: Stromregelung

kann bei gleichen Verhältnissen pro Strang berechnet werden. Während die Stromrichtung durch die Pulsweiten- oder Raumzeigermodulation bestimmt wird, erfolgt die Einstellung des Strom-Betrages über die Stromregelung.

14.6 Lageregelung

Wir haben bereits in Abb. 13 die Anwendung eines Synchron-Servomotors kennengelernt. Der Motor wurde als Positionierantrieb verwendet. Der Antrieb des Motors erfolgt über einen Zahnriemen auf eine Linearachse. Die Winkellage des Rotors des Synchron-Servomotors wird gemessen und der Strom elektronisch kommutiert. Dazu wird in diesem Fall ein Resolver-Messsystem verwendet, das die Winkellage sehr genau und absolut erfassen kann.

Damit die gewünschte Position genau erreicht werden kann, sind umfangreiche Regel-Vorgänge erforderlich. Wir betrachten dazu das folgende Bild, das drei Rückkopplungsschleifen enthält. Der Lagegeber meldet die Winkellage des Antriebs. Der Winkel wird mit θ_{Ist} bezeichnet. Der Lageregler vergleicht diese erreichte Winkellage mit der vorgegebenen Soll-Winkellage θ_{Soll}. Falls eine Winkelabweichung vorliegt, muss der Antrieb beschleunigt oder verzögert werden. Dazu dient ein Drehzahlregelkreis. Durch eine Differenziation des Lagegeber-Signals wird die Drehzahl des Armteils berechnet. Der Lageregler stellt dem Drehzahlregler eine neue Ziel-Drehzahl n_{Soll} als Zielwert zur Verfügung. Im Falle einer Abweichung der Soll- von der Istdrehzahl erfolgt die Vorgabe eines neuen Strom-Sollwertes für den Stromregler, der im Inneren der verschachtelten Regelungsstruktur erkennbar ist. Der Stromregler vergleicht einen Strom-Messwert mit dem vorgegebenen Sollwert des Stroms und berechnet einen neuen Eingangswert für die PWM.

Man nennt eine Regelung, die mehrere Regelgrößen enthält, die getrennt mit eigenen Reglern geregelt werden, eine Kaskadenregelung. Viele elektrische Positionier-Aktoren verwenden eine derartige Struktur.

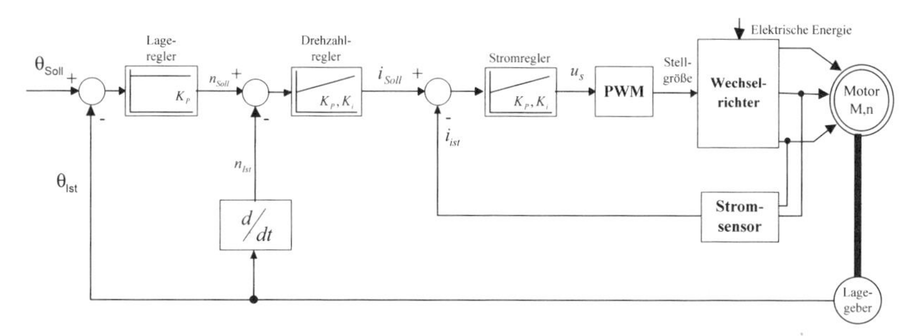

Abb. 290. Servo Regelkreisstruktur

Die Bestimmung geeigneter Regelparameter für den Lage-, Drehzahl- und Stromregler kann mit den Methoden der Regelungstechnik erfolgen. Häufig nutzt man Frequenzgangverfahren, wie das symmetrische Optimum oder das Betragsoptimum. Die Verfahren werden in weiterführenden Lehrbüchern der Regelungstechnik erläutert. (Unbehauen H. , 2008)

Zusammenfassung

Der Synchronservomotor ist vom Aufbau her wie ein Synchronmotor oder Schrittmotor aufgebaut. Er unterscheidet sich durch Einbeziehung von Sensorsignalen für die Ermittlung der Rotorlage vom normalen Synchronmotor. Die Auswertung der Sensorsignale und die Regelkreise sind in Servoverstärkern untergebracht. In modularer Bauart bestehen die Servoverstärker aus Versorgungs-, Kondensator- und Achsmodulen. An den Servoverstärker können mehrere Servomotoren angeschlossen werden. Ein wesentlicher Bestandteil der Servostärker ist der Frequenzumrichter. Pro Achse wird ein Wechselrichter verwendet, um ein Stator Drehfeld zu erzeugen. Man unterscheidet die Blockkommutierung und die Sinuskommutierung. Die Sinuskommutierung benötigt genauere Sensoren, führt aber zu einem gleichmäßigeren Drehmomentenverlauf.

Kontrollfragen

105. Beschreiben Sie den Aufbau eines Synchronservomotors.
106. Was ist der Unterschied zwischen mechanischen und elektrischen Winkeln?
107. Kann ein Synchronservomotor aus dem Stillstand anfahren?
108. Wozu dienen die Rotor-Lage-Sensoren.
109. Was versteht man unter der elektronischen Kommutierung?

110. In einer Dreieckschaltung der Motorspulen mit gleichen Induktivitäten und Widerständen ist die Klemme U mit dem Minuspol einer 12-V-Batterie verbunden und die Klemme V mit dem Pluspol. Welche Größe und Lage hat das resultierende Magnetfeld im Vergleich zum Magnetfeld in der Wicklung zwischen U und V?

15 Zusammenfassung

Das vorliegende Lehrbuch gibt eine Einführung in die Fachgebiete der elektrischen Maschinen und Aktoren. Die Bestandteile der Aktoren, der Energiesteller und der Energiewandler wurden an Beispielen erläutert.

Aktoren können nach der genutzten Energieform eingeteilt werden. Wir unterscheiden Aktoren, die mit elektrischer, pneumatischer, hydraulischer, chemischer und thermischer Energie arbeiten. Aktoren lassen sich auch nach der Bewegungsart einteilen. Wir unterscheiden drehend wirkende von geradlinigen Aktoren.

Aktoren können einen Energieübertrager, wie z. B. ein Getriebe enthalten. Die zur grundlegenden Berechnung von mechanischen Energieübertragern, wie Getrieben, erforderlichen Formeln wurden vorgestellt.

Zum Verständnis magnetischer Kreise wurden wichtige, physikalische Zusammenhänge erläutert. Die Berechnung magnetischer Größen, wie z. B. der Durchflutung, der magnetischen Feldstärke oder der Flussdichte wurde für verschiedene Leiteranordnungen dargestellt. Mit dem Materialgesetz kann der Zusammenhang der Flussdichte und der Feldstärke in verschiedenen Materialien ermittelt werden. Das Durchflutungsgesetz dient dazu, den Zusammenhang zwischen dem elektrischen Strom und den magnetischen Größen zu bestimmen. Man kann z. B. die Durchflutung berechnen, wenn die magnetische Flussdichte gegeben ist.

Die magnetischen Aktoren können aus Spulen, einem Anker und einer oder mehreren mechanischen Rückstellfedern bestehen. In Verbindung mit der Rückstellfeder und einer unterschiedlichen Stromstärke durch die Magnetspule, können unterschiedliche Hübe erzeugt werden. Damit wird der Hubmagnet zum Proportionalmagnet, im Gegensatz zu dem binär arbeitenden Auf/Ab-Magneten. Ein wichtiges Anwendungsgebiet für Hubmagnete ist der Kfz Bereich, wo elektromagnetische Einspritzventile zur Kraftstoff-Einspritzung arbeiten. Aber auch in der Hydraulik werden Proportionalmagnete in Proportional- und Servoventilen eingesetzt.

Wir haben gelernt, dass es konventionelle und unkonventionelle Aktoren gibt. Die Piezostapelaktoren stellen eine wichtige Gruppe der unkonventionellen Aktoren dar. Die Piezoaktoren mit unbegrenzter Auslenkung können als Kleinmotoren bezeichnet werden. Wir lernten den Inchworm-Motor, den Piezo-LEGS-Motor und den PAD-Motor (Kappel-Motor) kennen. Die Anwendung des Piezoaktors im Kraftstoff-Einspritzventil wurde erklärt.

Wir haben uns mit den Tauchspulenaktoren beschäftigt, die durch die Kraftwirkung auf stromführende Leiter gekennzeichnet sind. Die Anwendungen dieser Aktoren reichen von Festplattenlaufwerken bis zum elektronisch kommutierten Linearmotor. Damit eine kontinuierliche Kraft auf die stromführenden Leiter entsteht, erfolgt eine elektronische Kommutierung mit Hilfe von Hall-Sensoren.

Wichtige motorische Aktoren sind die Schrittmotoren. Wir haben die Reluktanz- Permanentmagnet- und Hybrid-Schrittmotoren kennengelernt. Die Reluktanz-Schrittmotoren besitzen einen Rotor aus Weicheisen, während der Rotor der PM-Schrittmotoren mit Permanentmagneten bestückt ist.

Die Schrittmotoren verändern die Lage des Rotors diskontinuierlich in Schritten. Die Ansteuerung der Schrittmotoren erfolgt über eine elektronische Schaltung mit Leistungs-Stellgliedern, wie z.B. Mosfets. Die Leistungs-Stellglieder werden von einem Rechner aktiviert, der der Schaltung die Schrittzahl und die Fahrtrichtung übergibt.

Je nachdem ob die Stränge des Schrittmotors das Magnetfeld nur in einer Richtung oder auch in der umgekehrten Richtung aufbauen müssen, werden unipolare oder bipolare Steuerschaltungen verwendet. Die unipolare Ansteuerung reicht zur Ansteuerung von Reluktanz-Schrittmotoren. Die Berechnung des Schrittwinkels hängt ab von der Polpaarzahl und der Strangzahl.

Die Gleichstrommaschinen besitzen eine mechanische Kommutierung. Je nach Verschaltung der Erregerspule unterscheiden wir die fremderregte Maschine, die Nebenschlussmaschine und die Reihenschlussmaschine. Die Vorteile der verschiedenen Bauformen können bei der Doppelschlussmaschine kombiniert werden. Wichtige Größen der Gleichstrommaschine können mit Hilfe von einfachen Berechnungsvorschriften ermittelt werden.

Das Prinzip der Kommutierung wird auch beim Scheibenläufermotor verwendet. Dieser verwendet einen Scheibenläufer aus Kunststoff, der ein geringes Trägheitsmoment besitzt. Dadurch wird der Antrieb dynamisch.

Weiterhin wurden in diesem Buch die elektrischen Drehfeldmaschinen behandelt. Sie stellen eine besonders weit verbreitete Gruppe der elektrischen Maschinen dar und unterscheiden sich von den Gleichstrommaschinen dadurch, dass sie keinen mechanischen Kommutator benötigen und mit mehrphasigem Wechselstrom betrieben werden.

Die Drehfeldmaschinen werden in die Synchron- und die Asynchronmaschinen unterteilt. Die Asynchronmaschinen nutzen die Induktion von Spannungen in kurzgeschlossenen Wicklungen des Läufers aus und werden in die Gruppe der Käfigläufer und der Schleifringläufer unterteilt. Die Schleifringläufermaschinen können im Drehzahl- und Anlaufverhalten beeinflusst werden, indem in den Läuferstromkreisen durch Zuschaltung von Widerständen der Schlupf beeinflusst wird. Die Drehmoment-Drehzahl-Kennlinien der Asynchronmaschine sind durch ein Kippmoment gekennzeichnet, das größer sein kann als das Anlaufmoment. Das Ersatzschaltbild der Asynchronmaschine wird aufgestellt, in dem man die Läufergrößen durch das Windungsverhältnis der Spulen auf den Statorstromkreis eines Stranges umrechnet.

Die Berechnung der Stromkomponenten Wirkstrom und Blindstrom, aber auch der Leistungen und Drehmomente in Abhängigkeit des Schlupfes, kann mithilfe der Stromortskurve erfolgen. Es wurde die Stromortskurve der Asynchronmaschine angegeben, die den Strom in Abhängigkeit des Schlupfes in einer komplexen Ebene darstellt. Die Drehzahl der Asynchronmaschine wird durch Spannungsänderung oder mit Hilfe von Frequenzumrichtern gesteuert. Dabei ist es wichtig, proportional zur Frequenz des Drehfelds die Spannung anzupassen, damit der Magnetfluss konstant bleibt.

Die Synchronmaschine arbeitet ebenfalls mit einem Drehfeld und wird als Generator und Motor eingesetzt. Die Drehzahl-Drehmoment-Kennlinie des Synchronmotors zeigt keinen Drehzahlabfall bei Belastung. Allerdings kann ein Kippmoment nicht überschritten werden, da der Motor sonst stehen bleibt.

Eine Sonderform des Synchronmotors ist der Synchron-Servomotor, der auch als bürstenloser Gleichstrommotor bezeichnet wird. Der Motor wird zur Positionierung in Steuerungen eingesetzt und besitzt eine Permanentmagnet-Erregung. Die Lage des Rotors wird durch ein Sensorsystem detektiert und einem Mikrorechner zugeleitet. Dieser steuert einen Wechselrichter an, um ein möglichst konstantes Drehmoment zu erhalten. Dadurch wird eine lastabhängige Drehzahlverstellung bewirkt. Der Motor verhält sich dadurch bei Belastung wie eine Gleichstrommaschine. Der Motor kann bis zum Stillstand belastet werden. Durch die Verwendung einer elektronischen Kommutierung kann auf den mechanischen Stromwender verzichtet werden. Abschließend wurde auf die Regelung der Winkellage des Synchron-Servomotors eingegangen. Da die Regelungstechnik ein eigenständiges Wissensgebiet darstellt kann in weiterführenden Lehrbüchern dieses wichtige Thema vertieft werden.

16 Lösung der Kontrollfragen

1.

Der Aktor liefert einen Weg und eine Kraft, also als Produkt eine mechanische Energie.

2.

Es wäre nicht möglich, aus einem leistungsschwachen Stellsignal ein stärkeres Energie-Stellsignal zur Bewegung des Aktors zu generieren. Die notwendige Energie könnte nicht eingestellt werden. Der Aktor würde immer mit der gleichen Energie arbeiten. Er wäre nicht anpassbar an wechselnde Aufgabenstellungen.

3.

Der Werkstoff besteht zu ungefähr gleichen Teilen aus Nickel und Titan. Aktoren, die dieses Material nutzen, werden auch als Memory-Metall-Aktoren bezeichnet. Das Material hat die Eigenschaft, sich nach einer plastischen Verformung, an die frühere Form zu erinnern. Diese frühere Form kann über die Zuführung von thermischer Energie wieder eingenommen werden.

4.

Ein magnetorheologisches Fluid kann über ein magnetisches Feld seine Viskosität ändern. Mit diesen Fluiden werden neuartige Fluid-Ventile und mechanische Kupplungen ausgerüstet.

5.

Magnetostriktive Aktoren erfahren unter Einwirkung eines Feldes eine Auslenkung. Sie werden aus dem Werkstoff Terfenol-D hergestellt.

6.

Ein Energiewandler wandelt verschiedene Energieformen, also z. B. thermische in mechanische Energie oder fluidische in mechanische Energie. Der Übertrager behält die Energieform bei. Das Verhältnis der zur Energieübertragung beteiligten Größen ändert sich. Z.B. wird über ein Getriebe das Verhältnis der Drehzahlen und Drehmomente am Ein- und Ausgang geändert.

7.

Ein Servomotor enthält Regelkreise, um Positionen und/oder Geschwindigkeiten bzw. Winkellagen und Drehzahlen einzuhalten. Der Linearmotor kann ebenfalls mit Regelkreisen ausgestattet werden. In dieser Form wäre er ein Servomotor.

8.

Der Aktor besitzt die Bestandteile Energiesteller, Energiewandler und evtl. Energie-Übertrager.

9.

Diese Anordnung überträgt eine mechanische Energie. Es handelt sich also um einen Energieübertrager.

10.

$$P = F \cdot v = 30\frac{\text{km}}{\text{h}} \cdot \frac{1\text{h}}{3600s} \cdot \frac{1000\text{m}}{1\text{km}} \cdot 100\text{N} = 833{,}33\text{W}$$

$$P_{el} = U \cdot I = P$$

$$I = \frac{P}{U} = \frac{833{,}33\text{W}}{40\text{V}} = 20{,}83\text{A}$$

11.

Ein Aktor muss Widerstandskräfte und Beschleunigungskräfte überwinden.

12.

Man verwendet ein Getriebe.

13.

$$F = m \cdot a = m \cdot \frac{dv}{dt} = 1\,\text{kg} \cdot \frac{2\frac{\text{m}}{\text{s}}}{0{,}5\,\text{s}} = 4\,\text{N}$$

$$v_{max} = 2\frac{\text{m}}{\text{s}}$$

$$P_{max} = F \cdot v_{max} = 4\,\text{N} \cdot 2\frac{\text{m}}{\text{s}} = 8\,\text{W}$$

Diese maximale Leistung wird nach 0,5 s benötigt.

14.

$$J_A' = \frac{J_A}{\eta} \cdot \frac{n_A^2}{n_M^2} = \frac{0{,}9\,\text{kg}\cdot\text{m}^2}{0{,}9} \cdot \left(\frac{20\,\text{min}^{-1}}{1000\,\text{min}^{-1}}\right)^2 = 0{,}0004\,\text{kg}\cdot\text{m}^2$$

15.

$$R_{m,L} = \frac{L_L}{\mu_0 \cdot A} = \frac{0{,}002\,\text{m}}{1{,}256\cdot 10^{-6}\frac{\text{Vs}}{\text{Am}} \cdot 25\,\text{mm}^2 \cdot \frac{10^{-6}\text{m}^2}{\text{mm}^2}} = 63694267\,\frac{\text{A}}{\text{Vs}}$$

$$R_{m,Eisen} = \frac{L_E}{\mu_{Eisen} \cdot A} = \frac{0{,}5\,\text{m}}{2000\frac{\text{Vs}}{\text{Am}} \cdot 25\,\text{mm}^2 \cdot \frac{10^{-6}\text{m}^2}{\text{mm}^2}} = 10\,\frac{\text{A}}{\text{Vs}}$$

16.

$$\phi = \phi_L = \phi_E = B \cdot A = 1{,}2\frac{\text{Vs}}{\text{m}^2} \cdot 25\,\text{mm}^2 \cdot \frac{10^{-6}\text{m}^2}{\text{mm}^2} = 3\cdot 10^{-5}\,\text{Vs}$$

17.
Die Koerzitivfeldstärke führt zu einer verschwindenden, magnetischen Flussdichte.

18.
Ja die Remanenz-Flussdichte.

19.
$$H_i = \frac{N \cdot I}{2\pi r_m}$$
$$r_m = r_i + \frac{r_a - r_i}{2} = 0{,}01\text{ m} + 0{,}0025\text{ m} = 0{,}0125\text{ m}$$
$$H_i = \frac{100 \cdot 2\text{A}}{2\pi \cdot 0{,}0125\text{ m}} = 2546{,}48\,\frac{\text{A}}{\text{m}}$$

20.
$$N \cdot I = 796\text{ A}$$
$$N = \frac{796\text{ A}}{5\text{ A}} = 159$$

21.
$$T = \frac{L}{R} = \frac{0{,}01\frac{\text{Vs}}{\text{A}}}{1\frac{\text{V}}{\text{A}}} = 0{,}01\text{ s}$$

22.
Es handelt sich um eine lineare Differenzialgleichung erster Ordnung mit konstanten Koeffizienten.

23.
$$K = \frac{1}{R} = \frac{\Delta I}{\Delta U} = \frac{2\text{A}}{10\text{V}} = 0{,}02\,\frac{\text{A}}{\text{V}}$$
$$\rightarrow R = \frac{1}{K} = 5\,\Omega$$

24.
Die Verwendung von Wechselstrom führt zu Brummen und zu Hystereseverlusten. Durch die Änderung des Stroms wird die Hystereseschleife der Magnetisierungskennlinie durchlaufen. Die Ummagnetisierung führt zu Energieverlusten. Die Änderung des magnetischen Feldes durchsetzt den Eisenkern. Dadurch kann es zur Ausbildung von Wirbelströmen kommen.

25.

$$F_m = \frac{1}{2} \cdot \frac{B^2}{\mu_0} \cdot A = \frac{1}{2} \cdot \frac{\left(1 \cdot \frac{\text{Vs}}{\text{m}^2}\right)^2}{1{,}256 \cdot 10^{-6} \frac{\text{Vs}}{\text{Am}}} \cdot 5\ \text{mm}^2 \cdot \frac{10^{-6}\,\text{m}^2}{\text{mm}^2} = 3{,}14\ \text{N}$$

26.

Man baut ein angepasstes Ankergegenstück, um den magnetischen Fluss zu führen.

27.

Da der Strom nicht weiter erhöht werden sollte, wenn der Magnet in der Sättigung ist, kann nur die Fläche vergrößert (verdoppelt) werden.

$$F_{m,} = \frac{1}{2} \cdot \frac{B^2}{\mu_0} \cdot A$$

28.

Die Kraft, die von außen auf den Aktor wirken muss, damit er sich bei Anlegen einer Spannung nicht ausdehnt.

29.

Barium-Titanat oder Blei-Zirkonat-Titanat sind bekannte Werkstoffe für Piezo Aktoren.

30.

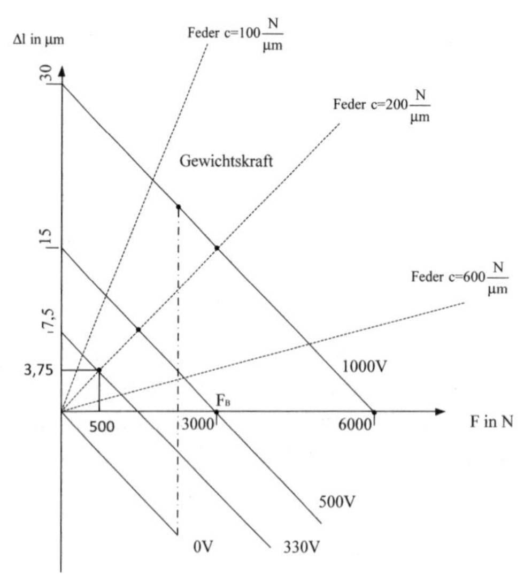

Abb. 291: Kennlinien Piezoaktor

Der Aktor erreicht eine Auslenkung von ca. 7,5 µm. Die Blockierkraft beträgt etwa 1000 N. Bei einer gegebenen Steifigkeit von 200 N/µm beträgt die Auslenkung 3,75 µm. Die Lösung kann grafisch oder rechnerisch ermittelt werden.

31.

$$\begin{pmatrix} d_{31} = 250 \dfrac{\text{pm}}{\text{V}} \\ U = 200\text{V} \end{pmatrix}$$

$$\Delta r = d_{31} \cdot r \cdot \frac{U}{d} = 250 \cdot 10^{-12} \frac{\text{m}}{\text{V}} \cdot 0{,}02\,\text{m} \cdot \frac{200\,\text{V}}{0{,}001\,\text{m}} = 1\,\mu\text{m}$$

32.
Der geringe Hub kann durch eine mechanische Übersetzung, z. B. einem Parallelogramm oder einen hydrostatischen Übertrager heraufgesetzt werden.

33.
Das Bauteil hat mehrere Funktionen, es führt eine Wegübersetzung durch und soll thermische Auslenkungen ausgleichen.

34.
Der Piezo-Injektor ist schneller als Elektromagnete und besitzt eine geringere Masse als der Anker eines Magneten. Dadurch hat er eine geringere Trägheit. Außerdem ist die Einheit kompakter und ausfallsicherer.

35.
Durch die Ansteuerung der Beine in umgekehrter Reihenfolge bezogen auf Bild 52.

36.
Inchworm-Motoren nutzen 2 Rohraktoren mit radialer Auslenkung und einen Rohr-Aktor mit axialer Auslenkung.

37.

$$0{,}01 = \frac{R - r}{R}$$

$$r = R - 0{,}001 \cdot R = R \cdot 0{,}999 = 4{,}995\ \text{mm}$$

38.
Ein magnetischer Aktor würde bei einem weiten Hub zu groß bauen. Denn die wirksame Magnetfläche bedingt bei konstanter Flussdichte B einen höheren magnetischen Fluss. Der Fluss muss auch in den Rückschluss-Querschnitten geführt werden, da die Flussdichte nicht vergrößert werden kann (magnetische Sättigung). Damit wird der Aktor schwer und groß.

39.

$$A_L \approx 0{,}02\ \text{m} \cdot \pi \cdot 0{,}07\ \text{m} = 0{,}004398\ \text{m}^2$$

$$A_M = \frac{\pi \cdot d^2{}_M}{4} = \frac{\pi \cdot 0{,}06^2\,\text{m}^2}{4} = 0{,}00283\ \text{m}^2$$

$$\tan(\alpha) = \frac{B_M}{H_M} = -\frac{L_M \cdot \mu_0 \cdot A_L}{L_L \cdot k_V \cdot A_M} =$$

$$\tan(\alpha) = -\frac{0{,}030\ \text{m} \cdot 1{,}256 \cdot 10^{-6}\ \frac{\text{Vs}}{\text{Am}} \cdot 0{,}004398\ \text{m}^2}{0{,}01\ \text{m} \cdot 0{,}95 \cdot 0{,}00283\ \text{m}^2} = -0{,}000006164\ \frac{\text{Vs}}{\text{Am}} = -6{,}164\ \frac{\text{mVs}}{\text{kAm}}$$

$$\tan(\alpha) = -6{,}164\ \frac{\text{mT}}{\text{kA/m}}$$

$$\rightarrow \alpha \approx -80{,}78°$$

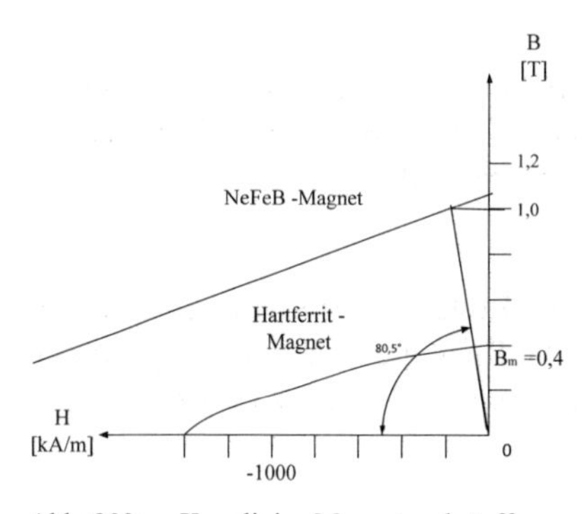

Abb. 292: Kennlinien Magnetwerkstoffe

Damit beträgt die Flussdichte im Magneten $B_M = 1$ T. Im nächsten Rechenschritt berechnen wir die Flussdichte im Luftspalt.

$$B_L = \frac{k_V \cdot B_M \cdot A_M}{A_L} = 0{,}95 \cdot 1\ \text{T} \cdot \frac{0{,}00283\ \text{m}^2}{0{,}004398\ \text{m}^2} = 0{,}611\ \text{T}$$

$$F = N \cdot B_L \cdot I \cdot L = 0{,}611\ \text{T} \cdot 50 \cdot 2\text{A} \cdot \pi \cdot 0{,}07\ \text{m} = 13{,}44\ \text{N}$$

40.

b und c

41.

a)

$$K = \frac{\Delta I}{\Delta U} = \frac{4\text{A}}{12\text{V}} = 0{,}33\ \frac{\text{A}}{\text{V}}$$

$$R = \frac{1}{K} = 3\ \Omega$$

b)
T wird aus der Sprungantwort zu der Zeit t, bei der i(t) gerade 63 % des stationären Endwerts erreicht, abgelesen.

T = 3 ms = 0,003 s

c)

$$T = \frac{L}{R}$$

$$L = T \cdot R = 0,003\ \text{s} \cdot 3\ \frac{\text{V}}{\text{A}} = 0,003 \frac{\text{Vs}}{\text{A}} = 0,003\ \text{H}$$

42.
Es gibt den Reluktanz-Schrittmotor, dessen Rotor aus Weicheisen besteht, den Permanentmagnetschrittmotor und den Hybrid-Schrittmotor.

43.
Ein Rechner gibt die Anzahl der Schritte und die Fahrtrichtung an eine elektronische Schaltung vor. Die Signale des Rechners steuern elektronische Leistungsschalter z. B. Transistoren, die Wicklungsstränge mit der Gleichspannungsversorgung verbinden.

44.
Die Polarität spielt bei dem Reluktanz-Schrittmotor keine Rolle, da der Rotor keine permanentmagnetischen Pole enthält. Der Rotor stellt sich in die Richtung, in der der magnetische Kreis den geringsten magnetischen Widerstand, also die geringste Reluktanz besitzt.

45.
Der Langstator-Linearmotor besitzt im stationären Teil die Spulen zum Magnetfeldaufbau. Es ist keine Energieübertragung auf den Läufer notwendig. Die für die Bewegung benötigten Spulen können dann mit Energie versorgt werden, wenn der Läufer in die Nähe der Spulen kommt. Dadurch ist eine Energieeinsparung möglich.

46.
Der Kurzstator besitzt die Wicklungsstränge im Läufer. Das Problem der Energieversorgung des Läufers muss gelöst werden.

47.

$$\alpha = \frac{180°}{p \cdot s}$$

$$\alpha = \frac{180°}{24 \cdot 5} = 1,5°$$

48.
a) Das Antriebssystem stellt einen Linearmotor dar. (r)

b) Es handelt sich um einen Langstator-Antrieb.(r)

49.

$$\alpha = \frac{180°}{p \cdot s} = \frac{180°}{2 \cdot 2} = 90°$$

50.

Gegenuhrzeigersinn:

A1+, A2-;B1+, B2-;A1-, A2+;B1+, B2-;A1-, A2+;B1-, B2+;A1+, A2-;B1-, B2+

Uhrzeigersinn:

A1+, A2-;B1+, B2-;A1+, A2-;B1-, B2+;A1-, A2+;B1-, B2+;A1-, A2+;B1+, B2-

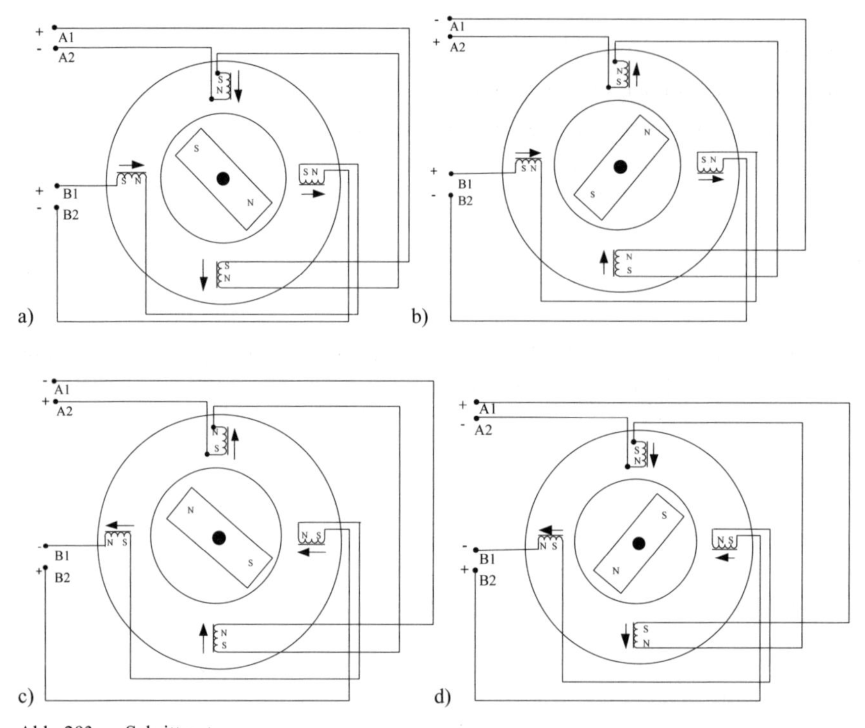

Abb. 293: Schrittmotor

51.

Das Rastmoment entsteht, wenn der Motor nicht bestromt wird. Der Rotor besteht aus Weicheisen und ist nicht magnetisch, daher ist er frei drehbar, wenn kein Statormagnetfeld vorhanden ist.

52.

$$\alpha = \frac{180°}{p \cdot s} = \frac{180°}{2 \cdot 5} = 18°$$

53.

$$\alpha = \frac{180°}{p \cdot s} = \frac{180°}{18 \cdot 3} = 3{,}3°$$

54.

$$\alpha = \frac{180°}{p \cdot s} = \frac{180°}{50 \cdot 2} = 1{,}8°$$

$$n = \frac{360°}{1{,}8°} = 200 \text{ Schritte}$$

55.

a) Hybrid-Schrittmotoren besitzen ein Haltemoment. (r)

b) Hybrid-Schrittmotoren kommen mit einer unipolaren Ansteuerung aus.

c) Ein Reluktanz-Schrittmotor benötigt eine bipolare Ansteuerung.

d) Der Rotor eines PM-Schrittmotors entwickelt ein Rastmoment. (r)

56.

Ansteuerung im Mikroschrittverfahren.

57.

Es entstehen keine Positionierfehler. Das Drehmoment ist ungleichförmig. Das wechselnde Moment erhöht den Verschleiß in den Lagern. Es können Schwingungsprobleme entstehen.

58.

Ja, denn es entsteht eine Richtung des resultierenden Magnetflusses, die nicht geplant sein kann.

59.

Ja, die Ströme und damit die Flussdichte müssen genau dem Sollwertverläufen entsprechen.

60.

Bei p = 1 beträgt der Polradwinkel 90°, bei p = 2 45°.

61.

Wir berechnen e für die Polpaarzahl 1 über die folgende Gleichung:

$$e_{p=1} = -\arcsin\left(\frac{100}{500}\right) = -11{,}5°$$

Bei der Polpaarzahl p = 30 wird dieser Winkel um den Faktor 30 kleiner:

$$e_{p=30} == \frac{11{,}5°}{30} = 0{,}38°$$

62.

Über die Freilaufdiode wird der Strom geführt, wenn der elektronische Schalter (Transistor, Mosfet, IGBT) ausgeschaltet ist und die Energie der Motorspule abgebaut werden muss.

63.

Der Kommutator wird auch Stromwender genannt und ändert die Stromrichtung in den Leiterschleifen, damit ein möglichst gleichmäßiges Moment entsteht.

64.

a)

Bei allen Leitern steht das Magnetfeld senkrecht zum Leiter und entwickelt denselben Betrag der Kraft. Die Richtung der entstehenden Kräfte liegt jedoch nur bei dem Leiter 3 in Umfangsrichtung. Auf die anderen Leiter wirkt nur eine Kraftkomponente in Umfangsrichtung.

b)

$$F = F_3 = I \cdot l \cdot B = 2{,}5\ \text{A} \cdot 0{,}1 \cdot 1 \frac{\text{Vs}}{\text{m}^2} = 0.25 \frac{\text{Ws}}{\text{m}} = 0{,}25\ \text{N}$$

$$F_{3t} = F \cdot cos\, 0 = 0{,}25\ \text{N}$$

$$\text{F}_{1t} = F \cdot cos\, 90° = 0\ \text{N}$$

$$F_{2t} = F \cdot cos\, 30° = 0{,}22\ \text{N}$$

$$F_{4t} = F \cdot cos\, 60° = 0{,}13\ \text{N}$$

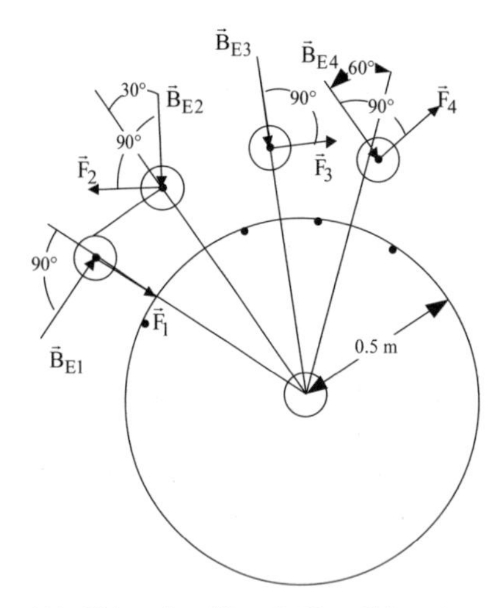

Abb. 294: Angriffspunkt Flussdichetvektor

65.

Bei einem labilen Gleichgewicht dreht sich die Leiterschleife, wenn sie etwas aus der Gleichgewichtslage ausgelenkt wird, selbstständig weiter. Lenkt man eine Leiterschleife aus einer stabilen Gleichgewichtslage etwas aus, so versuchen die entstehenden Kräfte, die Schleife wieder in diese Gleichgewichtslage zurückzubewegen.

66.

Maximale Momente ergeben sich für einen Drehwinkel von:

$90° \pm n \cdot 180°$

$n = 0, 1, 2, 3...$

67.

Sie führen die magnetischen Feldlinien, sodass über einen möglichst weiten Bereich des Drehwinkels die Tangentialkraft, die den Rotor antreibt, maximal und konstant wird.

68.

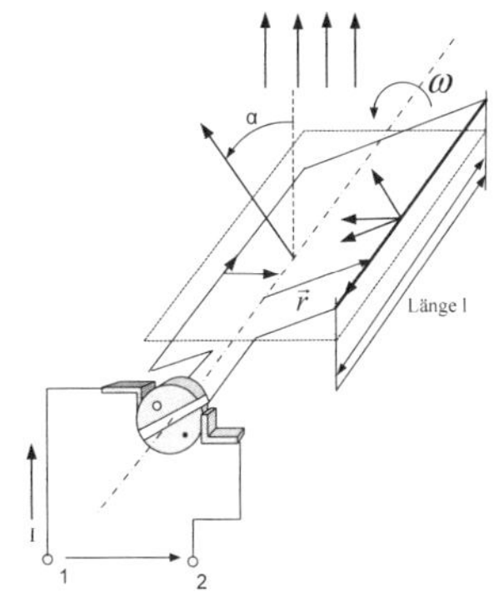

Abb. 295: Leiterschleife

69.

b) Die kommutierende Leiterschleife ist kurzgeschlossen, und die induzierte Spannung würde einen hohen Strom bewirken. (richtig)

70.

Das Ankerquerfeld führt zu einer Verringerung der magnetischen Flussdichte. Dadurch werden die entstehende Kraft und das Drehmoment verringert.

71.

Die mechanische Kommutierung führt zu einem Verschleiß der Kohle- oder Grafitbürsten. Damit ergeben sich Wartungskosten. Außerdem muss bei größeren Maschinen eine Kompensation des Ankerquerfeldes über Wendepole und eine Kompensationswicklung durchgeführt werden. Außerdem besteht die Gefahr von Kurzschlussströmen aufgrund der Stromverzögerung während der Kommutierung.

72.

Nein, sie soll die ungleiche Verteilung der Induktion in den Polbereichen ausgleichen.

73.

Wir berechnen zuerst die Spannungskonstante:

$$U_{q,N} = c \cdot \phi \cdot n_N$$

$$c \cdot \phi = \frac{U_{q,N}}{n_N} = \frac{190\ \text{V} \cdot 60s}{12000} = 0{,}95\ \text{Vs}$$

Mit Hilfe der gegebenen Daten berechnen wir den Ankerstrom im Nennbetrieb:

$$U = U_{q,N} + I_{A,N} \cdot R_A$$

$$I_{A,N} = \frac{U - U_{q,N}}{R_A} = \frac{10\ \text{V}}{0{,}7\ \Omega} = 14{,}29\ \text{A}$$

Das Drehmoment kann damit berechnet werden:

$$M_{i,N} = \frac{c \cdot \phi \cdot I_{A,N}}{2 \cdot \pi} = \frac{0{,}95\ \text{Vs} \cdot 14{,}29\ \text{A}}{2 \cdot \pi} = 2{,}16\ \text{Nm}$$

Die aufgenommene elektrische Leistung beträgt:

$$P_N = U \cdot I_{A,N} = 200\ \text{V} \cdot 14{,}29\ \text{A} = 2857{,}14\ \text{W}$$

Für die abgegebene Leistung gilt:

$$P_{i,N} = I_{A,N} \cdot U_{q,N} = 14{,}29\ \text{A} \cdot 190\ \text{V} = 2715\ \text{W}$$

$$P_{i,N} = M_N \cdot \omega_N = 2{,}16\ \text{Nm} \cdot \frac{\pi \cdot 12000}{30} \frac{1}{s} = 2714{,}34\ \text{W}$$

$$\eta = \frac{P_{i,N}}{P_N} = \frac{2715\ \text{W}}{2857{,}14\ \text{W}} = 0{,}95$$

74.

$$n_0 = \frac{U_A}{c \cdot \phi} = \frac{100\ \text{V}}{8\ \text{Vs}} = 12{,}5\ \frac{1}{\text{s}} = 750\ \frac{1}{\text{min}}$$

75.

a) $P_{N,el} = 440\text{V} \cdot 39\text{A} = 17160\ \text{W}$

$$P_{i,N} = \eta \cdot P_{N,el} = 0{,}92 \cdot 17160 = 15787{,}2\ \text{W}$$

b) $P_{i,N} = M_N \cdot \omega_N$

$$M_N = \frac{P_{i,N}}{\omega_N} = \frac{15787{,}2\text{W}}{\frac{\pi \cdot 1980 \frac{1}{\text{s}}}{30}} = 76{,}14\ \text{Nm}$$

76.

Der Wirkungsgrad beträgt ca. 78 %, die Drehzahl liegt bei ca. 4900 1/min.

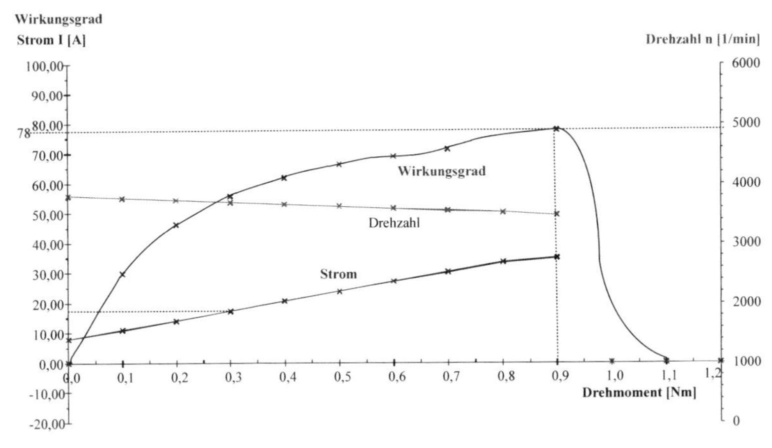

Abb. 296: Scheibenläufermotor

77.

Mit den abgelesenen Scheitelwerten lassen sich berechnen:

$$U = \frac{\hat{u}}{\sqrt{2}} = \frac{3{,}1\mathrm{V}}{1{,}42} = 2{,}19\mathrm{V}$$

$$\phi = \frac{\hat{\phi}}{\sqrt{2}} = \frac{1\mathrm{Vs}}{1{,}42} = 0{,}707\mathrm{Vs}$$

78.

$$T = 0{,}02s$$

$$\omega = \frac{2\pi}{T} = 314{,}2\frac{1}{s}$$

79.

$$S^2 = P^2 + Q^2$$

$$S = \sqrt{P^2 + Q^2}$$

Beweis :

$$P = U \cdot I \cdot \cos\varphi, Q = U \cdot I \cdot \sin\varphi,$$

$$S^2 = (U \cdot I \cdot \cos\varphi)^2 + (U \cdot I \cdot \sin\varphi)^2 = (U \cdot I)^2 \cdot \left(\cos^2\varphi + \sin^2\varphi\right)$$

$$\cos^2\varphi + \sin^2\varphi = 1!$$

$$S = \sqrt{P^2 + Q^2} = U \cdot I$$

$$S = 230\ \mathrm{V} \cdot 1\ \mathrm{A} = \sqrt{(216\ \mathrm{W})^2 + (78{,}6\ \mathrm{var})^2} = 230\ \mathrm{VA}$$

80.

Die Länge der Zeiger ergibt sich aus dem gewählten Maßstab, die Lage der Zeiger zueinander entspricht dieser Darstellung: Die Spannung eilt vor, weil φ beziehungsweise Q positiv ist.

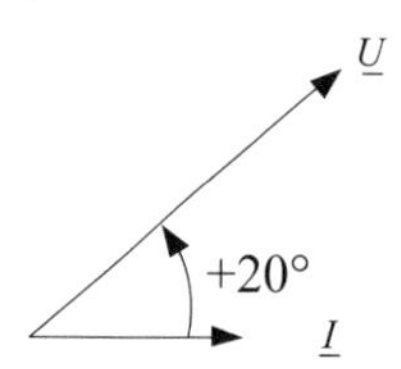

Maßstab I: 2 cm entsprechen 1A
Maßstab U: 2 cm entsprechen 100V

Länge des Zeigers für I : 2 cm
Länge des Zeigers für U : 4.6 cm

Abb. 297: Zeigerdiagramm

81.

$$Z = \frac{U}{I} = \frac{230\ \text{V}}{1\ \text{A}} = 230\ \Omega$$

82.

a) Die Last ist induktiv, da die Spannung dem Strom vorauseilt.

b)

$$U = \frac{300\ \text{V}}{\sqrt{2}} = 212{,}13\ \text{V}$$

$$I = \frac{3\ \text{A}}{\sqrt{2}} = 2{,}1213\ \text{A}$$

$$Z = \frac{U}{I} = 100\ \Omega$$

$$\pi \mathrel{\hat{=}} 10\text{ms}$$

$$\varphi \mathrel{\hat{=}} 2\text{ms}$$

$$\varphi = \frac{\pi}{5} = 0{,}628 \mathrel{\hat{=}} 36°$$

$$P = U \cdot I \cdot \cos\varphi = 212{,}13\text{V} \cdot 2{,}1213\text{A} \cdot \cos 36° = 364{,}05\ \text{W}$$

83.

Man benötigt zwei um 90° phasenverschobene Wechselspannungen. Diese Spannungen liegen an zwei, am Umfang des Stators einer elektrischen Maschine um 90° versetzt angeordneten Spulen. Es bildet sich so ein kreisförmiges Drehfeld aus.

84.

Die Erregung mit einem konstanten Magnetfeld geschieht bei einer Innenpolmaschine über den Rotor im Inneren des Stators. Bei der Außenpolmaschine befindet sich das erregende Magnetfeld am Stator, der bezüglich des Rotors außen liegt.

85.

Der Strom i_{L1} hat eine Periodendauer von T = 20 ms, daraus ergibt sich die Frequenz f = 50 Hz. Aus Gründen der Symmetrie gilt dies auch für die anderen Phasen.

86.

$n = f/p = 50\ \text{Hz}/2 = 25\ 1/\text{s} = 1500\ 1/\text{min}$

87.

$$\tau_P = \frac{d_S \cdot \pi}{2p} = \frac{U}{2p} = \frac{1\text{m}}{16} = 6{,}25\ \text{cm}$$

88.

Die Amplitude kann halbiert werden durch:

- Halbierung der Windungszahlen N der Drehstromspulen
- Halbierung der Drehzahl und somit der elektrischen Frequenz f oder
- Halbierung des Magnetflusses Φ.

Grundsätzlich können auch Kombinationen der Maßnahmen zum Ziel führen. Eine Änderung der Polpaarzahl hat keine Auswirkungen auf die Amplitude.

89.

$$M_{Stern} = \frac{P}{\omega} = \frac{220\ \text{W}}{\frac{\pi \cdot 1410}{30\text{s}}} = 1{,}5\ \text{Nm}$$

$$M_{Dreieck} = 3 \cdot 1{,}5\ \text{Nm} = 4{,}5\ \text{Nm}$$

90.

Der Strom in den Wicklungen beträgt. $I_S = \frac{I}{\sqrt{3}} = \frac{1{,}5A}{\sqrt{3}} = 0{,}866\ \text{A}$

91.

Die Asynchronmaschine mit Kurzschlussläufer hat sechs Anschlüsse, wenn alle Wicklungsenden nach außen geführt sind. Sind die Wicklungen in der Maschine fest verdrahtet, so sind nach außen nur drei oder – mit Sternpunkt – vier Anschlüsse geführt.

92.

a)

$$P_{auf} = \frac{P_{ab}}{\eta} = \frac{11000\,\text{W}}{0{,}815} = 13497\ \text{W}$$

$$I = \frac{P_{auf}}{\sqrt{3} \cdot U \cdot cos\,\varphi} = \frac{13497\,\text{W}}{\sqrt{3} \cdot 400 \cdot 0{,}85} = 22{,}9\ \text{A}$$

$$I_s = \frac{I}{\sqrt{3}} = 13{,}23\text{A}$$

b)

$$Q = \sqrt{3} \cdot U \cdot I \cdot \sin\varphi = \sqrt{3} \cdot 400\text{V} \cdot 22{,}9\text{A} \cdot \sin(31{,}79°) = 8357\ \text{var}$$

$$S = \sqrt{3} \cdot U \cdot I = 15865{,}6\ \text{VA}$$

c)

$P_V = P_{auf} - P_{ab} = 2497$ W

$$M = \frac{P}{\omega} = \frac{P}{\frac{2\pi \cdot n}{60s}} = \frac{11000\text{W}}{\frac{\pi \cdot 1455}{30\text{s}}} = 72{,}2\ \text{Nm}$$

93.

$$n_s = \frac{f}{p} = \frac{50}{2}\frac{1}{\text{s}} = 25\frac{1}{\text{s}} = 1500\,\frac{1}{\text{min}}$$

a)

$$s = \frac{n_s - s}{n_s} = \frac{1500 - 1000}{1500} = \frac{1}{3}$$

b)

$$s = \frac{1500 + 500}{1500} = 1{,}3$$

94.

$$n_s = \frac{f}{p} = \frac{50}{4}\frac{1}{\text{s}} = 12{,}5\frac{1}{\text{s}} = 750\,\frac{1}{\text{min}}$$

a)

$$s_1 = \frac{n_s - n}{n_s} = \frac{750 - 700}{750} = 0{,}066 = 6{,}6\,\%$$

$$U_{q21} = s_1 \cdot U_{q20} = 0{,}066 \cdot 1000\text{V} = 66\ \text{V}$$

$$f_{21} = s_1 \cdot f_1 = 0{,}066 \cdot 50\frac{1}{\text{s}} = 3{,}3\,\frac{1}{\text{s}}$$

b)

$$s_2 = \frac{750 + 250}{750} = 1{,}3$$

$$U_{q21} = s_2 \cdot U_{q20} = 1{,}3 \cdot 1000\text{V} = 1300 \text{ V}$$

$$f_{22} = s_2 \cdot f_1 = 1{,}3 \cdot 50 \frac{1}{\text{s}} = 65 \frac{1}{\text{s}}$$

95.

$$\phi_h = \frac{U_{q1}}{4{,}44 \cdot N_1 \cdot f_1 \cdot k_{w1}} = \frac{230 \text{ V}}{4{,}44 \cdot 48 \cdot 50 \cdot 0{,}8} = 0{,}027 \text{ Vs}$$

96.

Im idealen Leerlauf wird im Rotor kein Strom fließen, da auch keine Reibung zu überwinden ist. Es gibt dann auch keine Stromwärmeverluste im Rotor. Als Verluste müssen die Ummagnetisierungsverluste aufgrund der Hysterese-Kennlinie und die (geringen) Stromwärmeverluste in den Statorsträngen berücksichtigt werden.

97.

Falls der Schlupf $s = 0$ ist, läuft der Rotor genau so schnell wie das Drehfeld. In Formel 2.29 wird der ohmsche Widerstand R_2'/s unendlich groß, sodass kein Belastungsstrom fließt, also liegt Leerlauf vor. Die Maschine ist vollkommen unbelastet, dieser Fall ist theoretisch, da in der Praxis immer ein Strom zur Überwindung der Lagerreibung fließen wird.

Falls der Schlupf $s = 1$ wird, gibt es außer dem Widerstand R_2' keinen weiteren Widerstand im Läuferkreis. Der Strom wird nur durch den Widerstand R_2' begrenzt. Es handelt sich um den Kurzschlussfall ohne angeschlossene Last. Dieser Fall entspricht dem mechanischen Anlauf der Maschine aus dem Stillstand. Denn bei s = 1 muss die Drehzahl der Maschine n = 0 1/min sein.

98.

$$P_{2Cu} = P_L \cdot s = 0{,}033 \cdot 20690\text{W} = 682{,}77 \text{ W}$$

99.

$$I'_2 = \sqrt{\frac{P_L}{3 \cdot \frac{R'_2}{s}}} = \sqrt{\frac{20682}{3 \cdot \frac{0{,}15}{0{,}033}}} = 38{,}95 \text{ A}$$

100.

Das Kippmoment sinkt auf ein Viertel, wie folgende Überlegung zeigt:

$$M_k = \frac{3 \cdot U_1^2}{2\pi \cdot n_s \cdot X_0} \frac{1}{2}$$

$$\frac{M_{k,1}}{M_{k,2}} = \frac{U_{1,1}^2}{U_{1,2}^2}$$

$$U_{1,2} = \frac{1}{2} U_{1,1}$$

$$M_{k,2} = M_{k,1} \frac{U_{1,2}^2}{U_{1,1}^2} = M_{k,1} \frac{\left(\frac{1}{2} U_{1,1}\right)^2}{U_{1,1}^2} = \frac{1}{4} M_{k,1}$$

101.

$$n_s = \frac{f}{p} = 25 \frac{1}{\text{s}}$$

$$n_N = n_s \cdot (1 - s_N) = 1443 \frac{1}{\text{min}}$$

102.

a)

$$M = \frac{P_b}{\omega} = \frac{14000\text{W}}{\frac{\pi \cdot 2970}{30\text{s}}} = 450 \text{ Nm}$$

b)

$$P_{auf} = \sqrt{3} \cdot U \cdot I \cdot \cos\varphi = \sqrt{3} \cdot 400 \cdot 245 \cdot 0{,}9 = 152766 \text{ W}$$

$$\varphi = 25{,}8°$$

$$S = \sqrt{3} \cdot U \cdot I = 169740 \text{ VA}$$

$$Q = \sqrt{3} \cdot U \cdot I \cdot \sin 25{,}8° = 73876 \text{ var}$$

c)

$$\eta = \frac{P_{ab}}{P_{auf}} = \frac{140000}{152766} = 0{,}914$$

d)

$$s = \frac{3000 - 2970}{3000} = 0{,}01$$

103.

a)

$$n_s = \frac{f_1}{p}$$

$$p = 2$$

$$n_s = 25\frac{1}{s} = 1500\,\frac{1}{\min}$$

$$s = \frac{31}{1500} = 0{,}0207$$

$$f_2 = s \cdot \frac{f_1}{p} = 0{,}0207 \cdot 25\frac{1}{\mathrm{s}} = 0{,}5167\frac{1}{\mathrm{s}} = 31\,\frac{1}{\min}$$

b) Bei der maximalen und minimalen Drehzahl liegt die gleiche Schlupfdrehzahl vor. Die erforderlichen Werte für die Frequenz und die Spannung bei der Drehzahl 700 min^{-1} errechnen sich nach den folgenden Formeln:

$$n_{s1} = (700 + 31)\frac{1}{\min} = 731\,\frac{1}{\min}$$

$$f_1 = f_{1N} \cdot \frac{n_{s1}}{n_s} = 50 \cdot \frac{731}{1500}\frac{1}{\mathrm{s}} = 24{,}4\,\frac{1}{\mathrm{s}}$$

$$U_1 = 400\mathrm{V} \cdot \frac{731}{1500} = 194{,}9\ \mathrm{V}$$

104.

Es werden Schenkelpolläufer mit ausgeprägten Polen eingesetzt, da bei der niedrigen Drehzahl der Turbine viele Polpaare benötigt werden, um eine 50-Hz-Spannung zu erzeugen.

105.

Ein Synchron-Servomotor besteht aus dem Rotor, der entlang des Umfangs mit Magneten aus Materialen der Seltenen Erden beklebt ist. Im Stator sind Spulen entlang des Umfangs angebracht. Der Motor beinhaltet Sensoren zur Lageerkennung des Rotors. Dabei handelt es sich bei einfachen Motoren um Hall-Sensoren.

106.

Der elektrische Winkel beschreibt die Veränderung der Spannungen in den Spulen des Motors. Die Ansteuerungsfolge der Wechselrichter-Transistoren verändert den Stromfluss in den Spulen. Diese Steuerungsfolge erzeugt in Abhängigkeit der Spulenzahl pro Strang einen mechanisch unterschiedlichen Drehwinkel des Drehfeldes.

107.

Der Motor wird durch den Lagegeber gesteuert. Das Drehfeld baut sich so auf, dass immer ein maximales Antriebsmoment entsteht. Der Motor kann aus dem Stillstand anfahren.

108.

Damit eine lastabhängige Drehfeldausrichtung entsteht, muss die Lage des Rotors gemessen werden. Bei Erhöhung der Last entsteht eine niedrigere Drehzahl und der Strom wird größer, da die Gegeninduktion abnimmt.

109.

Die Änderung der Stromrichtung in den Spulen über elektronische Schalter.

110.

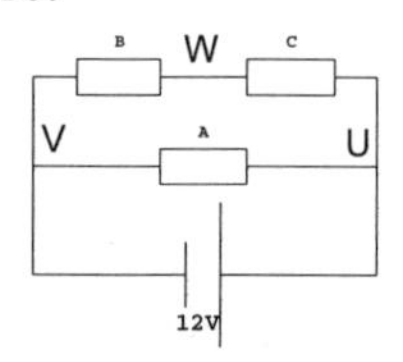

Abb. 298: Aufgabe Spulenwiderstände

Die Widerstände der einzelnen Wicklungen sind gleich: $R_A = R_B = R_C$

Der Spannungsabfall an der Wicklung A beträgt 12 V, an den Wicklungen B und C jeweils 6 V: $U_B = U_C = \frac{1}{2}\, U_A$

Daraus folgt, dass der Strom in der Wicklung B gleich groß ist wie der Strom in der Wicklung C und halb so groß wie in der Wicklung A: $I_B = I_C = \frac{1}{2}\, I_A$

Literaturverzeichnis

Al-Wahab, M. A. (2004). *Neue Aktorsysteme auf Basis strukturierter Piezokeramik.* Dissertation, Otto-von-Guericke-Universität Magdeburg, Fakultät für Maschinenbau, Magdeburg.

Barlow, P. (1824). Account of a curious electro-magnetic experiment. *Edinburgh journal of science, vol. 1*, S. 139–140.

Binder, A. (2012). *Elektrische Maschinen und Antriebe – Grundlagen Betriebsverhalten.* Springer.

Böhm, W. (2009). *Elektrische Antriebe.* Vogel Business Media.

Bolte, E. (2012). *Elektrische Maschinen: Grundlagen Magnetfelder, Wicklungen, Asynchronmaschinen, Synchronmaschinen, Elektronisch kommutierte Gleichstrommaschinen.* Berlin, Heidelberg: Springer.

Brosch, P. F. (2002). *Praxis der Drehstromantriebe mit fester und variabler Drehzahl: Maschinen, Leistungselektronik, Einsatz.* Vogel Business Media.

Busch, R. (2006). *Elektrotechnik und Eelektronik.* Stuttgart: Teubner B.G. Verlag.

Cassing, W., & Stanek, W. (2002). *Elektromagnetische Wandler und Sensoren.* Renningen: Expert Verlag.

Clausert, H., & Wiesemann, G. (2005). *Grundgebiete der Elektrotechnik 1* (9. Auflage). München: Oldenbourg Verlag.

De Palma, B. (1980). The N-Machine Extraction of Electrical Energy Directly from Space. *Energy unlimited (erscheint nicht mehr)*, S. 13–16.

Dr. Fritz Faulhaber GmbH & Co. KG (2012). *Faulhaber Antriebssysteme – Piezo Motoren.* Abgerufen am 4.Juni 2012 von www.faulhaber.com

Fischer, R. (2006). *Elektrische Maschinen.* Carl Hanser Verlag.

Fischer, R. L. (2009). *Elektrotechnik für Maschinenbauer.* Stuttgart: Vieweg+Teubner.

Fladerer, T., & Seifert, D. (2007). Sonderwünsche weden realisiert. *Antriebstechnik 1-2/2007*, S. 24–31.

Grollius, H.-W. (2010). *Grundlagen der Hydraulik.* Carl Hanser Verlag GmbH & CO. KG.

Häberle, G. D. u.a. (2006). *Elektrische Antriebe und Energieverteilung* (5. Auflage). Haan-Gruiten: Verlag Europa-Lehrmittel.

Hegewald, T. (2007). *Modellierung des nichtlinearen Verhaltens piezokeramischer Aktoren.* Dissertation, Universität Erlangen-Nürnberg, Technische Fakultät.

Heimann, B., Gerth, W., Popp, K. (2007). *Mechatronik, Komponenten, Methoden, Beispiele.* Leipzig: Fachbuchverlag Leipzig.

Isermann, R. (2008). *Mechatronische Systeme.* Springer.

Janocha, H. (2010). *Unkonventionelle Aktoren.* München: Oldenbourg Verlag.

Janschek, K. (2010). *Systementwurf mechatronischer Systeme.* Heidelberg: Springer.

Kahlert, J. (2009). *Einführung in WinFACT.* München: Carl Hanser Verlag GmbH & CO. KG.

Kallenbach, E. (2008). *Elektromagnete: Grundlagen, Berechnung, Entwurf und Anwendung.* Vieweg+Teubner.

Kappel, B. G. (2006). Piezoelectric Actuator Drive. *Actuator 2006, 10th Int. Conf. on New Actuators*, (S. 457–460). Bremen.

Kremser, A. (2004). *Elektrische Maschinen und Antriebe* (2. Auflage). Teubner B.G. GmbH.

Magnetfabrik Schramberg GmbH & Co., Schramberg (2012). (M. Schramberg, Hrsg.) Abgerufen im Juni 2012 von www.magnete.de

Marinescu, M. (2012). *Elektrische und magnetische Felder* (3. Auflage). Heidelberg: Springer.

Michel, M. (2008). *Leistungselektronik: Einführung in Schaltungen und deren Verhalten.* Berlin Heidelberg: Springer.

Moog, Firma (2012). *SERVOVENTILE – Baureihe D663/638.* Von www.moog.com abgerufen

Müller, G. P. (2005). *Grundlagen elektrischer Maschinen* (9. Auflage. Wiley-VCH Verlag GmbH & Co. KGaA.

Müller, M. (2007). *Experimente mit Nitinoldraht.* Poing: Franzis Verlag.

Müller, R., Piotrowski, A. (1996). *Einführung in die Elektrotechnik und Elektronik,.* Oldenbourg Verlag.

Nanotec, F. (2012). *Schrittmotor-Animation.* Von http://de.nanotec.com/schrittmotoren.html abgerufen im Mai 2012

Papula, L. (2011). *Mathematik für Ingenieure.* Vieweg+Teubner.

Parker (2012). *Trilogy Linear Motor 210 Series.* Abgerufen im Mai 2012 von LINEAR POSITIONERS: http://www.parker.com

Paul, R. (1994). *Elektrotechnik 2.* Berlin, Heidelberg: Springer.

Paul, R. (2010). *Grundlagen der Elektrotechnik und Elektronik 1.* Springer.

Paul, R., Paul, S. (1996). *Arbeitsbuch zu Elektrotechnik 1, 2.* Springer.

Paul, R., Paul, S. (1996). *Repetitorium Elektrotechnik.* Berlin: Springer.

Physik Instrumente (PI) GmbH & Co. KG (2012). *Grundlagen der Nano Stelltechnik – Tutorium.* Abgerufen am 10. Januar 2012 von http://www.physikinstrumente.de/de/produkte/

Probst, U. (2011). *Servoantriebe in der Automatisierungstechnik.* Wiesbaden: Vieweg+Teubner.

Robert Bosch GmbH (2007). *Autoelektrik, Autoelektronik.* Wiesbaden: Friedrich Vieweg & Sohn.

Robert Bosch GmbH (2007). *Kraftfahrtechnisches Taschenbuch.* Vieweg+Teubner.

Robert Bosch GmbH (2006). *www.bosch.de/aa/de/Berufsschulinfo.* Abgerufen im August 2011

Roddeck, W. (2012). *Einführung in die Mechatronik.* Vieweg+Teubner.

Rohner, R. (2012). *Vorlesung Mechatronik 2012.* Abgerufen im Januar 2012 von www.pes.ee.ethz.ch/uploads/tx.../Skript_LinMot_Teil1_FS12.pdf

Roseburg, D. (1991). *Lehr- und Übungsbuch elektrische Maschinen.* Leipzig: Fachbuchverlag Leipzig.

Schneider, W. (2008). *Praktische Regelungstechnik.* Vieweg+Teubner.

Schröder, D. (2006). *Leistungselektronische Bauelemente* (2. Auflage). Springer.

Schröder, D. (2009). *Elektrische Antriebe Grundlagen.* Springer.

Schröder, D. (2009). *Elektrische Antriebe Regelung von Antriebssystemen.* Springer.

SEW Eurodrive (2001). *Praxis der Antriebstechnik – Antriebe projektieren.*

SEW Eurodrive (1997). *Praxis der Antriebstechnik, Servo Antriebe – Grundlagen, Eigenschaften, Projektierung.*

Specovius, J. (2003). *Grundkurs Leistungselektronik: Bauelemente, Schaltungen und Systeme.* Wiesbaden: Vieweg.

Stölting, H.-D., Kallenbach, E. (2006). *Handbuch elektrische Kleinantriebe.* (H.-D. Stölting, & E. Kallenbach, Hrsg.) München, Wien: Carl Hanser Verlag.

Unbehauen (2008). Regelungstechnik I: Klassische Verfahren zur Analyse und Synthese linearer kontinuierlicher Regelsysteme, Fuzzy-Regelsysteme (15. Auflage). Wiesbaden: Vieweg+Teubner.

Unbehauen, H. (2008). *Regelungstechnik 1.* Vieweg+Teubner.

Unbehauen, R. (1994). *Grundlagen der Elektrotechnik 1.* Berlin, Heidelberg: Springer.

Wang, Q. (2006). *Piezoaktoren für Anwendungen im Kraftfahrzeug, Messtechnik und Modellierung.* Ruhr-Universität Bochum, Fakultät für Elektrotechnik und Informationstechnik, Bochum.

Wegener, R. (2008). *Zylindrischer Linearmotor mit konzentrierten Wicklungen für hohe Kräfte.* Dissertation, Fakultät für Elektrotechnik und Informationstechnik, Technischen Universität Dortmund.

Zaun, M. (2005). Antriebe mit kurzen Reaktionszeiten. *o+p Zeitschrift für Fluidtechnik* .

Stichwortverzeichnis